Knut Burth · Wolfgang Brocks

Plastizität

Knut Burth · Wolfgang Brocks

PLASTIZITÄT

Grundlagen und Anwendungen für Ingenieure

Dr.-Ing. *Knut Burth*
Professor an der Fachhochschule Hamburg,
apl. Professor an der Technischen Universität Berlin

Dr.-Ing. *Wolfgang Brocks*
wissenschaftlicher Angestellter an der Bundesanstalt
für Materialforschung und -prüfung (BAM),
apl. Professor an der Technischen Universität Berlin

Die Deutsche Bibliothek – CIP-Einheitsaufnahme

Burth, Knut:
Plastizität: Grundlagen und Anwendungen
für Ingenieure / Knut Burth; Wolfgang Brocks. –
Braunschweig; Wiesbaden: Vieweg, 1992

NE: Brocks, Wolfgang:

ISBN 978-3-322-91589-4   ISBN 978-3-322-91588-7 (eBook)
DOI 10.1007/ 978-3-322-91588-7

Vorwort

Das vorliegende Buch ist aus dem Vorlesungs-Skripts einer zweisemestrigen Lehrveranstaltung "Plastizitätstheorie" entstanden, die die Verfasser an der Technischen Universität Berlin regelmäßig seit 1981 für Hörer aller ingenieurwissenschaftlichen Fakultäten halten. Die kontinuierliche Nachfrage nach dieser Veranstaltung und dem Skript durch Studenten unterschiedlicher Fachrichtungen, aber auch durch Assistenten und Ingenieure aus der Berufspraxis mit sehr divergenten Interessen hat uns ermutigt, die vorwiegend wenig kommentierte Formeln und Bilder enthaltenden 380 Seiten zu einem Lehrbuch umzuarbeiten, das auch ohne die Erläuterungen eines Vortragenden verständlich sein sollte. Dabei mußten zwangsläufig viele Herleitungen und Aufgaben zugunsten von erklärendem Text entfallen.

Wie die Lehrveranstaltung, richtet sich auch dieses Buch an Studenten im Hauptstudium und Absolventen verschiedener Fachrichtungen, Konstrukteure und Berechnungsingenieure des Maschinenbaus und Bauingenieurwesens, aber auch Physik-Ingenieure und Werkstofftechniker, die sich für Festigkeitsprobleme interessieren. Es sollte sowohl als begleitendes Lehrbuch zur Vorlesung als auch zum Selbststudium geeignet sein. Die im Grundstudium üblicherweise erworbenen Kenntnisse der Mathematik und Technischen Mechanik reichen deshalb für ein Verständnis insbesondere der ersten acht Kapitel aus. Die bei der Behandlung mehrachsiger Spannungszustände in den beiden folgenden Kapiteln eingeführte Tensordarstellung beschränkt sich bewußt auf ein unentbehrliches Minimum; die verwendete Notation ist im Anhang erläutert.

Der inhaltliche Aufbau des Buches orientiert sich konsequent an dem Prinzip, alle für plastisches Stoffverhalten besonderen, aus der Elastizitätstheorie nicht bekannten nichtlinearen Phänomene, wie bleibende Verformungen, Spannungsumlagerungen, Restspannungen usw. zunächst an den einfachen Fällen einachsiger Spannungszustände, Zug/Druck und Biegung, verständlich zu machen. Zu diesem Zweck werden viele Anwendungsbeispiele gegeben, zumal einachsige Spannungszustände noch eher analytischen Lösungen zugänglich sind. Erst im Anschluß hieran werden die Grundgedanken auf mehrachsige Spannungszustände erweitert und die klassische "inkrementelle" Theorie der Plastizität von v. Mises, PRANDTL und REUSS dargestellt. Geschlossene Lösungen von Randwertproblemen sind nur unter Vereinfachungen, z. B. für ebene oder rotationssymmetrische Beanspruchungszustände, möglich. Die vorgestellten Anwendungsbeispiele schließen deshalb auch einige Ergebnisse von Finite-Elemente-Rechnungen ein.

Das Buch versucht den Grenzbereich zwischen Materialtheorie und Berechnungspraxis auszufüllen. Es orientiert sich deshalb an den Anwendungen der Theorie plastischen Materialverhaltens und möchte die hierzu erforderlichen Grundlagen vermitteln. Die Verfasser wollen dem Leser die spezifischen Phänomene und die zu ihrer Beschreibung verwendeten Modelle verständlich machen und ihn an die in aktuellen Normen und Richtlinien niedergelegten Berechnungsformeln heranführen. Auf der anderen Seite kann und will dieses Buch aber nicht Berechnungshandbücher ersetzen und endet deshalb stets dort, wo die prinzipielle Methodik in spezielle Berechnungsverfahren und -vorschriften der Praxis mündet. Der Anschaulichkeit wegen haben wir auch viele Versuchsergebnisse aufgenommen und kommentiert.

Ausdruck dieser Konzeption ist auch das recht umfangreiche Literaturverzeichnis, das von den historisch grundlegenden Aufsätzen der "Klassiker" bis zu aktuellen Beiträgen ein möglichst breites Spektrum abzudecken versucht, ohne natürlich angesichts der Fülle der Literatur jemals Vollständigkeit beanspruchen zu können. Es enthält Hinweise auf theoretisch weiterführende Zeitschriftenaufsätze ebenso wie auf typische experimentelle Ergebnisse. Neben einer Liste von Lehrbüchern und Monographien sind auch im Zusammenhang stehende Normen und Handbücher aufgeführt.

Ein vielfacher Dank gebührt all denen, die das Entstehen dieses Buches angeregt, begleitet und technisch ermöglicht haben. An erster Stelle ist hier unser verehrter Lehrer Prof. Dr.-Ing. K.-A. Reckling zu nennen, der mit seiner Vorlesung und seinem Buch "Plastizitätstheorie" die Grundlage unserer eigenen Lehrveranstaltung gelegt hat. Leider hat er ebenso wie Herr Prof. Dr.-Ing. K.-H. Schrader, der uns als erster zur Veröffentlichung unseres Manuskriptes ermuntert hat, das Erscheinen dieses Buches nicht mehr miterlebt. Neben der Lehrtätigkeit hat insbesondere die Arbeit an der Bundesanstalt für Materialforschung und -prüfung (BAM) und die Diskussion mit den Kolleginnen und Kollegen immer wieder praktische Anregungen gegeben; einige Anwendungsbeispiele in den drei letzten Kapiteln sind hieraus hervorgegangen. Zu danken ist auch für die technische Unterstützung, die wir an der BAM erfahren haben. Daß aus einem Manuskript ein gedrucktes Buch werden konnte, ist ganz wesentlich Frau Jacqueline Seipold zu verdanken, die mit hoher Sorgfalt und Zuverlässigkeit die Texte und Formeln geschrieben hat. Alle Zeichnungen und Skizzen, die nicht als Computerplots hergestellt werden konnten, wurden von Frau Margit Heck vom 1. Institut für Mechanik der TU Berlin sowie von Frau Susanne Nöbbe und Frau Maren Kieler, Studentinnen an der FH Hamburg, hergestellt; auch ihnen sei an dieser Stelle herzlich gedankt. Schließlich schulden wir dem Vieweg-Verlag Dank für seine Geduld, mit der er mehrfache Terminüberschreitungen toleriert hat. Die Verfasser hoffen am Ende, daß sich das Bemühen aller genannten und ungenannten Personen um das Zustandekommen des Buches gelohnt hat. Dies müssen jetzt die Leser entscheiden.

Inhaltsverzeichnis

Seite

| 1 | Einführende Betrachtungen | 1 |

| 1.1 | Allgemeine Aufgabenstellung und Begriffsbestimmungen | 1 |

| 1.2 | Sicherheit und Zuverlässigkeit | 3 |

| 1.3 | Konzepte für den Tragfähigkeitsnachweis von Bauteilen und Tragwerken | 6 |

| 2 | Phänomenologie des Werkstoffverhaltens | 11 |

| 2.1 | Der einachsige Zugversuch | 11 |

| 2.2 | Reales Verhalten von Metallen | 14 |

| 2.3 | Elastisch-plastisches Stoffgesetz für den einachsigen Spannungszustand | 14 |

2.4	Approximation von Materialkennlinien aus Versuchen	19
2.4.1	Multilineare Approximation	20
2.4.2	Bilineare Approximation mit Verfestigung	21
2.4.3	Bilineare Approximation ohne Verfestigung	22
2.4.4	Trilineare Approximation mit LÜDERS-Bereich	22
2.4.5	Die Potenz-Approximation von LUDWIK	23
2.4.6	Die Potenz-Approximation von RAMBERG-OSGOOD	24
2.4.7	Hyperbolische Approximation	24
2.4.8	Starr-plastische Werkstoffmodelle	25

| 2.5 | Streuung der Werkstoffkennwerte über den Stabquerschnitt | 26 |

2.6	Anwendung auf ein einfaches Tragwerksmodell	27
2.6.1	Lösung für elastischen Werkstoff	28
2.6.2	Lösung für idealplastischen Werkstoff	29
2.6.3	Lösung für verfestigenden Werkstoff	31
2.6.4	Entlastung für idealplastischen Werkstoff	32
2.6.5	Auswirkung von Eigenspannungen	33

| 3 | Biegung gerader Balken: Spannungszustand | 34 |

3.1	Grundgleichungen	34
3.1.1	Voraussetzungen	34
3.1.2	Einführendes Beispiel	34
3.1.3	Kinematische Beziehungen	37
3.1.4	Werkstoffgesetz für die elastischen Querschnittsteile	38
3.1.5	Äquivalenzgleichungen	38
3.1.6	Zur Auswertung der Grundgleichungen	40

3.2	Biegung ohne Längskraft	42
3.2.1	Biegung um eine Symmetrieachse des Querschnitts	42
3.2.2	Biegung um eine Hauptachse senkrecht zur Symmetrieachse des Querschnitts	50
3.2.3	Schiefe Biegung bei einfach-symmetrischem Querschnitt	53

3.3	Biegung mit Längskraft	58
3.3.1	Spannungszustände	58
3.3.2	Überlastungsfunktion	62
3.3.3	Grenzen zwischen elastischen und plastischen Bereichen	64
3.3.4	Darstellung in der Schnittlastenebene (Interaktionskurven)	67
3.4	Belastungsgeschichte	69
3.4.1	Formänderungsgesetz bei Entlastung	69
3.4.2	Be- und Entlastungsbedingungen für den Querschnitt	71
3.4.3	Restspannungszustand bei vollständiger Entlastung	75
3.5	Der vollplastische Spannungszustand	80
3.5.1	Grundgleichungen	81
3.5.2	Einfache Biegung	83
3.5.3	Schiefe Biegung	88
4	**Biegelinie gerader Balken**	**91**
4.1	Die Differentialgleichung der Biegelinie	91
4.2	Integration für statisch bestimmte Systeme	92
4.3	Integration für statisch unbestimmte Systeme	100
5	**Der gerade Stab: Biegung mit Längskraft nach Theorie 2. Ordnung**	**106**
5.1	Der Stab aus elastischem Werkstoff	107
5.1.1	Außermittiger Druck	108
5.1.2	Mittiger Druck	111
5.2	Der außermittig gedrückte Stab aus elastisch-plastischem Werkstoff	112
5.2.1	Berechnungsgrundlagen	112
5.2.2	Ergebnisse	113
5.3	Der mittig gedrückte Stab aus verfestigendem Werkstoff	114
5.3.1	Die ENGESSER-KÁRMÁNsche Theorie	114
5.3.2	Die SHANLEYsche Theorie	116
5.4	Hinweise zu den Tragsicherheitsnachweisen für gedrückte Stäbe	118
5.4.1	Allgemeines	118
5.4.2	Der planmäßig mittig gedrückte Stab	119
6	**Grundlagen der Tragwerksberechnung**	**124**
6.1	Beschreibung finitisierter Systeme	124
6.2	Element- und Systemstabilität: Die DRUCKERschen Postulate	126
6.3	Randschnittlasten-Randverschiebung-Beziehungen	129
6.4	Die Fließgelenkhypothese	134
6.5	Tragwerksberechnung: Grenzlasten und Traglast	138
6.5.1	Grundzüge der Berechnung bei Anwendung der Fließgelenkhypothese	138
6.5.2	Grenzzustände und Grenzbelastungen	139
6.5.3	Theorie 1. Ordnung	141
6.5.4	Theorie 2. Ordnung	145

7   Das Grenzlastverfahren   151

7.1   Einordnung und Bedeutung des Verfahrens   151

7.2   Die Grenzlastsätze   154

7.3   Anwendung auf Biegetragwerke   156
7.3.1   Gleichungen im Grenzzustand   157
7.3.2   Obere und untere Grenzen, Einschrankung   157
7.3.3   Verfahren der Kombination von Grundmechanismen   158
7.3.4   Beispiele   160

8   Lokales Versagen und Einspielen von Tragwerken   165

8.1   Lokales Versagen   165

8.2   Lokales Versagen durch Veränderungen der Querschnittsform,
           Rotationskapazität   165

8.3   Versagen idealer Querschnitte   170
8.3.1   Versagen durch alternierende Plastizierung   170
8.3.2   Versagen durch progressive Plastizierung   171

8.4   Einspielen von Systemen   175

8.5   Anwendung auf Biegetragwerke   178
8.5.1   Untere Grenzen   179
8.5.2   Obere Grenzen   179
8.5.3   Beispiel   180

9   Mehrachsige Spannungs- und Verzerrungszustände   182

9.1   Die Kinematik der Formänderung   182

9.2   Der Spannungstensor   186

9.3   Gleichgewichtsbedingungen (CAUCHYsche Feldgleichungen)   189

9.4   Darstellung in Zylinder- und Kugelkoordinaten   190
9.4.1   Zylinderkoordinaten   191
9.4.2   Kugelkoordinaten   193

10   Die klassische Theorie des elastisch-plastischen Materialverhaltens   194

10.1   Grundlegendes Konzept eines Stoffgesetzes   194
10.1.1   Voraussetzungen   194
10.1.2   Das elastisch-plastische Werkstoffmodell   194
10.1.3   Stabiler Werkstoff: Normalität und Konvexität   197

10.2   Fließbedingungen für isotropen Werkstoff   199
10.2.1   Allgemeine Eigenschaften der Fließfläche   199
10.2.2   Die Fließbedingung von TRESCA   202
10.2.3   Die Fließbedingung von v. MISES und HUBER   203
10.2.4   Vergleich der Fließbedingungen   203

10.3   Verfestigungsgesetze   205
10.3.1   Isotrope Verfestigung   205

10.3.2	Kinematische Verfestigung	206
10.3.3	Kombinierte isotrope und kinematische Verfestigung	207
10.4	Formänderungsgesetze	210
10.4.1	Elastisches Formänderungsgesetz	210
10.4.2	Assoziierte Fließregel zur Fließbedingung von TRESCA	211
10.4.3	Assoziierte Fließregel zur Fließbedingung von v. MISES	212
10.4.4	Das PRANDTL-REUSS-Gesetz	214
10.5	Die Deformationstheorie der Plastizität (HENCKY)	215
10.6	Ebene Plastizitätstheorie	216
10.6.1	Der ebene Spannungszustand (ESZ)	216
10.6.2	Der ebene Verzerrungszustand (EVZ)	219
10.7	Das Grenzlastverfahren	222
10.7.1	Der plastische Grenzzustand	222
10.7.2	Die Grenzlastsätze	223
10.7.3	Ein zweidimensionales Unstetigkeitsfeld der Spannungen	226
10.7.4	Die Konstruktion kinematisch möglicher Verschiebungsfelder nach der Gleitlinientheorie	229
10.8	Thermoplastisches Verhalten	233
11	**Anwendungsbeispiele**	**237**
11.1	Biegung mit Querkraft	237
11.2	Plastische Zustände an Spannungskonzentratoren	251
11.2.1	Spannungsverteilung an einer Kerbe	251
11.2.2	Plastische Grenzlast gekerbter Bauteile	254
11.3	Rotationssymmetrische Spannungszustände	260
11.3.1	Dickwandige Hohlkugel unter Innendruck	260
11.3.2	Zylindrischer Druckbehälter	264
11.3.3	Spannungen in Querpreßverbänden	270
11.4	Torsion prismatischer Stäbe	276
11.4.1	Die SAINT-VÉNANTsche Theorie der wölbkraftfreien Torsion	276
11.4.2	Plastische Grenzlast tordierter Stäbe	279
Anhang		
A1	**Grundlagen der Vektor- und Tensorrrechnung**	**284**
A1.1	Bezeichnungsweisen und Rechenregeln der Vektor- und Tensoralgebra	284
A1.2	Transformationseigenschaften bei Drehung der Basis	287
A1.3	Hauptachsentransformation, Invarianten des Tensors	289
A1.4	Kugeltensor und Deviator	290
A1.5	Einige Rechenregeln der Vektor- und Tensoranalysis	291
A2	**Fließbedingungen von TRESCA und v. MISES in verschiedenen Darstellungen**	**292**
Literaturverzeichnis		**293**
	Zeitschriftenaufsätze, Berichte, Tagungsbeiträge	293
	Lehrbücher und Monographien	299
	Normen und Handbücher	302

1.   Einführende Betrachtungen

1.1   Allgemeine Aufgabenstellung und Begriffsbestimmungen

Metalle verhalten sich **elastisch**, solange die aufgebrachten Lasten bzw. die aufgeprägten Deformationen eine bestimmte Größe nicht überschreiten. Oberhalb dieser Belastung erfahren sie inelastische, bleibende, **plastische** Deformationen. Plastisches Verhalten im allgemeinsten Sinne ist von vielen Faktoren und Parametern abhängig, insbesondere natürlich vom Material, aber auch von Temperatur, Zeit, Belastungsgeschwindigkeit, Vorverformung usw.

Die hier dargestellte "klassische" **Plastizitätstheorie metallischer Werkstoffe** beschäftigt sich ausschließlich mit isothermen und nicht explizit zeit- oder geschwindigkeitsabhängigen plastischen Deformationen bei üblicherweise kleinen Verformungsgeschwindigkeiten, also bei sogen. quasistatischen Belastungen. Damit sind insbesondere Kriech- und Relaxationsphänomene ausgeschlossen.

Die Plastizitätstheorie ist wie die Elastizitätstheorie ein Teilgebiet der **Kontinuumsmechanik**. Da sie lediglich die **Phänomenologie** des Stoffverhaltens beschreibt, spricht man auch von phänomenologischer oder technischer Plastomechanik. Phänomenologisch heißt, daß die makroskopisch beobachteten Zusammenhänge zwischen Spannungen und Verformungen durch ein mathematisches Modell beschrieben werden, das keinen direkten Bezug zu dem mikrophysikalischen Ursachen des Materialverhaltens aufweist. Insbesondere wird in der Kontinuumsmechanik die Kristall- und Atomstruktur der Materie außer acht gelassen und ein Körper stattdessen als zusammenhängende kompakte Menge materieller Punkte betrachtet.

Aufgaben der Plastizitätstheorie sind

- Herleiten von Bedingungen für das Auftreten plastischer Verformungen sowie Aufstellen von Beziehungen zwischen Spannungen und Verzerrungen zur Beschreibung plastischer Deformationen in Metallen,

- Entwickeln von Verfahren zur Anwendung dieser Beziehungen, etwa bei der Umformtechnik (ISMAR & MAHRENHOLTZ [1979]*) und bei der Berechnung von Beanspruchungen und Deformationen von Bauteilen und Tragwerken.

Plastische Verformbarkeit ist für den Ingenieur aus mehreren Gründen eine wichtige Eigenschaft von Metallen:

- **Umformen:** Metalle können durch Walzen, Schmieden, Ziehen, Pressen etc. in kaltem oder warmem Zustand in beliebige Formen gebracht werden.

- **Sicherheit gegen plötzliches Versagen:** Bauteile aus zähem (d. h. plastisch verformbarem) Material werden sich bei Überlastung beträchtlich verformen und selbst in diesem verformten Zustand noch immer Belastungen standhalten. Im Gegensatz dazu kann ein Tragwerk aus sprödem Material bei Überlastung schlagartig ohne "Vorwarnung" versagen.

- **Tragfähigkeitsreserven durch Umlagerung von Beanspruchungen:** In statisch unbestimmten Systemen aus zähem Material können bei Überlastung zum Teil erhebliche Tragfähigkeitsreserven dadurch mobilisiert werden, daß die Beanspruchungen auf bisher nicht ausgenutzte Systemteile verlagert werden. Diese Reserven können in vielen Fällen für eine optimale und dadurch wirtschaftliche Auslegung von Systemen genutzt werden.

- **Abbau von Spannungsspitzen:** In allen Bauteilen und Tragwerken gibt es konstruktiv oder fertigungstechnisch bedingte "Spannungskonzentratoren" in Form von Löchern, Kerben, abrupten Querscnittsänderungen etc. Zähes Material ist in der Lage, an diesen Stellen etwas zu "fließen" und damit Spannungsspitzen abzubauen und die Last gleichmäßig zu verteilen; hierunter fallen auch konzentrierte Lasteinleitungen und Lastübertragungen durch Nietverbindungen, Kerbverzahnungen, Gewinde usw.

- **Energieabsorption:** Bei plastischer Verformung wird mechanische Energie durch Umwandlung in Wärmeenergie "verzehrt". Metalle sind deshalb geeignete Konstruktionswerkstoffe für Fahrzeuge bei möglichen Kollisionen und für Schutzbauten.

Plastizitätstheorie ist somit eine wichtige Ergänzung zur Elastizitätstheorie, denn sie ermöglicht es, die plastische Verformbarkeit bei den genannten Problemen quantitativ zu erfassen. Daneben gibt es eine Reihe von technischen Problemen, bei deren Bearbeitung die Plastizitätstheorie schon seit langem angewendet wird. Neben der Umformtechnik seien als Beispiele aus dem Bauwesen die Bemessung von Druckstäben nach dem ω-Verfahren und aus dem Maschinenbau die Bemessung von Welle-Nabe-Verbindungen genannt. In beiden Fällen liegen die Ergebnisse in Form von Tabellen und Nomogrammen vor, so daß der Benutzer die Anwendung der Plastizitätstheorie nicht ohne weiteres erkennen kann. In einer Reihe von Fällen wird die plastische Verformbarkeit duktiler Materialien bereits implizit für elastische Festigkeitsrechnungen ausgenutzt, wie folgende Beispiele zeigen:

- **Gekerbte oder gelochte Stäbe:**
  Die Bestimmung der Grenztragfähigkeit bei Biegung oder Zug mithilfe des Nettoquerschnitts nutzt die Tatsache aus, daß hierdurch nach dem Grenzlastverfahren der Plastizitätstheorie eine auf der sicheren Seite liegende untere Grenze der Tragfähigkeit ermittelt wird (Abschnitt 11.2).

- **Nietverbindungen:**
  Mehrere hinter- und nebeneinander angeordnete Niete einer Nietverbindung werden infolge von Fertigungsungenauigkeiten und durch elastische Deformation der Verbindung in der Regel ungleichmäßig beansprucht. Rechnet man üblicherweise mit "mittleren" Nietkräften, so liegt dem ein Grenzlast-Konzept (Abschnitt 10.7) zugrunde: Die zunächst am stärksten belasteten Nieten verformen sich nach Erreichen ihrer plastischen Grenzlast solange, bis auch ursprünglich weniger belastete Niete mittragen.

- **Eigen- und Restspannungen:**
  In jedem Bauteil oder Tragwerk treten durch Herstellung und Montage oder durch Temperatur bedingte Eigenspannungen (Bild 1.1, VOGEL et al. [1984]) sowie Restspannungen nach Entlastung auf. Die Annahme eines spannungsfreien Anfangszustandes ist deshalb bei der elastischen Berechnung im allgemeinen nicht gerechtfertigt, aber üblich. Erst in

der Plastizitätstheorie kann gezeigt werden, daß Eigenspannungen die Grenztragfähigkeit bei Problemen der Theorie 1. Ordnung nicht beeinflußen (Abschnitt 10.7.2).

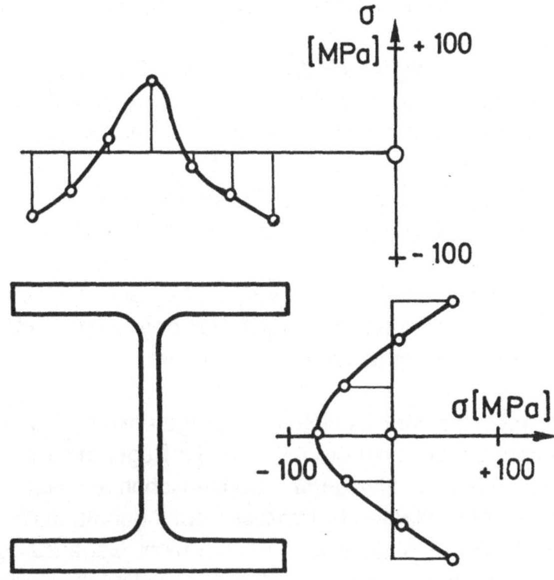

Bild 1.1: Eigenspan-
nungen in einem Profil
IPB 100 aus St 37,
o Meßwerte nach
URBAN [1974]

Zusammenfassend ist festzustellen:

1. Bei der Berechnung von Tragwerken nach der Elastizitätstheorie kann wegen der nur teilweise erfaßbaren Spannungskonzentratoren und wegen der meist unbekannten Eigenspannungen der tatsächliche Spannungszustand im allgemeinen nicht bestimmt werden, sondern nur ein fiktiver, sogenannter Nenn-Spannungszustand, der dann der Bemessung zugrunde gelegt wird.

2. Da die Tragfähigkeit eines Systems beim Erreichen der Fließspannungen in einem materiellen Punkt nicht erschöpft ist, kann mit der Elastizitätstheorie keine Aussage über die tatsächliche Sicherheit gegenüber dem Zusammenbruch (Erschöpfung der Tragfähigkeit) gemacht werden.

1.2 Sicherheit und Zuverlässigkeit

Die wohl wichtigste Aufgabe eines Ingenieurs in Entwicklung, Konstruktion, Produktion und Betrieb betrifft die Sicherheit und Zuverlässigkeit der seiner Verantwortung unterliegenden Maschinen, technischen Anlagen und Bauten. Damit ist sowohl die zuverlässige Erfüllung einer technischen Funktion als auch der Ausschluß von Gefährdungen des Menschen und seiner Umwelt gemeint. Zu einem umfassenden Begriff von Sicherheitstechnik gehören:

- **Tragsicherheit (Haltbarkeit)** ist die Sicherheit von Maschinen und Bauwerken als Gesamt-
  systeme sowie ihrer Teile gegen Versagen durch Gewalt- oder Ermüdungsbruch, unzuläs-
  sige Verformungen oder Instabilität. Hierbei wird die Haltbarkeit unter bestimmten
  Lastfällen über eine bestimmte Zeit im Zusammenhang mit den Werkstoffeigenschaften
  sowie der Fertigung und Montage untersucht. Das Gesamtsystem ist so zu gestalten, daß
  ein möglicher Schaden in einem vertretbaren Verhältnis zur Schadensursache, z. B. dem
  Versagen eines Bauteiles oder einer Komponente, steht.

- **Funktionssicherheit (Gebrauchstauglichkeit)** ist die Sicherheit und Zuverlässigkeit einer
  Maschine, einer Anlage oder eines Bauwerkes, mit der eine technische Funktion erfüllt
  und gefährliche oder unerwünschte Betriebszustände vermieden werden.

- **Arbeitssicherheit** ist die Sicherheit gegen Gefährdung von Menschen beim Betrieb einer
  Maschine oder Anlage im Arbeitsprozeß.

- **Umweltsicherheit** ist die Sicherheit gegen Gefährdung von nicht unmittelbar im Arbeitsprozeß beschäftigten Menschen oder gegen Schädigung der Natur durch den Einsatz und
  Betrieb eines technischen Systems.

Arbeits- und Umweltsicherheit hängen natürlich unmittelbar von der Trag- und der Funktionssicherheit ab, bedeuten aber in der Regel mehr als die beiden letztgenannten Forderungen.
So können Gefährdungen von Menschen und Natur auch durch im engeren technischen Sinne sicher ablaufende Prozesse oder gebrauchstaugliche Bauten erfolgen. Die hiermit verbundenen Probleme sind jedoch nicht Gegenstand der folgenden Betrachtungen, die sich
ausschließlich auf die Aspekte der Tragfähigkeit und Funktionsfähigkeit beschränken.

Nach dem **Prinzip des sicheren Bestehens** (safe life) sollen das technische System sowie alle
seine Teile und ihr Zusammenwirken so beschaffen sein, daß während der vorgesehenen
Einsatzzeit alle wahrscheinlichen oder möglichen Vorkommnisse ohne ein Versagen über-
standen werden. Neben einer entsprechenden Klärung der Beanspruchungen und einer aus-
reichenden Kontrolle des Fertigungs- und Montagevorganges erfordert dies eine sichere
Auslegung aufgrund von physikalischen Vorstellungen und Theorien (z. B. Festigkeitshypo-
thesen) mithilfe mathematischer Verfahren. Darüber hinaus muß in bestimmten, besonders
sicherheitsrelevanten Fällen nach dem **Prinzip des beschränkten Versagens** (fail safe) ein
während der Betriebszeit dennoch auftretendes Versagen ohne schwerwiegende Folgen
bleiben. Das erfordert:
- Erhalt einer eingeschränkten Funktion, die den Eintritt eines gefährlichen Zustandes
  vermeidet,
- Ausübung der eingeschränkten Funktion durch das versagende oder ein anderes Bauteil
  solange, bis die Maschine oder Anlage gefahrlos außer Betrieb genommen werden kann,
- Erkennbarkeit eines Fehlers oder (bevorstehenden) Versagens,
- Möglichkeit der Beurteilung des Fehlers oder Versagens hinsichtlich seiner Auswirkungen
  auf die Gesamtsicherheit.

Für die Auslegung sind zunächst die **äußeren Einwirkungen** im normalen Betriebszustand
(Belastungen, Umwelteinflüsse etc.) und in den angenommenen außergewöhnlichen
Zuständen (äußere Gewalteinwirkungen, Schadensfälle) nach Größe und zeitlichem Verlauf
zu analysieren und daraus die durch sie verursachten **Beanspruchungen** des Bauteils oder

Tragwerks (applied stress) mithilfe eines geeigneten mechanischen Modells rechnerisch oder experimentell zu ermitteln. Die Werkstoffkunde liefert andererseits dem Ingenieur für elementare Beanspruchungen von Probekörpern (i. a. nicht vom Bauteil selbst!) charakteristische Werte für den **Widerstand** des Werkstoffes (material resistance), bei deren Überschreiten ein Versagen (z. B. übermäßige Verformung infolge Fließens oder Bruch) eintritt. Im Idealfall ist vorauszusetzen, daß die an Proben ermittelten Werkstoffwerte tatsächlich reine Materialkennwerte, also von der Proben- bzw. Bauteilgeometrie unabhängig sind (Prinzip der Übertragbarkeit). Um Tragfähigkeit (Haltbarkeit) zu gewährleisten, muß die **Beanspruchung** S des Bauteils oder Tragwerks stets unter der niedrigsten **Beanspruchbarkeit** R bleiben, die sich mithilfe eines geeigneten mechanischen Modells aus den charakteristischen Werkstoffkennwerten ergibt (Bild 1.2):

$$S < R \quad \text{oder} \quad S = \frac{R}{\gamma}, \quad \gamma > 1 \qquad\qquad (1.2\text{-}1)$$

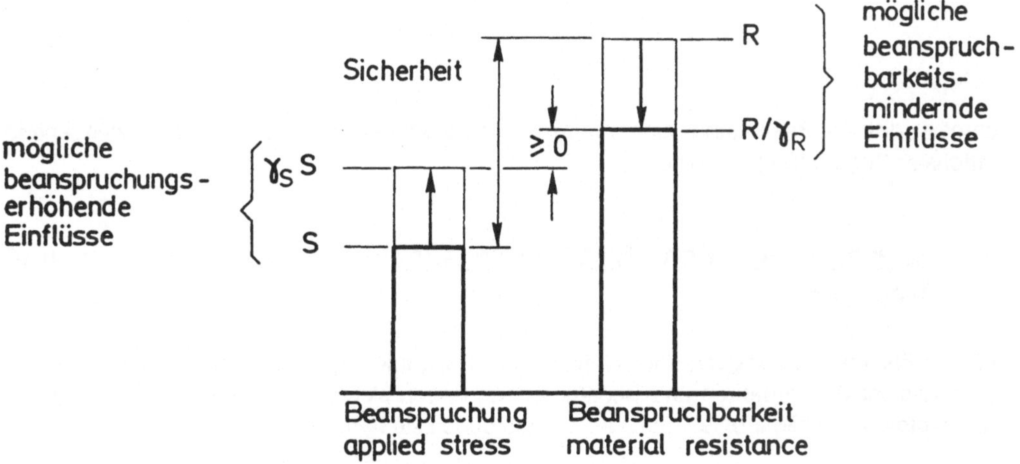

Bild 1.2: *Konzept der sicheren Auslegung*

mit dem globalen Sicherheitsfaktor γ. Beanspruchungen S und Beanspruchbarkeiten (Widerstände) R können Größen unterschiedlicher Art sein, z. B. Spannungen, Schnittlasten, äußere Kräfte, aber auch Dehnungen und Verformungen. Ihre Bedeutung im Einzelfall hängt von dem zugrunde gelegten speziellen Auslegungskonzept ab. Damit γ dimensionslos wird, müssen S und R in Gl. (1.2-1) natürlich von gleicher Dimension sein.

Für Bauwerke formuliert KLÖPPEL [1954] das umfassende Kriterium Gl. (1.2-1) mit der **Grenzlast** F_{Gr} , die einem bestimmten Grenzzustand der Tragfähigkeit oder Gebrauchstauglichkeit zugeordnet ist, und der charakteristischen **Gebrauchslast** F_k , die alle ständigen Lasten und Nutzlasten umfaßt, zu

$$y = \frac{F_{Gr}}{F_k} > 1 \qquad\qquad (1.2\text{-}2)$$

Der globale Sicherheitsfaktor y wird in drei Teilsicherheitsfaktoren

$\qquad y_i \;\; \geqq \; 1 \qquad$ für den hypothetischen Idealfall, daß sonst keine Unsicherheiten

$\qquad\qquad\qquad\qquad$ vorliegen ($y_S = y_R = 1$),

$\qquad y_S \;\; > \; 1 \qquad$ für Unsicherheiten bei der Ermittlung der Beanspruchung,

$\qquad y_R \;\; > \; 1 \qquad$ für Unsicherheiten bei der Ermittlung der Beanspruchbarkeiten

aufgegliedert:

$$y = y_i \cdot y_S \cdot y_R > 1 \qquad\qquad (1.2\text{-}3)$$

Bei dieser Aufteilung wird deutlich, daß der Sicherheitsfaktor neben den Anteilen, die mithilfe geeigneter Theorien oder Hypothesen zur Abdeckung der Unsicherheiten auf der Beanspruchungs- und der Widerstandsseite festgelegt werden können, einen weiteren Anteil

$$y_i = \frac{F_{Gr}/y_R}{F_k \cdot y_S} \qquad\qquad (1.2\text{-}4)$$

enthält, dessen Festlegung eine Frage der Risikobereitschaft ist, die sich weitgehend rationaler Begründung entzieht.

1.3 Konzepte für den Tragfähigkeitsnachweis von Bauteilen und Tragwerken

Für die Festigkeitsauslegung von Bauteilen und Tragwerken gibt es je nach Problemstellung eine Vielzahl von Verfahren und Regeln, jedoch lassen sich dahinter wenige grundlegende Konzepte oder "Philosophien" ausmachen, auf denen sie beruhen:

a) Nach der **Elastizitätstheorie** werden Bauteile mit einem **globalen Sicherheitsfaktor** y gegenüber der elastischen Grenzspannung (Streckgrenze, Dehngrenze, Fließgrenze) R_F ausgelegt:

$$\sigma \leqq \sigma_{zul} = R_F/y \qquad\qquad (1.3\text{-}1)$$

Da es im Stahlbau - im Gegensatz zum Maschinenbau - bisher nicht erforderlich war, den Sicherheitsbeiwert für eine bestimmte Konstruktion unter bestimmten Bedingungen festzulegen, sondern die größten zulässigen Spannungen σ_{zul} durch Normen und Vorschriften vorgegeben waren, vereinfacht sich der Nachweis nach Gl. (1.3-1) zu

$$\sigma \leqq \sigma_{zul} \qquad\qquad (1.3\text{-}1a)$$

Diese spezielle Form des Nachweises wird auch als klassisches σ_{zul}-Konzept bezeichnet. Das Kriterium (1.3-1) folgt aus Gl. (1.2-1) oder Gl. (1.2-2) mit $R = F_{Gr} = F_{el}$ als der Grenzbelastung beim Erreichen der Fließgrenze in der höchstbeanspruchten Faser, wenn

ein linearer Zusammenhang zwischen den äußeren Einwirkungen und den größten Spannungen besteht, d. h. unter den Voraussetzungen
- HOOKEsches Werkstoffgesetz (linear elastischer Werkstoff) und
- Rechnung nach Theorie 1. Ordnung (Gleichgewichtsbedingungen am unverformten System).

Es ist offensichtlich, daß es wegen der Beschränkung auf elastisches Werkstoffverhalten grundsätzlich nicht möglich ist festzustellen, welche Sicherheitsreserve gegenüber einem Zusammenbruch besteht.

Bei Berechnung von Systemen unter Berücksichtigung der Verformungen (**Theorie 2. Ordnung**) muß der Nachweis nach Gl. (1.3-1) modifiziert werden: Es ist nachzuweisen, daß bei stabilem Gleichgewicht die Spannung $\sigma(\gamma F_k)$ unter der γ-fachen charakteristischen Gebrauchslast F_k in der höchstbeanspruchten Faser die Bedingung

$$\sigma(\gamma\, F_k) \leq R_F \qquad\qquad (1.3\text{-}2)$$

erfüllt. Dieses Kriterium, die sogen. **Spannungstheorie 2. Ordnung**, führt bei Einführung eines globalen Sicherheitsfaktors γ wegen der Nichtlinearität auf einen Widerspruch, weil in γ nach Gl. (1.2-3) ein Teilsicherheitsbeiwert γ_R enthalten ist, der Unsicherheiten bei der Ermittlung der Widerstände abdecken soll, so daß der Nachweis eigentlich

$$\sigma(\gamma_S F_k) \leq R_F / \gamma_R$$

sein müßte.

b) Nach dem **Traglastverfahren** wird das Tragwerk gegenüber einer Versagenslast, nämlich der größten im stabilen Gleichgewicht getragenen Belastung F_T (Traglast, engl.: ultimate load), ausgelegt. Die Traglast wäre am sichersten durch Versuche zu bestimmen, was bei Serienprodukten oder häufig benutzten Tragwerkselementen denkbar ist, aber sonst in den meisten Fällen aus einsichtigen Gründen undurchführbar ist. Deshalb ist man auf eine wirklichkeitsnahe Berechnung angewiesen, bei der zu berücksichtigen sind:
1. das wirkliche elastisch-plastische Materialverhalten,
2. die Systemverschiebungen (Rechnung nach Theorie 2. Ordnung),
3. strukturelle Imperfektionen (z. B. Eigenspannungen),
4. geometrische Imperfektionen (z. B. Vorkrümmung der Stabachse),
5. die Belastungsgeschichte (Belastungsprogramm).

Der Tragsicherheitsnachweis ist dann nach Gl. (1.2-2)

$$F_k \leq F_T / \gamma. \qquad\qquad (1.3\text{-}3)$$

Zur exakten Bestimmung der Traglast ist schon bei einfachen Systemen ein enormer Berechnungsaufwand erforderlich, der in der Praxis kaum zu leisten ist. Der strenge Tragfähigkeitskeitsnachweis nach Gl. (1.3-3) hat deshalb mehr grundsätzlichen und programmatischen Charakter. Praktisch ist man auf eine der zahlreichen Näherungsmethoden zur Ermittlung der Traglast angewiesen (vergl. GEBBEKEN [1988]), deren Zuverlässigkeit durch den Vergleich mit den berechneten Traglasten ausgewählter Systeme überprüft werden kann (VOGEL [1985]).

Eine Näherung ist das **Grenzlastverfahren** der Plastizitätstheorie. Hier wird das Tragwerk gegenüber einer definierten, theoretischen Versagenslast, der plastischen Grenzlast (engl.: limit load), ausgelegt. Das Versagen tritt wieder durch Erreichen einer Stabilitätsgrenze ein, indem das System bei hinreichender Ausdehnung der plastizierten Bereiche einen Fließmechanismus bildet. Die Grenzlast kann mit Hilfe vereinfachender Annahmen über das Bauteilverhalten, z. B. der **Fließgelenkhypothese**, bestimmt werden. Die gewählte Sicherheit ist dabei so anzusetzen, daß sich das Tragwerk unter Betriebsbedingungen vollständig elastisch verhält und nur geringfügige bleibende Verformungen auftreten. Es kann aber näherungsweise die Sicherheitsreserve gegenüber dem Zusammenbruch angegeben und bei statisch unbestimmten Systemen eine optimalere Ausnutzung der Querschnitte erreicht werden. Dieses Verfahren wird in den Abschnitten 7 und 10.7 ausführlich behandelt. Seine Berechnungsgrundlagen können so erweitert werden, daß auch die näherungsweise Bestimmung der Traglast unter Berücksichtigung der Verformungen möglich wird (sog. **Fließgelenktheorie 2. Ordnung**, Abschnitt 6.5).

c) Mit den **Verfahren der Grenzzustände mit Teilsicherheitsfaktoren** läßt sich der im Abschnitt 1.2 geschilderte grundsätzliche Auslegungsprozeß detailliert erfassen und mit der Grundkonzeption des Traglastverfahrens nach b) verknüpfen. Grenzzustände begrenzen die Beanspruchungen, unter denen ein Bauwerk tragfähig und gebrauchstauglich, eine Maschine haltbar und funktionsfähig ist. Dementsprechend sind zwei gleich bewertete Gruppen von Grenzzuständen zu unterscheiden: Grenzzustände der Tragfähigkeit (Haltbarkeit) und Grenzzustände der Gebrauchstauglichkeit (Funktionsfähigkeit). Einwirkungen, Festigkeiten, geometrische Konfigurationen und andere Einflußgrößen werden als zufällig veränderliche Größen betrachtet, so daß auch das Versagen ein Zufallsereignis darstellt. Da es aber aus verschiedenen Gründen nicht möglich ist, die reale Versagenswahrscheinlichkeit von Systemen mithilfe der Wahrscheinlichkeitstheorie zu bestimmen, ist man auf Vereinfachungen angewiesen, die aber immer vor dem Hintergrund der allgemeinen probabilistischen Sicherheitstheorie zu sehen sind. Nach dem gegenwärtigen Konzept werden, soweit statistische Verteilungen der Einflußgrößen vorliegen, die p%-Fraktilen dieser Verteilungen, sonst normativ festgelegte Werte, als charakteristische Ausgangswerte genommen. Diese Ausgangswerte für die Bemessung des Tragwerks sind mit Teilsicherheits- und Kombinationsfaktoren zu multiplizieren, sofern es sich um Einwirkungsgrößen handelt, oder durch diese Faktoren zu dividieren, sofern es sich um Widerstandsgrößen handelt.

Im Rahmen dieses Konzeptes, wie es in DIN(E) 18 800 in Übereinstimmung mit den EUROCODE Nr. 3 festgelegt ist, wird auch die Anwendung plastischer Berechnungsverfahren im Stahlbau geregelt. Es wird deshalb im folgenden in einigen wichtigen Punkten eingehender erläutert, eine ausführliche Darstellung findet man in GRUNDLAGEN ZUR FESTLEGUNG VON SICHERHEITSANFORDERUNGEN FÜR BAULICHE ANLAGEN [1981]:

Die Grenzzustände können sich beziehen auf
- Werkstoff,
- Querschnitt,
- Bauteil,
- Verbindung,
- Tragwerk.

Grenzzustände der Tragfähigkeit sind
- Verlust des Gleichgewichts (Standsicherheit),
- Auftreten übermäßiger örtlicher oder Gesamtverformungen,
- Bruch,
wobei die beiden letztgenannten durch
- Verlust der Stabilität des gesamten Tragwerks oder einzelner Bauteile,
- Ausbildung eines Mechanismus,
- Ermüdung durch wiederholte Belastung
entstehen können. Nach DIN(E) 18 800, Teil 1, sind für den Tragsicherheitsnachweis folgende Grenzzustände vorgesehen:
- Beginn des Fließens,
- Durchplastizieren eines Querschnitts,
- Ausbilden einer Fließgelenkkette,
- Bruch.
Dabei sind ggf. die Tragwerksverformungen in den Gleichgewichtsbedingungen zu berücksichtigen (Theorie 2. Ordnung). Es ist bemerkenswert, daß die beiden erstgenannten Grenzzustände bei statisch unbestimmten Systemen, die nach Theorie 1. Ordnung berechnet werden dürfen, im allgemeinen keine Versagenszustände des Systems sind.

Grenzzustände der Gebrauchstauglichkeit sind
- Auftreten von Verformungen, die die Funktionstüchtigkeit beeinflußen,
- Auftreten von Schwingungen.

Es können weitere Grenzzustände festgelegt werden, z. B. für außergewöhnliche Situationen (Feuer). Eine ausführliche Darstellung der Theorie der Grenzzustände gibt die Monographie von MAREK [1986]*. Erläuterungen und Beispiele zu den bisher wenig beachteten Grenzzuständen der Gebrauchstauglichkeit findet man bei SEDLACEK [1984].

Die Einwirkungen auf das System werden nach zeitlicher Veränderlichkeit und Häufigkeit aufgegliedert in
- ständige Einwirkungen G (z. B. Eigenlasten),
- veränderliche Einwirkungen Q (z. B. Nutzlasten, Klimaeinwirkungen),
- außergewöhnliche Einwirkungen (z. B. Brand).
Aus den charakteristischen Werten F_k der Einwirkungen, die weitgehend normativ vorgegeben sind, werden die für den Nachweis maßgebenden Bemessungsgrößen F_d durch Multiplikation mit den Teilsicherheitsfaktoren γ_F und dem Kombinationswert ψ

$$F_d = \psi \cdot \gamma_F \cdot F_k \tag{1.3-4}$$

gebildet. Dabei berücksichtigen die Teilsicherheitsbeiwerte γ_F Unsicherheiten, die mit der entsprechenden Einwirkung selbst verbunden sind, und Unsicherheiten im stochastischen und im mechanischen Modell zur Ermittlung der Beanspruchungen. Mit den Bemessungswerten F_d der Einwirkungen werden nach bestimmten Regeln Einwirkungskombinationen gebildet, für die mit einem geeigneten mechanischen Modell die Beanspruchungen S_d berechnet werden. Beanspruchungen, auch "vorhandene Größen" genannt, können z. B. Spannungen und Dehnungen oder Schnittlasten und Durchbiegungen sein.

Aus den ebenfalls vorgegebenen Werkstoffkennwerten R_{wk} sind die Bemessungswerte R_d der Beanspruchbarkeiten (Widerstände) mit einem geeigneten mechanischen Modell zu berechnen. Dabei werden alle Unsicherheiten, wie Streuungen der Werkstoffkennwerte, Ungenauigkeiten im mechanischen Modell und Abweichungen geometrischer Größen von den Nennwerten, durch einen Teilsicherheitsbeiwert y_M erfaßt, der stellvertretend nur bei den Werkstoffkennwerten berücksichtigt ist

$$R_{wd} = R_{wk} / y_M .$$
(1.3-5)

Die aus R_{wd} berechneten Beanspruchbarkeiten R_d , auch "Grenzgrößen" genannt, können z. B. wieder Spannungen und Dehnungen oder Schnittgrößen und Durchbiegungen sein.

Der Sicherheitsnachweis erfolgt dann einfach durch Vergleich der so bestimmten Bemessungswerte

$$S_d \leq R_d ,$$
(1.3-6)

d. h. die "vorhandenen Größen" dürfen die "Grenzgrößen" nicht überschreiten.

Es muß besonders hervorgehoben werden, daß die in DIN(E) 18800 vorgesehene Bezeichnung "Grenzgrößen" für die Beanspruchbarkeiten sich auf Größen bezieht, die mit den durch den Teilsicherheitsfaktor y_M dividierten Festigkeiten berechnet werden. Dagegen ist es in der Plastizitätstheorie üblich, entsprechend dem englischen Sprachgebrauch (limit load) die zu einem definierten Grenzzustand gehörenden Zustandsgrößen als Grenzlasten, Grenzschnittgrößen usw. zu bezeichnen, die also keine Teilsicherheitsfaktoren enthalten. Diese zweite Bezeichnungsweise wird durchgehend in diesem Buch verwendet. Wenn auch bei Anwendung der Theorie 1. Ordnung der Unterschied zwischen den gleich bezeichneten Grenzgrößen nur in der Verwendung unterschiedlicher Festigkeitswerte bei der Berechnung besteht, so dürfen sie doch begrifflich nicht verwechselt werden.

Je nach der gewählten Nachweisebene (Vergleich von Spannungen, Schnittlasten oder Einwirkungen) werden bei der Berechnung der Beanspruchungen und der Beanspruchbarkeiten mechanische Modelle benutzt. Folgende Verfahren sind zugelassen:

Verfahren	Berechnung der	
	Beanspruchungen	Beanspruchbarkeiten
elastisch-elastisch	Elastizitätstheorie	Elastizitätstheorie
elastisch-plastisch	Elastizitätstheorie	Plastizitätstheorie
plastisch-plastisch	Plastizitätstheorie	Plastizitätstheorie

Das Verfahren "elastisch-elastisch" führt bei Anwendung der Theorie 1. Ordnung wieder auf den klassischen Nachweis der Elastizitätstheorie mit dem Sicherheitsfaktor $y = y_F \cdot y_M$, bei Anwendung der Theorie 2. Ordnung ist der unter a) erwähnte Widerspruch wegen der Einführung der Teilsicherheitsfaktoren aufgehoben. Die Anwendung der Verfahren "elastisch-plastisch" und "plastisch-plastisch" erfordert die Berechnung von Schnittlasten und/oder Grenzlasten sowie ggf. Verformungen nach der Plastizitätstheorie. Die Grundlagen für diese Berechnungen und Berechnungsverfahren werden im vorliegenden Buch behandelt.

2.　Phänomenologie des Werkstoffverhaltens

Die Schwierigkeit, ein plastisches Stoffgesetz zu formulieren, ist schon darin begründet, daß es kein einheitliches plastisches Verhalten von Metallen gibt. Dies sei anhand des einfachsten Materialprüfverfahrens, des Zugversuches, demonstriert.

2.1 Der einachsige Zugversuch

Beim Zugversuch wird eine zylindrische Probe vom Querschnitt S_o mit einer langsam und stetig wachsenden Zugkraft F belastet und die dadurch bewirkte Längenänderung ΔL einer Meßstrecke L_o gemessen. Probenform und -abmessungen sind in DIN 50 125, Versuchsdurchführung und -auswertung in DIN 50 145 genormt. Die Aufzeichnung der Kraft über der zugehörigen Verlängerung ergibt das Kraft-Verlängerung-Schaubild, aus dem sich das "konventionelle" **Spannung-Dehnung-Diagramm** nach Bild 2.1 ermitteln läßt, in dem **Nominalspannungen** (PIOLA-KIRCHHOFF-Spannungen)

$$\overset{o}{\sigma} = F / S_o \qquad\qquad (2.1\text{-}1)$$

über **linearen Dehnungen**

$$\overset{o}{\varepsilon} = \Delta L / L_o \qquad\qquad (2.1\text{-}2)$$

aufgetragen sind. Hiervon ist, insbesondere für große Deformationen, das "wahre" Spannung-Dehnung-Diagramm mit den auf den Momentanquerschnitt S bezogenen **wahren Spannungen** (CAUCHY-Spannungen)

$$\sigma = F / S = \overset{o}{\sigma}\,(1 + \overset{o}{\varepsilon}) \qquad\qquad (2.1\text{-}3)$$

über **logarithmischen Dehnungen**

$$\varepsilon = \ln(L / L_o) = \ln(1 + \overset{o}{\varepsilon}) \qquad\qquad (2.1\text{-}4)$$

zu unterscheiden. Im Bereich kleiner Verzerrungen ist der Unterschied zwischen den beiden Spannungs- und Verzerrungsmaßen gering, nämlich von der Größenordnung $\overset{o}{\varepsilon}$ bei den Spannungen und von der Größenordnung $\overset{o}{\varepsilon}{}^2$ bei den Dehnungen. Der in Gl. (2.1-3) angegebene Zusammenhang zwischen Nominalspannungen und wahren Spannungen ergibt sich unter Annahme eines homogenen Verformungszustandes der Probe im Bereich der Meßlänge L_o und inkompressiblen Verhaltens des Materials im plastischen Bereich (Querkontraktion $\nu = 0{,}5$). Die Homogenität des Verformungszustandes kann bis zum Erreichen der Gleichmaßdehnung A_g (s. u.) als erfüllt angesehen werden; danach erfolgt eine deutliche lokale Einschnürung der Probe.

Aus dem konventionellen Spannung-Dehnung-Diagramm werden nach DIN 50 145 zwei charakteristische Spannungswerte, nämlich die Streckgrenze (bzw. Dehngrenze) und die Zugfestigkeit, sowie drei charakteristische Verformungswerte, nämlich die Bruchdehnung, die Gleichmaßdehnung und die Brucheinschnürung, ermittelt (Bild 2.2). Da bei Werkstoffen mit kubisch flächenzentriertem Gitter, insbesondere den Nicht-Eisen-Metallen, keine Streck-

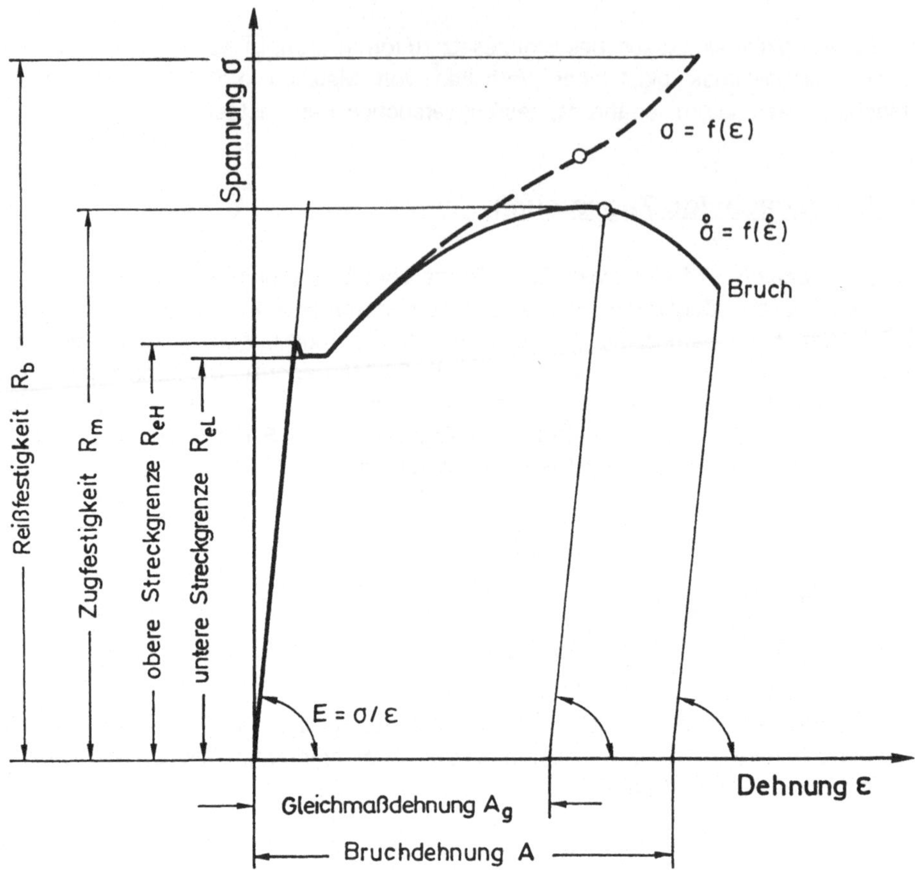

Bild 2.1: *Spannung-Dehnung-Kurve des einachsigen Zugversuches*

grenze wie im Bild 2.1 für zähen Stahl (kubisch raumzentriertes Gitter) ausgeprägt ist, wird für diese eine Dehngrenze ermittelt. Die charakteristischen Größen sind wie folgt definiert [1] :

Streckgrenze R_e ist die Nennspannung, bei der bei zunehmender Verlängerung die Zugkraft erstmalig gleich bleibt oder abfällt. Tritt ein merklicher Abfall auf, ist zwischen
oberer Streckgrenze R_{eH} und
unterer Streckgrenze R_{eL}
zu unterscheiden (Bild 2.2a).

Dehngrenze R_p ist die Nennspannung bei einer bestimmten nicht-proportionalen (bleibenden) Dehnung ε^p (Bild 2.2b). Zur Kennzeichnung wird R_p durch Angabe des Zahlenwertes von ε^p in Prozent ergänzt, z. B. $R_{p0.2}$.

Zugfestigkeit R_m ist die Nominalspannung, die sich aus der Höchstkraft F_m bezogen auf den Anfangsquerschnitt S_o ergibt.

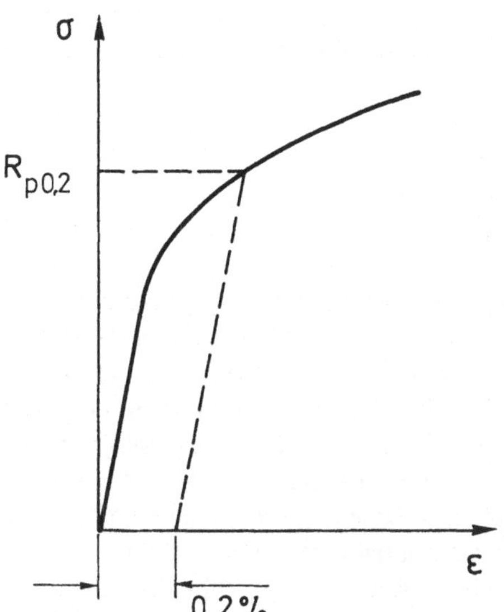
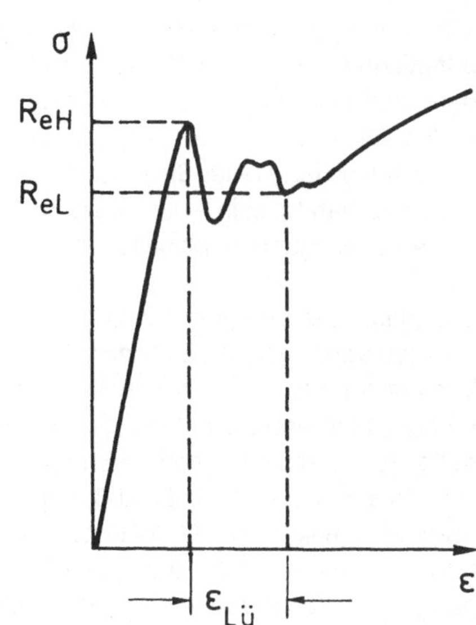

Bild 2.2: Definition
a) der oberen bzw. unteren Streckgrenze
b) der Dehngrenze $R_{p0.2}$

Bruchdehnung A ist die auf die Anfangsmeßlänge L_o bezogene bleibende Längenänderung ΔL_r nach dem Bruch der Probe (in Prozent).

Gleichmaßdehnung A_g ist die auf die Anfangsmeßlänge L_o bezogene nicht-proportionale Verlängerung ΔL_{pm} unter Höchstlast (in Prozent).

Brucheinschnürung Z ist die auf den Anfangsquerschnitt S_o bezogene größte bleibende Querschnittsänderung ΔS nach dem Bruch der Probe (in Prozent).

Während die Streckgrenze oder ersatzweise die Dehngrenze unmittelbar als Materialkennwert für elastisch-plastisches Verhalten Verwendung findet, sind Bruchdehnung und Brucheinschnürung lediglich technologische Maßzahlen für die Zähigkeit (Duktilität) eines Werkstoffes, die Bedeutung für das Sprödbruchverhalten und für die Umformbarkeit haben. Für die Anwendbarkeit plastischer Berechnungsverfahren wird in DIN 7190 $A \geqslant 10\ \%$ und $Z \geqslant 30\ \%$ vorgeschrieben. Auch die Zugfestigkeit stellt keinen materialspezifischen Kennwert dar, da sie eine Folge der lokalen Einschnürung der Zugprobe, also ein geometrieabhängiges Artefakt ist; ihre Größe bezogen auf die Streckgrenze charakterisiert jedoch das "Verfestigungsvermögen" des Werkstoffs. So wird in DIN (E) 18 800 für die Anwendbarkeit plastischer Berechnungsverfahren $R_m/R_{eL} > 1.2$ gefordert. Der Abfall der Nennspannungen jenseits der Zugfestigkeit im konventionellen Spannungs-Dehnung-Diagramm ist ebenfalls lediglich eine Folge des Abfalls der äußeren Zugkraft infolge der Einschnürung des Probenquerschnitts und sagt deshalb nichts über das "wahre" Werkstoffverhalten aus. Sofern das Verfestigungsverhalten eines Werkstoffs auch in diesem Bereich beschrieben werden soll, sind die Ergebnisse von Druckversuchen heranzuziehen, bei denen keine Einschnürung erfolgen kann.

2.2 Reales Verhalten von Metallen

Die Unterschiede im elastisch-plastisches Verhalten verschiedener Werkstoffe sind nicht nur
quantitativer Art, z. B. unterschiedliche Werte der Streckgrenze oder der Zugfestigkeit, sondern auch qualitativer Natur, insbesondere
- das Vorhandensein eines linear-elastischen Bereichs,
- die Ausbildung einer Streckgrenze,
- das Vorhandensein eines LÜDERS-Bereiches (Bild 2.2a),
- die Verfestigung im plastischen Bereich.

Das plastische Verhalten eines bestimmten Werkstoffs ist darüber hinaus von vielen Einfluß-
faktoren abhängig, insbesondere von der **Vorgeschichte**, z. B. einer Wärmebehandlung oder
Vorverformung, und von den **Versuchsbedingungen**, z. B. der Temperatur und der Verfor-
mungsgeschwindigkeit. Eine genauere Untersuchung aller dieser Phänomene ist nicht Aufgabe der Plastizitätstheorie, sondern der Werkstoffkunde, siehe z. B. DAHL [1984]. Jedoch
wird insbesondere der Einfluß plastischer Verformungen auf das Verfestigungsverhalten
durch ein geeignetes Materialmodell zu beschreiben sein. Dehngeschwindigkeit und Temperatur werden im Materialmodell der klassischen Plastizitätstheorie entsprechend den eingangs getroffenen Annahmen (Abschnitt 1.1) nicht als explizite Variable eingeführt. Sie treten
allenfalls als Parameter auf, die z. B. die Größe der Streckgrenze beeinflußen (KRABIELL
[1982]), und es ist ggf. sicherzustellen, daß die für eine konkrete Tragwerksberechnung
verwendeten Werkstoffdaten unter den gleichen Temperatur- und Belastungsbedingungen
ermittelt wurden, wie sie für das reale Tragwerk gegeben sind.

Die bei Metallen mit kubisch raumzentriertem Gitter, wie dem Stahl, typische **Temperaturab-
hängigkeit** einiger charakteristischer Materialwerte ist jedoch von so grundlegender Bedeutung für die Anwendbarkeitsgrenzen der Plastizitätstheorie, daß hierzu Erläuterungen erforderlich sind. Während die Streckgrenze R_{eL} (bzw. Dehngrenze R_p) und die Zugfestigkeit R_m
mit steigender Temperatur monoton abnehmen, steigt die wahre Bruchspannung oder
"Reißfestigkeit" R_b im Tieftemperaturbereich mit steigender Temperatur zunächst an, um
dann nach Durchlaufen eines Maximums wieder abzufallen. LÜDERS-Dehnung $\varepsilon_{Lü}$,
Gleichmaßdehnung A_g und Bruchdehnung A gehen gegen Null mit Annäherung an den
absoluten Nullpunkt, d. h. der Werkstoff bricht bei tiefen Temperaturen spröde ohne
merkbare plastische Verformungen. Die Anwendbarkeit von Auslegungskonzepten, die auf
der Plastizitätstheorie beruhen, setzt eine gewisse Zähigkeit oder Duktilität des Werkstoffs
voraus, damit ein "vollplastischer" Zustand (Abschnitt 3.5) überhaupt erreicht werden kann,
und ist deshalb nur oberhalb einer bestimmten materialspezifischen "Übergangstemperatur"
zulässig (z. B. AURICH [1982]). Dieser Bedingung wird im Druckbehälterbau dadurch
Rechnung getragen, daß für die einzusetzenden Werkstoffe unter Betriebstemperatur
Mindestwerte für die Kerbschlagarbeit (DIN 50 115) gefordert sind (GOLEMBIEWSKI &
VAZOUKIS [1986]).

2.3 Elastisch-plastisches Stoffgesetz für den einachsigen Spannungs-
zustand

Ein mathematisches Modell elastisch-plastischen Materialverhaltens muß über alle bei realen
Werkstoffen beobachteten Unterschiede hinaus bestimmte gemeinsame, charakteristische

Eigenschaften von Metallen unter Be- und Entlastung beschreiben. Dies ist im Bild 2.3 für den einachsigen Zugversuch schematisch dargestellt.

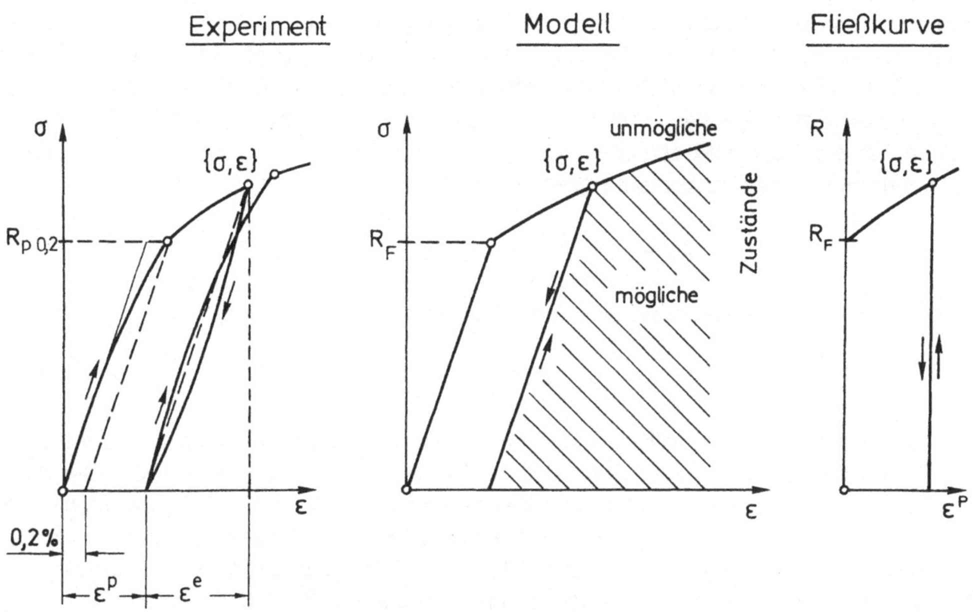

Bild 2.3: *Elastisch-plastisches Werkstoffverhalten*

Es zeigt sich zunächst, daß unterhalb eines bestimmten Spannungs- oder Dehnungswertes alle Zustandsänderungen reversibel sind, d. h. man kommt aus einem belasteten Zustand durch Wegnahme der äußeren Last wieder in die spannungsfreie Ausgangskonfiguration ohne bleibende Formänderung zurück: der Werkstoff verhält sich elastisch. Die zur Verformung aufgewendete äußere Arbeit wird vom Körper als elastische Energie gespeichert und ist wiedergewinnbar. Nach Überschreiten einer bestimmten Spannung R_F , der **Fließgrenze**, ist eine Entlastung immer mit bleibenden, also plastischen Formänderungen verbunden. Der Formänderungsprozeß ist irreversibel und die aufgewendete äußere Arbeit ist dissipiert, d. h. in Wärmeenergie umgewandelt worden, und nicht mehr als mechanische Energie wiedergewinnbar. Als Fließgrenze identifiziert man nun abhängig vom Werkstoff

$$R_F = \begin{cases} R_e & \text{bei ausgeprägter Streckgrenze,} \\ R_p & \text{bei nicht ausgeprägter Streckgrenze,} \end{cases} \qquad (2.3\text{-}1)$$

wobei die Festlegungen im einzelnen, d. h. R_{eL} oder R_{eH} , $R_{p0.1}$ oder $R_{p0.2}$, nach Fachgebieten und Zwecken unterschiedlich sind.

Die Dehnungen lassen sich bei einem einachsigen homogenen Spannungszustand, wie er für den Zugversuch als gegeben angesehen wird, additiv in einen rein elastischen und einen plastischen Anteil zerlegen:

$$\varepsilon = \varepsilon^{\theta} + \varepsilon^{p} \ . \qquad\qquad (2.3\text{-}2)$$

Sind die Spannungs- und Verzerrungszustände inhomogen, ist eine derartige additive Zerlegung der Gesamtverzerrungen nicht ohne weiteres möglich, da nach Wegnahme der äußeren Lasten Restspannungen im Körper bleiben (Abschnitt 3.4.3). Würde man zur Bestimmung des elastischen Anteils der Gesamtverzerrungen entsprechend Gl. (2.3-2) einen fiktiven Zustand annehmen, in dem alle materiellen Punkte des Körpers spannungsfrei sind, so wäre das zugehörige Verzerrungsfeld zwangsläufig inkompatibel, d. h. nicht aus einem stetigen Verschiebungsfeld ableitbar. Man postuliert deshalb i. a. lediglich die **Additivität elastischer und plastischer Verzerrungs-Inkremente**

$$\dot{\varepsilon} = \dot{\varepsilon}^{\theta} + \dot{\varepsilon}^{p} \ . \qquad\qquad (2.3\text{-}3)$$

In dieser sowie in allen folgenden Gleichungen bezeichnet

$$(\dot{\ }) = d(\ )/dt \qquad\qquad (2.3\text{-}4)$$

eine Ableitung nach einer positiven, monoton wachsenden, skalaren Variablen t , die im Sinne einer "Systemzeit" eine Parametrisierung der Belastungsgeschichte ermöglicht. Der Parameter t stellt jedoch keine physikalische Zeit in dem Sinne dar, daß die Ableitungen in Gl. (2.3-3) oder (2.3-4) als physikalische Geschwindigkeiten mit Beschleunigungen als zweiten Ableitungen aufzufassen sind, zumal die Belastungen als quasistatisch vorausgesetzt wurden. Die Ableitungen, wenn auch in der Literatur gelegentlich "Geschwindigkeiten" genannt, sind deshalb lediglich als "Änderungen" oder "Inkremente" im Verlauf der Belastungsgeschichte anzusehen und werden im Englischen "rate" - im Gegensatz zu "velocity" - genannt.

Zusätzliche Probleme treten bei der Behandlung großer Deformationen auf, da die Bezugskonfigurationen für elastische und plastische Verzerrungsanteile unterschiedlich sind (NEMAT-NASSER [1982]). Auf eine weitere Darstellung dieser Problematik wird hier verzichtet, und die Verzerrungen werden im folgenden als klein vorausgesetzt. Damit entfällt auch die Unterscheidung von Nominalspannungen und wahren Spannungen entsprechend den Gln. (2.1-1) und (2.1-3).

Nach Überschreiten der Fließgrenze kann - ggf. nach einem LÜDERSbereich - **Verfestigung** des Materials eintreten. Das heißt, daß bei Entlastung und erneuter Belastung die Fließgrenze, also der Übergang von elastischem in plastisches Verhalten, höher geworden ist. Die Fließgrenze und damit sowohl der Gültigkeitsbereich elastischen Stoffverhaltens als auch das Verfestigungsverhalten im plastischen Bereich sind abhängig von der **Belastungsgeschichte**, die im einachsigen Zugversuch ohne Belastungsumkehr eindeutig durch die insgesamt erreichte plastische Dehnung beschrieben werden kann. Das Verfestigungsverhalten wird durch die **Fließkurve** oder **Fließfunktion**

$$R = R\,(\varepsilon^{p}) \qquad \text{mit} \qquad R\,(0) = R_{F} \qquad\qquad (2.3\text{-}5)$$

beschrieben. R stellt die obere Grenze aller bei gegebenem ε^{p} physikalisch möglichen Spannungszustände dar,

$$\sigma \leqslant R \ , \qquad\qquad (2.3\text{-}6)$$

eine eindeutige Zuordnung von Verformungszuständen zu Spannungszuständen ist aber im Gegensatz zu elastischem Stoffverhalten nicht mehr möglich. Mathematisch bedeutet dies, daß keine Verzerrungsenergiedichte als Potentialfunktion existiert, aus der die Spannungen durch Ableitung nach den Verzerrungen gewonnen werden könnten.

Wird ausgehend vom einem Zustand $\{\sigma, \varepsilon\}$ an der plastischen Grenze, also $\sigma = R(\varepsilon^p)$ die Spannung vermindert (Entlastung), $\dot{\sigma} < 0$, so sind die zugehörigen Zustandsänderungen rein elastischer Art, während bei weiterer Belastung Spannungsänderungen $\dot{\sigma} > 0$ nur entlang der Grenzkurve R möglich und mit elastischen und zusätzlichen plastischen Verzerrungsänderungen $\dot{\varepsilon}^p$ verbunden sind. Allgemein bedeutet dies für die Formulierung von Stoffgleichungen, daß nur **Spannungsänderungen** und **Verzerrungsänderungen** einander eindeutig zugeordnet werden können, wobei die aus einer Spannungsänderung resultierenden plastischen Verzerrungsänderungen von der bisher erfahrenen Belastungsgeschichte abhängen. Man spricht deshalb von einem **inkrementellen Stoffgesetz** (incremental theory of plasticity) im Gegensatz zu **finiten Stoffgesetzen**, wie z. B. das bekannte HOOKEsche Gesetz der Elastizitätstheorie.

Um ein Werkstoffgesetz für den einachsigen Spannungszustand aufzustellen, fehlen nun noch Aussagen für das Verhalten im **Druckbereich**. In entsprechenden Druckversuchen beobachtet man bei Metallen ein weitgehend ähnliches Verfestigungsverhalten im Zug- und Druckbereich (Bild 2.4). Im folgenden werde deshalb angenommen, daß die $\sigma(\varepsilon)$-Kurve eine ungerade Funktion, also

$$\left.\begin{array}{rcl} \sigma(-\varepsilon) & = & -\sigma(\varepsilon) \\[2mm] R(-\varepsilon^p) & = & R(\varepsilon^p) \geqslant R_F > 0 \end{array}\right\} \qquad (2.3\text{-}7)$$

ist. Mit dieser zusätzlichen Annahme kann das elastisch-plastische Werkstoffverhalten zusammenfassend durch die folgenden fünf Aussagen beschrieben werden:

1. Elastisches Formänderungsgesetz
Für alle elastischen Formänderungen gelte das HOOKEsche Gesetz, hier in inkrementeller Form geschrieben

$$\dot{\varepsilon}^\theta = \dot{\sigma}/E \qquad (2.3\text{-}8)$$

mit dem Elastizitätsmodul E, und zwar sowohl für vollständig elastische Zustandsänderungen als auch für die elastischen Anteile in Gl. (2.3-3) bei Belastungen im elastischplastischen Bereich.

2. Fließbedingung
Alle von $|\sigma| < R$ ausgehenden Zustandsänderungen erfolgen rein elastisch, notwendige Bedingung für das Auftreten plastischer Deformationen ist das Erfüllen der Fließbedingung

$$|\sigma| = R \qquad (2.3\text{-}9)$$

und Zustände mit $|\sigma| > R$ sind physikalisch nicht möglich.

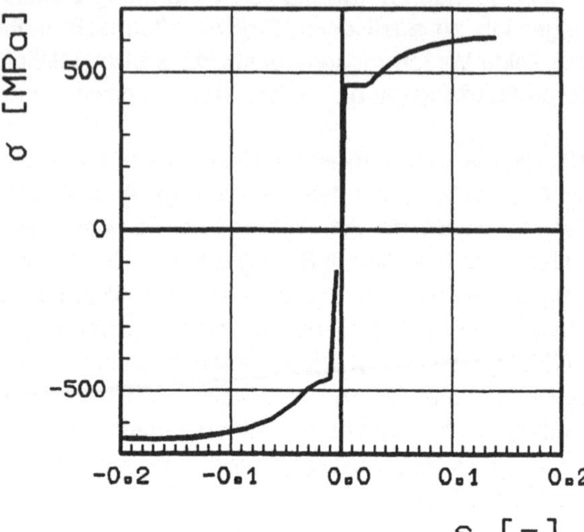

Bild 2.4: *Elastisch-plastisches Verhalten unter einachsiger Zug- und Druckbelastung eines Stahls StE 460*

3. Verfestigungsgesetz

Die Veränderung der Fließbedingung (2.3-9) im Verlaufe der Belastungsgeschichte ist durch eine aus dem einachsigen Zug- oder Druckversuch gewonnene Fließkurve

$$R = R(|\varepsilon^p|) \quad \text{mit} \quad R(0) = R_F \tag{2.3-10}$$

beschrieben. Aus Gl. (2.3-10) läßt sich für einen gegebenen Zustand plastischer Verformungen die Änderung der Fließbedingung (2.3-9) bei weiterer Belastung bestimmen:

$$\dot{R} = (dR/d\varepsilon^p) \; |\dot{\varepsilon}^p| \tag{2.3-11}$$

Für "idealplastisches" Material (s. Abschnitt 2.4.3) als Modell für einen Werkstoff mit sehr großem LÜDERSbereich entfällt dieser Punkt, da hierfür $R = R_F$ bei beliebigem ε^p, also $\dot{R} = 0$ ist.

4. Be- und Entlastungsbedingung

Ausgehend von einem Fließzustand gemäß Gl. (2.3-9) stellen Zustandsänderungen mit

$$\left.\begin{array}{l} \sigma\dot{\varepsilon}^p > 0 \quad \text{oder} \quad \sigma\,\dot{\sigma} \geq 0 \qquad \text{Belastungen} \\[2mm] \sigma\dot{\varepsilon}^p = 0 \quad \text{oder} \quad \sigma\,\dot{\sigma} < 0 \qquad \text{Entlastungen} \end{array}\right\} \tag{2.3-12}$$

dar, wobei für idealplastischen Werkstoff bei Belastungen nur $\dot{\sigma} = 0$ möglich ist. Entlastungen ziehen nur rein elastische Verzerrungsänderungen gemäß Gl. (2.3-8) nach sich, Belastungen sind mit elastischen und plastischen Verzerrungsänderungen verbunden.

5. Fließregel

Die plastischen Anteile der Verzerrungsänderungen bei Belastung sind durch

$$\dot{\varepsilon}^p = \dot{\sigma}/T^p \tag{2.3-13}$$

mit dem plastischen Tangentenmodul

$$T^P (\varepsilon^P) \;=\; (dR \,/\, d\varepsilon^P) \;\geqslant\; 0 \;\;,\;\; R \;\geqslant\; R_F \qquad\qquad (2.3\text{-}14)$$

gegeben. Für idealplastischen Werkstoff ist $T^P = 0$, $\dot{\sigma} = 0$ und damit $\dot{\varepsilon}^P$ unbestimmt.

Das System der Gleichungen und Ungleichungen (2.3-8) bis (2.3-14) ist nichtlinear, da die Größe der plastischen Verzerrungsinkremente nicht nur vom augenblicklichen Spannungszustand, sondern auch von den plastischen Gesamtverzerrungen, also der Belastungsgeschichte, sowie von der Richtung der Laständerung, also Be- oder Entlastung, abhängt. Eine geschlossene Lösung ist infolgedessen nur für wenige einfache Sonderfälle möglich. Auch eine Superposition von Teillösungen, wie in der Elastizitätstheorie, ist unzulässig.

2.4 Approximation von Materialkennlinien aus Versuchen

Für die rechnerische Bearbeitung von Festigkeitsproblemen ist es erforderlich, das experimentell beobachtete Spannung-Dehnung-Verhalten durch mathematische Funktionen zu erfassen. Bei Anwendung der **linearen Elastizitätstheorie** ist das völlig unproblematisch, es genügt die Angabe des Elastizitätsmoduls E und des Schubmoduls G oder der Querkontraktionszahl ν. Deren Werte sind für die gängigen Werkstoffe in Handbüchern angegeben oder durch Regelwerke vorgegeben. Bei Anwendung der **Plastizitätstheorie** muß dagegen das im Abschnitt 2.2 beschriebene vielfältige Spannung-Dehnung-Verhalten im elastischplastischen Bereich mit möglichst geringem mathematischen Aufwand beschrieben werden. Diesem Ziel stehen zwei grundsätzliche Schwierigkeiten entgegen:

1. Es ist meistens wegen der Ausdehnung des nicht-elastischen Materialbereichs nur sehr grob möglich, den Gesamtbereich der Meßwerte vom Belastungsbeginn bis zum Bruch durch einen einzigen, noch dazu möglichst einfachen mathematischen Ausdruck anzunähern.

2. Die Approximationsfunktionen sollen nicht nur den Verlauf der gemessenen Kurven oder Werte, sondern auch einzelne charakteristische Kennwerte und Eigenschaften (Streckgrenze, Verfestigungsbeginn, Verfestigungsmodul usw.) wiedergeben.

Hier muß der Bearbeiter eines Problems entscheiden, in welchen Meßbereichen eine gute Annäherung notwendig ist oder welche charakteristischen Werte einzuhalten sind. Diese Aufgabe stellt sich nicht bei der plastischen Berechnung von Stahlbauten nach DIN(E) 18 800. Für die genormten Stahlsorten mit ausreichendem Plastizierungsvermögen darf die linearelastische-idealplastische Spannung-Dehnung-Beziehung nach Abschnitt 2.4.3 zugrunde gelegt werden, und die charakteristischen Kennwerte der mechanischen Eigenschaften sind für diese Stahlsorten vorgegeben.

Wegen der erforderlichen subjektiven Bewertungen haben die mathematischen Optimierungsverfahren (z. B. nach dem Kriterium des Minimums der Fehlerquadratsumme) in der Plastizitätstheorie weniger Bedeutung als sonst bei Versuchsauswertungen, so daß auf ihre Behandlung verzichtet werden kann. Von den zahlreichen Approximationsfunktionen von Materialkurven oder -kennwerten, die in der Literatur zu finden sind, werden im folgenden einige wichtige vorgestellt. Die anzunähernden Spannung-Dehnung-Kurven können aus Zug- oder Druckversuchen kommen (vgl. Abschnitt 2.1). Da das Zug- und Druckverhalten als gleich vorausgesetzt wurde, müssen die Approximationsfunktionen entsprechend Gl. (2.3-7) ungerade sein; dies kann ggf. durch Einführung der **sgn**-Funktion

$$\operatorname{sgn} \varepsilon = \begin{cases} +1 \\ -1 \end{cases} \quad \text{für} \quad \varepsilon \begin{cases} > 0 \\ < 0 \end{cases} \tag{2.4-1}$$

erreicht werden. Entlastungen erfolgen in allen Fällen entsprechend Bild 2.3 parallel zur Anfangsgeraden oder zur Tangente im Nullpunkt, also nach Gl. (2.3-8) mit dem Elastizitätsmodul

$$E = \left. \frac{d\sigma}{d\varepsilon} \right|_{\varepsilon=0} . \tag{2.4-2}$$

Die Näherungsfunktionen werden für die Dehnungen ε ohne obere Grenzen angegeben, obwohl diese natürlich in Wirklichkeit durch Erreichen der Verfestigungsdehnung (beim idealplastischen Werkstoffmodell) oder der Bruchdehnung (bei verfestigendem Verhalten) begrenzt sind. Aus den Approximationen für die $\sigma(\varepsilon)$-Kurven erhält man unmittelbar die mathematische Darstellung für die Fließfunktion $R\,(\varepsilon^p)$.

2.4.1 Multilineare Approximation nach Bild 2.5

Diese Näherung, bei der n Wertepaare $\{\varepsilon_i,\,\sigma_i\}$, $i = 1,...,n$ aus dem Versuch vorgegeben werden, ist sehr anpassungsfähig, erfordert aber für mehr als drei Bereiche erheblichen numerischen Aufwand. Für den Bereich (i), begrenzt durch die Wertepaare $\{\varepsilon_{i-1},\,\sigma_{i-1}\}$ und $\{\varepsilon_i,\,\sigma_i\}$ gilt

$$\left. \begin{aligned} \sigma &= \sigma_{i-1} + T_i\,(\varepsilon - \varepsilon_{i-1}) \\ &= \bar{\sigma}_i + T_i\,\varepsilon \end{aligned} \right\} \tag{2.4-3}$$

mit dem **Tangentenmodul**

$$T_i = \frac{\sigma_i - \sigma_{i-1}}{\varepsilon_i - \varepsilon_{i-1}} , \qquad\qquad T_1 = E \tag{2.4-4}$$

und der Abkürzung für $i \geq 2$, $\sigma_o = 0$ und $\varepsilon_o = 0$

$$\bar{\sigma}_i = \sigma_{i-1} - T_i\,\varepsilon_{i-1} = \sum_{j=1}^{i-1} T_j\,(\varepsilon_j - \varepsilon_{j-1}) - T_i\,\varepsilon_{i-1} . \tag{2.4-5}$$

Die Fließfunktion (2.3-5) folgt daraus mithilfe der Fließbedingung (2.3-9) unter Beachtung der Additivität elastischer und plastischer Deformationen für den einachsigen Versuch gemäß Gl. (2.3-2) für $i \geq 2$, $R_1 = |\sigma_1| = R_F$ und $\varepsilon_1^p = 0$:

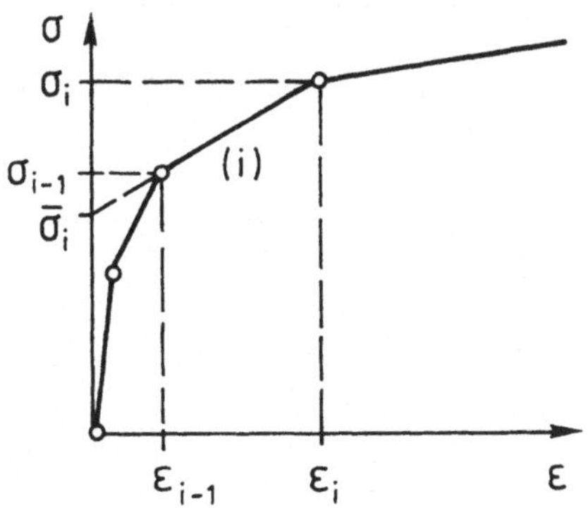

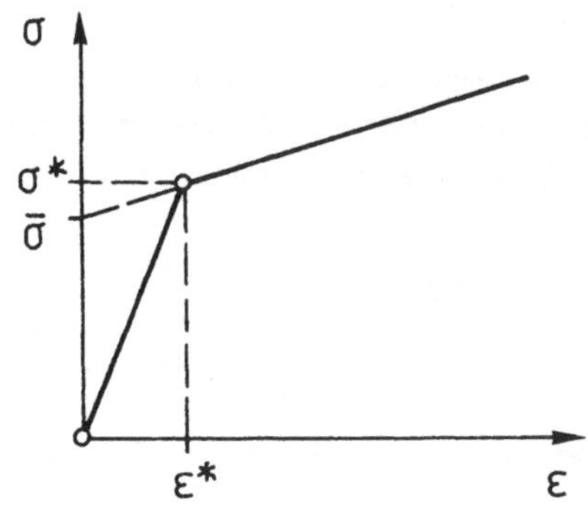

Bild 2.5: *Multilineare Approximation*   *Bild 2.6:* *Bilineare Approximation mit Verfestigung*

$$R\,(\varepsilon^p)\;=\;R_{i\text{-}1}\;+\;\frac{E\,T_i}{E\,\text{-}\,T_i}\;\left|\,\varepsilon^p\,\text{-}\,\varepsilon^p_{i\text{-}1}\,\right|$$

$$=\;\bar{R}_i\;+\;T^p_i\;\left|\,\varepsilon^p\,\right|\;,\;\;\left|\,\varepsilon^p_{i\text{-}1}\,\right|\;\leqslant\;\left|\,\varepsilon^p\,\right|\;\leqslant\;\left|\,\varepsilon^p_i\,\right| \tag{2.4-6}$$

Dabei ist

$$T^p_i\;=\;\frac{E\,T_i}{E\,\text{-}\,T_i} \tag{2.4-6a}$$

der **plastische Tangentenmodul** für den Bereich (i) entsprechend Gl. (2.3-14).

2.4.2   Bilineare Approximation mit Verfestigung nach Bild 2.6

Diese Approximation bietet die einfachste Möglichkeit, Verfestigung zu erfassen. Aus Gl. (2.4-3) folgt für $i = 1, 2$ mit den üblichen Bezeichnungen $T_1 = E$, $T_2 = T$, $\sigma_1 = \sigma^*$, $\varepsilon_1 = \varepsilon^*$ und $\varepsilon^* E = \sigma^*$

$$\begin{aligned}
\sigma\;&=\;E\,\varepsilon && \text{für } 0 \leqslant |\varepsilon| \leqslant |\varepsilon^*| \\
\sigma\;&=\;\sigma^* + T\,(\varepsilon - \varepsilon^*) \\
&=\;\bar{\sigma}\;+\;T\,\varepsilon && \text{für } |\varepsilon| \geqslant |\varepsilon^*|
\end{aligned} \tag{2.4-7}$$

Die Fließfunktion ist demnach mit $|\sigma^*| = R^*$

$$R\,(\varepsilon^p)\;=\;R^*\;+\;T^p\;\left|\,\varepsilon^p\,\right| \tag{2.4-8}$$

2.4.3 Bilineare Approximation ohne Verfestigung nach Bild 2.7

Diese Approximation beschreibt die bekannte Idealisierung von Werkstoffen mit großem LÜDERS-Bereich durch elastisch-idealplastisches Verhalten. Mit $T = 0$, $|\varepsilon^*| = \varepsilon_F$ und $|\sigma^*| = R_F$ ergeben die Gln. (2.4-7) und (2.4-8)

$$\left.\begin{array}{llll} \sigma = E\,\varepsilon & \text{für} & 0 \leq |\varepsilon| \leq \varepsilon_F \\[2mm] \sigma = R_F\,\text{sgn}\,\varepsilon & \text{für} & |\varepsilon| \geq \varepsilon_F \end{array}\right\} \qquad (2.4\text{-}9)$$

und $\qquad R(\varepsilon^p) = R_F$.   (2.4-10)

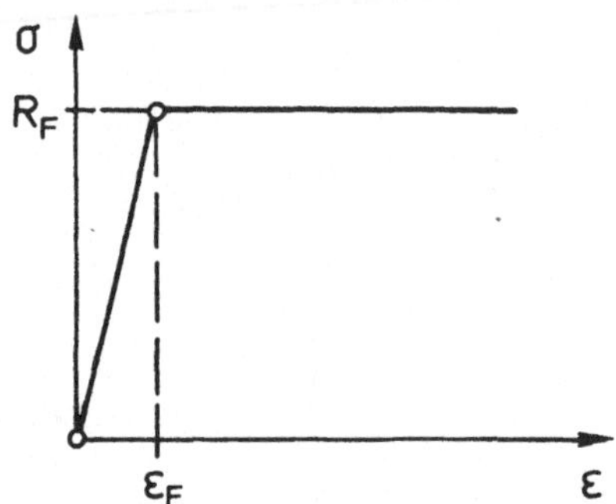

Bild 2.7: Bilineare Approximation ohne Verfestigung

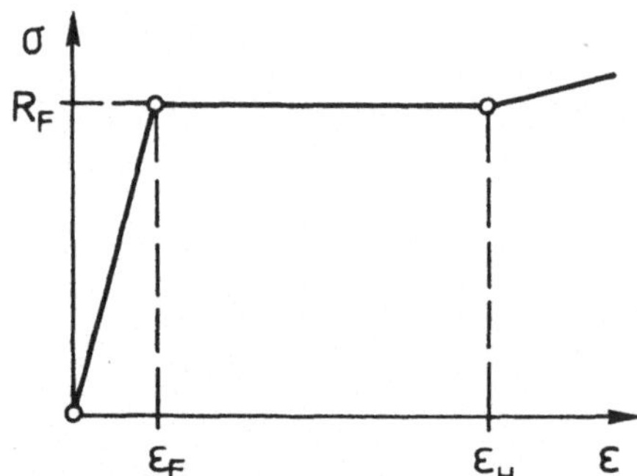

Bild 2.8: Trilineare Approximation mit LÜDERS-Bereich

2.4.4 Trilineare Approximation mit LÜDERS-Bereich nach Bild 2.8

Mit dieser Approximation ist das Verhalten von zähem Baustahl einschließlich des Anfangsbereichs der Verfestigung besonders gut zu erfassen. Aus Gl. (2.4-3) erhält man für $i = 1,2,3$ mit $|\sigma_1| = |\sigma_2| = R_F$, $|\varepsilon_1| = \varepsilon_F$, $|\varepsilon_2| = \varepsilon_H$, $T_1 = E, T_2 = 0, T_3 = T$

$$\left.\begin{array}{llll} \sigma = E\,\varepsilon & \text{für } 0 \leq |\varepsilon| \leq \varepsilon_F \\[1mm] \sigma = R_F\,\text{sgn}\,\varepsilon & \text{für } \varepsilon_F \leq |\varepsilon| \leq \varepsilon_H \\[1mm] \sigma = (R_F + T\,|\varepsilon\text{-}\varepsilon_H|)\,\text{sgn}\,\varepsilon & \text{für } |\varepsilon| \geq \varepsilon_H \end{array}\right\} \qquad (2.4\text{-}11)$$

Die Fließfunktion ist

$$\left.\begin{array}{lll} R(\varepsilon^p) = R_F & \text{für } 0 \leq |\varepsilon^p| \leq \varepsilon_H\text{-}\varepsilon_F \\[3mm] R = R_F + T^p\,(|\varepsilon^p| - \varepsilon_H + \varepsilon_F) \text{ für} & |\varepsilon^p| \geq \varepsilon_H\text{-}\varepsilon_F \end{array}\right\} \qquad (2.4\text{-}12)$$

Nach einer Veröffentlichung der Europäischen Konvention für Stahlbau (EKS) (VOGEL et al. [1984]) können für Baustahl die Werte

$$T \;=\; 0{,}02\ E\ ,$$
$$\varepsilon_H \;=\; 10\ \ \varepsilon_F$$

für die Approximation nach Gl. (2.4-11) verwendet werden.

2.4.5   Die Potenz-Approximation von LUDWIK nach Bild 2.9

Die insbesondere für große plastische Deformationen bei Umformvorgängen und für kubisch flächenzentrierte Werkstoffe ohne ausgeprägte Streckgrenze verwendete Potenzfunktion $\sigma = A\ \varepsilon^k$ ist zwar sehr anpassungsfähig, hat aber bei Annäherung von Materialkennlinien mit anfänglich linear-elastischem Verhalten des Werkstoffs den Nachteil, daß die Tangente im Ursprung senkrecht steht. Sie wird deshalb für solche Werkstoffe mit einer linearen Funktion kombiniert:

$$\left.\begin{array}{ll} \sigma = E\ \varepsilon & \text{für } 0 \leqslant |\varepsilon| \leqslant |\varepsilon^*| \\[2ex] \sigma = A\ |\varepsilon|^k\ \text{sgn}\ \varepsilon \ (0 \leqslant k \leqslant 1) \quad \text{für} \quad |\varepsilon| \geqslant |\varepsilon^*| \end{array}\right\} \qquad (2.4\text{-}13)$$

Zur Bestimmung des Exponenten k ist es am einfachsten, den Ausdruck (2.4-13) etwas umzuformen: Mit $\quad A = |\sigma^*|\,|\varepsilon^*|^{-k}\quad$ und $\quad \sigma^* = E\ \varepsilon^*\quad$ ergibt sich

$$|E / \sigma| \;=\; |\varepsilon^*|^{k-1}\ |\varepsilon|^{-k}$$

$$\log\left(|E / \sigma|\right) \;=\; \log\left(|\varepsilon^*|^{k-1}\right) - k\,\log\,|\varepsilon|\ .$$

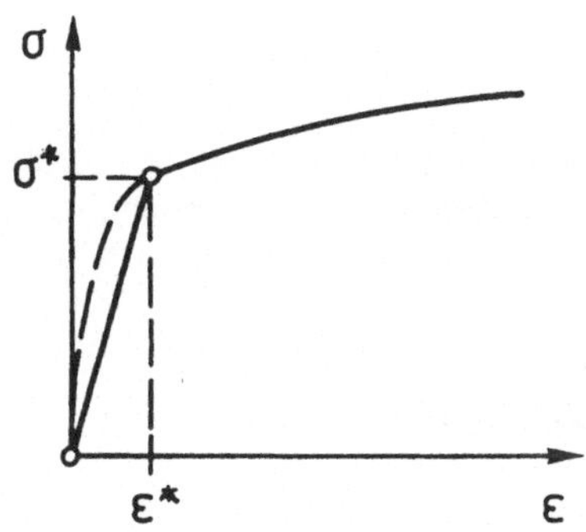

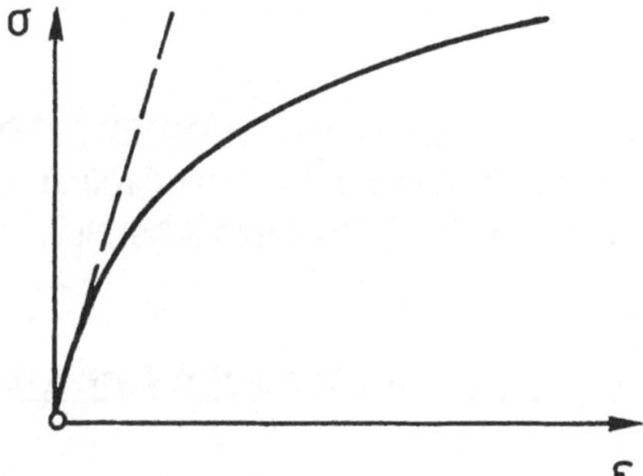

Bild 2.9: *Potenz-Approximation von LUDWIK*

Bild 2.10: *Potenz-Approximation von RAMBERG-OSGOOD*

Bei der Auftragung der Versuchspunkte auf doppelt-logarithmischem Papier kann also die Annäherung durch eine Gerade erfolgen, deren Neigungswinkel den Exponenten liefert. Die Dehnung $|\varepsilon^*|$ läßt sich anschließend aus irgendeinem anderen Wertepaar $\{\varepsilon, \sigma\}$ dieser

Geraden berechnen. Auch hier ist es offensichtlich i. a. nicht möglich, durch $R^* = |\sigma^*|$ zugleich die experimentelle Fließgrenze R_F abzubilden. Wegen der Nichtlinearität von Gl. (2.4-13) kann die Fließfunktion $R\,(\varepsilon^p)$ nicht explizit angegeben, sondern nur iterativ berechnet werden:

$$E\,R^{1/k}\,(\varepsilon^p) - A^{1/k}\,R\,(\varepsilon^p) = A^{1/k}\,E\,|\varepsilon^p|\ . \qquad (2.4\text{-}14)$$

Bei großen plastischen Verzerrungen kann jedoch ggf. der elastische Anteil vernachlässigt werden (vgl. Abschnitt 2.4.8).

2.4.6 Die Potenz-Approximation von RAMBERG-OSGOOD nach Bild 2.10

Diese Approximation ist in der englisch-sprachigen Literatur, insbesondere mit der "Deformationstheorie der Plastizität" (Abschnitt 10.5), sehr gebräuchlich. Sie hat den Vorteil, im ganzen Bereich zu gelten.

$$\frac{\varepsilon}{\varepsilon^*} = \frac{\sigma}{\sigma^*} + \alpha\left[\frac{\sigma}{\sigma^*}\right]^n \qquad \alpha > 0,\ n \geq 1 \ . \qquad (2.4\text{-}15)$$

Die Gleichung wird meist mit den Bezugsgrößen $\sigma^* = R_F\ \mathrm{sgn}\ \varepsilon$ und $\varepsilon^* = \sigma^*/E = \varepsilon_F\ \mathrm{sgn}\ \varepsilon$ verwendet. Für die Bestimmung des Exponenten n kann wieder das in Abschnitt 2.4.5 geschilderte Verfahren der doppelt-logarithmischen Darstellung der Versuchswerte angewendet werden. Da der erste Term in Gl. (2.4-15) den elastischen Anteil der Dehnungen beschreibt, ist die Fließfunktion einfach

$$R\,(\varepsilon^p) = R_F\left[\frac{|\varepsilon^p|}{\alpha\ \varepsilon_F}\right]^{1/n} \geq 0\ . \qquad (2.4\text{-}16)$$

Die Approximation nach RAMBERG-OSGOOD ist von Anfang an nichtlinear und hat - trotz der formalen Verwendung der Größen R_F und ε_F - keinen vollelastischen Anfangsbereich, d. h. die Fließfunktion beginnt bei Null.

2.4.7 Hyperbolische Approximation nach Bild 2.11

Die einfache tanh-Funktion

$$\sigma = \sigma^*\ \tanh\frac{E\,\varepsilon}{\sigma^*} \qquad (2.4\text{-}17)$$

beschreibt ein "Sättigungsverhalten" der Verfestigung mit $\sigma \rightarrow \sigma^*$ für $\varepsilon \rightarrow \infty$, hat aber wie die Potenzfunktion den Nachteil, daß Werkstoffe mit ausgeprägtem linearen Anfangsbereich nicht erfaßt werden können. Die Kombination mit einer linearen Funktion führt zu

$$\sigma = E\,\varepsilon \qquad\qquad\qquad\qquad \text{für } 0 \leqslant |\varepsilon| \leqslant \varepsilon_0$$

$$\sigma = \left[R_0 + (R_F - R_0)\,\tanh\frac{E\,|\varepsilon-\varepsilon_0|}{R_F - R_0}\right]\,\mathrm{sgn}\,\varepsilon \quad\text{für}\quad |\varepsilon| \geqslant \varepsilon_0 \qquad (2.4\text{-}18)$$

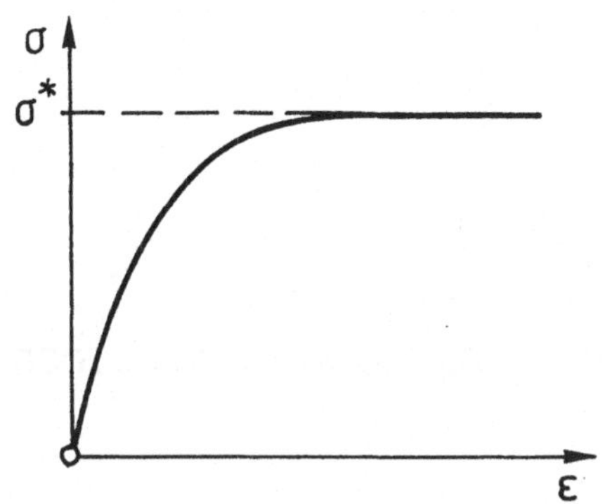
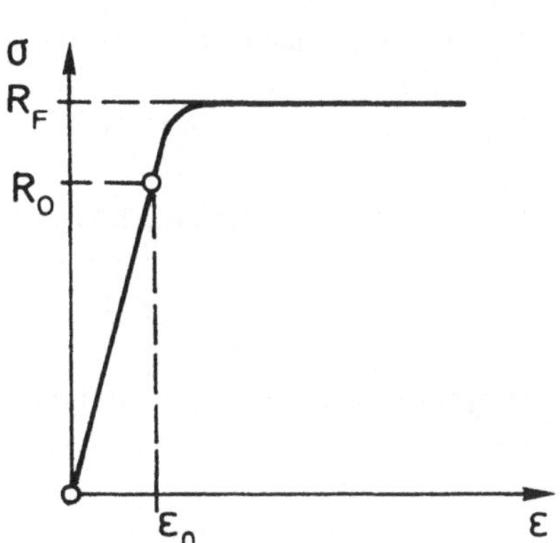

Bild 2.11: Hyperbolische Approximation

Diese Funktion mit $R_0 = 0{,}8\ R_F$ als Proportionalitätsgrenze liegt der Knickspannungslinie der (noch) geltenden DIN 4114 zugrunde; sie beschreibt ein idealplastisches Materialverhalten im Grenzfall $\varepsilon \to \infty$ mit nichtlinear verfestigendem Übergangsbereich. Eine explizite Angabe der Fließfunktion $R\,(\varepsilon^P)$ ist wegen der Nichtlinearität wie im Falle der LUDWIK-Gleichung nicht möglich.

2.4.8   Starr-plastische Werkstoffmodelle

Bei großen plastischen Verzerrungen können häufig die elastischen Anteile vernachlässigt werden. Dies führt zu den starr-plastischen Werkstoffmodellen, indem formal der Grenzübergang $E \to \infty$ durchgeführt wird, wodurch

$$\varepsilon = 0 \qquad \text{für} \quad |\sigma| \leqslant R_F \qquad\qquad (2.4\text{-}19)$$

wird. Entlastungen erfolgen demnach ohne Verzerrungsänderungen, also parallel zur σ-Achse, und der plastische Tangentenmodul ist

$$T^P = \frac{dR}{d\varepsilon^P} = T = \frac{d\sigma}{d\varepsilon} \quad\text{für}\quad |\sigma| \geqslant R_F \qquad\qquad (2.4\text{-}20)$$

In diesem Sinne werden Materialkurve und Fließkurve identisch

$$|\sigma(\varepsilon)| = R\,(\varepsilon^P)\,, \qquad\qquad (2.4\text{-}21)$$

und man hat insbesondere als Fließkurven

für bilineare Approximation mit Verfestigung

$$R\,(\varepsilon^p)\ =\ R^*\ +\ T\ |\,\varepsilon^p\,|\ ,$$

für bilineare Approximation ohne Verfestigung

$$R\,(\varepsilon^p)\ =\ R_F\ ,$$

für Potenz-Approximation nach LUDWIK

$$R\,(\varepsilon^p)\ =\ A\ |\,\varepsilon^p\,|^k$$

und als Spannung-Dehnung-Kurve für die Potenz-Approximation nach RAMBERG-OSGOOD

$$\frac{\varepsilon}{\varepsilon^*}\ =\ \alpha\ \left[\ \frac{\sigma}{\sigma^*}\ \right]^{n}\qquad \alpha\ >\ 0,\ n\ \geq\ 1\ .$$

2.5   Streuung der Werkstoffkennwerte über den Stabquerschnitt

Abschließend eine Bemerkung zur Verteilung von Werkstoffkennwerten und -kennlinien bei realen Bauteilen und Bauwerken: Bei der Bestimmung elastischer Verformungen von Systemen aus einheitlichem Werkstoff kann meist vorausgesetzt werden, daß die Kenngrößen (Elastizitätsmodul E und Querkontraktionszahl ν) für das gesamte System Konstanten sind. Nach MASSONET & SAVE [1985] betragen die Abweichungen des Elastizitätsmoduls vom Mittelwert für verschiedene Stahlsorten nicht mehr als 5 %. Die zur Beschreibung von plastischem Werkstoffverhalten zusätzlich erforderlichen Kenngrößen (Streckgrenze, Dehnung bei Beginn der Verfestigung, Verfestigungsmodul) können aber, vor allem durch den Herstellungsprozeß bedingt, sehr viel stärker schwanken. Diese Schwankungen treten bereits innerhalb eines Querschnitts auf, wenn Proben für Zugversuche an verschiedenen Stellen entnommen werden. Als ein Beispiel zeigt Bild 2.12 die aus Feindehnungsmessungen ermittelten unterschiedlichen Werte der Fließgrenze R_F aus 19 Proben, die über die Querschnittsfläche eines handelsüblichen Profils IPB 100 aus St 37 verteilt sind (BURTH et al. [1980]).

Es kann hier nicht auf die Problematik eingegangen werden, auf welche Weise repräsentative Werte für einen Querschnitt zu bestimmen sind, wenn Versuchsergebnisse ausgewertet werden. Es empfiehlt sich in diesem Fall ohnehin, von dem im Abschnitt 3.1.5 erwähnten Fasermodell Gebrauch zu machen. Für die Berechnung von Tragwerken nach DIN(E) 18800 sind repräsentative Werte der Streckgrenze für den ganzen Querschnitt in Abhängigkeit von der Erzeugnisdicke vorgegeben. Die Auswirkung der Streuung der Streckgrenze über den Querschnitt wird ebenso wie die Auswirkung der Eigenspannungen bei Anwendung der Theorie 2. Ordnung dadurch erfaßt, daß für diese strukturellen Imperfektionen und für die geometrischen Imperfektionen zusammen **geometrische Ersatzimperfektionen** eingeführt werden. Das sind festgelegte Vorkrümmungen und Vorverdrehungen der Stäbe, die nach bestimmten Regeln anzusetzen sind.

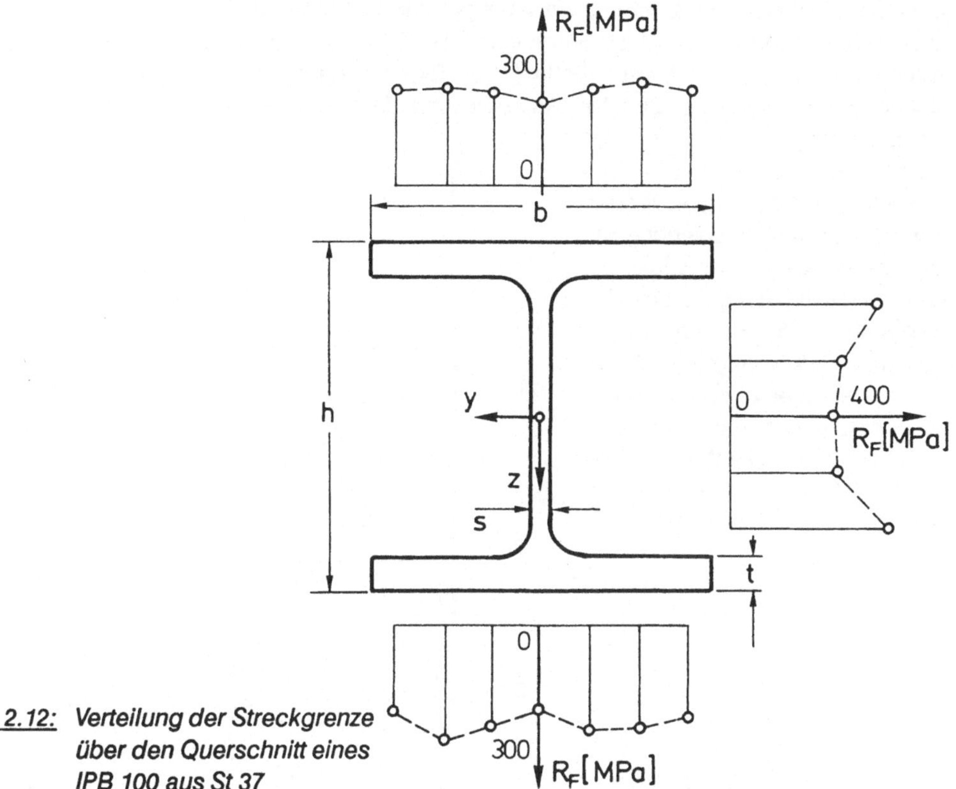

Bild 2.12: *Verteilung der Streckgrenze über den Querschnitt eines IPB 100 aus St 37*

2.6 Anwendung auf ein einfaches Tragwerksmodell

Zur Einführung sollen an dem einfachen Modell nach Bild 2.13 einige wesentliche Merkmale des Verhaltens elastisch-plastischer Systeme gezeigt werden, die später in allgemeiner Form behandelt werden. Das Modell besteht aus einem starren Balken 3, der durch zwei deformierbare Stäbe *1* und *2* mit den Querschnittsflächen A_1 und A_2, aber aus dem gleichen Werkstoff, gehalten wird. Die Stäbe sollen nur Zug- oder Druckkräfte aufnehmen, Instabilitätserscheinungen seien ausgeschlossen. Die Berechnung des einfach statisch unbestimmten Systems erfolgt für kleine Verschiebungen nach Theorie 1. Ordnung, wobei der einzige Unterschied zur üblichen Berechnung nach der Elastizitätstheorie darin besteht, daß für die Stäbe elastisch-idealplastischer oder elastisch-verfestigender Werkstoff zugrunde gelegt wird.

Die **Gleichgewichtsbedingung** am freigeschnittenen System lautet mit der Abkürzung $\lambda = L_2/L_1$, $0 < \lambda < 1$, und den Schnittlasten S_1 bzw. S_2 der Stäbe 1 bzw. 2

$$F = S_1 + \lambda S_2 \ ,$$
(2.6-1)

die **kinematische Bedingung** für die Verschiebungen v_1 bzw. v_2 der Stabenden 1 bzw. 2

$$\lambda v_1 = v_2 \quad .$$
(2.6-2)

Die **Schnittlast-Randverschiebung-Beziehungen** für die Stäbe erhält man direkt aus den entsprechenden Werkstoffgesetzen, wenn eine über die Querschnitte konstante Spannungsverteilung und damit - zunächst - Freiheit von Eigenspannungen vorausgesetzt wird. Diese Spannungsverteilung bei Zug/Druckstäben führt dazu, daß im ganzen Querschnitt A die

Fließspannung R_F gleichzeitig erreicht wird und damit auch die Fließschnittlast $S_F = R_F A$. Mit den Schnittlast-Randverschiebung-Beziehungen stehen vier Gleichungen zur Bestimmung der vier Unbekannten S_1, S_2, v_1, v_2 bei gegebenem F zur Verfügung. Da in den ersten drei Abschnitten nur Laststeigerungen betrachtet werden, genügt es, die Werkstoffgesetze und Fließbedingungen für positive Größen anzuschreiben.

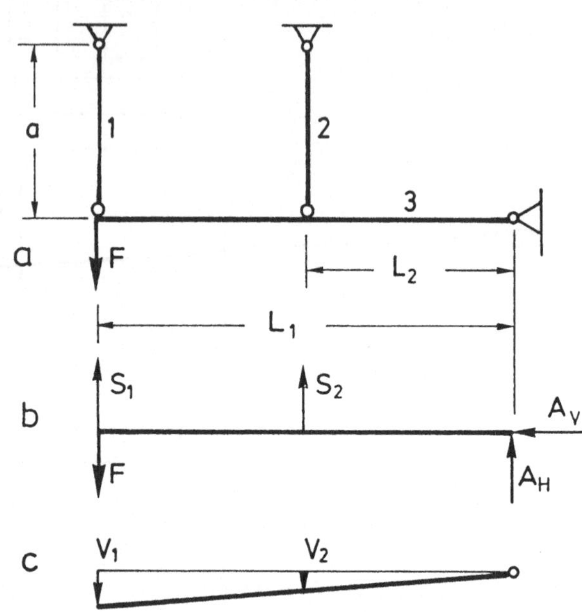

Bild 2.13: _Tragwerksmodell_
  a) System
  b) Schnitt
  c) Verschiebungen

2.6.1   Lösung für elastischen Werkstoff

Da das System ohne Eigen- und Restspannungen sich elastisch verhält, wenn die Belastung von Null an gesteigert wird, gilt nach der ersten Gleichung von (2.4-7) oder (2.4-9) oder (2.4-11) mit $S_i = \sigma_i A_i$, $\varepsilon_i = v_i/a$, $\varepsilon_{1F} = \varepsilon_{2F} = v_{el}/a$, $v_{el} > 0$

$$S_i = EA_i v_i /a \qquad \text{für} \quad 0 \leqslant v_i \leqslant v_{el} \quad \text{oder} \quad 0 \leqslant S_i \leqslant S_{1F} = R_F A_i \qquad (2.6\text{-}3)$$

Mit den Abkürzungen $A_1/A_2 = S_{1F}/S_{2F} = \kappa$, $S_1/S_2 = \kappa/\lambda$ lautet die Lösung

$$F = S_1 \left[1 + \frac{\lambda^2}{\kappa} \right] = S_{1F} \left[1 + \frac{\lambda^2}{\kappa} \right] \frac{v_1}{v_{el}} \qquad \text{für} \quad 0 \leqslant F \leqslant F_{el} \qquad (2.6\text{-}4)$$

Es ist nun zu prüfen, welche Stabkraft zuerst die Größe der **Fließschnittlast** erreicht. Da unabhängig vom Querschnittsverhältnis $S_1/S_{1F} > S_2/S_{2F} = \lambda S_1/S_{1F}$ ist, wird die **Fließbedingung** $S_i = S_{iF}$ entsprechend Gl. (2.3-9) zuerst in Stab 1 erfüllt.

Die Last, bei der zum erstenmal bei Steigerung der Belastung von Null an die Fließspannung R_F erreicht wird, wird als **elastische Grenzlast** bezeichnet, sie begrenzt die Gültigkeit der Gl. (2.6-4). Mit $S_1 = S_{1F}$ und $v_1 = v_{el}$ kommt aus Gl. (2.6-4)

$$F_{el} = S_{1F} \left[1 + \frac{\lambda^2}{\kappa} \right] \; . \qquad (2.6\text{-}5)$$

Mit der Berechnung dieser Grenzlast unter der üblichen, aber nicht zutreffenden Annahme eines spannungsfreien Anfangszustands ist der Grenzzustand nach dem klassischen Konzept der Elastizitätstheorie bestimmt. Der Sicherheitsfaktor ergibt sich nach Gl. (1.3-1) zu $\gamma_{el} = S_{1F}/S_{1zul}$ mit einer festzulegenden zulässigen Stabkraft S_{1zul} .

2.6.2 Lösung für idealplastischen Werkstoff

Mit dem Erreichen von F_{el} ist die Tragfähigkeit des statisch unbestimmten Systems keinesfalls erschöpft, da Stab 2 noch weiter belastet werden kann, nur Stab 1 entzieht sich weiterer Belastung. Bei Laststeigerung muß die zusätzliche Belastung allein vom sogenannten **elastischen Restsystem** getragen werden, das hier aus dem starren Balken und dem noch elastischen Stab 2 besteht. Das elastische Restsystem hat eine **Reststeifigkeit**, hier die Steifigkeit des Stabes 2, durch die die Verformungen der plastischen Systemteile, hier Stab 1, begrenzt werden, man spricht auch von "eingeschränkter plastischer Verformung".

Nach Gl. (2.4-9) gilt für Stab 1 $S_1 = S_{1F}$ für $v_1 \geq v_{el}$, für Stab 2 weiter Gl. (2.6-3), bis die Fließbedingung $S_2 = S_{2F}$ erfüllt wird. Das System ist, da S_1 bekannt ist, statisch bestimmt und die Gleichgewichtsbedingung Gl. (2.6-1) ergibt mit Gl. (2.6-2)

$$F = S_{1F} + \lambda S_2 = S_{1F} + \frac{\lambda^2}{\kappa} S_{1F} \frac{v_1}{v_{el}} \quad \text{für} \quad F_{el} \leq F \leq F_{pl} \; . \qquad (2.6\text{-}6)$$

Wenn die Grenze $S_2 = S_{2F}$ erreicht wird, ist keine Laststeigerung möglich, der starre Balken kann sich bei konstanten Schnittlasten in den Stäben theoretisch unbeschränkt verschieben. Dieser Zustand des Systems wird als **Fließmechanismus** bezeichnet, die zugehörige Belastung als **plastische Grenzlast** F_{pl}. Sie ergibt sich aus Gl. (2.6-6) zu

$$F_{pl} = S_{1F} + \lambda S_{2F} = S_{1F} \left[1 + \frac{\lambda}{\kappa} \right] > F_{el} \; . \qquad (2.6\text{-}7)$$

Wegen $\lambda > 0$ und $\kappa > 0$ ist die plastische Grenzlast stets größer als die elastische, und der zugehörige Sicherheitsfaktor $\gamma_{pl} = F_{pl}/F_{zul} = \gamma_{el} F_{pl}/F_{el} > \gamma_{el}$ ist der im Verhältnis der Grenzlasten vergrößerte Sicherheitsfaktor γ_{el}.

Die plastische Grenzlast kann bei statisch unbestimmten Systemen grundsätzlich auf zwei Arten bestimmt werden:

a. Schrittweises Hochrechnen
Es wird, wie in diesem Beispiel, der gesamte vorgegebene Belastungsweg rechnerisch verfolgt. Da mit dem Erreichen einer Fließschnittlast eine vorher unbekannte Größe für die weitere Rechnung bekannt ist, sind nacheinander statisch unbestimmte Systeme mit dem je-

weils um eins verminderten Grad der Unbestimmtheit zu untersuchen, bis sich mit dem Erreichen der Fließschnittlast am letzten, statisch bestimmten System die plastische Grenzlast und der zugehörige Fließmechanismus ergeben.

b. Gleichgewicht am Fließmechanismus

Wenn vorausgesetzt wird, daß ein Fließmechanismus existiert, sind damit die Fließschnittlasten bekannt, hier die Stabkräfte $S_1 = S_{1F}$ und $S_2 = S_{2F}$, und die Gleichgewichtsbedingung an diesem verschieblichen System, hier Gl. (2.6-1), liefert ohne die statisch unbestimmte Zwischenrechnung dasselbe Ergebnis. Der Vorteil dieses Lösungsweges ist die einfache Rechnung, der Nachteil, daß alle Zwischenzustände der Schnittlasten und die Verschiebungen des Systems unbekannt bleiben. In diesem Beispiel ist nur ein Mechanismus möglich, wenn mehrere Mechanismen möglich sind, müssen die Grenzlastsätze (Abschnitt 7.2) herangezogen werden.

Das Ergebnis der Berechnungen ist als normierte Kraft-Verformung-Kurve A-B-C für die Werte $\lambda = 1/2$, $\kappa = 3/4$ in Bild 2.14 eingetragen. Ebenfalls eingetragen sind die Kräfte in den Stäben 1 und 2. Man erkennt, daß der proportionale Zusammenhang zwischen Kraft F und Verformung v beim Erreichen der Fließschnittlast verloren geht, weil sich die Steifigkeit des Systems sprunghaft ändert. Der Fließmechanismus hat keine Systemsteifigkeit mehr, d. h. Verformungen in Belastungsrichtung sind ohne Widerstand möglich. Dieser Grenzzustand tritt hier bei Verschiebungen ein, die doppelt so groß sind wie die Verschiebungen unter der elastischen Grenzlast.

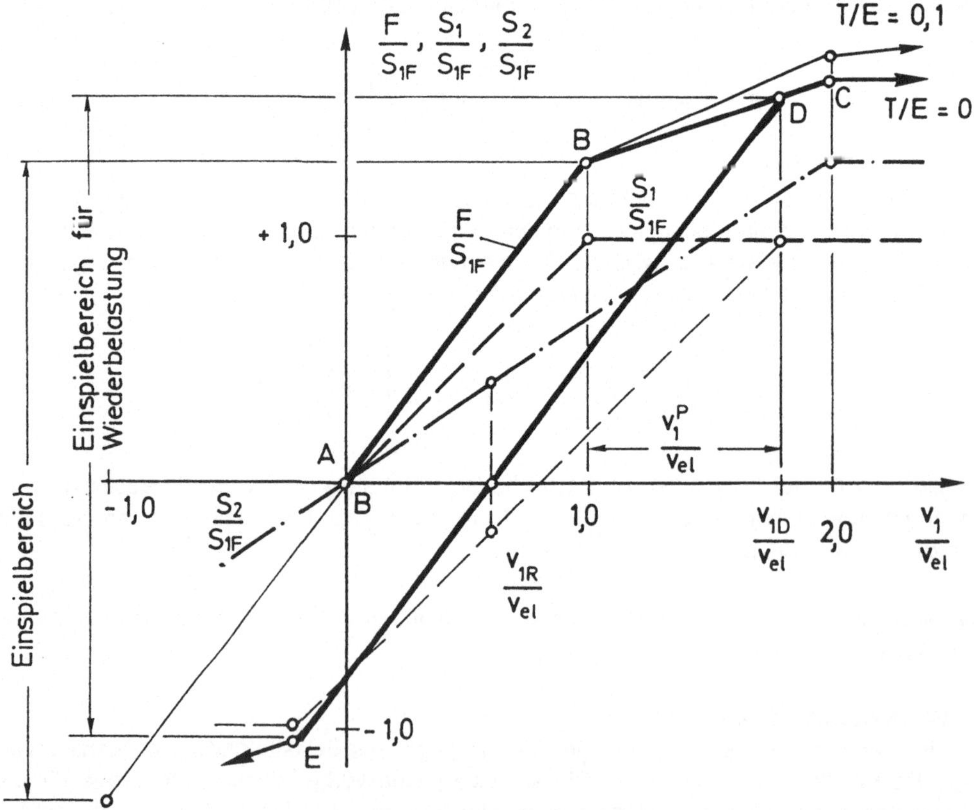

Bild 2.14: *Kraft-Verformung-Kurve*

Aufschlußreich ist die unterschiedliche Ausnutzung S_i/S_{iF} der Stäbe bei der Laststeigerung, dargestellt in Bild 2.15. Während im elastischen Bereich ($F \leqslant F_{el}$) das Verhältnis der Ausnutzung der Stäbe konstant ist, ändert sich im plastischen Bereich ($F_{el} \leqslant F \leqslant F_{pl}$) nur noch die Ausnutzung des Stabes 2, sie wächst viel stärker als vorher, bis für $F = F_{pl} = 1,25\, F_{el}$ beide Stäbe voll ausgenutzt sind. Man bezeichnet diesen Vorgang als **Schnittlastenumlagerung**, den Endzustand der vollen Ausnutzung als **Schnittlastenausgleich**. Die Schnittlastenumlagerung ist der Grund dafür, daß die bei statisch unbestimmten Systemen vorhandene Tragfähigkeitsreserve ausgenutzt werden kann. Bei statisch bestimmten Systemen ist die maximale Tragfähigkeit mit der ersten Fließschnittlast erreicht, weil keine Umlagerung auf nicht ausgenutzte Systemteile möglich ist (z. B. für das Modell ohne Stab 2).

2.6.3   Lösung für verfestigenden Werkstoff

Der Lösungsweg soll hier nicht vorgeführt werden, da er sich - bei Laststeigerung - von der elastischen Lösung 2.6.1 nur dadurch unterscheidet, daß mit einem anderen Modul und einer zusätzlichen Konstanten in der Werkstoffunktion Gl. (2.4-7) gerechnet wird. Die Lösungen sind

$$F = S_{1F}\left[1-\frac{T}{E}\right] + S_{1F}\left[\frac{T}{E}+\frac{\lambda^2}{\kappa}\right]\frac{v_1}{v_{el}} \qquad \text{für } S_{1F}\,\lambda/\kappa \leqslant S_2 \leqslant S_{2F} \qquad (2.6\text{-}8)$$

$$F = S_{1F}\left[1-\frac{T}{E}\right]\left[1+\frac{\lambda}{\kappa}\right] + S_{1F}\frac{T}{E}\left[1+\frac{\lambda^2}{\kappa}\right]\frac{v_1}{v_{el}} \qquad \text{für } S_2 \geqslant S_{2F}\,. \qquad (2.6\text{-}9)$$

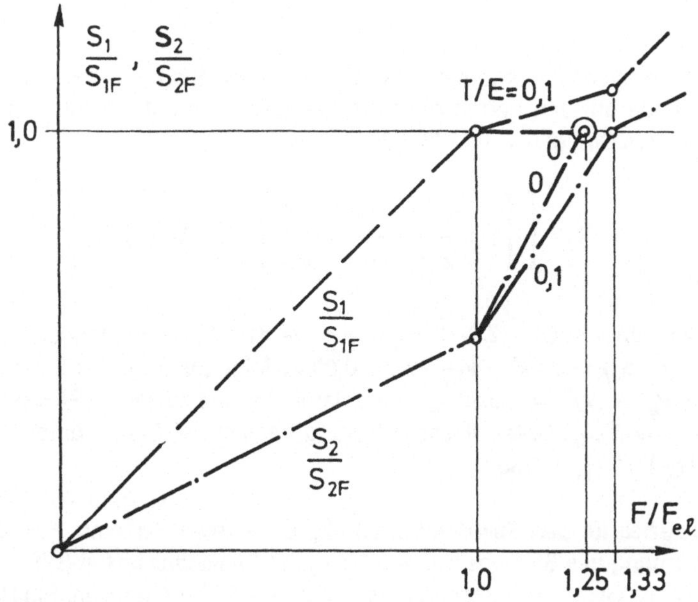

Bild 2.15: *Ausnutzung der Stäbe*

Die Ergebnisse sind für $T/E = 0,1$ in den Bildern 2.14 und 2.15 eingetragen. Es ist festzustellen, daß zwar eine deutliche Schnittlastenumlagerung, aber **kein Schnittlastenausgleich** zustande kommt. Die Steifigkeit des Systems nimmt ebenfalls sprunghaft ab, bleibt aber endlich. Da beide Stäbe theoretisch unbeschränkt tragfähig bleiben, könnte eine Grenzlast nur über die **Beschränkung der Verformungen** festgelegt werden.

Das Verhältnis $T/E = 0,1$ wurde hier der Deutlichkeit wegen relativ groß gewählt, bei Stahl mit einem Verfestigungsmodul um $T/E = 0,02$ kommt ein Schnittlastenausgleich und ein Fließmechanismus "fast" zustande ($S_1/S_{1F} = 1,02$, $S_2/S_{2F} = 1,0$ für $F/F_{el} = 1,265$, $T/E = 0,02$), so daß die elastisch-idealplastische Rechnung eine sehr gute Näherung darstellt.

2.6.4   Entlastung für idealplastischen Werkstoff

Das System soll kurz vor Erreichen der plastischen Grenzlast entlastet werden, die Entlastung erfolge im Punkt D, Bild 2.14, bei $F_D = 1,60 \, S_{1F} < F_{pl} = 1,67 \, S_{1F}$ und der Verschiebung $v_{1D} = 1,80 \, v_{el}$ aus Gl. (2.6-7) mit $\lambda = 1/2$ und $\kappa = 3/4$.

Während bei Laststeigerung wegen $S > 0$ und $\dot{S} > 0$ die Belastungsbedingungen $S\dot{S} \geq 0$ entsprechend Gl. (2.3-12) stets erfüllt ist, gilt nun wegen $S\dot{S} < 0$ die Entlastungsbedingung, d. h. alle Verformungsänderungen aus dem unter S erreichten Zustand erfolgen rein elastisch. Es ändert sich wieder nur die Schnittlast-Randverschiebung-Beziehung für den Stab 1, aus Bild 2.14 kann man mit $v_{1D} = v_{el} + v_1^p$ ablesen

$$S_1 = S_{1F} - \frac{EA_1}{a} (v_{1D} - v_1) = \frac{EA_1}{a} (v_1 - v_1^p) \qquad \text{für} \quad |S_1| \leq S_{1F} \qquad (2.6\text{-}10)$$

Die elastische Gerade, die das Verhalton von Stab 1 beschreibt, verschiebt sich in Bild 2.14 gerade um den Betrag der bisher aufgelaufenen plastischen Verlängerung v_1^p des Stabes. Mit den Gln. (2.6-1) und (2.6-2) folgt die Lösung

$$F = S_{1F} \left[\left(1 + \frac{\lambda^2}{\kappa} \right) \frac{v_1}{v_{el}} - \frac{v_1^p}{v_{el}} \right] \qquad \text{für} \quad F_E \leq F \leq F_D \, , \qquad (2.6\text{-}11)$$

die sich von Gl. (2.6-4) nur durch die Konstante unterscheidet. Mit der Fließbedingung $S_1 = -S_{1F}$ und $v_1^p = v_{1D} - v_{el} = 0,80 \, v_{el}$ folgt aus Gl. (2.6-10) die Systemverschiebung, $v_1 = -v_{el} + v_1^p = -0,20 \, v_{el}$, und damit die Grenze für die Gültigkeit von Gl. (2.6-11) zu $F_E = -1,07 \, S_{1F}$. Unter dieser Belastung beginnt der Stab 1 unter Druck zu fließen, wobei jetzt $|F_E| < F_{el} = 1,33 \, S_{1F}$ ist.

Speziell für den Fall des vollständig entlasteten Systems, $F = 0$, ergibt sich eine **Restverformung** des Systems $v_1^R = 0,60 \, v_{el}$ mit **Restschnittlasten** $S_1^R = -0,20 \, S_{1F}$, $S_2^R = 0,40 \, S_{1F}$, die die Gleichgewichtsbedingung $S_1^R + \lambda S_2^R = 0$ erfüllen. Ein Restschnittlastenzustand bildet sich immer bei Entlastung statisch unbestimmter Systeme, wenn während der Belastung plastische Verformungen aufgetreten sind.

Der durch die plastische Verformung verursachte Restverformungszustand mit dem Rest-schnittlastenzustand bewirkt eine Verschiebung des Bereichs der Belastung F, in dem **nur elastische Verformungen** des Systems auftreten. Soweit alle möglichen zukünftigen Bela-stungen in diesem Bereich bleiben, also zusätzlich zu den anfänglichen plastischen Verfor-mungen keine weiteren erfolgen, bezeichnet man diesen Vorgang als **Einspielen** (shake down) und den entsprechenden Belastungsbereich als **Einspielbereich**. Dieser Bereich ist für das eigen- und restspannungsfreie System gegeben durch

$$-1,33\, S_{1F} \; = \; -F_{el} \; \leqslant \; F \; \leqslant \; F_{el} \; = \; +1,33\, S_{1F} \; .$$

Die Fließbedingungen $S_1 = +S_{1F}$ und $S_1 = -S_{1F}$ führen mit den Gln. (2.6-10) und (2.6-11) auf

$$-1,07\, S_{1F} \; = \; F_E \; \leqslant \; F \; \leqslant \; F_D \; = \; 1,60\, S_{1F}$$

mit zwei verschiedenen elastischen Grenzlasten für $F < 0$ und für $F > 0$. Der Einspielbereich ist also durch die plastische Verformung in Richtung der ursprünglichen Belastung verscho-ben worden, das System verhält sich elastisch unter Kräften, die größer sind als die elasti-sche Grenzlast F_{el}. Das Beispiel zeigt, daß die elastische Grenzlast von den Restschnittlasten im System abhängt, während die plastische Grenzlast nach Gl. (2.6-7) unabhängig von den Restschnittlasten nur durch $S_1 = S_{1F}$, $S_2 = S_{2F}$ bestimmt ist.

Mit Restschnittlasten ergibt sich für die elastische Grenzlast der Sicherheitsfaktor $\gamma_e{}^R = S_{1F}/(S_{1zul} + S_1{}^R)$, und wegen $S_1{}^R < 0$ gilt für $F > 0$: $\gamma_e{}^R > \gamma_{el}$, für $F < 0$: $\gamma_e{}^R < \gamma_{el}$, d. h. die tatsächliche Sicherheit ist größer oder kleiner als die für das restspannungsfreie System.

2.6.5   Auswirkung von Eigenspannungen

Zu einer Eigenspannungsverteilung, wie in Bild 1.1 für ein IPB-Profil dargestellt, werde eine konstante Spannungsverteilung addiert, bis in Steg- und Gurtmitte die Fließspannung R_F er-reicht wird unter der elastischen Grenzlast $S_F' < S_F$. Wenn die Stabkraft weiter gesteigert wird, erfahren, von der Mitte ausgehend, Teile des Stegs und der Gurte bei elastisch-ideal-plastischem Werkstoff plastische Verzerrungen unter konstanter Spannung, während die noch elastischen Teile des Querschnitts weitere Spannungen aufnehmen können, bis im ganzen Querschnitt $\sigma = R_F$ ist. Diese Spannungsumlagerung verläuft völlig analog zu der unter 2.6.2 geschilderten Schnittlastenumlagerung. Die Folge ist eine Änderung der Schnitt-last-Randverschiebung-Beziehung für den Stab: Die HOOKEsche Gerade wird bei einer Kraft $S_F' < S_F$ verlassen, es treten plastische Stabverformungen auf, und die Schnittlast-Verschie-bung-Kurve verläuft nichtlinear. Die maximale Kraft S_F, die plastische Grenzlast des Quer-schnitts, wird erst nach größeren Verformungen erreicht. Für die Größe der Stabkraft $S_F = R_F\, A$ ist die vor der Plastizierung vorhandene Eigenspannungsverteilung ohne Bedeutung, und bei Entlastung nach vollständiger Plastizierung ist der Querschnitt frei von Eigen-spannungen. Damit sind auch die Folgen für das System übersehbar: Die elastische Grenz-last wird früher erreicht, die Verformungen sind unter der gleichen Belastung größer und die Kraft-Verformung-Kurve in Bild 2.14 ist nicht mehr abschnittsweise linear, aber die Größe der plastischen Grenzlast wird nicht beeinflußt.

3.   Biegung gerader Balken: Spannungszustand

3.1   Grundgleichungen

3.1.1 Voraussetzungen

Die Voraussetzungen und die Vorgehensweise bei der Aufstellung der grundlegenden Gleichungen für die Bestimmung des Spannungszustandes im Balken sind - mit Ausnahme des Werkstoffgesetzes, das z. B. durch die in Abschnitt 2.4 vorgestellten Gleichungen gegeben sein kann, - im wesentlichen dieselben wie in der elementaren Biegetheorie der Elastizitätstheorie:

(1)   Der Balken sei gerade und die Querschnittsabmessungen seien klein gegenüber der Länge und über die Länge konstant.

(2)   Einzige Schnittlasten seien ein konstantes Biegemoment und eine konstante Längskraft.

(3)   Die Querschnitte sollen bei der Deformation eben bleiben und senkrecht zur Balkenachse, der Verbindungslinie der Querschnittsschwerpunkte, stehen (BERNOULLI-Hypothese). Diese Voraussetzung soll für die elastischen und die plastizierten Bereiche des Balkens gelten. Zur experimentellen Absicherung vgl. Abschnitt 4.

(4)   Die Auswirkung unterschiedlicher Querdehnungszahlen in elastischen, ideal-plastischen oder verfestigenden Werkstoffbereichen werde nicht berücksichtigt.

Unter diesen Voraussetzungen herrscht im Balken ein einachsiger Spannungszustand σ = = $\sigma_{xx} \neq \sigma_{xx} (x)$, und alle daraus folgenden Gleichungen gelten deshalb strenggenommen nur für den Fall der "reinen", d. h. querkraftfreien Biegung. Sie werden aber - wie in der Elastizitätstheorie - auch als Näherung für die Fälle genommen, in denen alle äußeren Kräfte auf den Balken in einer Ebene wirken, und damit $\underline{M} = \underline{M} (x)$, aber $M_y (x) / M_z (x)$ = konst und $Q_z \neq 0$, $Q_y \neq 0$ gilt. Das Problem der Biegung mit Querkraft wird im Rahmen der mehrachsigen Spannungszustände behandelt, siehe Abschnitt 11.1. Von den Ergebnissen sei hier vorweggenommen, daß der Einfluß der Querkraft auf das übertragbare Biegemoment vernachlässigbar ist, wenn die betrachteten Balken nicht sehr kurz sind, also $L \gg h,b$, wie unter (1) vorausgesetzt wurde.

3.1.2 Einführendes Beispiel

Es wird ein einfachsymmetrischer T-Querschnitt aus elastisch-idealplastischem Werkstoff nach Bild 3.1 betrachtet, der nur durch ein von Null an gesteigertes Biegemoment $M_y > 0$ belastet wird. Der Querschnitt sei frei von Eigenspannungen. Wegen der Symmetrie und Voraussetzung (3) ist von vornherein klar, daß die Neutrale Faser (abgekürzt NF) und die Grenzen zwischen elastischen und plastischen Querschnittsbereichen, in denen $| \varepsilon | = \varepsilon_F$ gilt, nur senkrecht zur Symmetrieachse liegen können. Das Koordinatensystem liegt im Schwerpunkt S, die y-Achse parallel zur NF, und die z-Achse ist nach unten gerichtet. Der Abstand der Neutralen Faser vom Schwerpunkt wird mit z_N bezeichnet, die Abstände der Grenzen unten bzw. oben vom Schwerpunkt mit ζ_u bzw. ζ_o. Es sind vier Spannungszustände zu unterscheiden, die auch für andere Querschnittsformen und für die Belastung durch Biegemoment und Längskraft gültig sind.

An dieser Stelle wird das Verhalten des T-Querschnitts nur qualitativ betrachtet, die analytische Behandlung erfolgt in Abschnitt 3.2.2.

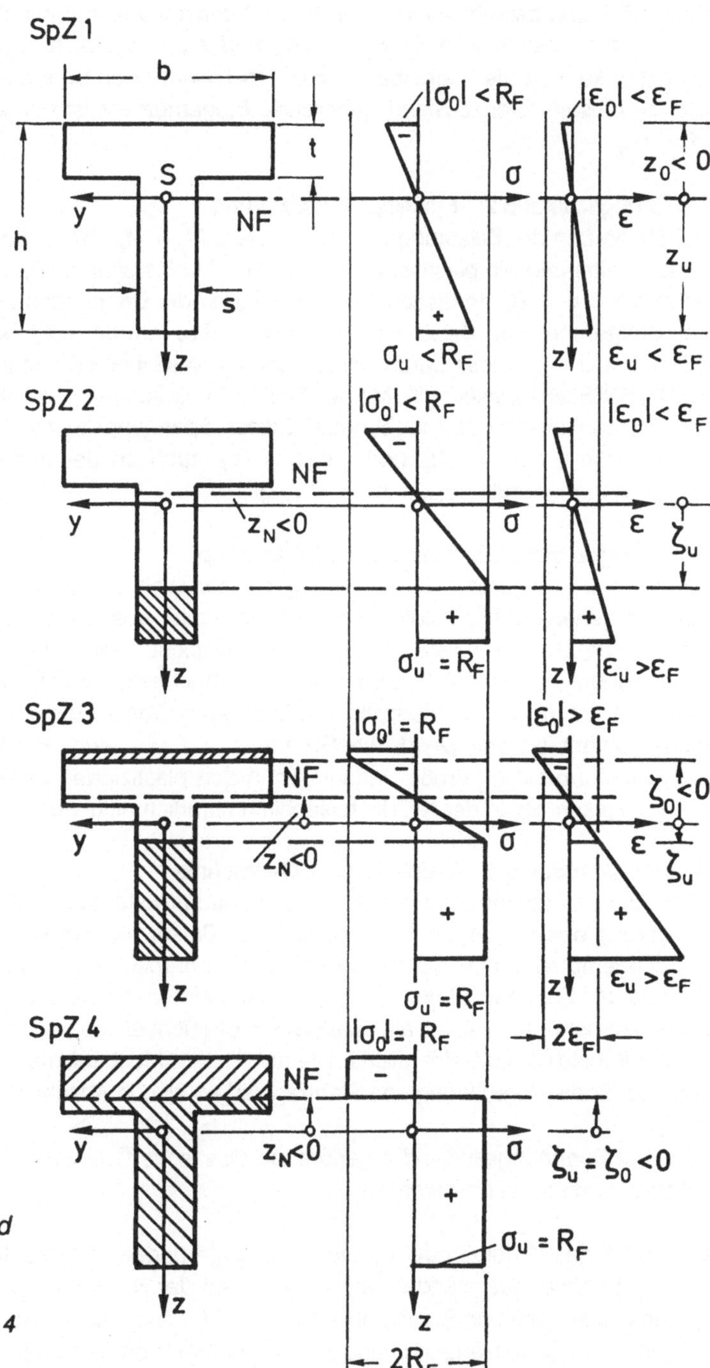

<u>Bild 3.1</u>: *Spannungen und Dehnungen bei der plastischen Biegung: Spannungszustände 1 bis 4*

Spannungszustand 1: Elastischer Querschnitt
Bei Belastung von Null an ist der Querschnitt zunächst voll elastisch, wegen $N = 0$ liegt die NF im Schwerpunkt S.

Dieser Zustand besteht solange, bis in der höchstbeanspruchten Faser die Spannung an der Fließgrenze erreicht wird, hier $\sigma_u = R_F$ und $\varepsilon_u = \varepsilon_F$, d. h. $\zeta_u = z_u$. Bei anderen Querschnitten können die höchstbeanspruchten Fasern oben oder auch oben und unten liegen. Das zu diesem Grenzzustand gehörende Biegemoment ist das **elastische Grenzmoment**[1] $M_y = M_{el}$.

Spannungszustand 2:   Einseitige Plastizierung

Bei Steigerung der Belastung über M_{el} hinaus, $M_y \geq M_{el}$, bildet sich ausgehend vom unteren Querschnittsrand ein plastischer Bereich (im Bild 3.1 schraffiert), in dem die Fließbedingung erfüllt wird, $\sigma = R_F$. In diesem Bereich können die Dehnungen unter konstanter Spannung bei Steigerung der Belastung zunehmen. Ihre Größe wird wegen der Gültigkeit der BERNOULLI-Hypothese durch Dehnungen im **elastischen Restquerschnitt** bestimmt, in dem das HOOKEsche Gesetz gilt. Mit der Plastizierung ist eine Verschiebung der NF in Richtung der Flächenhalbierenden verbunden. Dieser Spannungszustand besteht, bis mit dem Erreichen von $|\sigma_o| = R_F$ und $|\varepsilon_o| = \varepsilon_F$ auch an der anderen Querschnittsseite die Fließbedingung erfüllt wird, d. h. $\zeta_o = z_o$ gilt.

Spannungszustand 3:   Beidseitige Plastizierung

Bei weiterer Steigerung der Belastung dehnen sich die plastizierten Bereiche unten und oben, in denen die Fließbedingung erfüllt ist, weiter aus, der elastische Restquerschnitt wird kleiner. Die Grenze dieses Zustandes ist erreicht, wenn der elastische Restquerschnitt verschwindet, d. h. $\zeta_u = \zeta_o$ wird. Der Querschnitt ist dann voll ausgenutzt, und die NF muß wegen $N = 0$ in der Flächenhalbierenden liegen. Das zu diesem Grenzzustand gehörende Biegemoment ist das **plastische Grenzmoment** M_{pl}. Zum Erreichen dieser Grenze sind theoretisch unendlich große Dehnungen in den plastizierten Bereichen erforderlich und ein "Dehnungssprung" in der NF, die tatsächlich natürlich nicht auftreten können.

Spannungszustand 4:   Vollplastischer Querschnitt

Wenn dieser Zustand als Grenze des Spannungszustandes 3 erreicht ist, ist keine weitere Steigerung des Biegemoments möglich, das Balkenelement kann sich aber unter konstantem Biegemoment $M = M_{pl}$ theoretisch unbeschränkt verformen, d. h. die beiden Endquerschnitte des Elements können sich gegeneinander verdrehen. Dieser **Fließmechanismus des Balkenelements** wird auch als **Fließgelenk** bezeichnet, da er in einer Verdrehungsrichtung wie ein konstruktives Gelenk wirkt. Die auf diesem Mechanismus gegründete Fließgelenkhypothese für die Berechnung von Stabtragwerken wird in Abschnitt 6.4 behandelt.

Das zum Spannungszustand 4 gehörende plastische Grenzmoment M_{pl} kann grundsätzlich auf zwei Arten berechnet werden:

a.   Durch das Verfolgen der **Spannungsumlagerungen** und des **Spannungsausgleichs**, d. h. der Spannungszustände 1 bis 4, im Verlauf der Belastungsgeschichte, wobei im Fall eines veränderlichen Biegemoments $M = M(x)$ auch die Ausdehnung der plastizierten Bereiche in Balkenlängsrichtung x bestimmt werden kann. Man spricht deshalb von der **Fließzonentheorie**. Diese Berechnungen sind Inhalt der Abschnitte 3.1 bis 3.4.

---

[1]   Zur Bezeichnungsweise siehe Seite 10. Das elastische Grenzmoment wird in DIN(E) 18800 T2 als "Fließmoment" M_F bezeichnet. Hier wird jedoch einheitlich für alle Größen an der Grenze des elastischen Werkstoffverhaltens der Index "$_{el}$" verwendet.. Die Bezeichnung Fließmoment M_F wird für das Biegemoment im idealisierten Fließgelenk benutzt, siehe Gln. (7.1-2) und (7.1-3).

b.	Durch die Annahme, daß sich ein Fließmechanismus gebildet hat, zu dem der voll-
plastische Spannungszustand 4 gehört: Abschnitt 3.5.

3.1.3 Kinematische Beziehungen

Im folgenden wird stets das Koordinatensystem des vorangegangenen Beispiels verwendet,
wobei Lage und Richtung der NF im allgemeinen nicht von vornherein bekannt sind.

Mit Voraussetzung (3) ergibt sich am Balken-
element dx nach Bild 3.2 die grundlegende
Beziehung zwischen Dehnungen ε und
Krümmung

$$\varepsilon = -\frac{z - z_N}{\rho} \text{ für } z_u \geq z \geq z_o \quad (3.1\text{-}1)$$

mit dem Krümmungsradius ρ. Speziell für die
Randfasern des Querschnitts gilt für alle
Spannungzustände

$$\varepsilon_o = -\frac{z_o - z_N}{\rho}, \quad \varepsilon_u = -\frac{z_u - z_N}{\rho} \quad (3.1\text{-}2)$$

und damit $\quad \dfrac{1}{\rho} = \dfrac{\varepsilon_o - \varepsilon_u}{z_u - z_o} = \dfrac{\varepsilon_o - \varepsilon_u}{h}$.

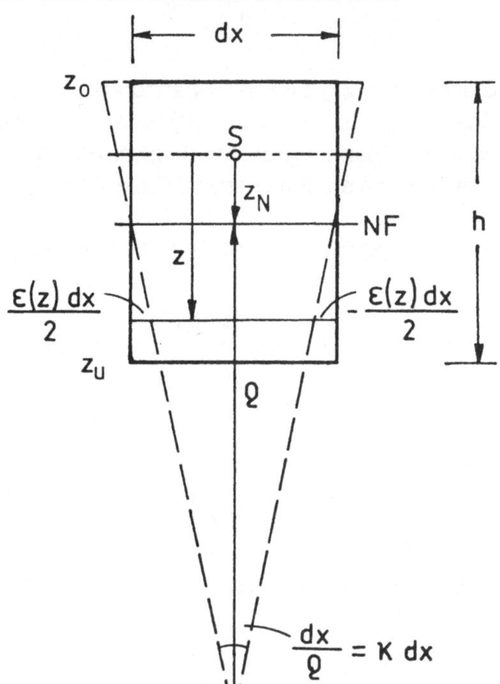

Bild 3.2:	*BERNOULLI-Hypothese am*
	Balkenelement

Die Dehnungen an der Grenze zwischen elastischen und plastischen Bereichen haben
gerade den Betrag ε_F, so daß für die Spannungszustände 2 und 3 (siehe Bild 3.1) gilt:

$$\left.\begin{aligned}
\varepsilon(\zeta_u) &= -\varepsilon_F \operatorname{sgn}\rho = -\frac{\zeta_u - z_N}{\rho}, \\[2em]
\varepsilon(\zeta_o) &= \varepsilon_F \operatorname{sgn}\rho = -\frac{\zeta_o - z_N}{\rho},
\end{aligned}\right\} \qquad (3.1\text{-}3)$$

wobei im Spannungszustand 3 die Beziehung

$$z_N = \frac{\zeta_o + \zeta_u}{2} \qquad\qquad (3.1\text{-}4)$$

hinzukommt.

3.1.4 Werkstoffgesetz für die elastischen Querschnittsteile

Für alle vorkommenden Fälle kann nun das HOOKEsche Gesetz $\sigma = \sigma\,(z, z_N) = E\,\varepsilon\,(z, z_N)$ formuliert werden:

$$\sigma = -\frac{E}{\rho}\,(z - z_N)\;.\tag{3.1-5}$$

Dieses Gesetz gilt für den Spannungszustand 1 im ganzen Querschnitt, $z_u \geqq z \geqq z_o$, für die Spannungszustände 2 und 3 jeweils im elastischen Restquerschnitt. Es ist für die zuletzt genannten Spannungszustände zweckmäßig, das HOOKEsche Gesetz mit den bekannten Spannungen an den Grenzen des elastischen Bereichs anzuschreiben:

Spannungszustand 2 (mit Gl. (3.1-3) und $R_F = E\,\varepsilon_F$)

$$\sigma = R_F\,\frac{z - z_N}{\zeta_o - z_N}\;\operatorname{sgn}\rho\quad\text{für}\quad z_u \geqq z \geqq \zeta_o$$

oder $\tag{3.1-6}$

$$\sigma = -R_F\,\frac{z - z_N}{\zeta_u - z_N}\;\operatorname{sgn}\rho\quad\text{für}\quad \zeta_u \geqq z \geqq z_o$$

Spannungszustand 3 (mit Gl. (3.1-4))

$$\sigma = 2\,R_F\,\frac{z - z_N}{\zeta_o - \zeta_u}\;\operatorname{sgn}\rho\quad\text{für}\quad \zeta_u \geqq z \geqq \zeta_o\;.\tag{3.1-7}$$

3.1.5 Äquivalenzgleichungen

Die Äquivalenzgleichungen, bezogen auf den Schwerpunkt S der Querschnittsfläche A, lauten nach Bild 3.3

$$N = \int\limits_{(A)} \sigma\,dA\;;\quad M_y = \int\limits_{(A)} \sigma z\,dA\;;\quad M_z = \int\limits_{(A)} -\sigma y\,dA\tag{3.1-8}$$

Die **Werkstoffkennlinie** $\sigma = f\,(\varepsilon)$ kann wegen Gl. (3.1-1) als $\sigma = \sigma\,(z, z_N)$ eingeführt werden, so daß sich mit $dA = b\,(z, \psi)\,dz$ die folgenden **Grundgleichungen** ergeben:

$$N = \int\limits_{z_o}^{z_u} \sigma\,(z, z_N)\,b\,(z, \psi)\,dz\tag{3.1-9}$$

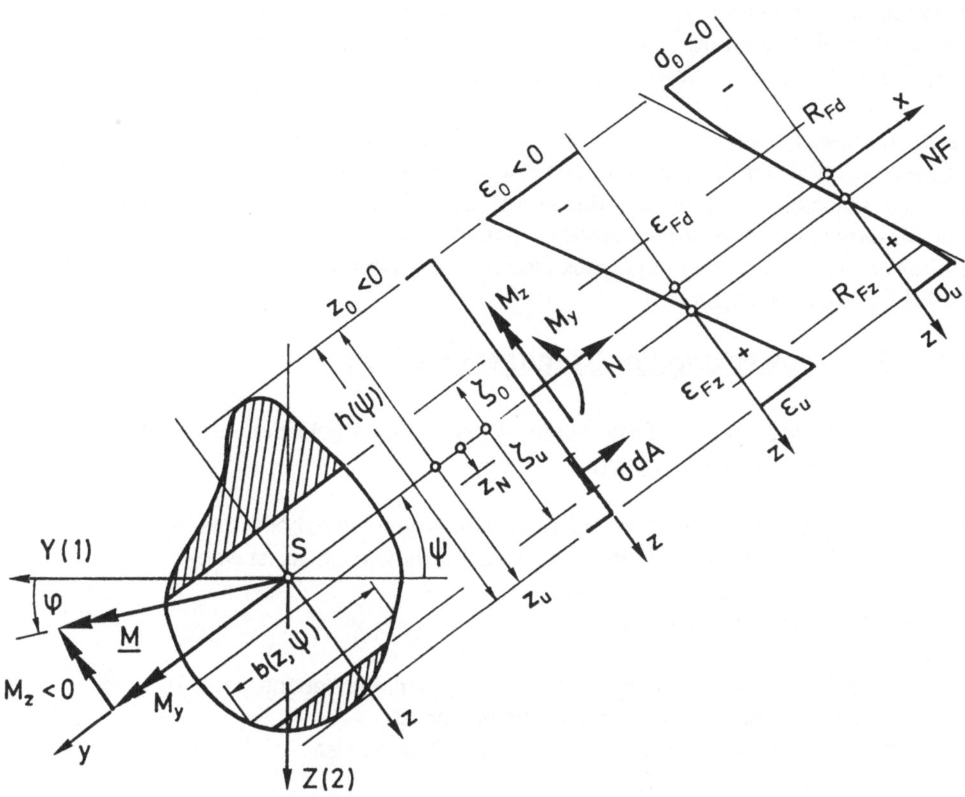

$\underline{Bild\ 3.3:}$ *Schnittlasten, Spannungen und Dehnungen für einen beliebigen Querschnitt*

$$M_y = M\cos(\phi-\psi) = \int_{z_0}^{z_u} \sigma(z,z_N)\, z\, b(z,\psi)\, dz \qquad (3.1\text{-}10)$$

$$M_z = M\sin(\phi-\psi) = -\int_{z_0}^{z_u} \sigma(z,z_N) \int_{y_1(z)}^{y_2(z)} y\, dy\, dz\ . \qquad (3.1\text{-}11)$$

Damit hat man drei Gleichungen zur Bestimmung der drei unbekannten Größen
- Abstand ζ_u oder ζ_o des plastizierten Bereichs vom Schwerpunkt
- Neigungswinkel ψ der Neutralen Faser gegenüber der Hauptachse (1),
- Abstand z_N der Neutralen Faser vom Schwerpunkt S.

Mit der Lage der Neutralen Faser ist auch die Biegeebene festgelegt, sie steht nach Definition der Neutralen Faser senkrecht auf derselben (hier: x,z-Ebene).

Die kompakte Form der Grundgleichungen darf nicht darüber hinweg täuschen, daß alle Integrationen wegen des Werkstoffgesetzes nur bereichsweise für die einzelnen Spannungszustände für bestimmte Querschnitte durchgeführt werden können. Wenn die Grundgleichungen als Näherungen für den Fall der Biegung mit Querkräften verwendet werden, hängen alle Größen noch von der Koordinate x in Balkenlängsrichtung ab.

Neben dem vorgestellten analytischen Querschnittsmodell wird bei der Berechnung von Tragwerken nach der Fließzonentheorie häufig das sogenannte **Fasermodell** benutzt. Dazu wird der Querschnitt durch ein Raster mit beliebiger Maschenwerte elementiert. Querschnittswerte und Schnittgrößen erhält man durch Summation über alle Elemente ("Fasern"). Als Beispiel für die Anwendung dieses Modells sei auf die Traglastberechnung von BEER & SCHULZ [1969] verwiesen.

3.1.6 Zur Auswertung der Grundgleichungen

Bei der Auswertung der Grundgleichungen ergeben sich erhebliche Vereinfachungen in zwei **Sonderfällen der einfachen Biegung**:

1. Wenn der Momentenvektor $\underline{M}$ auf einer Längssymmetrieebene des Balkens senkrecht steht, der Querschnitt also mindestens einfachsymmetrisch ist, ist wegen
$$\phi = \psi, \quad y_1(z) = -y_2(z)$$
die Gl. (3.1-11) identisch erfüllt.

2. Wenn der Momentenvektor $\underline{M}$ in einer Längssymmetrieebene liegt, d. h. $\phi = 0$, der Querschnitt also mindestens einfachsymmetrisch ist,
   und die Spannung eine ungerade Funktion der Dehnung ist,
$$\sigma = f(\varepsilon) = -f(-\varepsilon)$$
   und die Längskraft verschwindet,
$$N = 0,$$
   dann fällt aus Symmetriegründen die Neutrale Faser in die Symmetrieachse, d. h. $\psi = 0$, $z_N = 0$. Damit sind die Gln. (3.1-9) und (3.1-11) identisch erfüllt, so daß nur noch Gl. (3.1-10) auszuwerten ist.

Nur im **Sonderfall des idealplastischen Werkstoffs** lassen sich ohne Bezug auf einen konkreten Querschnitt weitere Aussagen gewinnen. Für den Spannungszustand 3 ergibt Gl. (3.1-10) mit Gl. (3.1-7)

$$M_y(\zeta_u, \zeta_o) = -R_F H_y^{p-}(\zeta_o) + R_F H_y^{p+}(\zeta_u) + \frac{2R_F}{\zeta_u - \zeta_o}[I_y^{\theta}(\zeta_u, \zeta_o) - z_N H_y^{\theta}(\zeta_u, \zeta_o)]$$

$$(3.1\text{-}12)$$

mit den Flächenmomenten 1. Grades,
bezogen auf die y-Achse

$$\text{der plastischen Querschnittsfläche mit } -R_F \qquad H_y^{p-} = \int_{z_o}^{\zeta_o} zb(z)\,dz$$

der plastischen Querschnittsfläche mit $+R_F$

$$H_y^{p+} = \int_{\zeta_u}^{z_u} zb(z)\,dz \qquad (3.1\text{-}13)$$

der elastischen Querschnittsfläche

$$H_y^{e} = \int_{\zeta_o}^{\zeta_u} zb(z)\,dz$$

sowie dem Flächemoment 2. Grades

der elastischen Querschnittsfläche

$$I_y^{e} = \int_{\zeta_o}^{\zeta_u} z^2 b(z)\,dz. \qquad (3.1\text{-}14)$$

Damit kann man in Analogie zur Grundgleichung $M_y = -E\,I_y/\rho$ der elastischen Biegetheorie ein **plastisches Flächenmoment 2. Grades des Gesamtquerschnitts** festlegen

$$I_y(\zeta) = [-H_y^{p-}(\zeta_o) + H_y^{p+}(\zeta_u)]\,\frac{\zeta_u - \zeta_o}{2} + I_y^{e}(\zeta_u, \zeta_o) - z_N H_y^{e}(\zeta_u, \zeta_o)\ . \qquad (3.1\text{-}15)$$

Wenn der **2. Sonderfall** vorliegt, kommt wegen $z_N = 0$, $-\zeta_o = \zeta_u = \zeta$ aus Gl. (3.1-12) mit $H_y^{p+}(\zeta_u) = H_y^{p}(\zeta)$, $H_y^{p-}(\zeta_o) = -H_y^{p}(\zeta)$

$$M_y(\zeta) = R_F\,2H_y^{p}(\zeta) + \frac{R_F}{\zeta}\,I_y^{e}(\zeta) = \frac{R_F}{\zeta}\,I_y(\zeta),\quad I_y(\zeta) = 2H_y^{p}(\zeta)\,\zeta + I_y^{e}(\zeta)\ . \qquad (3.1\text{-}16)$$

Nach Grenzwertbestimmung für $\zeta \to 0$ folgt das **plastische Grenzmoment** M_{pl}

$$|M(\zeta = 0)| = M_{pl} = R_F\,2H_y^{p}(0) = R_F\,W_{pl} \qquad (3.1\text{-}17)$$

mit dem **plastischen Widerstandsmoment** $W_{pl} = 2H_y^{p}(0)$. Durch Vergleich mit dem **elastischen Grenzmoment** $M_{el} = R_F\,W_{el}$ mit dem **elastischen Widerstandsmoment** W_{el} ergibt sich der **plastische Formfaktor**[1] oder Überlastungsfaktor

$$m_{pl} = M_{pl}/M_{el} = W_{pl}/W_{el} \geqslant 1 \qquad (3.1\text{-}18)$$

der angibt, in welchem Maße der Querschnitt überlastet werden kann.

Die integrierten Grundgleichungen werden in vier Richtungen ausgewertet, die wichtige Aussagen über das Verhalten des Querschnitts und des Balkens ermöglichen:

---

[1]   In DIN(E) 18800 wird der plastische Formfaktor mit α_{pl} bezeichnet.

1. Interaktionsbeziehungen
Soweit es gelingt, eine der Unbekannten ζ_u, z_N oder ζ_o, z_N oder ζ_o, ζ_u zu eliminieren, gibt die **Interaktionsbeziehung**

$$\Phi(M,N,\zeta) = 0 \tag{3.1-19}$$

für vorgegebene Werte von ζ, d. h. ζ_u oder ζ_o je nach Fall, die zugehörige Schnittlastenkombination M,N an. Speziell für **idealplastischen Werkstoff** und verschwindenden elastischen Restquerschnitt, $\zeta_u = \zeta_o = z_N$ (Spannungszustand 4), ergibt sich die maximal aufnehmbare Schnittlastenkombination max$\{M,N\}$.

2. Überlastungsfunktion
Die Überlastungsfunktion

$$m\,(\zeta, N) = |M\,(\zeta,N)|\,/M_{el} \tag{3.1-20}$$

gibt ein Maß für die Überlastung des Querschnitts im teilplastizierten Zustand. Für idealplastischen Werkstoff und $N = 0$ ist der Endwert wieder der plastische Formfaktor m_{pl}.

3. Fließzonen
Wenn ein in Balkenlängsrichtung x veränderliches Biegemoment $M(x)$ zugelassen wird, ändert sich die Ausdehnung des elastischen Restquerschnitts in z-Richtung mit x, und es ist $\zeta = \zeta(x)$. Durch $\zeta = \zeta(x)$ werden die Bereiche, in denen plastische Verformungen auftreten können, die Fließzonen, vom elastischen Restbalken abgegrenzt. Es ist allerdings nur in Sonderfällen möglich, $\zeta = \zeta(x) = \zeta(M(x))$ explizit anzugeben.

4. Biegelinie
Die Bestimmung der Biegelinie und der größten Durchbiegung ist ein wesentlicher Teil der Biegetheorie, der es überhaupt erst gestattet, die Größe und damit die Zulässigkeit plastischer Verformungen in Balken zu beurteilen, siehe Abschnitt 4.

3.2   Biegung ohne Längskraft

3.2.1 Biegung um eine Symmetrieachse des Querschnitts

Es handelt sich um den 2. Sonderfall, Abschnitt 3.1.6, in dem nur die Spannungszustände 1 und 3 auftreten können, so daß auf die schon entwickelten Gleichungen zurückgegriffen werden kann. Für drei verschiedene Werkstoffe
a.   Elastisch-idealplastischer Werkstoff
b.   Bilinear verfestigender Werkstoff
c.   Trilinear verfestigender Werkstoff mit Lüdersbereich
werden für ein breites I-Profil (nur für a.) und einen Rechteckquerschnitt die Überlastungsfunktion des Querschnitts und die Fließzonen für einen einfachen Belastungsfall bestimmt. Der Belastungsvorgang durch $M_y > 0$ soll so erfolgen, daß keine bereits plastisch verformte Faser entlastet wird.

a. Elastisch-idealplastischer Werkstoff

<u>Beispiel 1</u> <u>I-Profil: Überlastungsfunktion</u>

Bei Biegung um die starke Achse (y-Achse) sind je nach Lage der Grenzen ζ im Spannungszustand 3 zwei Fälle zu unterscheiden (Bild 3.4):
1. Spannungszustand 3a: Grenzen in den Gurten, $h/2 \geqq \zeta \geqq (h/2)\text{-}t$, und
2. Spannungszustand 3b: Grenzen im Steg, $(h/2)\text{-}t \geqq \zeta \geqq 0$.
Die Flächenmomente, jeweils indiziert mit 1 oder 2, für diese beiden Fälle sind:

$$H^p_{y1}(\zeta) = \int_{\zeta}^{h/2} bz\,dz = b\left[\frac{h^2}{8} - \frac{\zeta^2}{2}\right]$$

$$H^p_{y2}(\zeta) = \int_{\zeta}^{(h/2)\text{-}t} sz\,dz + \int_{(h/2)\text{-}t}^{h/2} bz\,dz = \frac{s}{2}\left[\left[\frac{h}{2}-t\right]^2 - \zeta^2\right] + \frac{b}{2}\left[\frac{h^2}{2} - \left[\frac{h}{2}-t\right]^2\right]$$

$$I^p_{1}(\zeta) = 2\int_{(h/2)\text{-}t}^{\zeta} bz^2\,dz + 2\int_{0}^{(h/2)\text{-}t} sz^2\,dz = \frac{2b}{3}\left[\zeta^3 - \left[\frac{h}{2}-t\right]^3\right] + \frac{2s}{3}\left[\frac{h}{2}-t\right]^3$$

$$I^p_{2}(\zeta) = \int_{-\zeta}^{+\zeta} sz^2\,dz = \frac{2}{3}\,s\,\zeta^3 \quad .$$

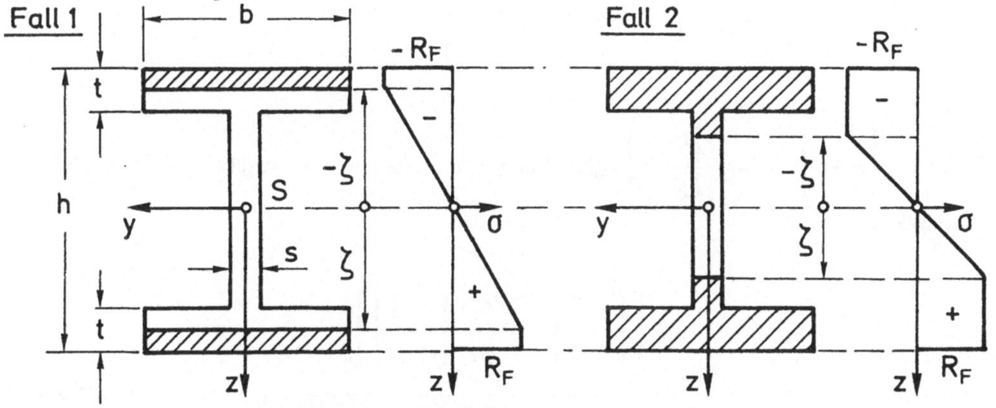

<u>Bild 3.4:</u> *I-Profil, Spannungszustand 3*

Einsetzen in Gl. (3.1-16) liefert die Biegemomente

$$M_1(\zeta) = R_F\left[b\left[\frac{h^2}{4} - \frac{\zeta^2}{3}\right] - \frac{b\text{-}s}{12\zeta}(h-2t)^3\right]$$

$$M_2\,(\zeta) \;=\; R_F \left[s \left[\frac{(h\text{-}2t)^2}{4} - \frac{\zeta^2}{3} \right] + b\,(ht - t^2) \right]$$

mit den speziellen Werten

$$M_1\,(h/2) \;=\; M_{el} \;=\; R_F \left[\frac{bh^2}{6} - \frac{b\text{-}s}{6h}\,(h-2t)^3 \right]$$

$$M_2\,(0) \;=\; M_{pl} \;=\; R_F \left[s\,\frac{(h\text{-}2t)^2}{4} + b\,(ht - t^2) \right]\; .$$

Damit können die Überlastungsfunktionen nach Gl. (3.1-20) mit der Abkürzung $\alpha = h/2\zeta$ bestimmt werden

$$m_1\,(\alpha) \;=\; \frac{bh^2\left[3 - \dfrac{1}{\alpha^2}\right] - 2\,(b\text{-}s)\,h^2\;\alpha\left[1 - \dfrac{2t}{h}\right]^3}{2\left[bh^2 - (b\text{-}s)\,h^2\left[1 - \dfrac{2t}{h}\right]^3\right]} \qquad (3.2\text{-}1)$$

$$m_2\,(\alpha) \;=\; \frac{3\left[\left[1 - \dfrac{2t}{h}\right]^2 + \dfrac{4bt}{sh}\left[1 - \dfrac{t}{h}\right]\right] - \dfrac{1}{\alpha^2}}{2\left[\left[1 - \dfrac{2t}{h}\right]^3 + \dfrac{6bt}{sh}\left[1 - 2\dfrac{t}{h} + \dfrac{4}{3}\dfrac{t^2}{h^2}\right]\right]} \qquad (3.2\text{-}2)$$

für die $m_1\left[\dfrac{h}{2} - t\right] = m_2\left[\dfrac{h}{2} - t\right]$ gilt. Für $\zeta \to 0$ bzw. $\alpha \to \infty$ ergibt sich der Überlastungsfaktor

$$m_2\,(\infty) \;=\; m_{pl} \;=\; \frac{3\left[\left[1 - \dfrac{2t}{h}\right]^2 + \dfrac{4bt}{sh}\left[1 - \dfrac{t}{h}\right]\right]}{2\left[\left[1 - \dfrac{2t}{h}\right]^3 + \dfrac{6bt}{sh}\left[1 - 2\dfrac{t}{h} + \dfrac{4}{3}\dfrac{t^2}{h^2}\right]\right]}\; . \qquad (3.2\text{-}3)$$

Für $b = s,\ t = 0$ enthalten die vorstehenden Gleichungen auch die Ergebnisse für den **Rechteckquerschnitt**, speziell die Überlastungsfunktion

$$m\,(\alpha) \;=\; \frac{3}{2} - \frac{1}{2\alpha^2} \qquad\qquad\qquad\qquad (3.2\text{-}4)$$

und für $\zeta \to 0$ bzw. $\alpha \to \infty$ den Überlastungsfaktor

$$m\,(\infty) \;=\; m_{pl} \;=\; 3/2, \qquad\qquad\qquad\qquad (3.2\text{-}5)$$

der mit $W_{pl} = 2\,H_y^p\,(0) = bh^2/4$ und $W_{el} = bh^2/6$ auch direkt aus Gl. (3.1-18) bestimmt werden kann. Diese Ergebnisse für den Rechteckquerschnitt gelten auch für ein I-Profil mit vernachlässigbarer Stegdicke $(s \ll b)$ bei **Biegung um die schwache Achse** (z-Achse).

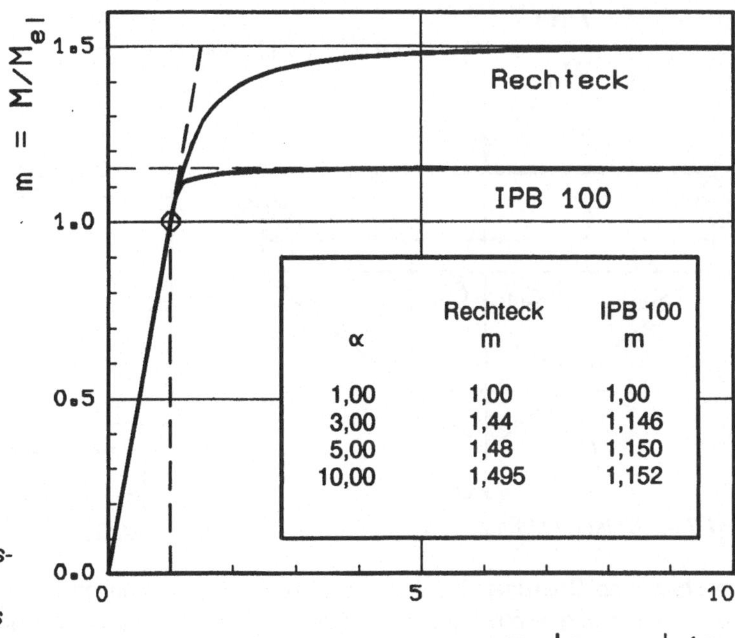

α	Rechteck m	IPB 100 m
1,00	1,00	1,00
3,00	1,44	1,146
5,00	1,48	1,150
10,00	1,495	1,152

Bild 3.5: _Überlastungsfunktion für Rechteckquerschnitt und breites I-Profil, N = 0_

Die Überlastungsfunktionen für einen Rechteckquerschnitt und ein Profil IPB 100 mit dem Überlastungsfaktor $m_{pl} = 1,152$ sind in Bild 3.5 über $\alpha = h/2\zeta = |\varepsilon_{Rand}|/\varepsilon_F$ aufgetragen, wobei die Randdehnung $\varepsilon_{Rand} = \varepsilon_u = -h/2\rho$ nach Gl. (3.1-2) ist. Der Überlastungsfaktor des I-Profils ist deutlich geringer als der für den Rechteckquerschnitt, weil wegen der fehlenden Flächen nur geringe Spannungsumlagerungen möglich sind. Die für die volle Plastizierung erforderlichen Randdehnungen werden zwar unendlich groß, sie liegen aber bei Erreichen von rd. 99 % des plastischen Grenzmoments weit unter den Dehnungen $\varepsilon_H =$ $= 10\varepsilon_F$ bei Verfestigungsbeginn für Baustahl (Rechteck: $\varepsilon_{Rand} = 5\,\varepsilon_F$, IPB 100: $\varepsilon_{Rand} =$ $= 3\varepsilon_F$). Die Rechnung mit elastisch-idealplastischem Werkstoff ist also wieder eine sehr gute Näherung für verfestigenden Werkstoff mit LÜDERS-Bereich.

Die Überlastungsfunktion ist wegen $\varepsilon_F = h/(2\,|\rho_{el}|)$ und damit $\alpha = \rho_{el}/\rho$ zugleich die **Biegemoment-Krümmung-Beziehung** des Balkenelements dx, die für elastisch-idealplastischen Werkstoff also elastisch-verfestigend-idealplastisch wird.

<u>Beispiel 2 Balken auf zwei Stützen, Einzellast in der Mitte</u>

Die für die sogenannte "reine Biegung" abgeleiteten Gleichungen werden als Näherung für den Fall angewendet, daß das Biegemoment längs der Balkenachse veränderlich ist.

Nach Bild 3.6 gilt für das Biegemoment mit der normierten Koordinate $\xi = x/L$

$$M(\xi) = FL(1 - |\xi|) \qquad \text{für} \quad -1 \leqslant \xi \leqslant +1 \qquad\qquad (3.2\text{-}6)$$

mit dem elastischen Grenzmoment $M_{el} = F_{el}\,L$ und dem plastischen Grenzmoment $M_{pl} = m_{pl}\,M_{el} = m_{pl}\,F_{el}\,L = F_{pl}\,L$. Bezogen auf M_{el} lautet die Gleichung für das Biegemoment

$$\frac{M(\xi)}{M_{el}} = m(\xi) = \kappa\,(1 - |\xi|) \quad \text{mit} \quad \kappa = \frac{F}{F_{el}} \, . \qquad\qquad (3.2\text{-}7)$$

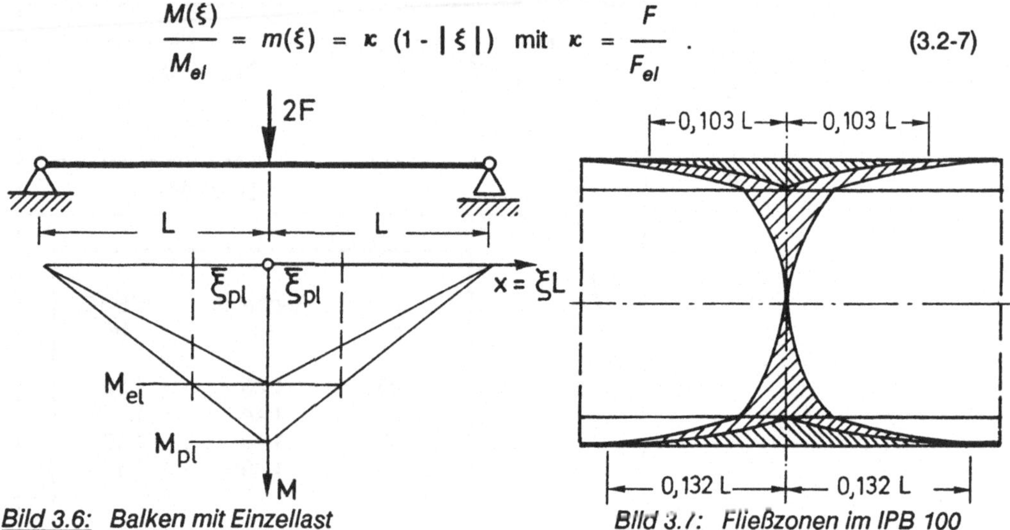

<u>*Bild 3.6:*</u> *Balken mit Einzellast*   <u>*Bild 3.7:*</u> *Fließzonen im IPB 100*

Die **plastische Grenzlast** des Balkens ist wie bei allen statisch bestimmten Systemen allein aus den Gleichgewichtsbedingungen und dem Überlastungsfaktor für den höchstbeanspruchten Querschnitt zu bestimmen: Aus Gl. (3.2-7) folgt für $\max m(\xi) = m(0) = m_{pl} = \kappa$ sofort $F_{pl} = m_{pl}\,F_{el}$, unabhängig von der Ausdehnung der Fließzonen.

Die Ausdehnung der Fließzonen in Balkenlängsrichtung ist durch $M(\xi)$, also durch die Momentenlinie (siehe Bild 3.6) bestimmt: Die Randfaser des Querschnitts erreicht gerade an der Stelle $|\xi| = \tilde{\xi}$ die Dehnung ε_F, an der $M(\tilde{\xi}) = M_{el}$ oder $m(\tilde{\xi}) = 1$ gilt. Unter $F = F_{pl}$ ergibt sich die Lage der Grenze ξ_{pl} und damit die maximale Ausdehnung der Fließzone in x-Richtung aus Gl. (3.2-7) für $m(\tilde{\xi}) = 1$ zu $\tilde{\xi}_{pl} = 1 - F_{el}/F_{pl} = 1 - 1/m_{pl}$. Daraus folgt für das I-Profil $\tilde{\xi}_{pl} = 0,132$ und für den Rechteckquerschnitt $\tilde{\xi}_{pl} = 0.333$.

Für den Balken mit gleichmäßig verteilter Belastung q werden die Fließzonen länger: Mit dem Bezugswert $M_{el} = q_{el}\,L^2/2$ und $\kappa = q/q_{el}$ gilt für das Biegemoment $m(\xi) = \kappa\,(1 - \xi^2)$. Für $m(\tilde{\xi}) = 1$ und $\kappa = q_{pl}/q_{el} = m_{pl}$ ergeben sich als maximale Ausdehnung der Fließzone für den IPB 100 $\tilde{\xi}_{pl} = 0,363$ und für den Rechteckquerschnitt $\tilde{\xi}_{pl} = 0,577$.

Diese maximale Ausdehnung der Fließzone hängt nur von der Querschnittsform und dem Verlauf der Momentenlinie, aber nicht vom Werkstoffverhalten ab. Unterschiedliches Werkstoffverhalten kann sich also nur in unterschiedlicher Ausdehnung der Fließgrenzen in z-Richtung auswirken, siehe Beispiele 4 und 6.

1. I-Profil

Für ein Profil IPB 100 mit

$$h = 100 \text{ mm}, \quad b = 100 \text{ mm}, \quad t = 10 \text{ mm}, \quad s = 6 \text{ mm}$$

ergeben die Gln. (3.2-1) und (3.2-2) die Überlastungsfunktionen

$$m_1(\alpha) = \frac{3 - \dfrac{1}{\alpha^2} - 0{,}9626\,\alpha}{1{,}0374} \quad , \quad m_2(\alpha) = \frac{19{,}920 - \dfrac{1}{\alpha^2}}{17{,}291} \quad , \tag{3.2-8}$$

die für vorgegebenes $\kappa = F/F_{el}$ in die Gleichgewichtsbedingung Gl. (3.2-7) einzuführen sind. Da für den Fall, daß die Grenzen zwischen elastischen und plastischen Bereichen in den Gurten liegen, ζ bzw. α nicht explizit als Funktion von F und ξ angegeben werden kann, muß die Ausdehnung der Fließzonen punktweise ermittelt werden:

1. Schritt: Für vorgegebenes ζ bzw. α wird der Überlastungsfaktor $m(\zeta)$ bzw. $m(\alpha)$ berechnet.

2. Schritt: Aus der Gleichgewichtsbedingung Gl. (3.2-7) wird dann diejenige Stelle ξ bestimmt, an der der vorgegebene Wert ζ bzw. α auftritt.

Wenn die Grenzen im Steg liegen, kann die Funktion $\zeta(\xi)$ angegeben werden

$$\zeta(\xi) = \frac{h}{2}\,[19{,}920 - 17{,}291\,(1 - |\xi|)\,\kappa]^{1/2} \quad \text{für} \quad m \geqslant 1{,}115. \tag{3.2-9}$$

Bild 3.7 zeigt die Fließzonen für die Belastungen $F = 1{,}115\,F_{el}$ (d. h. $\zeta = h/2 - t$) und $F = 1{,}15\,F_{el} = F_{pl}$.

2. Rechteckquerschnitt

Aus Gl. (3.2-4) folgt für die Höhe des elastischen Restquerschnitts

$$\zeta(m) = \frac{h}{2}\,(3 - 2m)^{1/2} \quad . \tag{3.2-10}$$

In diese Gleichung wird $m = m(\xi)$ eingeführt, so daß für gegebenes $\kappa = F/F_{el}$

$$\zeta(\xi) = \frac{h}{2}\,[3 - 2\,(1 - |\xi|)\,\kappa]^{1/2} \tag{3.2-11}$$

kommt. Die Fließzonen für $F = 1{,}5\,F_{el} = F_{pl}$ zeigt Bild 3.14 ($n = 0$).

b. Bilinearer verfestigender Werkstoff

Beispiel 3 Rechteckquerschnitt: Überlastungsfunktion

Für die Auswertung ist nun Gl. (3.1-10) heranzuziehen, da kein idealplastischer Werkstoff vorliegt, für den aus Gl. (3.1-16) die Gl. (3.2-4) hergeleitet wurde. Es wird die Werkstoffkennlinie nach Gl. (2.4-7) zugrunde gelegt. Die bereichsweise Integration nach Bild 3.8a ergibt

$$M(\zeta) = \frac{2}{3}\, b\sigma^* \, \zeta^2 \left[1 + \frac{3}{2}\left(1 - \frac{T}{E}\right)\left(\left(\frac{h}{2\zeta}\right)^2 - 1\right) + \frac{T}{E}\left(\left(\frac{h}{2\zeta}\right)^3 - 1\right)\right]$$

und mit $\alpha = h/2\zeta$, $M_{el} = \sigma^* bh^2/6$ folgt die Überlastungsfunktion

$$m(\alpha) = \frac{1}{\alpha^2}\left[1 + \frac{3}{2}\left(1 - \frac{T}{E}\right)\left[\alpha^2 - 1\right] + \frac{T}{E}\left[\alpha^3 - 1\right]\right] \; . \qquad (3.2\text{-}12)$$

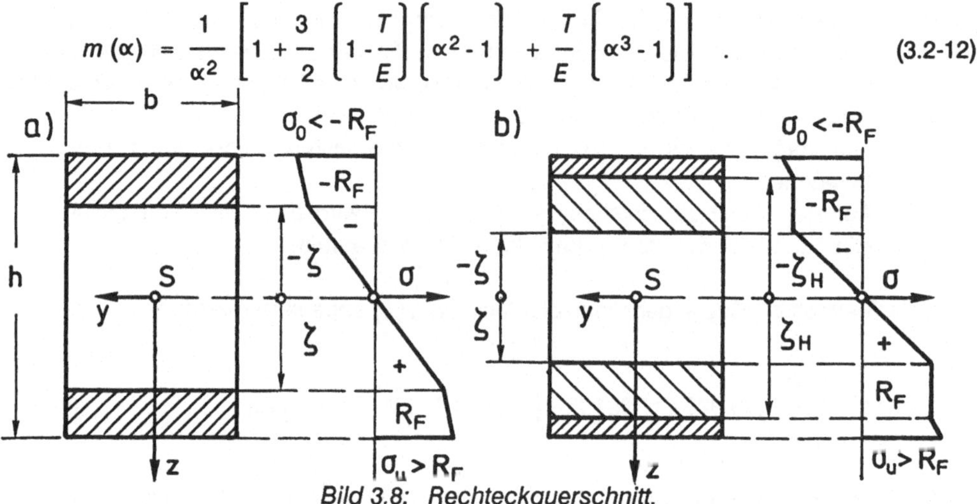

<u>Bild 3.8:</u> *Rechteckquerschnitt,*
a) bilineare Werkstoffkennlinie   b) trilineare Werkstoffkennlinie

Für idealplastischen Werkstoff mit $T = 0$ folgt aus dieser Gleichung wieder Gl. (3.2-4). Die Überlastungsfunktion ist in Bild 3.9 für $T/E = 0{,}03$ dargestellt. Eine Begrenzung des aufnehmbaren Biegemoments durch die Spannungen gibt es nicht, sie könnte nur durch Verformungen, z. B. maximale Randdehnungen ε_{Rand}, festgelegt werden.

Beispiel 4 Balken auf zwei Stützen, Einzellast in der Mitte, Rechteckquerschnitt

Da ζ nicht mehr explizit als Funktion von F und x angegeben werden kann, muß die Ausdehnung der Fließzonen wieder punktweise nach dem in Beispiel 2 für das I-Profil angegebenen Verfahren erfolgen. Die Ergebnisse sind für die Belastungen $F = F_{pl}$ und $F = 1{,}10\, F_{pl}$ für einen Werkstoff mit $T/E = 0{,}03$ im Bild 3.10a eingetragen. Unter der plastischen Grenzlast bleibt ein elastischer Restbereich im höchstbeanspruchten Querschnitt, der auch bei Steigerung der Belastung nicht verschwindet. Die Randdehnungen des Mittelquerschnitts gehen nicht wie bei idealplastischem Werkstoff gegen unendlich, sondern betragen nach Bild 3.9 für $F = F_{pl}$ $\varepsilon_{Rand} = 3{,}1\,\varepsilon^*$ und für $F = 1{,}10\, F_{pl}$ $\varepsilon_{Rand} = 7{,}0\,\varepsilon^*$.

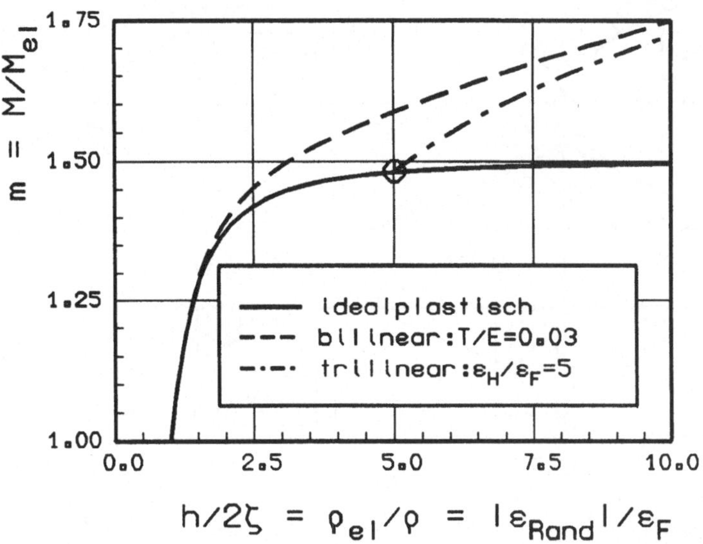

$$h/2\zeta = \rho_{el}/\rho = |\varepsilon_{Rand}|/\varepsilon_F$$

Bild 3.9: *Überlastungsfunktion für Rechteckquerschnitt bei verschiedenen Werkstoffkennlinien*

c. Trilinear verfestigender Werkstoff mit LÜDERS-Bereich

Beispiel 5   Rechteckquerschnitt: Überlastungsfunktion

Die Gl. (3.1-10) ist nun für die Werkstoffkennlinie nach Gl. (2.4-11) auszuwerten. Dabei sind zwei Fälle zu unterscheiden:

1. Randdehnungen $\varepsilon_{Rand} \leqslant \varepsilon_H$
   In diesem Fall gilt die Überlastungsfunktion für den idealplastischen Werkstoff, Gl. (3.2-4)

2. Randdehnungen $\varepsilon_{Rand} \geqslant \varepsilon_H$
   Jetzt sind drei Integrationsbereiche nach Bild 3.8 zu unterscheiden: Elastischer, ideal-plastischer und verfestigender Bereich. Die Integration ergibt mit $\beta = \varepsilon_H/\varepsilon_F$

$$m(\alpha) = \frac{1}{\alpha^2}\left[1 + \frac{3}{2}(\beta^2 - 1) + \frac{T}{E}(\alpha^3 - \beta^3) + \frac{3}{2}\left[1 - \frac{T}{E}\right](\alpha^2 - \beta^2)\right] \quad (3.2-13)$$

Die Überlastungsfunktion ist in Bild 3.9 für $T/E = 0{,}03$ und $\beta = 5$ eingetragen. Sie fällt bis $\alpha = h/2\zeta = \varepsilon_{Rand}/\varepsilon^* = \varepsilon_{Rand}/\varepsilon_F = 5$ mit der Funktion für idealplastischen Werkstoff zusammen, für $\alpha > 5$ steigt sie nichtlinear an und nähert sich der Funktion für den bilinearen Werkstoff: Für große Überlastungen spielt also der LÜDERS-Bereich nur noch eine untergeordnete Rolle.

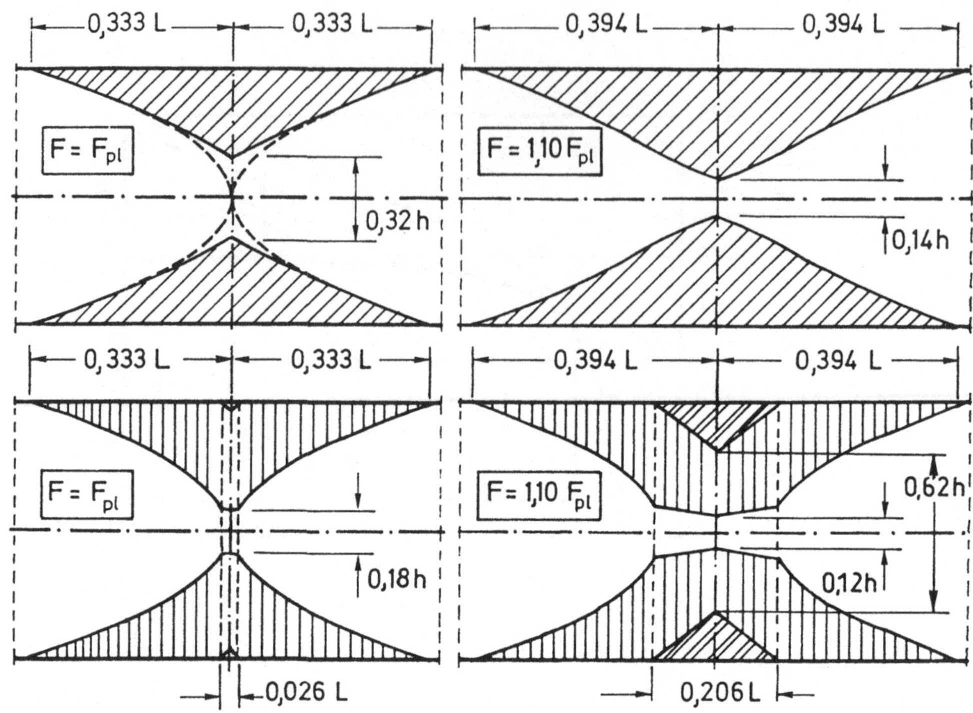

Bild 3.10: *Rechteckquerschnitt, plastizierte Bereiche für*
oben: bilineare, unten: trilineare Werkstoffkennlinie

Beispiel 6   Balken auf zwei Stützen, Einzellast in der Mitte, Rechteckquerschnitt

Überlastungsfunktion Gl. (3.2-13) und Gleichgewichtsbedingung Gl. (3.2-7) sind nach dem in
Beispiel 2 angegebenen Verfahren auszuwerten. Das Ergebnis, die Grenzen der Fließ- und
Verfestigungszonen, sind für die Belastungen $F = F_{pl}$ und $F = 1{,}10\,F_{pl}$ für Werkstoff mit
$T/E = 0{,}03$, $\beta = 5$ in Bild 3.10b eingetragen. Auch hier bleibt unter der plastischen Grenzlast
ein elastischer Restbereich, der auch bei weiterer Laststeigerung nicht verschwindet. Die
Randdehnungen im Mittelquerschnitt betragen für $F = F_{pl}$ $\varepsilon_{Rand} = 5{,}3\,\varepsilon_F$ und für $F =$
$= 1{,}10\,F_{pl}$ $\varepsilon_{Rand} = 8{,}1\,\varepsilon_F$. Für größere Werte von β, z. B. $\beta = 10$, ändert sich das Ergebnis nicht grundsätzlich. Nur der elastische Restquerschnitt ist etwas kleiner, die Randdeh-
nungen sind größer ($\varepsilon_{Rand} = 10{,}1\,\varepsilon_F$ bzw. $\varepsilon_{Rand} = 12{,}3\,\varepsilon_F$ nach Gl. (3.2-13) für $\beta = 10$).

3.2.2 Biegung um eine Hauptachse senkrecht zur Symmetrieachse des Querschnitts

Das T-Profil nach Bild 3.1 aus elastisch-idealplastischem Material wird durch ein Biegemoment $M_y > 0$ belastet. Das Koordinatensystem liegt im Flächenschwerpunkt, und z_o bzw. z_u
$= z_o + h$ bezeichnen die Koordinaten der Ober- bzw. Unterkante des Profils

$$z_o = -\tfrac{1}{2}\,\frac{(b\text{-}s)\,t^2 + h^2\,s}{(b\text{-}s)\,t + hs} = -\tfrac{1}{2}\,\frac{(h^2 - t^2)\,s + bt^2}{(h\text{-}t)\,s + bt} < 0$$

$$z_u = \tfrac{1}{2}\,\frac{(b\text{-}s)\,(2ht\text{-}t^2) + h^2\,s}{(b\text{-}s)\,t + h\,s} = \tfrac{1}{2}\,\frac{(h\text{-}t)^2\,s + b(2h\text{-}t)\,t}{(h\text{-}t)\,s + bt} \qquad (3.2\text{-}14)$$

Das Flächenmoment 2. Grades um die y-Achse ist

$$I_y = \frac{b\,h^3}{12}\left[\left[\frac{t}{h}\right]^3 + \left[\frac{s}{b}\right]\left[1 - \frac{t}{h}\right]^3 + 3\,\frac{t\,s\,(h\text{-}t)}{hbt + sh\,(h\text{-}t)}\right] \qquad (3.2\text{-}15)$$

Aus Symmetriegründen ist Gl. (3.1-11) mit

$$\phi = 0 \qquad \text{und} \qquad \psi = 0$$

identisch erfüllt (vgl. Abschnitt 3.1.6) und wegen $N = 0$ lautet Gl. (3.1-9)

$$\int_{z_o}^{z_u} \sigma\,(z,z_N)\,b\,(z)\,dz = 0 \qquad \text{mit} \qquad b\,(z) = \begin{cases} b & \text{für } z_o \leq z \leq z_o + t \\[2mm] s & \text{für } z_o + t \leq z \leq z_u \end{cases} \qquad (3.2\text{-}16)$$

Die Äquivalenzbeziehung (3.1-10) für das Biegemoment ist für die vier Spannungszustände nach Bild 3.1 auszuwerten. Wegen der Voraussetzung $M_y > 0$ treten bei $z = z_o$ Druckspannungen $\sigma_o < 0$ und bei $z = z_u$ Zugspannungen $\sigma_u > 0$ auf.

Spannungszustand 1: $\quad 0 \leq M_y \leq M_{g1} = M_{el}$
Der Querschnitt ist völlig elastisch, d. h. $-R_F \leq \sigma(z,z_N) \leq R_F$. Mit Gl. (3.1-5) folgt aus Gl. (3.2-16) $z_{N1} = 0$, d. h. die neutrale Faser geht durch den Flächenschwerpunkt des Profilquerschnitts. Die Auswertung von Gl. (3.1-10) liefert die bekannte lineare Spannungsverteilung

$$\sigma\,(z) = \frac{M_y}{I_y}\,z \qquad . \qquad (3.2\text{-}17)$$

Wegen $z_u > |z_o|$ tritt die größte Spannung an der Profilunterkante auf. Die **elastische Grenze** ist also erreicht, wenn $\sigma_u = R_F$ wird, und man erhält

$$M_{g1} = M_{el} = R_F\,\frac{I_y}{z_u} \qquad (3.2\text{-}18)$$

Spannungszustand 2: $\quad M_{g1} \leq M_y \leq M_{g2}$
Der Querschnitt ist im Bereich $z_u \geq z \geq \zeta_u$ einseitig plastiziert. Im elastischen Restquerschnitt, d. h. für $\zeta_u \geq z \geq z_o$ gilt Gl. (3.1-6). Aus der Bedingung (3.2-19) und der Auswertung der Äquivalenzbeziehung (3.1-10), die wegen der nur abschnittsweise gegebenen Funktionen $b(z)$ und $\sigma(z)$ jeweils drei Teilintegrationen erfordern, erhält man zwei algebraische Glei-

chungen zur Bestimmung der Lage der neutralen Faser z_N und der Grenze ζ_u zwischen elastischem und plastischem Querschnittsbereich bei gegebenem Biegemoment M_y. Wegen $N = 0$ und $t < h$ ist immer $\zeta_u > z_o + t$. Die Gültigkeitsgrenze ist erreicht, wenn $\sigma_o = \sigma(z_o) = -R_F$ wird. Wegen $(\zeta_u - 2z_N) = -\zeta_o = -z_o$ vereinfachen sich die Gleichungen für diesen Grenzzustand und man erhält

$$z_{N2} = z_o + \frac{s}{4}\left[\left[\frac{h}{t} \cdot \frac{b}{s} + 1\right] + \sqrt{\left[\frac{h}{t} \cdot \frac{b}{s} + 1\right]^2 + 4\left[\frac{b}{s} - 1\right]}\right] \qquad (3.2\text{-}19)$$

und das zugehörige Grenzmoment

$$M_{g2} = R_F\left[\frac{sh^2}{2} - \frac{4s\,(z_N - z_o)^2}{3} - \left[\frac{1}{2} - \frac{t}{3\,(z_N - z_o)}\right](b\text{-}s)\,t^2\right] \qquad (3.2\text{-}20)$$

Spannungszustand 3: $\quad M_{g2} \leqslant M_y \leqslant M_{g3} = M_{pl}$
Der Querschnitt ist im Zug- und Druckbereich plastiziert, und es gilt Gl. (3.1-7) für den Verlauf der Spannungen im elastischen Restquerschnitt. Die Gln. (3.1-9) und (3.1-10) werden wie in den vorangegangenen Fällen ausgewertet und liefern zusammen mit Gl. (3.1-4) die Bestimmungsgleichungen für z_N, ζ_o und ζ_u.

Spannungszustand 4: $\quad M_y = M_{g3} = M_{pl}$
Als Grenzfall des Spannungszustandes 3 erhält man den vollplastischen Zustand, der auch ohne Kenntnis der vorausgegangenen Belastungsgeschichte bestimmt werden kann. Bei der Integration der Spannungen $\sigma(z,z_N) = \pm R_F$ über den Querschnitt sind die beiden Fälle
(4a) $z_N \geqslant z_o + t$ für $s(h\text{-}t) \geqslant tb$ (Flächenhalbierende im Steg) und
(4b) $z_N \leqslant z_o + t$ für $s(h\text{-}t) \leqslant tb$ (Flächenhalbierende im Gurt)

zu unterscheiden, und man erhält für die Lage der neutralen Faser

$$(4a) \qquad z_{N4} = z_o + \tfrac{1}{2}h\left[1 + \frac{t}{h} - \frac{tb}{hs}\right] \leqslant 0\ ,$$

$$(4b) \qquad z_{N4} = z_o + \tfrac{1}{2}h\left[\frac{t}{h} + \frac{s}{b}\left[1 - \frac{t}{h}\right]\right] \leqslant 0 \qquad (3.2\text{-}21)$$

und für das **plastische Grenzmoment**

$$(4a) \qquad M_{pl} = R_F\,\frac{bh^2}{2}\left[\frac{s}{b} - \frac{t^2}{h^2}\left[1 - \frac{s}{b}\right] - 2\,\frac{(z_{N4} - z_o)^2\,s}{h^2\,b}\right]\ ,$$

$$(4b) \qquad M_{pl} = R_F\,\frac{bh^2}{2}\left[\frac{s}{b} + \frac{t^2}{h^2}\left[1 - \frac{s}{b}\right] - 2\,\frac{(z_{N4} - z_o)^2}{h^2}\right]\ . \qquad (3.2\text{-}22)$$

Mit speziell angenommenen Querschnittsabmessungen $b = h$ und $s = t = 0,1\,h$ erhält man aus den Gln. (3.2-14) bis (3.2-22) die Werte

$$
\begin{aligned}
z_o &= -0,2868\,h \\
z_u &= 0,7132\,h \\
I_y &= 0,0180\,h^4 \\
M_{el} &= 0,0252\,h^3\,R_F \\
z_{N4} &= -0,1918\,h < z_o + t \\
M_{pl} &= 0,0455\,h^3\,R_F
\end{aligned}
$$

Der plastische Überlastungsfaktor für diesen Querschnitt

$$
m_{pl} = M_{pl}/M_{el} = 1,802
$$

ist also größer als für den Rechteckquerschnitt.

3.2.3 Schiefe Biegung bei einfach symmetrischem Querschnitt

Ein T-Profil aus elastisch-idealplastischem Material wird durch ein um den Winkel ϕ gegen die starke Hauptachse (1) geneigtes Biegemoment

$$
\left.
\begin{aligned}
\underline{M} &= M_y\,\underline{e}_y + M_z\,\underline{e}_z = M\cos(\phi\text{-}\psi)\,\underline{e}_y + M\sin(\phi\text{-}\psi)\,\underline{e}_z \\[2mm]
&= M_1\,\underline{e}_1 + M_2\,\underline{e}_2 = M\cos\phi\;\underline{e}_1 + M\sin\phi\;\underline{e}_2
\end{aligned}
\right\}
\qquad (3.2\text{-}23)
$$

vom Betrage

$$
M = \sqrt{M_1{}^2 + M_2{}^2} = \sqrt{M_y{}^2 + M_z{}^2} > 0
\qquad (3.2\text{-}24)
$$

belastet. Das Koodinatensystem liegt im Flächenschwerpunkt und die y-Achse parallel zur neutralen Faser, ist also um den Winkel ψ gegen die (1)-Achse geneigt (Bild 3.11). Die Koordinaten im Hauptachsensystem $\{(1),(2)\}$ werden durch große Buchstaben bezeichnet, und es gilt die Transformation

$$
\left.
\begin{aligned}
Y &= y\cos\psi - z\sin\psi \\[2mm]
Z &= z\cos\psi + y\sin\psi
\end{aligned}
\right\}
\qquad (3.2\text{-}25)
$$

Die Flächenmomente 2. Grades um die Hauptachsen sind I_1 wie in Gl. (3.2-15) und

$$
I_2 = \frac{tb^3 + (h\text{-}t)\,s^3}{12} = \frac{hb^3}{12}\left[\frac{t}{h} + \left(1 - \frac{t}{h}\right)\frac{s^3}{b^3}\right] .
\qquad (3.2\text{-}26)
$$

Die folgenden Betrachtungen beschränken sich auf den elastischen und den vollplastischen Zustand (Spannungszustände 1 und 4). Weiterhin werde zur Vereinfachung der Rechnung angenommen, daß der Querschnitt dünnwandig mit den Abmessungen $s = t \ll h = b$ ist. Dann können in allen Gleichungen die Terme $(s/b) = (t/h)$ und ihre Potenzen gegenüber der Eins vernachlässigt werden, und man hat

$$I_1 \simeq \frac{5th^3}{24} \; , \qquad\qquad I_2 \simeq \frac{th^3}{12} \; ,$$

$$Z_o \simeq -\frac{h}{4} \; , \qquad\qquad Z_u \simeq \frac{3h}{4} \; . \qquad\qquad (3.2\text{-}27)$$

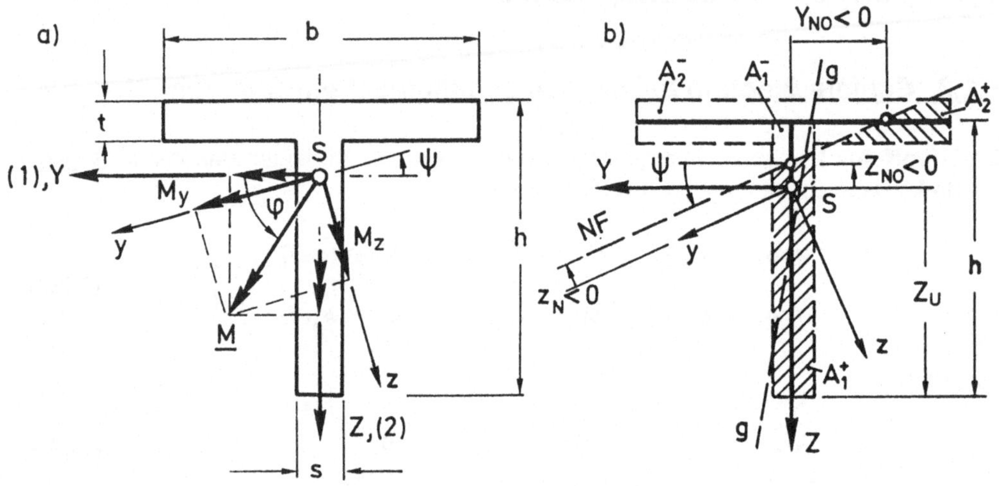

Bild 3.11: Schiefe Biegung eines T-Profils
a) Querschnitt u. Belastung   b) Idealisierung, g-g Grenzlage der NF

Spannungszustand 1: Für den elastischen Zustand liefert Gl. (3.1-9) mit $N = 0$ wieder $z_N = 0$, d. h. die Spannungsnullinie geht durch den Schwerpunkt. Mit den Hauptachsen-Koordinaten erhält man die Spannungsverteilung im Querschnitt zu

$$\sigma\,(Y,Z) = \frac{M_1}{I_1} Z - \frac{M_2}{I_2} Y = \frac{24}{th^3} \left[\frac{M_1}{5} Z - \frac{M_2}{2} Y \right] \qquad (3.2\text{-}28)$$

und daraus wegen $\sigma\,|_{z=0} = 0$ die Neigung ψ der neutralen Faser

$$\tan \psi = \frac{I_1}{I_2} \tan \phi \simeq \frac{5}{2} \tan \phi > \tan \phi \; . \qquad (3.2\text{-}29)$$

Die Neigung der Spannungsnullinie ist als $\psi_1\,(\phi)$ im Bild 3.12a dargestellt.

Die **Grenze des elastischen Zustandes** ist erreicht, wenn die größte Spannung betragsmäßig den Wert der Fließspannung annimmt. Das Spannungsmaximum tritt in dem Querschnittspunkt auf, der den größten Abstand von der neutralen Faser hat. Abhängig vom Winkel ψ ist das - wegen der Voraussetzung eines dünnwandigen Querschnitts - näherungsweise einer der drei Punkte

(a) $\qquad Y = 0$, $\qquad\qquad\qquad Z = Z_u = +\dfrac{3h}{4}$,

(b) $\qquad Y = \dfrac{h}{2}$, $\qquad\qquad\qquad Z = Z_o = -\dfrac{h}{4}$,

(c) $\qquad Y = -\dfrac{h}{2}$, $\qquad\qquad\qquad Z = Z_o = -\dfrac{h}{4}$.

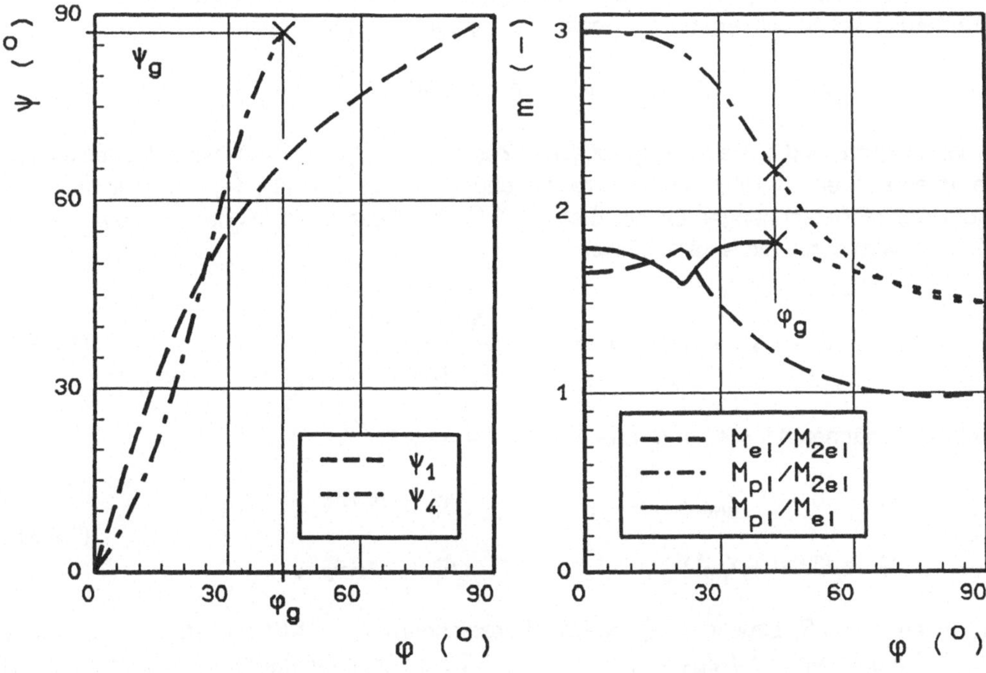

Bild 3.12: *Schiefe Biegung eines T-Profils*
a) Neigung der Neutralen Faser $\qquad$ *b) elastische und plastische Grenz-momente, plastischer Überlastungs-faktor*

Mit dem elastischen Grenzmoment bei Biegung um die schwache Achse (2)

$$M_{2el} = R_F\,\frac{th^2}{6} > 0 \qquad\qquad (3.2\text{-}30)$$

als Bezugswert erhält man daraus die sechs Ungleichungen

(a) $\qquad -1 \leq \dfrac{3}{5}\dfrac{M_1}{M_{2el}} \leq +1$,

(b) $\qquad -1 \leq -\dfrac{1}{5}\dfrac{M_1}{M_{2el}} - \dfrac{M_2}{M_{2el}} \leq +1$, $\qquad$ (3.2-31)

(c) $\qquad -1 \leq -\dfrac{1}{5}\dfrac{M_1}{M_{2el}} + \dfrac{M_2}{M_{2el}} \leq +1$

für die Begrenzung des elastischen Zustandes. In der (M_1,M_2)-Ebene bilden die elastischen Grenzzustände ein Sechseck, von dem im Bild 3.13 lediglich der erste Quadrant mit $M_1 > 0$ und $M_2 > 0$ dargestellt ist. Die Darstellung in der Schnittlastenebene wird auch "Interaktionskurve" (Abschnitt 3.3.4) genannt. Das nach Gl. (3.2-24) berechnete resultierende elastische Grenzmoment M_{el} ist im Bild 3.12b in Abhängigkeit vom Winkel ϕ aufgetragen. Sein größter Wert ergibt sich am Übergang der Bedingung (a) zur Bedingung (b) zu

$$M_{el}^{max} = 1{,}795\, M_{2el} \text{ bei } \quad \phi = 21{,}8° \qquad (3.2\text{-}32)$$

Spannungszustand 4: Da im **vollplastischen Zustand** $\sigma\,(z,z_N) = \pm R_F$ ist, vereinfachen sich alle Integrationen in den Äquivalenzbeziehungen (3.1-9) bis (3.1-11) zu Flächen- und Schwerpunktberechnungen (siehe Abschnitt 3.5). Der Querschnitt mit der Fläche $A = A^+ + A^- = 2ht$ wird durch die Neutrale Faser

$$Z = Z_{N0} + \tan\psi\; Y = Z_{N0} - \frac{\frac{1}{4}h + Z_{N0}}{Y_{N0}}\; Y \qquad (3.2\text{-}33)$$

in zwei Teilflächen $A^+ = A_1^+ + A_2^+$ und $A^- = A_1^- + A_2^-$ geteilt,

$$\begin{aligned}
A_1^+ &= (0.75\,h - Z_{N0})\,t \ , & A_1^- &= ht - A_1^+ \ , \\
A_2^+ &= (0.5\,h + Y_{N0})\,t \ , & A_2^- &= ht - A_2^+ \ ,
\end{aligned} \qquad (3.2\text{-}34)$$

in denen $\sigma = +R_F$ bzw. $\sigma = -R_F$ ist. Dabei bezeichnen $\{Y_{N0}\,,\,-\frac{1}{4}h\}$ und $\{0, Z_{N0}\}$ mit $-\frac{1}{4}h \leq Y_{N0} \leq \frac{1}{2}s$ und $-\frac{1}{4}h + \frac{1}{2}t \leq Z_{N0} = z_N/\cos\psi \leq +\frac{1}{4}h$ die Schnittpunkte der Neutralen Faser mit dem Profilquerschnitt.

Aus der Bedingung

$$N = R_F\,[(A_1^+ + A_2^+) - (A_1^- + A_2^-)] = 0 \qquad (3.2\text{-}35)$$

folgt, daß die Neutrale Faser die Flächenhalbierende ist, und damit

$$Y_{N0} = Z_{N0} - \frac{1}{4}h = \frac{z_N}{\cos\psi} - \frac{1}{4}h \qquad (3.2\text{-}36)$$

und

$$z_N = -\frac{\cos\psi\,(\cos\psi - \sin\psi)}{\sin\psi + \cos\psi}\,\frac{h}{4}\,.$$ (3.2-37)

Die Äquivalenzbeziehungen für die Biegemomente

$$M_y = M_1 \cos\psi + M_2 \sin\psi$$

$$= R_F\,[A_1^+\,(z_1^+ - z_N) + A_2^+\,(z_2^+ - z_N) - A_1^-\,(z_1^- - z_N) - A_2^-\,(z_2^- - z_N)]$$

$$M_z = -M_1 \sin\psi + M_2 \cos\psi$$

$$= -R_F\,[A_1^+\,y_1^+ + A_2^+\,y_2^+ - A_1^-\,y_1^- - A_2^-\,y_2^-]$$ (3.2-38)

mit $\{y_i^+, z_i^+\}$ bzw. $\{y_i^-, z_i^-\}$ als den Flächenmittelpunkten von A_i^+ bzw. A_i^- liefern zwei weitere Gleichungen, aus denen für vorgegebenes ψ die Kombination M_1, M_2 für den vollplastischen Zustand und damit ϕ bestimmt werden können; das numerisch ausgewertete Ergebnis ist als $\psi_4(\phi)$ in Bild 3.2-12a aufgetragen. Für $\phi \to 45°$ liefern die Gleichungen $\psi \to 90°$ und $z_N \to 0$ sowie $M_1 = M_2 \to 1,5\,M_{2el}$. Die eingangs eingeführte Vernachlässigung der Stegbreite $(s/b) \ll 1$ ist jedoch nur solange zulässig, wie der Schnittpunkt der NF mit dem Gurt nicht in den Bereich der Stegbreite fällt, also $|Y_{NO}| \geq s/2$ ist (Grenzgerade g-g in Bild 3.11b). Daraus ergibt sich mit Gl. (3.2-36) eine obere Grenze des Neigungswinkels für die Gültigkeit der hergeleiteten Beziehungen, der von den realen Querschnittswerten abhängt. Diese Gültigkeitsgrenze ist in den Bildern 3.12 und 3.13 durch ein Kreuz gekennzeichnet. Für den Grenzfall der Biegung um die schwache Hauptachse, $M_1 = 0$ und $\phi = 90°$, gilt offensichtlich $\psi = 90°$ und $M_2 = M_{2pl} = \frac{1}{4}R_F\,th^2 = 1.5\,M_{2el}$.

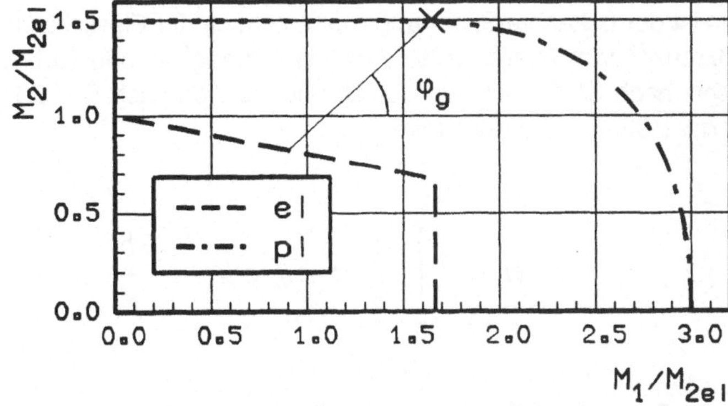

Bild 3.13: Schiefe Biegung eines T-Profils, elastische und plastische Grenzzustände (Interaktionskurven)

Der Verlauf des resultierenden **plastischen Grenzmomentes** M_{pl} ist zusammen mit dem elastischen Grenzmoment M_{el} und dem plastischen Überlastungsfaktor $m_{pl} = M_{pl}/M_{el}$ in Abhängigkeit von ϕ im Bild 3.2-12b aufgetragen. Bild 3.2-13 stellt die elastischen und plastischen Grenzzustände als Interaktionskurven in der Schnittlastenebene dar.

3.3   Biegung mit Längskraft

In diesem Abschnitt wird das **Spannungsproblem** des geraden Balkens bei beliebiger Kombination der Schnittlasten Biegemoment M und Längskraft N behandelt. Eine Unterscheidung nach Theorie 1. oder 2. Ordnung (Gleichgewichtsbedingungen am unverformten oder verformten Balken) spielt dabei zunächst keine Rolle, da es für die Untersuchung des Spannungszustandes in einem Querschnitt des Balkens ("Element") gleichgültig ist, wie die Schnittlasten am ganzen Balken ("System") ermittelt wurden. Erst wenn man umgekehrt die Ergebnisse der Untersuchungen am Balkenquerschnitt benutzt, um die Beanspruchbarkeit des ganzen Balkens zu bestimmen, dann ist zwischen Theorie 1. Ordnung und 2. Ordnung zu unterscheiden.

Es wird der Sonderfall 1 nach Abschnitt 3.1.6 zugrunde gelegt, d. h. der Momentenvektor steht senkrecht auf einer Längssymmetrieebene des Balkens. Wegen der aufwendigen Rechnungen bei der Auswertung der Grundgleichungen (3.1-9) und (3.1-10) wird in diesem Abschnitt nur der Rechteckquerschnitt aus elastisch-idealplastischem Werkstoff betrachtet. Für $N \geqslant 0$, $M \geqslant 0$ ergeben sich wieder die Spannungszustände 1 bis 3 nach Bild 3.1. Der Spannungszustand 4 (vollplastischer Zustand) wird wegen seiner Bedeutung für das Grenzlastverfahren im Abschnitt 3.5 gesondert untersucht.

Im ganzen Abschnitt 3.3 wird vorausgesetzt, daß die Schnittlastenkombination N, M so aufgebracht wird, daß beim **Belastungsvorgang**, der quasistatisch erfolgen soll, keine plastisch verformte Faser entlastet wird. Welche Bedingungen dazu eingehalten werden müssen, wird im Abschnitt 3.4 untersucht. Hier sei vorweggenommen, daß die **proportionale Belastung**, d. h. N/M = konst., und die Belastung in der Reihenfolge: Zuerst N aufbringen mit $M = 0$, dann M aufbringen mit N = konst., die Bedingungen erfüllen.

3.3.1 Spannungszustände

<u>Spannungszustand 1</u>

Dies ist der bekannte Spannungszustand nach der Elastizitätstheorie, von dem hier die obere Grenze[1] von Interesse ist. Aus der Grundgleichung (3.1-9) kommt mit dem Werkstoffgesetz nach Gl. (3.1-5) und den Bezeichnungen nach Bild 3.1 für den Rechteckquerschnitt mit der Höhe h und der Breite b

$$N = - \int_{z_o}^{z_u} \frac{E}{\rho} (z - z_N)\, bdz = \frac{E\,bh}{\rho} z_N = \frac{EA}{\rho} z_N \qquad (3.3\text{-}1)$$

mit der Querschnittsfläche $A = bh$. Die Grundgleichung (3.1-10) ergibt

---

$$M_y = M = - \int_{z_o}^{z_u} \frac{E}{\rho} \, (z - z_N) \, zb\,dz = - \frac{E\,bh^3}{\rho\,12} = - \frac{E}{\rho} \, I_y \qquad (3.3\text{-}2)$$

mit dem Flächenmoment 2. Grades $I_y = bh^3/12$. Mit den Bezugswerten $N_{el} = R_F A$, $M_{el} = R_F W_{el} = R_F bh^2/6$ und den Abkürzungen $m = N/N_{el}$, $m = M/M_{el}$ kann aus den Gln. (3.3-1) und (3.3-2) die **Lage der Neutralen Faser** bestimmt werden

$$z_N = - \frac{N}{A} \frac{I_y}{M} = - \frac{N M_{el} h}{N_{el} M 2} = - \frac{n}{m} \frac{h}{2} \; . \qquad (3.3\text{-}3)$$

Die Neutrale Faser liegt außerhalb des Querschnitts, wenn $|n| > |m|$ ist.

Für die **Spannungen** ergibt sich die bekannte lineare Verteilung

$$\sigma\,(z) = \frac{M}{I_y} \, (z - z_N) \quad \text{oder} \quad \frac{\sigma\,(z)}{R_F} = 2m \, \frac{z}{h} + n \; . \qquad (3.3\text{-}4)$$

Als obere Grenze folgt für die Schnittlastenzustände $n \geq 0$, $m \geq 0$ mit $\sigma_u = R_F$, d. h. $\zeta_u = h/2$, die Bedingung

oder[1]
$$n + m = 1$$
$$\Phi^o_{11}\,(n,m) = n + m - 1 = 0 \; . \qquad (3.3\text{-}5)$$

Für die Kombinationen n,m mit anderen Vorzeichen ergeben entsprechende Rechnungen oder Symmetriebetrachtungen

$$\sigma_o = - R_F : \; \Phi^o_{12}\,(n,m) = -n + m - 1 = 0 \quad \text{für } n \leq 0,\; m \geq 0$$
$$\sigma_u = - R_F : \; \Phi^o_{13}\,(n,m) = +n + m + 1 = 0 \quad \text{für } n \leq 0,\; m \leq 0 \qquad (3.3\text{-}5\text{a})$$
$$\sigma_o = R_F : \; \Phi^o_{14}\,(n,m) = +n - m - 1 = 0 \quad \text{für } n \geq 0,\; m \leq 0 \; .$$

Man erhält also vier **Interaktionsbeziehungen** für die Schnittlastenkombinationen, unter denen gerade in der unteren oder/und der oberen Randfaser die Fließspannung $|R_F|$ erreicht wird. Diese Beziehungen grenzen alle möglichen Schnittlastenzustände ein, unter denen der Spannungszustand 1 auftreten kann.

---

[1] Der erste Index von Φ^o_{ik} bezieht sich auf den Spannungszustand, der zweite auf den Quadranten im Koordinatensystem n,m. Der hochgestellte Index ^{o} bzw. ^{u} zeigt eine obere bzw. untere Grenze an.

<u>Spannungszustand 2</u>

Bei weiterer Steigerung der Belastung über die obere Grenze des Spannungszustandes 1 hinaus bildet sich für den Fall $M > 0$, $N > 0$ unten im Querschnitt ein plastischer Bereich, siehe Bild 3.1. Mit dem Werkstoffgesetz nach Gl. (3.1-6) für den elastischen Restquerschnitt $\zeta_u \geqslant z \geqslant z_o$ und $\sigma = R_F$ für den plastischen Querschnittsbereich $z_u \geqslant z \geqslant \zeta_u$ folgt nach Integration und einiger Zwischenrechnung aus Grundgleichung (3.1-9) für die Längskraft

$$N = -\frac{R_F\, b}{\zeta_u - z_N} \left[\frac{1}{2}(\zeta_u - z_o)^2 + 2z_o\,(\zeta_u - z_N) \right] \qquad (3.3\text{-}6)$$

und aus Grundgleichung (3.1-10) für das Biegemoment

$$M = -\frac{R_F\, b}{6(\zeta_u - z_N)} \left[(\zeta_u - z_o)^3 + 3z_o\,(\zeta_u - z_o)^2 \right] . \qquad (3.3\text{-}7)$$

Mit der Abkürzung $\bar{z} = z/h$, $\bar{\zeta} = \zeta/h$ für die auf h bezogenen Koordinaten sowie $m = M/M_{el}$, $n = N/N_{el}$ lassen sich die Gln. (3.3-6) und (3.3-7) darstellen als

$$n = -\frac{1}{\bar{\zeta}_u - \bar{z}_N} \left[\frac{1}{2}(\bar{\zeta}_u - \bar{z}_o)^2 - (\bar{\zeta}_u - \bar{z}_N) \right] \qquad (3.3\text{-}6\text{a})$$

$$m = -\frac{1}{\bar{\zeta}_u - \bar{z}_N} \left[(\bar{\zeta}_u - \bar{z}_o)^3 - \frac{3}{2}(\bar{\zeta}_u - \bar{z}_o)^2 \right] \qquad (3.3\text{-}7\text{a})$$

Eliminieren von $\bar{z}_N$ ergibt schließlich die **Interaktionsbeziehung** für $n \geqslant 0$, $m \geqslant 0$

$$\Phi_{21}(n,m,\bar{\zeta}_u) = \frac{m}{2\,(1\text{-}n)} + \bar{\zeta}_u - 1 = 0 , \qquad (3.3\text{-}8)$$

die die zu einer bestimmten Plastizierungstiefe $\bar{\zeta}_u$ gehörigen Schnittlastenkombinationen n,m bestimmt. Mit $\bar{\zeta}_u = \frac{1}{2}$ folgt als **untere Grenze**

$$\Phi_{21}^u = m + n - 1 = \Phi_{11}^o = 0 \qquad (3.3\text{-}8\text{a})$$

und mit $\bar{\zeta}_o = -\frac{1}{2}$ sowie Gl. (3.1-4) aus Gl. (3.3-6a) $1 - n = \bar{\zeta}_u + \frac{1}{2}$, und damit die **obere Grenze**

$$\Phi_{21}^o = m + 2n^2 - n - 1 = 0 . \qquad (3.3\text{-}8\text{b})$$

Die Lage der **Neutralen Faser** ergibt sich aus Gl. (3.3-6a) zu

$$\bar{z}_N = \bar{\zeta}_u + \frac{(\bar{\zeta}_u + \frac{1}{2})^2}{2\,(n\text{-}1)} , \qquad (3.3\text{-}6\text{b})$$

sie kann wie im Spannungszustand 1 innerhalb oder außerhalb des Querschnitts liegen.

Spannungszustand 3

Bei weiterer Steigerung der Belastung über die obere Grenze des Spannungszustandes 2 hinaus bildet sich - wieder für den Fall $M > 0$, $N > 0$ - ein weiterer plastischer Bereich oben im Querschnitt, siehe Bild 3.1.

Die Grundgleichung (3.1-9) liefert mit Gl. (3.1-7)

$$N = bR_F (- \zeta_o + z_o + z_u - \zeta_u) = - 2N_{el} z_N/h \tag{3.3-9}$$

oder mit $n = N/N_{el}$ und den auf h bezogenen Koordinaten

$$n = - 2\bar{z}_N \ . \tag{3.3-9a}$$

Daraus ergibt sich für vorgegebenes n die Lage der **Neutralen Faser**. Wegen $0 \leq |n| \leq 1$ liegt die NF stets im Querschnitt.

Die Grundgleichung (3.1-10) ergibt mit Gl. (3.1-7)

$$M = \frac{R_F b}{2} \left[\frac{h^2}{2} - \frac{2}{3} \zeta_u^2 - \frac{8}{3} z_N^2 + \frac{4}{3} z_N \zeta_u \right] \tag{3.3-10}$$

oder mit $m = M/M_{el}$ und den auf h bezogenen Koordinaten

$$m = \frac{3}{2} - 2\bar{\zeta}_u^2 - 8\bar{z}_N^2 + 4\bar{z}_N \bar{\zeta}_u \ . \tag{3.3-10a}$$

Durch Eliminieren von $\bar{z}_N$ erhält man aus den Gln. (3.3-9a) und (3.3-10a) die **Interaktionsbeziehung** für $n \geq 0$, $m \geq 0$

$$\Phi_{31} (n,m,\bar{\zeta}_u) = m + 2n^2 + 2n\bar{\zeta}_u + 2\bar{\zeta}_u^2 - \frac{3}{2} = 0 \tag{3.3-11}$$

oder

$$\Phi_{31} (n,m,\bar{\zeta}_o) = m + 2n^2 + 2n\bar{\zeta}_o + 2\bar{\zeta}_o^2 - \frac{3}{2} = 0 \ . \tag{3.3-11a}$$

Die **untere Grenze** ergibt sich für $\bar{\zeta}_o = - \frac{1}{2}$ zu

$$\Phi_{31}^u = m + 2n^2 - n - 1 = \Phi_{21}^o = 0 \tag{3.3-11b}$$

und die **obere Grenze** für verschwindenden elastischen Restquerschnitt, d. h. $\bar{\zeta}_u = \bar{\zeta}_o = \bar{z}_N$, zu

$$\Phi^o_{31} = \Phi_{41} = m + \frac{3}{2}n^2 - \frac{3}{2} = 0 \ . \tag{3.3-12}$$

Das ist die Bedingung für die **volle Ausnutzung des Querschnitts**, die plastische Grenz-schnittgrößenkombination[1] N, $M_{pl,N}$ mit dem Grenzmoment $M_{pl,N} = m_{pl}\,(n)\,M_{el}$ unter Be-rücksichtigung der Längskraft ist erreicht (**Spannungszustand 4**). Der plastische Über-lastungsfaktor

$$m_{pl}\,(n) = m\,(\bar\zeta_o = \bar\zeta_u = \bar z_N, n) = \frac{3}{2}\,(1 - n^2) \tag{3.3-12a}$$

ist für den Rechteckquerschnitt kleiner als der im Fall Biegung ohne Längskraft, Gl. (3.2-5), bei anderen Querschnitten kann das Verhältnis umgekehrt sein (siehe Abschnitt 3.5).

3.3.2 Überlastungsfunktion

Wie im Belastungsfall Biegung ohne Längskraft (Abschnitt 3.2.1) kann die Ausnutzung des Querschnitts, d. h. die Überlastung gegenüber dem gewählten Bezugszustand $M = M_{el}$, $N = 0$, durch eine Überlastungsfunktion $m(\alpha,n)$ beschrieben werden, die im Belastungsfall Bie-gung mit Längskraft aber nicht gleichzeitig die Biegemoment-Krümmung-Beziehung dar-stellt. Als Variable benutzt man zweckmäßig wieder das **Dehnungsverhältnis** $\alpha = |\varepsilon_{Rand}|/\varepsilon_F$, wobei ε_{Rand} bei unterschiedlichen Dehnungen an den Querschnittsrändern die betragsmäßig größere von beiden ist.

Für das Beispiel des **Rechteckquerschnitts** ergibt sich für die Spannungszustände unter Schnittlastenkombinationen $N \geqslant 0$, $M \geqslant 0$:

<u>Spannungszustand 1:</u>
Aus Gl. (3.1-2) kommt für den Bezugszustand $\varepsilon_F = h/(2\,|\,\rho_{el}\,|)$ und für den aktuellen Bela-stungszustand $\varepsilon_u = \varepsilon_{Rand} = -(h/2 - z_N)/\rho$. Da für diesen Spannungszustand $\rho_{el}/\rho = M/M_{el} = m$ gilt, ist die Überlastungsfunktion

$$m(\alpha,n) = \alpha - n \ . \tag{3.3-13}$$

<u>Spannungszustand 2:</u>
Aus Gl. (3.1-3) mit Gl. (3.3-6b) ergibt sich der Zusammenhang zwischen Dehnungsverhältnis α und Plastizierungstiefe $\bar\zeta_u = \zeta_u/h$ und mit der Abkürzung $C(\alpha,n) = 2(n-1)/(\alpha-1) \leqslant 0$ für $\alpha > 1$ sowie Gl. (3.3-8) die Überlastungsfunktion

$$m(\alpha,n) = [-C(\alpha,n) + 3 - \sqrt{C^2(\alpha,n) - 4C(\alpha,n)}\,]\,(1 - n) \ . \tag{3.3-14}$$

<u>Spannungszustand 3:</u>
Mit Gl. (3.3-9a) erhält man die Plastizierungstiefe unten und daraus mit Gl. (3.3-11) die Über-lastungsfunktion

---

[1] Zur Bezeichnungsweise siehe Seite 10.

$$m(\alpha,n) = \frac{3}{2}(1 - n^2) - \frac{1}{2\alpha^2}(1 + n)^2 \qquad\qquad (3.3\text{-}15)$$

Für $n = 0$ geht Gl. (3.3-15) über in Gl. (3.2-4), für $\alpha \to \infty$ kommt der plastische Überlastungsfaktor des Rechteckquerschnitts unter Berücksichtigung der Längskraft nach Gl. (3.3-12a). Die Grenze zwischen den Spannungszuständen 2 und 3 ergibt sich mit Gl. (3.1-4)

$$\alpha^* = (1 + n)/(1 - n) \quad .$$

In Bild 3.14 ist die Überlastungsfunktion für mehrere Werte von n und zwei verschiedene Belastungsprogramme aufgetragen:

1. Belastungsprogramm: Zuerst wird N = konst. aufgebracht, dann M von Null bis zum Endwert $M_{pl,N}$ gesteigert.
2. Belastungsprogramm: Die Schnittlasten M und N werden in einem festen Verhältnis zueinander von Null bis zum Endwert gesteigert ("Proportionale Belastung").

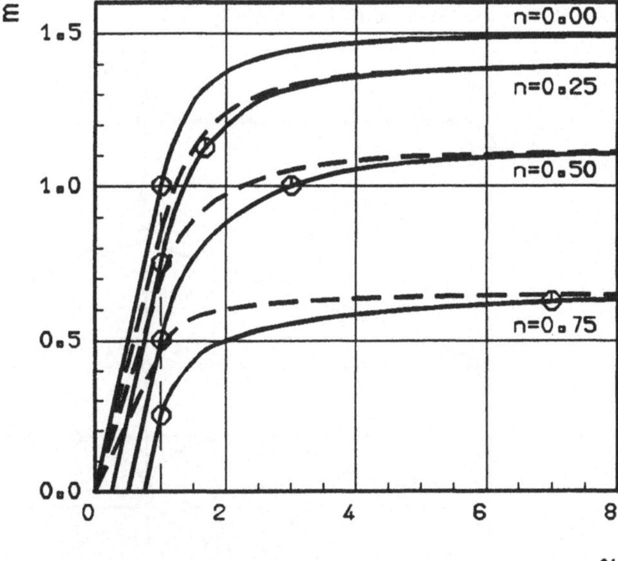

Bild 3.14: *Überlastungsfunktion*
für Rechteckquerschnitt
——— n = konst.
——— m/n = konst.
o   Grenzen zwischen den
Spannungszuständen

Die Kurven für beide Belastungsprogramme laufen gegen denselben Endwert. Die Grenzschnittlastenkombination ist also unabhängig vom Belastungsprogramm, wie im Rahmen des Grenzlastverfahrens (Abschnitt 10.7) allgemein gezeigt werden kann.

Das Biegemoment an der Grenze des elastischen Bereichs ($\alpha = 1$) wird wesentlich stärker durch die Längskraftwirkung vermindert als der Endwert und die Größe der Abminderung hängt vom Belastungsprogramm ab. So bewirkt z. B. eine Längskraft von $n = 0{,}25$
  - an der elastischen Grenze wegen $m(n) = 1 - n$ eine Abminderung des Biegemomentes von 25 % (Progr. 1) oder 15 % (Progr. 2),
  - im vollplastischen Zustand wegen $m_{pl}(n) = 1{,}5(1 - n^2)$ eine Abminderung von nur 6 % bei beiden Belastungsprogrammen.

Die Randdehnungen $\varepsilon_{Rand} = \alpha\,\varepsilon_F$ können erheblich größer werden als im Fall Biegung ohne Längskraft; 99 % des Endwertes des Biegemoments, m/m_{pl} (n) = 0,99, werden bei folgenden Randdehnungen erreicht: n = 0: $\varepsilon_{Rand} = 5\,\varepsilon_F$, n = 0,25: $\varepsilon_{Rand} = 7,5\,\varepsilon_F$, n = 0,5: $\varepsilon_{Rand} = 10\,\varepsilon_F$, n = 0,75: $\varepsilon_{Rand} = 15,3\,\varepsilon_F$. Bei größeren Längskräften kann also die Verfestigung des Werkstoffs eine nicht zu vernachlässigende Bedeutung haben. Allerdings sind die Randdehnungen bei anderen Querschnitten, die geringere Möglichkeiten zur Spannungsumlagerung bieten als der Rechteckquerschnitt, ohnehin kleiner (vergl. Bild 3.5).

3.3.3 Grenzen zwischen elastischen und plastischen Bereichen

Als Beispiel werden die Grenzen für den Balken mit Rechteckquerschnitt nach Bild 3.15 ermittelt. Es gelte die Theorie 1. Ordnung, die Gleichgewichtsbedingungen werden am umverformten System angesetzt. Die Belastung erfolge in der Reihenfolge: Zuerst wird die Längskraft F_H aufgebracht, dann die Kraft F quer zur Balkenachse bis zur plastischen Grenzlast F_{pl} gesteigert (1. Belastungsprogramm in Abschnitt 3.3.2). Für die in Bild 3.15a gezeichneten Kräfte liegen die Schnittlasten in den Bereichen $0 \leqslant m \leqslant m_{pl}$ (n), $0 \leqslant n < 1$. Der Fall, daß n = 1 ist, also der ganze Balken plastiziert wird und Bereichsgrenzen nicht existieren, interessiert in diesem Zusammenhang nicht.

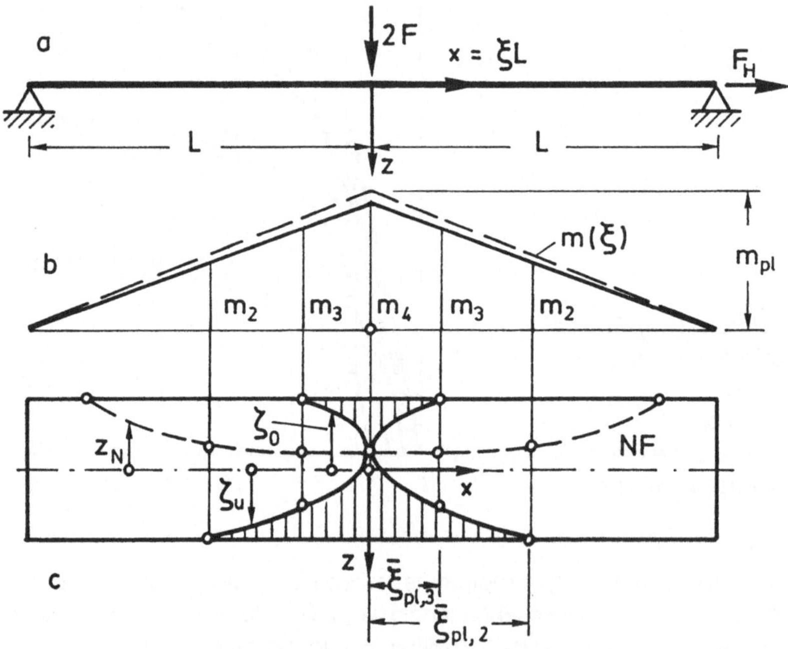

Bild 3.15:Balken mit zwei Einzelkräften
a) System   b) Biegemoment $m(\xi)$ c) Fließzonen im Balken

Die Bereichsgrenzen werden nur für die plastische Grenzlast ermittelt.

Schnittlasten:

$$N(\xi) = F_H > 0, \quad M(\xi) = FL\,(1 - |\,\xi\,|), \quad m(\xi) = \frac{M(\xi)}{M_{el}} = \frac{F}{F_{el}}\,(1 - |\,\xi\,|), \quad -1 \leqslant \xi \leqslant +1.$$

Für die plastische Grenzlast $F = F_{pl}$: $m(\xi) = m_{pl}(n)(1 - |\xi|)$ (3.3-16)

Mit Gl. (3.3-12a) folgt für den Rechteckquerschnitt (Bild 3.15b)

$$m(\xi) = \frac{3}{2}(1 - n^2)(1 - |\xi|) \ .$$ (3.3-16a)

<u>Grenzen zwischen den Spannungszuständen in x-Richtung:</u>

1. Spannungszustand 4
    Wegen $m(\xi) = m_4 = m_{pl}(n)$ folgt aus Gl. (3.3-16) $\bar{\xi} = 0$, d. h. dieser Spannungszustand liegt in der Mitte des Balkens.

2. Zwischen Spannungszustand 3 und Spannungszustand 2
    Aus Gl. (3.3-11b) oder Gl. (3.3-8b) folgt $m_3 = 1 - 2n^2 + n$ und damit aus Gl. (3.3-16)

$$\bar{\xi}_{pl,3} = 1 - \frac{m_3}{m_{pl}(n)} = 1 - \frac{1 - 2n^2 + n}{1,5(1 - n^2)} \ .$$ (3.3-17)

3. Zwischen Spannungszustand 2 und Spannungszustand 1
    Aus Gl. (3.3-8a) oder Gl. (3.3-5) folgt $m_2 = 1 - n$ und damit aus Gl. (3.3-16)

$$\bar{\xi}_{pl,2} = 1 - \frac{m_2}{m_{pl}(n)} = 1 - \frac{1 - n}{1,5(1 - n^2)} = 1 - \frac{1}{1,5(1 + n)} \ .$$ (3.3-18)

Wegen $0 \leqslant n < 1$ gilt $2/3 > \bar{\xi}_{pl,2} \geqslant 1/3$, d. h. auch für große Werte von n bleibt der Balken in den Außenbereichen $|\xi| \geqslant 2/3$ stets elastisch.

<u>Grenzen zwischen elastischen und plastischen Bereichen in z-Richtung:</u>

1. Spannungszustand 3
    Aus Gl. (3.3-11) folgt eine quadratische Gleichung für den Abstand der Grenze im Zugbereich von der Balkenachse mit der Lösung

$$\bar{\zeta}_u = \frac{\zeta_u}{h} = -\frac{n}{2} \pm \sqrt{\frac{3}{4}(1 - n^2) - \frac{1}{2}m}$$ (3.3-19)

mit dem positiven Vorzeichen der Wurzel, da $\bar{\zeta}_u \geqslant \bar{z}_N = -n/2$. Mit Gl. (3.3-16) ist

$$\bar{\zeta}_u(\xi) = -\frac{n}{2} + \sqrt{\frac{3}{4}(1 - n^2) - \frac{1}{2}m_{pl}(n)(1 - |\xi|)} = -\frac{n}{2} + \frac{1}{2}\sqrt{3(1 - n^2)|\xi|}$$ (3.3-20)

Für ζ_o ergibt sich aus Gl. (3.3-11a) dieselbe Lösung, es gilt das negative Vorzeichen der Wurzel, da $\bar{\zeta}_o \leqslant \bar{z}_N = -n/2$.

2. **Spannungszustand 2**
   Aus Gl. (3.3-8) kommt

$$\bar{\xi}_u(\xi) = 1 - \frac{m(\xi)}{2(1-n)} = 1 - \frac{m_{pl}(n)}{2(1-n)}\,(1 - |\,\xi\,|) = 1 - \frac{3}{4}\,(1+n)\,(1 - |\,\xi\,|)\,. \qquad (3.3\text{-}21)$$

In Bild 3.16 sind die Grenzen der elastischen und plastischen Bereiche und damit die Fließzonen des Balkens für vier Werte von *n* dargestellt. Die Länge der Fließzonen nimmt mit
wachsendem *n* zu, im Grenzfall *n* → 1 können die Fließzonen doppelt so lang ($\bar{\xi}_{pl} = 2L/3$)
werden wie im Fall *n* = 0 ($\bar{\xi}_{pl} = L/3$). Hinsichtlich der möglichen Verformungen des Balkens
unter der plastischen Grenzlast ergibt sich: In den schraffierten Fließzonen sind - theoretisch
- in einer Richtung unbeschränkte Dehnungen oder Stauchungen unter konstanten Spannungen R_F möglich. Dadurch können sich die elastischen - und entsprechend vorverformten
- Bereiche des Balkens um die Berührungsachse in der NF mit einem endlichen Knickwinkel
ψ^p gegeneinander verdrehen. Man bezeichnet diesen Mechanismus als **Fließgelenk**
(vergl. Abschnitt 6.4), weil er in Verformungsrichtung bei gleichbleibender Belastung wie
ein kon-

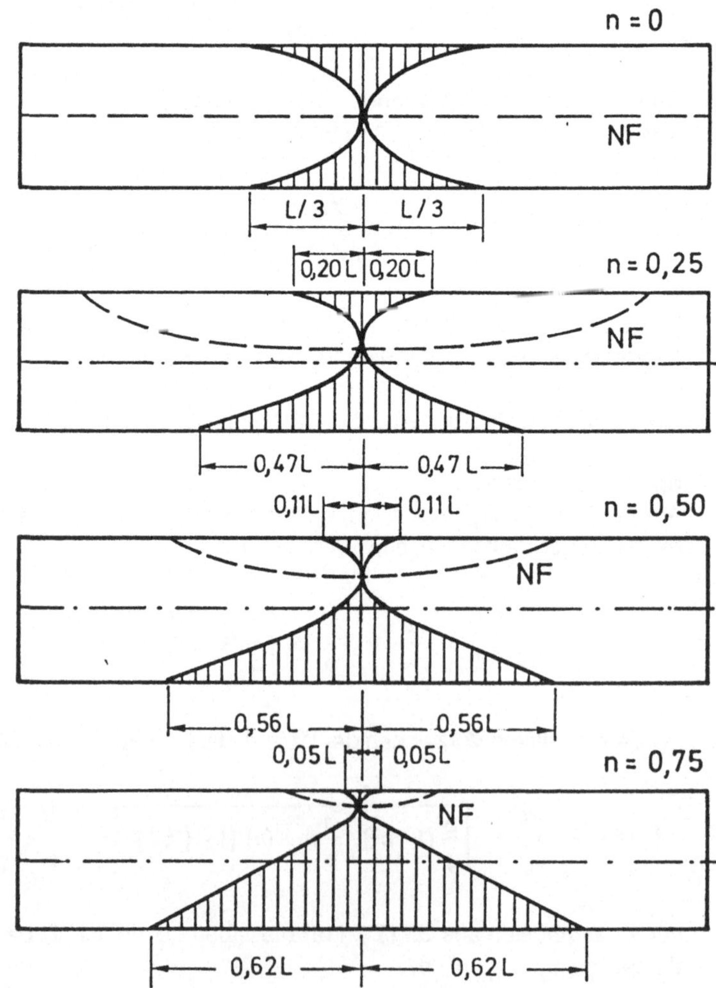

Bild 3.16: *Fließzonen*
für unterschiedliche
Längskräfte

struktives Gelenk wirkt. Die Verdrehung erfolgt im Falle $n = 0$ um eine Achse in der Flächenhalbierenden, die beim Rechteckquerschnitt im Schwerpunkt liegt. Für $n \neq 0$ wird die Achse zum Balkenrand hin verschoben, man spricht von einem **exzentrischen Fließgelenk**.

3.3.4 Darstellung in der Schnittlastenebene (Interaktionskurven)

Für die Darstellung der in Abschnitt 3.3.1 hergeleiteten Interaktionsbeziehungen wird zweckmäßig die **Schnittlastenebene** mit den Schnittlasten N,M oder n,m als Koordinaten benutzt. In Bild 3.13 wurde diese Darstellung mit den Hauptachsen-Biegemomenten als Koordinaten schon angewendet. Beide Darstellungen sind Sonderfälle der Darstellung des allgemeinen Schnittlastenzustandes mit sechs Schnittlasten im sechsdimensionalen Schnittlastenraum. Jeder Schnittlastenzustand wird dann durch einen Punkt, die Belastungsgeschichte durch die Bahnkurve des Punktes beschrieben. Die Analogie zur bekannten Darstellung des Spannungszustandes ist evident.

Spannungszustand 1
Die vier Interaktionsbeziehungen Gln. (3.3-5) und (3.3-5a) für den Rechteckquerschnitt bilden in der Schnittlastenebene einen geschlossenen, doppeltsymmetrischen Polygonzug (Bild 3.17). Da ein spannungsfreier Anfangszustand vorausgesetzt wurde, grenzt dieser Polygonzug die Menge aller Schnittlastenzustände N,M oder n,m ein, die nur elastische Verformungen des Balkenelements verursachen. Die Zustände, für die in einer oder beiden Randfasern gerade die Fließspannung $|R_F|$ erreicht wird, liegen auf den begrenzenden Geraden.

Für die Bestimmung der elastischen Beanspruchbarkeit des Querschnitts wird die **Interaktionsbedingung** benutzt: Alle Schnittlastenzustände, die die Interaktions**bedingung**

$$|n| + |m| \leqslant 1 \tag{3.3-22}$$

erfüllen, liegen im Innern oder auf der Grenze des durch die Interaktions**kurve** als grafischer Darstellung der Interaktions**beziehung** abgegrenzten Bereichs. Die Interaktionsbedingung für den Spannungszustand 1 ist natürlich nichts anderes als der auf bezogene Schnittlasten umgeschriebene Spannungsnachweis $|\max \sigma| \leqslant R_F$ mit Gl. (3.3-4).

Spannungszustände 2 und 3
Diese Zustände enthalten in den Interaktionsbeziehungen Gln. (3.3-8) und (3.3-11) die Plastizierungstiefe ζ_u oder ζ_o als Maß für den erreichten Plastizierungszustand. Es ergeben sich einparametrige Kurvenscharen, von denen in Bild 3.17 nur die Kurven für $\zeta_o = -\frac{1}{2}$ nach Gl. (3.3-8b) (Obere Grenze des Spannungszustands 2) oder nach Gl. (3.3-11b) (Untere Grenze des Spannungszustands 3) und für $\zeta_o = \zeta_u$ nach Gl. (3.3-12) (Obere Grenze des Spannungszustands 3, d. h. Spannungszustand 4) eingezeichnet sind. Aus den genannten Gleichungen ergeben sich die Kurven für $n \geqslant 0$, $m \geqslant 0$, die Kurven in den anderen Quadranten ergeben sich durch Spiegelung an den Achsen, da die elastischen und plastischen Bereiche im Querschnitt nur spiegelbildlich zur y-Achse vertauscht werden, wenn das Vorzeichen einer Schnittgröße geändert wird.

Spannungszustand 4

Die Interaktionskurve nach Gl. (3.3-12) für den vollplastischen Zustand grenzt alle überhaupt möglichen Schnittlastenzustände ein, Schnittlastenzustände außerhalb dieser Kurve sind physikalisch nicht möglich. Für die Beanspruchbarkeit des Querschnitts gilt also die Interaktionsbedingung

$$|m| + \frac{3}{2}n^2 - \frac{3}{2} \leq 0 \quad \text{oder} \quad \frac{2}{3}|m| + n^2 \leq 1 . \tag{3.3-23}$$

In entsprechender Weise, wie hier für den Rechteckquerschnitt gezeigt wurde, können die Interaktionskurven bei allen **doppelt-symmetrischen Querschnitten** unter Belastung in einer Symmetrieebene einfach durch Untersuchung der Spannungszustände für die Schnittlastenkombinationen $n \geq 0$, $m \geq 0$ bestimmt werden. Bei **einfach-symmetrischen Querschnitten** und Belastung in der Symmetrieebene sind die Spannungszustände für die Schnittlastenkombinationen $n \geq 0$, $m \geq 0$ und $n \leq 0$, $m \geq 0$ zu untersuchen, aus denen sich wieder die Kurven für die anderen Kombinationen n,m ergeben, da sich bei einer Änderung des Vorzeichens beider Schnittgrößen nur das Vorzeichen der Spannungsverteilung im Querschnitt ändert. Die Interaktionskurve ist also schief-symmetrisch. Bei **nicht-symmetrischen Querschnitten** tritt im allgemeinen ebenso wie bei nicht in einer Symmetrieebene belasteten, mindestens einfach-symmetrischen Querschnitten Biegung um zwei Hauptachsen auf, so daß insgesamt drei Schnittlasten zu berücksichtigen sind: Es ergibt sich eine Interaktionsfläche im Schnittlastenraum m_y, m_z, n, deren Schnittkurven mit Ebenen parallel zu den Koordinatenebenen wiederum mindestens schief-symmetrisch sind.

In diesem Abschnitt werden die Interaktionskurven speziell für die Spannungszustände 1 und 4 einfach als die grafischen Darstellungen der Interaktionsbeziehungen in der Schnittlastenebene erhalten. Diese Interaktionsbeziehungen und damit die Interaktionskurven können wesentlich weitergehend interpretiert werden:

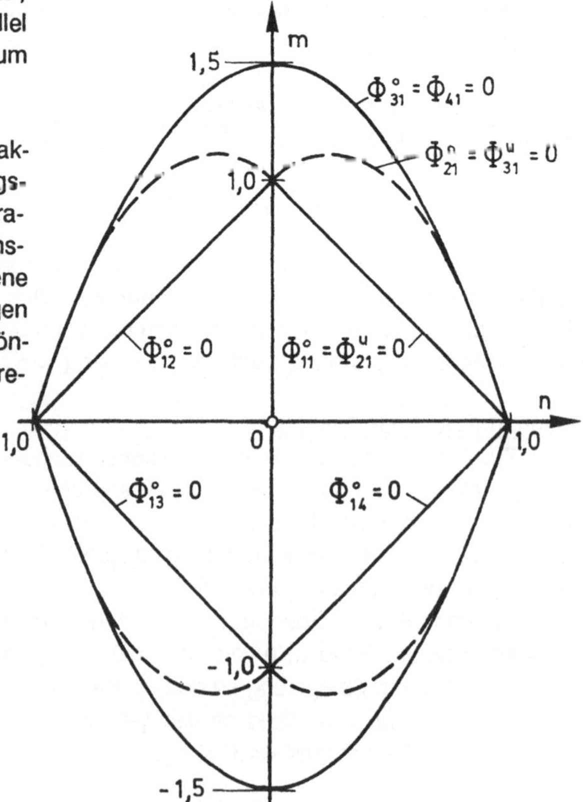

Bild 3.17: Interaktionskurven in der Schnittlastenebene n, m

1. Unter bestimmten Voraussetzungen sind die Interaktionsbeziehungen für das Balkenelement von infinitesimaler Länge dx von der Art einer Fließbedingung, wie sie in Abschnitt 2.3 für den einachsigen Spannungszustand eingeführt wurde (Gl. (2.3-9)). Die Interaktionskurven sind dann die sog. **Fließkurven des Balkenelements** dx in der Schnittlastenebene (siehe Abschnitt 6.3). Der Begriff Fließkurve ist hier - im Unterschied zu der in Abschnitt 2.3 eingeführten Fließkurve oder Fließfunktion bei verfestigendem Werkstoff - als zweidimensionaler Sonderfall der Fließfläche im Spannungsraum (siehe Abschnitt 10.1.2) zu verstehen.

2. Unter Voraussetzung der Theorie 1. Ordnung und der Fließgelenkhypothese (s. Abschnitt 6.4) können die Interaktionskurven auch als **Fließkurven des Balkenelements von endlicher Länge** gedeutet werden. So ergibt sich für das Beispiel in Abschnitt 3.3.3 die plastische Grenzlast aus Gl. (3.3-16a). Das ist aber für den Spannungszustand 4 mit $\hat{\xi}$ = 0 gerade die Interaktionsbeziehung für den Rechteckquerschnitt, so daß die Interaktionskurve mit $m = F/F_{el}$, $n = F_H/F_{Hel}$ in der Tat alle Belastungszustände eingrenzt, die vom Balken getragen werden.

3.4   Belastungsgeschichte

Bei Systemen mit bleibenden Verformungen ist bei jeder Zustandsänderung zu untersuchen, ob
- in den elastischen Bereichen die Fließbedingung eingehalten wird,
- in den plastizierten Bereichen Belastungen oder Entlastungen auftreten,

weil in diesen Fällen jeweils unterschiedliche Werkstoffgesetze gelten (siehe Abschnitt 2.3). Die erste Untersuchung ist im wesentlichen Inhalt der vorangegangenen Abschnitte, wobei immer Belastungen vorausgesetzt wurden. Die zweite Untersuchung ist Gegenstand dieses Abschnitts.

Die Begriffe **Belastung** und **Entlastung** beziehen sich in diesem Zusammenhang auf die Spannungen am Volumenelement, sie werden aber auch mit anderen Bezügen benutzt:

Bei Bezug auf	*gelten die Aussagen für*
Volumenelement	Spannungen
Infinitesimales Stabelement (Querschnitt)	Schnittlasten
Finites Element	Schnittlasten, Äußere Lasten
System	Äußere Lasten.

Da die Beziehungen zwischen Spannungen und Schnittlasten und äußeren Lasten im allgemeinen nichtlinear sind, beinhalten Aussagen über Be- und Entlastungen für eine der Bezugsebenen nur in Sonderfällen entsprechende Aussagen für die anderen Bezugsebenen. So können z. B. Belastungen des Querschnitts mit Entlastungen des Volumenelements und/oder des Systems verknüpft sein oder umgekehrt.

3.4.1 Formänderungsgesetz bei Entlastung

Vorgegeben sei ein Volumenelement im **Spannungs/Verzerrungszustand** σ, ε, dessen Spannung-Dehnung-Verhalten durch eine der Materialkennlinien nach Abschnitt 2.4 beschrieben wird. In Bild 3.18 ist als Beispiel die bilineare Approximation nach Abschnitt 2.4.2

gewählt. Ein Volumenelement im Fließzustand $|\sigma| = R$ nach Gl. (2.3-9), $|\varepsilon| \geqslant \varepsilon_F$ wird entlastet, wenn mit der Spannungsänderung $\dot{\sigma}$ nach Gl. (2.3-12) $\sigma\dot{\sigma} < 0$ gilt. Wenn dieser Zustand mit bleibenden Dehnungen ε^P verbunden ist, können diese gemäß Gl. (2.3-2) bestimmt werden. Für den nach der Entlastung eintretenden Zustand, den sogenannten Restzustand σ^R, ε^R gilt das elastische Formänderungsgesetz nach Gl. (2.3-8)

$$\sigma^R = E(\varepsilon^R - \varepsilon^P) \tag{3.4-1}$$

mit dem Elastizitätsmodul nach Gl. (2.4-2) (siehe Bild 3.18), das mit Gl. (2.3-2) und $\sigma = E\varepsilon^\theta$ auf den vorgegebenen Zustand σ, ε bezogen werden kann

$$\sigma^R = \sigma + E(\varepsilon^R - \varepsilon) = \sigma - E\bar{\varepsilon} = \sigma - \bar{\sigma}. \tag{3.4-2}$$

Dem vorgegebenen Spannungszustand wird also ein elastischer Spannungszustand $\bar{\sigma}$ mit dem Formänderungsgesetz

$$\bar{\sigma} = E(\varepsilon - \varepsilon^R) = E\bar{\varepsilon} \tag{3.4-3}$$

überlagert.

Für ein Volumenelement im elastischen Zustand $|\sigma| < R_F$, $|\varepsilon| < \varepsilon_F$ bedeutet $\dot{\sigma} \neq 0$ einfach eine Spannungsänderung, der folgende Restzustand wird ebenfalls durch die Gln. (3.4-1) bis (3.4-3) mit $\varepsilon^P = 0$ bestimmt.

Die Gl. (3.4-2) für die Restspannungen gilt, solange die bleibenden Dehnungen ε^P nicht geändert werden. Änderungen der bleibenden Dehnungen treten bei einer Spannungsumkehr nach Entlastung aus dem Zustand $\sigma = R$ je nach Art der Verfestigung erst wieder bei folgenden Spannungen auf:

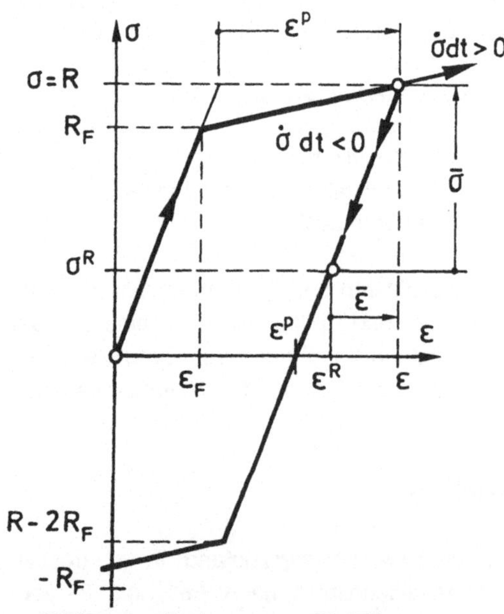

Bild 3.18: Entlastungen für bilineare Werkstoffkennlinie mit Verfestigung

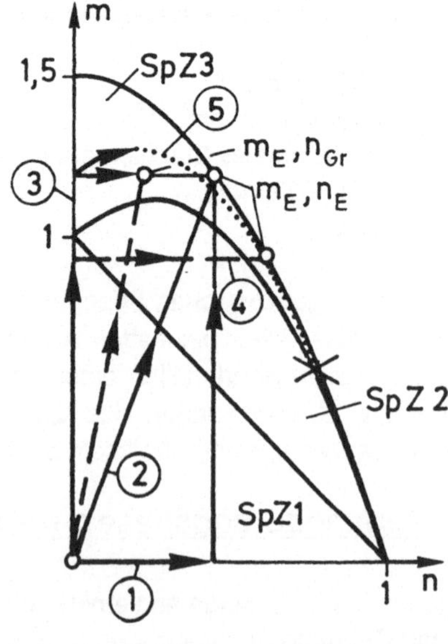

Bild 3.19: Belastungswege 1 - 5 in der Schnittlastenebene n, m

- Für isotrope Verfestigung (Abschnitt 10.3.1) bei $\sigma^R = -R$.
- Für kinematische Verfestigung (Abschnitt 10.3.2) bei $\sigma^R = R - 2R_F$ (BAUSCHINGER-Effekt).

Damit lautet die Fließbedingung für ein plastisches Volumenelement nach Entlastung z. B. für die kinematische Verfestigung

$$R - 2R_F \leqslant \sigma^R \leqslant R \quad \text{für} \quad \sigma = R \; , \quad -R \leqslant \sigma^R \leqslant -R + 2R_F \quad \text{für} \quad \sigma = -R \quad (3.4\text{-}4)$$

und für ein elastisches Volumenelement unabhängig von der Verfestigungsart

$$-R_F \leqslant \sigma^R \leqslant R_F \; . \qquad (3.4\text{-}4a)$$

Diese Fließbedingung gilt wegen $R = R_F$ auch für alle Volumenelemente aus elastisch-idealplastischem Material. Aus Gl. (3.4-4) folgt speziell für den Überlagerungszustand mit Gl. (3.4-2)

$$0 \leqslant \bar{\sigma} \leqslant 2R_F \quad \text{für} \quad \sigma = R_F \; , \quad -2R_F \leqslant \bar{\sigma} \leqslant 0 \quad \text{für} \quad \sigma = -R_F \qquad (3.4\text{-}4b)$$

d. h. die zu überlagernden Spannungen haben stets das Vorzeichen der vorgegebenen Spannungen und können dem Betrage nach doppelt so groß wie die Fließspannung sein.

Die Überlagerungsgleichung (3.4-2), die hier für einen vorgegebenen Zustand σ, ε aus dem Werkstoffgesetz für den einachsigen Spannungszustand hergeleitet wurde, ist ein Sonderfall des grundlegenden Ansatzes, daß jeder Spannungszustand σ_{ij} in einem realen elastisch-plastischen System unter gegebener äußerer Belastung nach

$$\sigma_{ij} = \sigma_{ij}{}^R + \bar{\sigma}_{ij} \qquad (3.4\text{-}5)$$

aus zwei Spannungszuständen zusammengesetzt werden kann:

1. (Tatsächlicher) **Restspannungszustand** $\sigma_{ij}{}^R$, der die Gleichgewichtsbedingungen und Randbedingungen für die Kraftgrößen am realen System **ohne äußere Belastung** erfüllt, mit Restverzerrungen $\varepsilon_{ij}{}^R$, die die Verträglichkeitsbedingungen und die Randbedingungen für die Deformationsgrößen erfüllen.

2. **Fiktiver Spannungszustand** $\bar{\sigma}_{ij}$ mit Verzerrungen $\bar{\varepsilon}_{ij}$, die alle Bedingungen an einem **fiktiven, völlig elastischen System** unter der gegebenen äußeren Belastung erfüllen, das sich vom realen System nur dadurch unterscheidet, daß die Spannungen (und damit auch die Schnittlasten) die Fließgrößen überschreiten können.

3.4.2 Be- und Entlastungsbedingungen für den Querschnitt

Es genügt grundsätzlich, eine von beiden Bedingungen anzuwenden, da Be- und Entlastungen sich gegenseitig ausschließen, wenn überhaupt eine Zustandsänderung eintritt (siehe Gl. (2.3-12)). Da nicht von vornherein bekannt ist, wie sich bei einer Schnittlastenänderung die Spannungen am Volumenelement verändern, kann man, wie im ganzen Abschnitt 3 geschehen, z. B. von der Annahme ausgehen, daß der Werkstoff in allen plastizierten Bereichen plastisch bleibt, also eine Belastung vorliegt. Wenn man bei der anschließenden Prüfung feststellt, daß die Belastungsbedingungen überall erfüllt sind, war die Annahme richtig, sonst aber falsch. Im letzteren Fall muß dann die Rechnung mit dem elastischen Werkstoffgesetz an den Stellen, an denen plastizierte Volumenelemente entlastet wurden, wiederholt werden, bis Annahme und Ergebnis der Überprüfung übereinstimmen.

Hier werden die Belastungsbedingungen für den Fall der geraden Biegung mit oder ohne Längskraft für ein Stabelement in einem gegebenem, durch ζ_u, ζ_o und z_N beschriebenen, elastisch-plastischen Zustand hergeleitet. Dabei ist es zweckmäßig, die Bedingungen für die Dehnungen zu formulieren, da deren Änderungen in den plastischen Bereichen auch für idealplastischen Werkstoff eindeutig bestimmt sind. Für diesen Werkstoff bleiben alle plastischen Volumenelemente in diesem Zustand, wenn die Dehnungsänderungen die Belastungsbedingungen nach Gl. (2.3-12) erfüllen oder keine Dehnungsänderungen auftreten, $\dot{\varepsilon}^p = \dot{\varepsilon} = 0$. Zusammengefaßt ergeben sich die Bedingungen

$$\dot{\varepsilon}^p = \dot{\varepsilon} \geqslant 0 \quad \text{für} \quad \sigma = R_F \; , \quad \dot{\varepsilon}^p = \dot{\varepsilon} \leqslant 0 \quad \text{für} \quad \sigma = -R_F \; . \tag{3.4-6}$$

Für Schnittlasten $m \geqslant 0$, $n \geqslant 0$ folgt damit für den Stabquerschnitt im Spannungszustand 2

$$\dot{\varepsilon} \geqslant 0 \quad \text{für} \quad h/2 \geqslant z \geqslant \zeta_u \tag{3.4-7}$$

und im Spannungszustand 3 zusätzlich

$$\dot{\varepsilon} \leqslant 0 \quad \text{für} \quad \zeta_o \geqslant z \geqslant -h/2 \; . \tag{3.4-8}$$

Als Bedingung für nicht-negative Dehnungsänderungen im Spannungszustand 2 erhält man aus den Gln. (3.1-1) und (3.1-3) nach Differentiation an der Stelle z

$$-\dot{z}_N (\zeta_u - z) - \dot{\zeta}_u (z - z_N) \geqslant 0 \; .$$

Da $\varepsilon(z)$ eine lineare Funktion ist, ist die Bedingung im gesamten plastischen Bereich erfüllt, wenn sie an den Grenzen $z = \zeta_u$ und $z = h/2$ erfüllt ist. Daraus folgen die notwendigen und hinreichenden Bedingungen für Belastung

$$\dot{\zeta}_u \leqslant 0 \quad \text{und} \quad \dot{z}_N \geqslant \dot{\zeta}_u \, \frac{h/2 - z_N}{h/2 - \zeta_u} \; , \tag{3.4-9}$$

wobei die zweite Bedingung häufig durch die einfachere, aber nur hinreichende Bedingung $\dot{z}_N \geqslant 0$ ersetzt werden kann. Das Ergebnis ist plausibel: Die erste Bedingung bedeutet, daß der plastische Bereich erhalten bleibt oder sich ausdehnt, die zweite, daß im Innern des plastischen Bereichs keine Entlastungen durch Querschnittsdrehungen stattfinden.

Für den Spannungszustand 3 erhält man bei entsprechendem Vorgehen die notwendigen und hinreichenden Bedingungen

$$\dot{\zeta}_u \leqslant 0 \quad \text{und} \quad \dot{\zeta}_o \geqslant 0 \; , \tag{3.4-10}$$

daß heißt, beide plastische Bereiche bleiben erhalten oder dehnen sich aus.

Die Bedingungen der Gln. (3.4-9) und (3.4-10) gelten für beliebige Querschnitte, sie werden im folgenden für den Rechteckquerschnitt ausgewertet, für den die Beziehungen zwischen Schnittlasten m, n und Plastizierungsgrößen $\dot{\zeta}_u$, $\dot{\zeta}_o$, $\dot{z}_N$ im vorangegangenen Abschnitt aufgestellt wurden.

Beispiel: Rechteckquerschnitt
Es werden die drei Belastungswege nach Bild 3.19 überprüft, die zu demselben Endzustand n_E, m_E führen, sowie zwei weitere Wege zu anderen Endzuständen. Die Wege 1 und 3 sind so gewählt, daß sie den Bereich umschließen, in dem alle Belastungswege liegen, die den Endzustand unter den Bedingungen $\dot{n} \geq 0$, $\dot{m} \geq 0$, also ohne Entlastungen des Querschnitts, erreichen.

Spannungszustand 2
Aus Gl. (3.3-8) kommt

$$\dot{\zeta}_u = -\frac{\dot{m}(1-n) + \dot{n}m}{2(1-n)^2} \qquad (3.4\text{-}11)$$

und aus Gl. (3.3-6b)

$$\dot{z}_N = \dot{\zeta}_u \left[1 - \frac{3(1-n)-m}{2(1-n)^2}\right] - \dot{n}\,\frac{(3(1-n)-m)^2}{8(1-n)^4} \ , \qquad (3.4\text{-}12)$$

wobei der erste Klammerausdruck wegen Gl. (3.3-8b) stets nicht-positiv ist.

Spannungszustand 3
Aus Gl. (3.3-19) kommt

$$\dot{\zeta}_u = -\frac{\dot{n}}{2} - \frac{\dot{m} + 3\dot{n}n}{2} \left[2\left[\frac{3}{2} - \frac{3}{2}n^2 - m\right]\right]^{-\frac{1}{2}} \qquad (3.4\text{-}13)$$

mit $3/2 - 3n^2/2 - m \geq 0$ nach Gl. (3.3-12). Schließlich ergibt sich aus Gl. (3.3-9a) mit Gl. 3.1-4)

$$\dot{\zeta}_o = -\dot{n} - \dot{\zeta}_u \ . \qquad (3.4\text{-}14)$$

Belastungsprogramm 1
Plastische Verformungen treten erst im 2. Teil des Programms auf, wenn $n = n_E < n_{el} = 1$, $m = m_{el}(n_E)$, erreicht ist. Danach werden mit $\dot{n} = 0$, $\dot{m} > 0$ die Spannungszustände 2 und 3 durchlaufen. Mit diesen Schnittlastenänderungen ergeben die Gln. (3.4-11) und (3.4-12)

$$\dot{\zeta}_u < 0, \qquad \dot{z}_N \geq 0 \ ,$$

und die Gln. (3.4-13) und (3.4-14)

$$\dot{\zeta}_u < 0, \qquad \dot{\zeta}_o > 0 \ .$$

Der Vergleich mit den Belastungsbedingungen der Gln. (3.4-9) und (3.4-10) zeigt, daß für den gesamten Weg 1 die vorausgesetzten Belastungen der Volumenelemente tatsächlich eintreten.

Belastungsprogramm 2
Dieses ist die zur Vereinfachung der Rechnung häufig angenommene sog. **proportionale Belastung** $m = \alpha n$ mit $\alpha = m_E/n_E > 0$, $\dot{m} = \alpha\dot{n} > 0$. Auch für diese Belastung sind die Belastungsbedingungen eingehalten.

Belastungsprogramm 3 und 4
Es sind die Fälle $m_E \leqslant m_{el}$ und $m_{el} < m_E < m_{pl}$ zu unterscheiden. Im ersten Fall (Programm 4) gibt es bis zum Erreichen von m_E mit $\dot{m} > 0$, $n = 0$, $\dot{n} = 0$ und im Anfangsbereich des 2. Teils $m = m_E$, $\dot{m} = 0$, $n > 0$, $\dot{n} > 0$ nur elastische Verformungen. Danach werden wieder die Spannungszustände 2 und 3 durchlaufen, die Belastungsbedingungen werden eingehalten.

Anders ist es im Fall $m_{el} < m_E < m_{pl}$ (Programm 3). Nach dem elastischen Bereich wird für $m = m_{el}$ der Spannungszustand 3 erreicht. Für $m > m_{el}$, $\dot{m} > 0$, $n = 0$, $\dot{n} = 0$ ergeben die Gln. (3.3-13) und (3.3-14)

$$\dot{\zeta}_u < 0 \qquad\text{und}\qquad \dot{\zeta}_o > 0 \ ,$$

also eine Belastung. Für den 2. Teil des Programms, beginnend mit $n = 0$, ergeben die Gleichungen für $m = m_E$, $\dot{m} = 0$, $\dot{n} > 0$

$$\dot{\zeta}_u = -\dot{n}/2 < 0 \quad\text{und}\qquad \dot{\zeta}_o = -\dot{n}/2 < 0 \ .$$

Aus dem Vergleich mit den Belastungsbedingungen Gl. (3.4-10) folgt, daß trotz Schnittlastensteigerung $\dot{n} > 0$ Entlastungen im Druckbereich auftreten, so daß die Voraussetzung der Rechnung (alle Volumenelemente im Bereich $\zeta_o \geqslant z \geqslant -h/2$ befinden sich im Fließzustand) nicht mehr erfüllt ist. Konkret bedeutet das, daß der Rechnung für die Belastung $m = m_E$, $n = 0$ mit den Änderungen $\dot{m} = 0$, $\dot{n} > 0$ für einen noch zu ermittelnden Teil des Druckbereiches das Werkstoffgesetz Gl. (3.4-1) zugrunde gelegt werden muß. Daß es sich nicht um einen Sonderfall handelt, der mit den Bedingungen $\dot{m} = 0$ oder $n = 0$ verknüpft ist, erkennt man aus den Gln. (3.4-13) und (3.4-14): Die Belastungsbedingung Gl. (3.4-10) wird auch für kleine Werte von $\dot{m} > 0$ und $n \leqslant n_{Gr}$ nicht erfüllt, mit $n_{Gr} = n_E/2$, wie man leicht ausrechnet. Der Belastungsweg: Proportionale Belastung bis $m = m_E$, $n = n_{Gr} = n_E/2$, dann $m = m_E$, $\dot{m} = 0$, $n \geqslant n_{Gr} = n_E/2$, $\dot{n} > 0$, erfüllt die Belastungsbedingungen. Ebenso ist es möglich, den Endwert m_E, n_E ohne Entlastungen zu erreichen, wenn $\dot{m} \neq 0$ in genügender Größe zugelassen wird.

Belastungsprogramm 5
Ausgehend vom Zustand $m = m_E > m_{el}$, $n = 0$, wie im Programm 3, wird die Belastung so gesteigert, daß für $\dot{m} > 0$, $\dot{n} > 0$ gerade die Bedingung

$$\dot{\zeta}_o = 0 \ , \quad\text{d. h.}\quad \dot{\zeta}_o = \text{konst.}$$

eingehalten wird. Für $m_E = 1{,}200$, $\dot{\zeta}_o = -0{,}387$ ergibt sich der in Bild 3.19 punktiert dargestellte Weg 5 mit dem durch x gekennzeichneten Endzustand. Dieser Weg ist nach der anfänglichen Steigerung $\dot{m} > 0$ durch eine erhebliche Verminderung $\dot{m} < 0$ des Biegemoments bestimmt. Trotz dieser **Entlastung** des Querschnitts treten nur **Belastungen** der Volumenelemente auf, wie sich unmittelbar aus Gl. (3.4-14) ergibt.

Die Tatsache, daß im Belastungsprogramm 3 trotz der auftretenden Entlastung der Volumenelemente derselbe Endzustand m_E, n_E erreicht wird wie bei der Rechnung mit vorausgesetzter Belastung, darf nicht darüber hinweg täuschen, daß diese Rechnung falsch ist. Bei Berücksichtigung der Entlastung ergeben sich im Verlauf der Lastgeschichte andere Spannungsverteilungen und damit andere Fließzonen, die zu anderen Verformungen führen. Das kann insbesondere bei der Anwendung der Theorie 2. Ordnung von Bedeutung sein (siehe Abschnitt 5.3).

3.4.3 Restspannungszustand bei vollständiger Entlastung

Wenn eine Entlastung eine vollständige Entlastung sein soll, so heißt das, daß entsprechend der Bezugsebene Schnittlasten und/oder äußere Lasten verschwinden. Wenn ein System nach dem Auftreten bleibender Verzerrungen vollständig entlastet wird, werden Restspannungszustände und Restverformungszustände gebildet, die bei statisch unbestimmten Systemen mit Restschnittlastenzuständen verbunden sind. Für das hier zu behandelnde infinitesimale Stabelement (Querschnitt) bedeuten verschwindende Schnittlasten, daß ein Restspannungszustand mit einem Restverzerrungszustand gebildet wird, der durch die kinematische Vorschrift Gl. (3.1-1) mit einem Restverformungszustand verknüpft ist.

Ausgehend vom rest- und eigenspannungsfreien Zustand $M = 0$, $N = 0$ werde der Querschnitt unter Einhaltung der Belastungsbedingung, z. B. auf einem der Belastungswege 1, 2 und 4 nach Bild 3.19, bis zu irgendeinem teil- oder vollplastischen Endzustand M, N im Bereich der Spannungszustände 2 bis 4 belastet. Mit der Annahme, daß alle Volumenelemente bei einer vollständigen Entlastung des Querschnitts auf den Restzustand $M^R = 0$, $N^R = 0$ ebenfalls nur entlastet werden, kann der Restspannungszustand auf einfache Weise berechnet werden. Ob diese Annahme zutrifft und auf welchen Be- oder besser Entlastungswegen das der Fall ist, muß anschließend geprüft werden.

Einsetzen von Gl. (3.4-2) in die Äquivalenzgleichungen (3.1-9) und (3.1-10) liefert die Schnittlasten, die entsprechend den Spannungszuständen bezeichnet werden,

$$M = M^R + \bar{M} \quad , \quad N = N^R + \bar{N} \tag{3.4-15}$$

und für verschwindende Restschnittlasten $M^R = 0$, $N^R = 0$

$$M = \bar{M} \quad , \quad N = \bar{N} \ . \tag{3.4-16}$$

Die Spannungen $\bar{\sigma}$ im fiktiven, elastischen Querschnitt werden mit Gl. (3.3-4) für den Spannungszustand 1 ermittelt

$$\bar{\sigma}(z) = \frac{\bar{M}}{I_y} z + \frac{\bar{N}}{A} \tag{3.4-17}$$

und der spezielle Restspannungszustand σ_0^R für verschwindende Restschnittlasten aus

$$\sigma_0^R(z) \;=\; \sigma(z) \;-\; \bar{\sigma}(z) \;=\; \sigma(z) \;-\; \frac{M}{I}\,z \;-\; \frac{N}{A}\;. \tag{3.4-18}$$

Wegen Verwendung von Gl. (3.4-2) gilt Gl. (3.4-18) nur, solange keine Änderungen der bleibenden Dehnungen eintreten, also Gl. (3.4-4) eingehalten wird.

Für den Rechteckquerschnitt aus elastisch-idealplastischem Werkstoff werden drei Beispiele gerechnet.

Beispiel 1

Vorgegeben sei Spannungszustand 2, $m = 1{,}00$, $n = 0{,}40$ mit $\zeta_u = 0{,}167h$ und $z_N = -0{,}204h$. Mit $\bar{m} = 1{,}00$ und $\bar{n} = 0{,}40$ folgen die fiktiven Spannungen $\bar{\sigma}(z) = R_F\,(2\bar{m}z/h + \bar{n}) = R_F\,(2z/h + 0{,}40)$ mit einer geringfügig verschobenen NF. Der Restspannungszustand ergibt sich dann aus Gl. (3.4-18), er ist in Bild 3.20a dargestellt (Gegebener Spannungszustand σ: Durchgezogene Linie, fiktiver Spannungszustand $\bar{\sigma}$: Gestrichelte Linie). Für $m = 1{,}00$, $n = 0{,}50$ mit $\zeta_u = 0$ und $z_N = -h/4$ wird der Restspannungszustand gerade symmetrisch mit $\sigma_0^R(\tfrac{1}{2}) = \sigma_0^R(-\tfrac{1}{2}) = -R_F/2$, $\sigma_0^R(0) = R_F/2$.

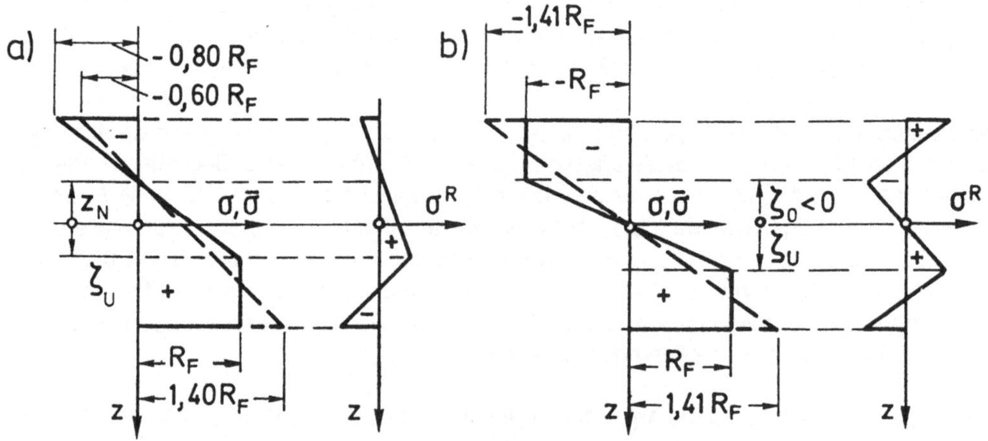

Bild 3.20: Spannungszustände für
a) m = 1.00, n = 0.40,   b) m = 1.41, n = 0

Beispiel 2

Vorgegeben sei Spannungszustand 3, $m = 1{,}406$, $n = 0$ mit $\zeta_u = -\zeta_o = 0{,}216\,h$. Mit $\bar{m} = 1{,}406$ und $\bar{n} = 0$ folgen wieder die fiktiven Spannungen $\bar{\sigma}(z) = 2 \cdot 1{,}406\,R_F\,z/h$ mit derselben NF und der Restspannungszustand aus Gl. (3.4-18), siehe Bild 3.20b.

Beispiel 3

Vorgegeben seien Spannungszustände 4, $m = 1{,}500$, $n = 0$ mit $\zeta_u = \zeta_o = z_N = 0$ und $m = 1{,}000$, $n = 0{,}577$ mit $\zeta_u = \zeta_o = z_N = -0{,}289h$. Die Restspannungszustände werden wie vorher ermittelt, sie sind in den Bildern 3.21 und 3.22 dargestellt.

In den Fällen der Beispiele 1 und 2 sind die Entlastungsbedingung in den plastizierten Querschnittsteilen und die Fließbedingung für den Restspannungszustand im ganzen Querschnitt

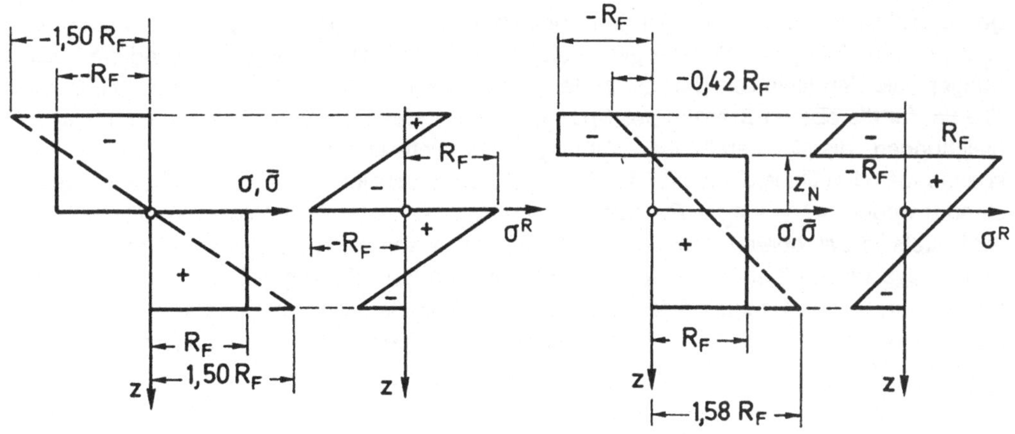

Bild 3.21: *Spannungszustände für*   *Bild 3.22:* *Spannungszustände für*
       m = 1.50, n = 0   *m = 1.00, n = 0.58*

eingehalten, wie die Bilder 3.20a,b anschaulich zeigen. Beim vollplastischen Spannungszustand 4 bleibt in der NF der Spannungszustand unverändert. Im allgemeinen ist jedoch keine vollständige Entlastung aus dem vollplastischen Zustand möglich, ohne daß die Entlastungsbedingung verletzt wird. Man kann das aus Bild 3.22 ersehen: Jede Verschiebung der NF des fiktiven Zustandes gegenüber der NF des gegebenen Zustandes würde zu Belastungen auf einer Seite der NF führen. Mit den Gln. (3.3-3) und (3.3-9a) für die Lage der NF in beiden Zuständen folgt die Bedingung

$$n = \bar{n}/\bar{m} \ , \tag{3.4-19}$$

die für $m \geqslant 0, n \geqslant 0$ nur in den zwei Fällen zu erfüllen ist, die in Beispiel 3 angeführt sind: 1. $n = 0, \bar{n} = 0$ und $\bar{m}$ beliebig und 2. $n = \bar{n}, \bar{m} = 1$ und daraus $n^R = 0, m^R = m - 1 = 0$ für $m = 1$. Außerdem bleibt die Lage der NF ungeändert im Fall $m = 0, n$ beliebig, der durch Gl. (3.4-19) nicht erfaßt wird. In allen anderen Fällen hat die **vollständige Entlastung** des vollplastischen Querschnitts (und von Querschnitten in benachbarten Spannungszuständen) **Belastungen** von Volumenelementen zur Folge! Der Restspannungszustand kann deshalb nicht mit Gl. (3.4-18) bestimmt werden.

Es bleibt zu untersuchen, welche Wege bei der Entlastung zulässig sind. Anstatt verschiedene, einzelne Wege vorzugeben und die Be- oder Entlastungsbedingungen zu überprüfen wie im vorangegangenen Abschnitt, ist es zweckmäßiger, mit dem bekannten Restspannungszustand die Bereiche zu bestimmen, in denen nur elastische Verzerrungsänderungen auftreten, die Fließbedingung also erfüllt ist. Es gelten wieder die Gleichungen des Spannungszustandes 1, jeder Spannungszustand setzt sich nach

$$\sigma(z) = \sigma^R_0(z) + \sigma^1(z) \tag{3.4-20}$$

zusammen aus dem Restspannungszustand $\sigma^R_0(z)$ und dem zu überlagernden Spannungszustand $\sigma^1(z)$. Der superponierte Spannungszustand $\sigma(z)$ kann der (gleich bezeichnete) Zustand sein, von dem aus entlastet wird, aber auch jeder andere Zustand. Die Ermittlung des Bereiches elastischer Verformungen sei für den ersten Schnittlastenzustand $m = 1,00, n = 0,40$ des Beispiels 1 (Bild 3.20a) gezeigt. Die Fließbedingung $|\sigma| = R_F$ wird für beliebige Schnittlasten m, n zuerst an den Punkten erfüllt, wo Spannungsspitzen auftreten, hier z_o, z_u, ζ_u , und für jeden Punkt ergeben sich zwei Bedingungen. Maßgebend sind die Bedingungen, die den kleinsten Bereich in der m,n-Ebene eingrenzen. Mit den Gln. (3.3-5) und (3.3-5a) für die oberen Grenzen des Spannungszustandes 1 ergibt Gl. (3.4-20) vier Geradengleichungen, die eine Parallelverschiebung des Bereichs elastischer Verformungen des restspannungsfreien Querschnitts (Bilder 3.17 und 3.23) darstellen. Dabei liegt im Spannungszustand 3 wegen $\sigma_u = -\sigma_o = R_F$ bzw. $\sigma_u = -\sigma_o = -R_F$ der Punkt, von dem aus entlastet wird, stets in der oberen bzw. unteren Ecke des verschobenen Bereichs, während er im Spannungszustand 2 an der Seite des verschobenen Bereichs liegt, die für diesen Zustand gilt, hier $\sigma_u = R_F$. Da zusätzlich im Entlastungspunkt die Fließbedingung an der Stelle ζ_u erfüllt wird, ergibt sich eine weitere Einschrankung des zulässigen Bereichs durch die Gerade

$$\frac{\sigma(\zeta_u)}{R_F} = 1 = \frac{\sigma_0^R(\zeta_u)}{R_F} + m\, 2\zeta_u/h + n = 0{,}266 + 2\cdot 0{,}167\, m + n \; ,$$

die stets durch den Entlastungspunkt geht. Das Ergebnis zeigt Bild 3.23 für den Entlastungspunkt a , für die Punkte b und d werden die Bereiche entsprechend ermittelt. Bei der Ent-

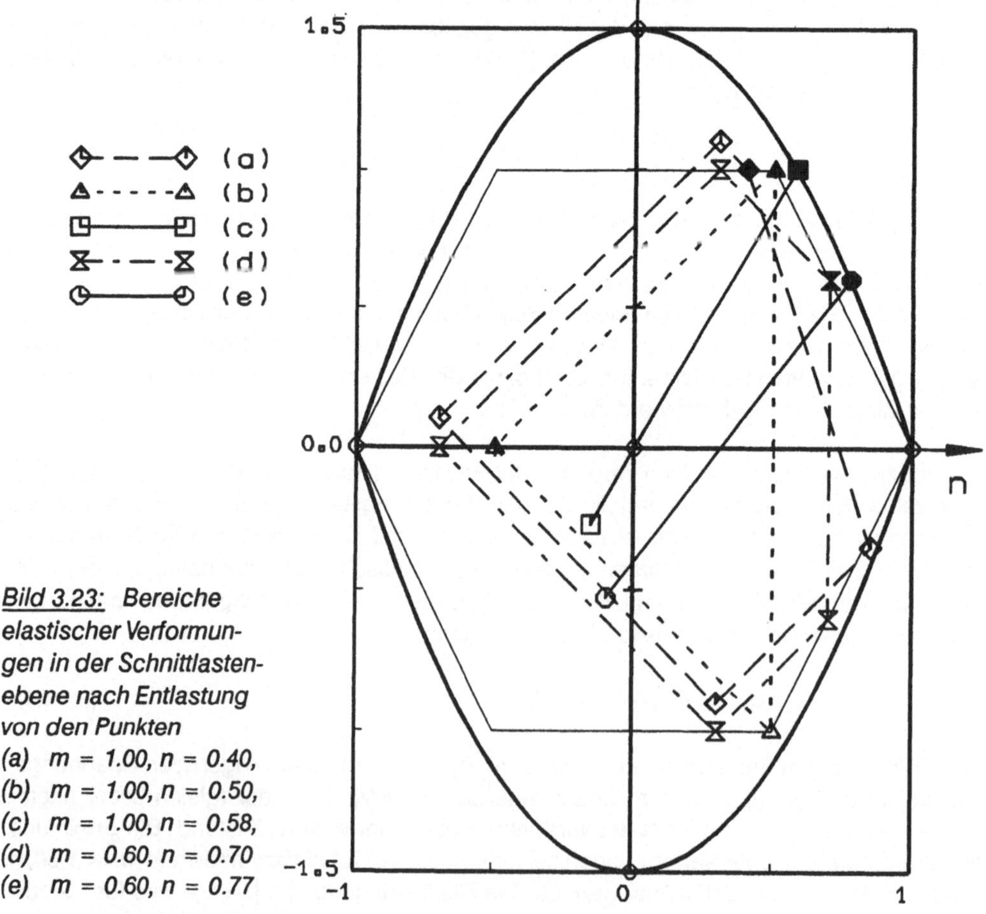

Bild 3.23: Bereiche elastischer Verformungen in der Schnittlastenebene nach Entlastung von den Punkten
(a) $m = 1.00, n = 0.40,$
(b) $m = 1.00, n = 0.50,$
(c) $m = 1.00, n = 0.58,$
(d) $m = 0.60, n = 0.70,$
(e) $m = 0.60, n = 0.77$

lastung aus dem vollplastischen Zustand c (Bild 3.22) und e ziehen sich die Bereiche zu einer Geraden zusammen, die durch das Erreichen von $\sigma_u = -R_F$ begrenzt ist und nur für den Zustand c durch den Nullpunkt geht (Ausnahmefall 2). Es ist also von Punkt c aus nur proportionale Entlastung zulässig; von Punkt e aus ist keine vollständige Entlastung möglich, ohne daß Fließen in Teilen des Querschnitts auftritt.

In Bild 3.24 sind die Bereiche elastischer Verformungen für verschiedene Entlastungspunkte im Spannungszustand 3 dargestellt. Die Berechnung unterscheidet sich von der für den Spannungszustand 2 nur dadurch, daß jetzt auch die Spannungsspitze an der Stelle ζ_o zu berücksichtigen ist, mit der Folge, daß der Bereich durch eine weitere Gerade durch den Entlastungspunkt eingeschrankt wird. Auch hier ist gut zu erkennen, wie sich der Bereich mit der Annäherung an den vollplastischen Zustand ($a \rightarrow d$ und $b \rightarrow c$) zu einer Geraden zusammenzieht, die für den Entlastungspunkt d durch den Nullpunkt geht (Ausnahmefall 1), aber nicht für den Entlastungspunkt c. In diesem Fall kann der Restspannungszustand nicht mehr durch Überlagerung eines fiktiven elastischen Spannungszustandes bestimmt werden, da bei der Entlastung Teilbereiche des Querschnitts plastisch verformt werden.

Bei der Interpretation der Darstellung in der Schnittlastenebene als Fließkurve (siehe Abschnitt 6.3) sieht man: Der Punkt, der den Schnittlastenzustand m, n darstellt, verläßt die

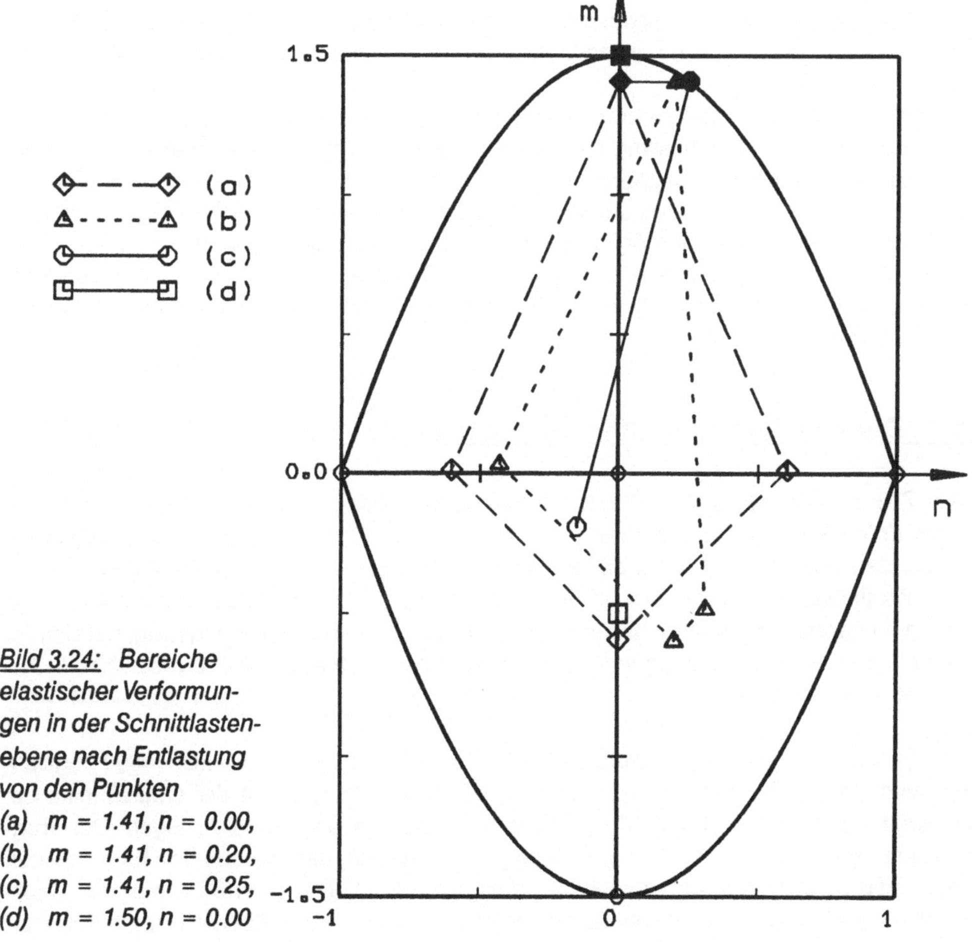

Bild 3.24: *Bereiche elastischer Verformungen in der Schnittlastenebene nach Entlastung von den Punkten*
(a) $m = 1.41, n = 0.00,$
(b) $m = 1.41, n = 0.20,$
(c) $m = 1.41, n = 0.25,$
(d) $m = 1.50, n = 0.00$

Fließkurve $\Phi(m,n) = 0$ nicht, sondern "schleppt" sie in den Bereich vorher plastischer Zustände. Lage und Form der Fließkurve und die Größe des eingeschlossenen Bereichs werden dabei verändert, und im allgemeinen gehen die Symmetrieeigenschaften des ursprünglichen elastischen Bereichs verloren. Der eingeschlossene Bereich ist stets kleiner als der verschobene ursprüngliche elastische Bereich.

Abschließende Bemerkung

Der Grenzzustand der Tragfähigkeit, hier der vollplastische Schnittlastenzustand, ist zwar unabhängig von Restspannungszuständen, es können aber

- übermäßige örtliche oder Gesamtverformungen und

- Bruch infolge Ermüdung durch wechselnde, wiederholte Belastung

auch schon bei Belastungszuständen unterhalb des Grenzzustandes auftreten. Deshalb ist es von großer Bedeutung, daß solche Effekte durch das schrittweise Verfolgen der Belastungsgeschichte erkannt und quantifiziert werden. Dem steht entgegen, daß bei praktisch wichtigen Querschnitten, z. B. I- oder T-Profilen, die Rechnungen noch erheblich aufwendiger werden als für den Rechteckquerschnitt. Vor allem ist im allgemeinen die zukünftige Folge der Belastungen unbekannt, bestenfalls stehen statistisch gesicherte oder sonst normativ vorgegebene Angaben über mögliche Lastkombinationen und -intensitäten zur Verfügung.

Der Weg, die Belastungsgeschichte zu verfolgen, ist also im allgemeinen weder einfach begehbar noch sinnvoll. Der Ausweg führt über die zuletzt vorgestellten Bereiche elastischer Verformungen. Wenn für vorgegebene Lastkombinationen und -intensitäten Restspannungszustände gefunden werden können, die mit Bereichen elastischer Verformungen verknüpft sind, in denen alle überhaupt möglichen Belastungszustände liegen, so ist das weitere Verfolgen der Belastungsgeschichte überflüssig. Die Bestimmung solcher Restspannungszustände ist das Ziel der Theorie des Einspielens (shake-down) elastisch-plastischer Systeme, siehe Abschnitt 8.4.

3.5   Der vollplastische Spannungszustand

Dieser Spannungszustand ist dadurch gekennzeichnet, daß im ganzen Querschnitt $|\sigma| = R_F$ gilt. Er kann sich nur bei (theoretisch unbegrenztem) **ideal-plastischem Werkstoffverhalten** einstellen und ist unabhängig davon, wie sich der Werkstoff unter Spannungen $|\sigma| < R_F$ verhält (linear- oder nichtlinear-elastisch, verfestigend oder als Idealisierung: starr). Er ist außerdem unabhängig von Eigenspannungszuständen und vom Belastungsweg, auf dem er erreicht wurde, also unabhängig von der Belastungsgeschichte (siehe Grenzlastsätze in Abschnitt 10.7.2).

Der vollplastische Spannungszustand im Querschnitt ist einer der in DIN(E) 18800 zugelassenen Grenzzustände, er ist der Berechnung der Beanspruchbarkeit der Querschnitte bei den Verfahren "elastisch-plastisch" und "plastisch-plastisch" zugrunde zu legen. Der Tragsicherheitsnachweis kann dann in der Weise geführt werden, daß die aus den Einwirkungen berechneten Schnittlasten die Interaktionsbedingung $\Phi(N,M) \leq 0$ erfüllen müssen. Dabei sind grundsätzlich auch die Querkräfte zu berücksichtigen, die im Rahmen der mehrachsigen Spannungszustände in Abschnitt 11.1 behandelt werden. Allerdings ist der Einfluß kleiner Querkräfte, $Q/Q_{pl} \leqslant 0,15$ bis $0,33$ je nach Fall, so gering, daß er vernachlässigt werden kann. Nach DIN(E) 18800 ist es zulässig, dann vereinfacht nur die Interaktionsbedingungen für Biegemomente und Längskraft zu benutzen.

3.5.1 Grundgleichungen

Die Gleichungen des Spannungszustandes 4 wurden bisher in diesem Abschnitt als obere Grenze des Spannungszustandes 3 für $\zeta_u = \zeta_o = z_N$ erhalten. Bei der direkten Berechnung, die durch die Voraussetzung $\sigma(z,z_N) = \pm R_F$ im ganzen Querschnitt möglich wird, ergeben sich bei der Auswertung der Gln. (3.1-8) erhebliche Vereinfachungen: Alle Integrationen können auf die Berechnungen von Flächen, Flächenmittelpunkten und Flächenmomenten 1. Grades zurückgeführt werden (siehe Abschnitt 3.1.6 und 3.2.3).

Der Querschnitt A wird durch die Neutrale Faser in zwei Teilflächen A^+ bzw. A^- aufgeteilt (siehe Bild 3.25), in denen $\sigma = + R_F$ bzw. $\sigma = - R_F$ ist. Die Mittelpunkte S^+ bzw. S^- der Teilflächen A^+ bzw. A^- mit den Koordinaten y^+, z^+ bzw. y^-, z^- ergeben die Flächenmomente[1]

$$H_y^+ = z^+A^+ = \int\limits_{(A^+)} z\,dA, \quad H_z^+ = y^+A^+ = \int\limits_{(A^+)} y\,dA, \quad H_y^- = z^-A^- = \int\limits_{(A^-)} z\,dA, \quad H_z^- = y^-A^- = \int\limits_{(A^-)} y\,dA \ .$$

$$(3.5\text{-}1)$$

Die Verbindungsgerade der Teilflächenmittelpunkte S^+, S^- geht durch den Gesamtmittelpunkt S und liegt in der Lastebene, also senkrecht zum Momentenvektor $\underline{M}$.

Wenn ein Zentralachsensystem benutzt wird, gilt zusätzlich

$$H_y = H_y^+ + H_y^- = 0 \ , \quad H_z = H_z^+ + H_z^- = 0 \ . \tag{3.5-2}$$

Unabhängig vom Koordinatensystem ergibt die erste Äquivalenzgleichung (3.1-8)

$$N = \int\limits_{(A^+)} R_F\,dA + \int\limits_{(A^-)} -R_F\,dA = R_F\,(A^+ - A^-) \ , \tag{3.5-3}$$

speziell für $N = 0$ ist also die Neutrale Faser stets eine Flächenhalbierende. Die Äquivalenzgleichungen für die Biegemomente führen für beliebige orthogonale Achsen y, z auf

$$M_y = \int\limits_{(A^+)} R_F\,z\,dA + \int\limits_{(A^-)} -R_F\,z\,dA = R_F\,(H_y^+ - H_y^-) \tag{3.5-4}$$

---

[1] Die Unterscheidung zwischen elastischen und plastischen Teilflächen durch einen zusätzlichen Index wie in Gln. (3.1-13) kann entfallen, da alle Teilflächen plastisch sind.

$$M_z = - \int\limits_{(A^+)} R_F\, y\, dA - \int\limits_{(A^-)} - R_F\, y\, dA = - R_F\, (H_z^+ - H_z^-) \tag{3.5-5}$$

und speziell für die in Bild 3.25 eingeführten Achsen y, z im Mittelpunkt S mit Gl. (3.5-2) auf

$$M_y = M \cos(\psi - \phi) = R_F\, 2H_y^+ = - R_F\, 2H_y^- \tag{3.5-6}$$

$$M_z = - M \sin(\psi - \phi) = - R_F\, 2H_z^+ = R_F\, 2H_z^- \; . \tag{3.5-7}$$

Das Gleichungssystem zur Bestimmung der Lage der Neutralen Faser und der Interaktionsbedingung $\Phi\,(N, M_y, M_z) = 0$ kann im allgemeinen Fall der schiefen Biegung meistens nur numerisch aufgelöst werden (vergl. Abschnitt 3.2.3 und RECKLING [1967]*, S. 93 f.). Vereinfachungen ergeben sich wieder für die beiden Sonderfälle der einfachen Biegung nach Abschnitt 3.1.6, wenn der Momentenvektor $\underline{M}$ in die Richtung der Neutralen Faser fällt, also $\phi = \psi$ gilt, d. h. Belastung und Verformungen liegen in einer Ebene. Diese Ebene bezeichnet man als Hauptebene der plastischen Biegung, die zu ihr senkrechte Achse als Hauptachse der plastischen Biegung. Für Querschnitte mit wenigstens einer Symmetrieachse gibt es wenigstens zwei Hauptachsen der plastischen Biegung, die unter den genannten Bedingungen aufeinander senkrecht stehen und mit Hauptträgheitsachsen zusammenfallen. Für unsymmetrische Querschnitte stehen die Hauptachsen der plastischen Biegung nicht senkrecht aufeinander und fallen nicht mit den Hauptachsen der elastischen Biegung zusammen, siehe das Beispiel in Abschnitt 3.5.3.

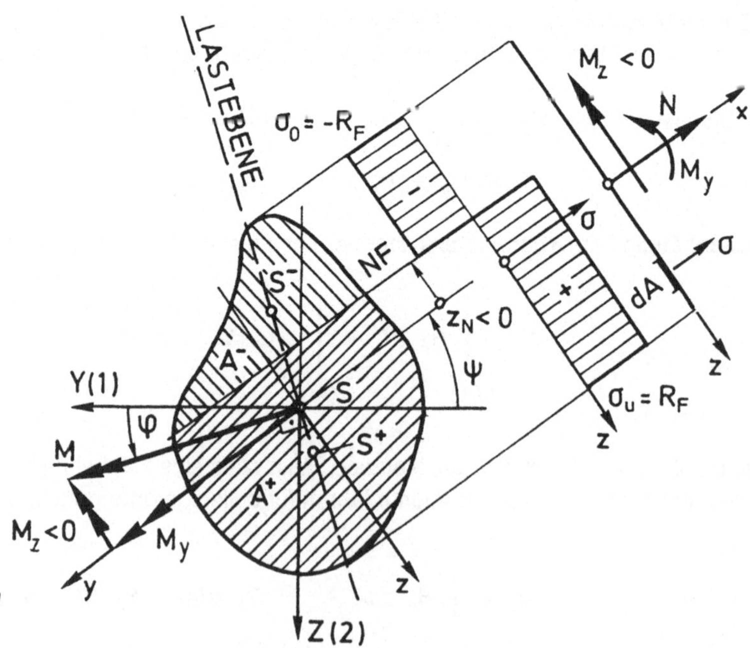

Bild 3.25: Spannungen im vollplastischen Querschnitt, Hauptachsen Y, Z

3.5.2 Einfache Biegung

Beispiel 1 I-Profil: Biegung um die y-Achse mit Längskraft

Beim Aufstellen der Gleichungen sind nach Bild 3.26 zwei Fälle zu unterscheiden

Fall a : Neutrale Faser im Steg $\qquad$ $-(h/2 - t) \leq z_N \leq (h/2 - t)$

Fall b : Neutrale Faser in einem der Gurte $\quad$ $(h/2 - t) \leq |z_N| \leq h/2$

Mit der Stegfläche $A_s = (h - 2t)\,s$ und der Gesamtfläche $A = A_s + 2bt$ ergibt sich an der Grenze $z_N = -(h/2 - t)$ zwischen beiden Fällen für $m \geq 0$, $n \geq 0$ aus Gl. (3.5-3) die Längskraft $n_{gr} = N_{gr}/N_{el} = A_s/A$.

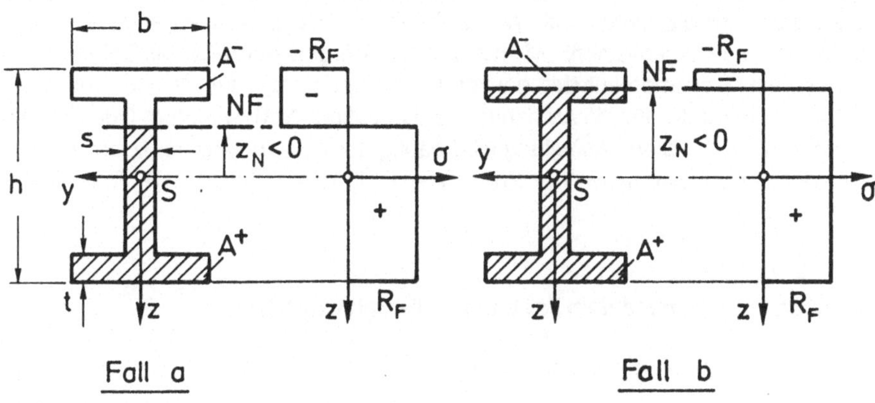

Bild 3.26: Spannungen im I-Profil

Fall a: $\quad 0 \leq n \leq A_s/A$
Aus Gl. (3.5-3) folgt

$$N = R_F s\,[(h/2 - z_N) - (h/2 + z_N)] = -R_F s\,2z_N$$

und aus Gl. (3.5-6) mit $H_y^+ = \frac{1}{2}[bt\,(h - t) + \frac{s}{4}[(h - 2t)^2 - (2z_N)^2]]$

$$M = 2R_F\,H_y^+ = M_{pl} - R_F s\,z_N^2 \ ,$$

wobei

$$M_{pl} = R_F\,[bt\,(h - t) + s\,(h - 2t)^2/4] = R_F\,[A\,(h - t)/2 - A_s\,h/4] \qquad (3.5\text{-}8)$$

ist (vergl. Beispiel 2 in Abschnitt 3.2.1). Normierung auf M_{pl}, $N_{el} = N_{pl}$ ergibt den plastischen Überlastungsfaktor

$$\bar{m}_{pl}\,(n) = 1 - C_1\,n^2 \qquad\qquad (3.5\text{-}9)$$

und die Interaktionsbeziehung

$$\Phi\,(\bar{m}, n) = \bar{m} + C_1\,n^2 - 1 = 0 \qquad\qquad (3.5\text{-}10)$$

mit $1/C_1 = 2s\,(h - t)/A - shA_s/A^2$.

In den Gln. (3.5-9) und (3.5-10) sind für $b = s$, $t = 0$ und damit $A = A_s = bh$, $C_1 = 1$ Überlastungsfaktor und Interaktionsbeziehung für den **Rechteckquerschnitt** enthalten

$$\bar{m}_{pl}(n) = 1 - n^2 \ , \quad \Phi(\bar{m}, n) = \bar{m} + n^2 - 1 = 0 \ , \qquad (3.5\text{-}11)$$

die bis auf die Normierung mit Gln. (3.3-12a) und (3.3-12) übereinstimmen. Die Interaktionsbeziehung ist in Bild 3.27 eingetragen, sie unterscheidet sich wegen der Normierung auf M_{pl} nicht sehr von der Kurve für ein I-Profil, das nur einen Formfaktor von $m_{pl} = 1{,}14$ (IPE 500) aufweist.

Die Gleichung $N = -2R_F\, sz_N$ und die entsprechende Gleichung im Fall b erlauben eine anschauliche Zerlegung des vollplastischen Spannungszustandes in einen Teil, der als äquivalente Schnittlast nur die Längskraft N im Punkt S hat, und einen anderen Teil, der als Schnittlast nur das Biegemoment M hat. Letzteres ergibt sich aus der Differenz zwischen dem plastischen Grenzmoment des ganzen Querschnitts M_{pl} für $N = 0$ und dem plastischen Grenzmoment der für die Aufnahme der Längskraft "verbrauchten" Querschnittsfläche mit der Höhe $2|z_N|$. Diese Aufteilung wird häufig der Berechnung der Grenzschnittgrößen einfach- oder doppeltsymmetrischer Profile zugrunde gelegt, siehe z. B. ROIK & LINDNER [1972]*.

<u>Fall b:</u> $A_s/A \leqslant n \leqslant 1$
Die Rechnung entsprechend dem Fall a ergibt die Schnittgrößen

$$N = R_F (A - b(h + 2z_N))$$

$$M = \frac{R_F\, Ah}{2}(1-n)\left[1 - \frac{A}{2bh}(1-n)\right]$$

und nach Normierung die Interaktionsbeziehung

$$\Phi(\bar{m}, n) = \bar{m} - C_2(1-n)\left[1 - \frac{A}{2bh}(1-n)\right] = 0 \qquad (3.5\text{-}12)$$

mit $1/C_2 = (1 - t/h) - A_s/(2A)$.

Die Gleichungen (3.5-10) und (3.5-12) sind die exakten Interaktionsbeziehungen für das Profil ohne Ausrundungen, sie sind in Bild 3.27 für ein Profil mit den Abmessungen eines IPE 500 mit $R_F = 240$ MPa dargestellt. Die Berücksichtigung der Ausrundungen bei gewalzten Profilen bereitet keine grundsätzlichen Schwierigkeiten, führt aber zu aufwendigeren Gleichungen, während man in der Praxis bemüht ist, durch Näherungen einfacher aufgebaute Formeln zu entwickeln. Im Rahmen der ersten der im folgenden vorgestellten Näherungen kann der Effekt der Ausrundungen wenigstens grob erfaßt werden.

<u>1. Näherung</u>
Es werden die aus der Elastizitätstheorie bekannten Annahmen für die Berechnung von Flächenmomenten dünnwandiger Querschnitte zugrunde gelegt:
1. Die Steghöhe h ist der Abstand der Gurtmittellinien.

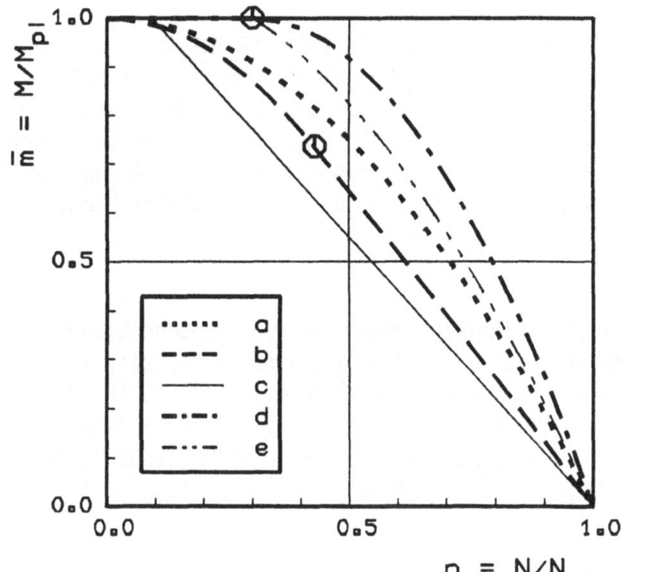

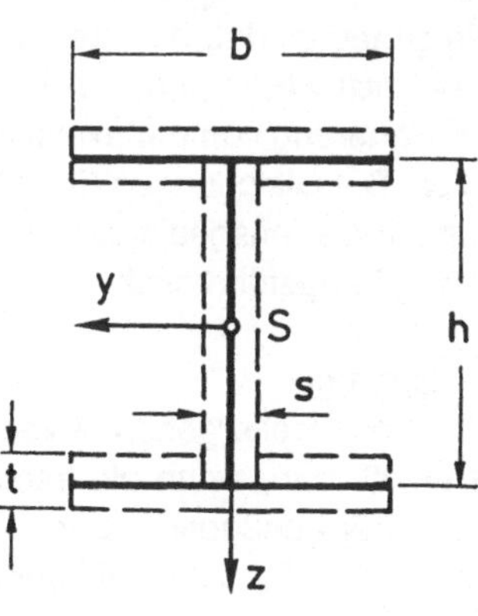

Bild 3.28: I-Profil, Näherung

Bild 3.27: Interaktionskurven für doppeltsymmetrische Querschnitte
a) Rechteckquerschnitt (y- oder z-Achse)
b) IPE 500 (y-Achse), c) Näherung für alle I-Querschnitte (y-Achse)
d) IPB 500 (z-Achse) e) Näherung für alle I-Querschnitte (z-Achse)

2. Die Dicke der Gurte wird gegenüber der Steghöhe vernachlässigt.
Wenn zusätzlich mit den Gurt- und Stegflächen ohne Abzug der Überschneidungen $\Delta A = st$
(siehe Bild 3.28) gerechnet wird, kann man in der Tat den Effekt der Rundungen teilweise erfassen. Eine weitere Verbesserung der Näherung ergibt sich bei Verwendung der tatsächlichen Querschnittsflächen A , $A_s = A - 2bt$ laut Profiltabelle.

Die Grenze zwischen den Fällen a und b liegt wegen der Vernachlässigung der Gurtdicke bei
$|z_N| = h/2$, damit folgt $n_{gr} = A_s/A$ wie vorher. Im Fall a (NF im Steg) bleiben die Gleichungen für die Schnittlasten ungeändert und die Normierung auf $M_{pl} = R_F (A/2 - A_s/4) h$
ergibt die Interaktionsbeziehung

$$\Phi (\bar{m}, n) = \bar{m} + C_3 n^2 - 1 = 0 \qquad\qquad (3.5\text{-}13)$$

mit der Konstanten $1/C_3 = 2A_s/A - A_s^2/A^2$, die man auch direkt durch Einführung der Näherungen $h (1 - t/h) \approx h$, $sh \approx A_s$ in Gl. (3.5-10) gewinnen kann. Im Fall b (NF im Gurt) liefert
Gl. (3.5-3) die Längskraft
$$N = R_F (A^+ - A^-) = R_F (A - 2A^-)$$

und Gl. (3.5-6) mit $z^- = -h/2$ im Sinne der Näherung das Biegemoment
$$M = -2R_F H_y^- = -2R_F A^- z^- = R_F A^- h = R_F hA (1 - n)/2 \ .$$

Normierung auf M_{pl} ergibt dann die Interaktionsbeziehung

$$\Phi\,(\bar{m}, n) \;=\; \bar{m} \,-\, C_4 \,(1 - n) \;=\; 0 \tag{3.5-14}$$

mit $1/C_4 = 1 - A_s/(2A)$. Auch diese Beziehung kann direkt aus Gl. (3.5-12) erhalten werden. Sie bedeutet, daß die Interaktionskurve im Bereich $A_s/A \leqslant n \leqslant 1$ durch eine lineare Funktion ersetzt wird. Für das in Bild 3.27 dargestellte Beispiel IPE 500 sind die Abweichungen dieser Näherung von der exakten Kurve so gering (um 1 %), daß die beiden Kurven zusammenfallen. Die Gleichungen (3.5-13) und (3.5-14) stimmen mit den von RUBIN [1978] angegebenen Interaktionsbedingungen für kleine Querkräfte überein, die auch im Stahlbau-Handbuch [1982]* angeführt sind.

2. Näherung

Eine noch weitergehende Vereinfachung der Formeln für doppelt-symmetrische Querschnitte erhält man, wenn die Interaktionskurve durch zwei lineare Funktionen ersetzt wird (Bild 3.27): Für genügend kleine n gilt $m = 1$, für größere n die Funktion $m = C_5\,(1 - n)$. Die Konstante C_5 ist in Abhängigkeit vom Querschnitt und von der Größe der zugelassenen Fehler festzulegen, im ASCE-Guide PLASTIC DESIGN IN STEEL [1971]* wird für Breitflanschprofile $C_5 = 1{,}18$ angegeben, in DIN(E) 18800 $C_5 = 1{,}10$ für alle doppelt-symmetrischen I-Profile mit $1/11 \leqslant n \leqslant 1$.

Beispiel 2   I-Profil: Biegung um die z-Achse mit Längskraft

Wenn bei der Biegung um die z-Achse wie in der 1. Näherung die Dicke des Steges gegenüber der Gurtbreite b vernachlässigt wird, gelten für die beiden Gurte die Gln. (3.5-11) für den Rechteckquerschnitt mit $M_{pl} = 2R_F\,tb^2/4$ $,N_{el} = N_{pl} = R_F A$, $A = A_s + 2bt$, $A_s = sh$. Das plastische Grenzmoment bleibt konstant, $m = 1$, solange die Längskraft vom Steg aufgenommen werden kann, $0 \leqslant n \leqslant A_s/A = n_{gr}$. Für Längskräfte $n_{gr} \leqslant n \leqslant 1$ gilt nach Gl. (3.5-11)

$$\bar{m} \;=\; 1 \,-\, n^{*2} \tag{3.5-15}$$

mit der um den vom Steg aufgenommenen Anteil verminderten, bezogenen Längskraft $n^* = N^*/N_{el}^* = (N - R_F A_s)/(R_F A - R_F A_s) = (n - n_{gr})/(1 - n_{gr})$. Diese Interaktionsbeziehung ist für ein Profil IPB 500 mit $n_{gr} = A_s/A = 0{,}2971$ in Bild 3.27 eingetragen. Sie liegt erheblich über der nach DIN(E) 18800 für den vereinfachten Tragsicherheitsnachweis zulässigen Interaktionsbeziehung $\bar{m} = 1{,}1\,(1 - n^2)$ für $n_{gr} \geqslant 0{,}3$.

Beispiel 3   T-Profil: Biegung um die y-Achse mit Längskraft

Es wird die im Beispiel 1 vorgestellte 1. Näherung benutzt, die Abmessungen und Bezeichnungen sind aus Bild 3.11 für $\phi = \psi = 0$ zu ersehen. Es sind wieder die zwei Fälle zu unterscheiden:
Fall a   :   Neutrale Faser im Steg $-(h - z_u) \leqslant z \leqslant z_u$
Fall b   :   Neutrale Faser im Gurt $z = -(h - z_u)$
Da bei der Näherung die Gurtdicke vernachlässigt wird, kann die Neutrale Faser nur an der Oberseite der angenommenen Steghöhe liegen.

Mit der Schwerpunktlage $z_u = h\,(1 - A_s/(2A))$ ergibt sich die Längskraft an der Grenze zwischen beiden Fällen zu $n_{gr} = -1 + 2A_s/A$ für die Schnittlastenbereiche $m \geqslant 0$, $-1 \leqslant n \leqslant +1$.

__Fall a:__ $-1 \leqslant n \leqslant \dfrac{2A_s}{A} - 1$

Die Gleichungen (3.5-3) und (3.5-6) ergeben die Schnittlasten

$$N = R_F\,(A^+ - A^-) = R_F\,(-A + 2(z_u - z_N)\,s)$$
$$M = 2R_F\,A^+\,z^+ = R_F\,s\,(z_u^2 - z_N^2)$$

und mit der Normierung auf $N_{el}\,h = R_F\,Ah$, um die Auswertung von Gl. (3.2-22) zu vermeiden, kommt mit der Bezeichnung $\hat{m} = M/(R_F\,Ah)$ die Interaktionsbeziehung

$$\Phi\,(\hat{m}, n) = \hat{m} - (1 + n)\left[1 - \frac{A_s}{2A}\right] + \frac{A}{4A_s}\,(1 + n)^2 = 0 \; . \quad (3.5\text{-}16)$$

__Fall b:__ $\dfrac{2A_s}{A} - 1 \leqslant n \leqslant 1$

Die Gleichungen (3.5-3) und (3.5-6) ergeben die Schnittlasten

$$N = R_F\,(A - 2A^-) \quad \text{bzw.} \quad n = 1 - 2A^-/A$$
$$M = -2R_F\,A^-\,z^- = 2R_F\,(1 - n)\,A\,(h - z_u)/2$$

und die Interaktionsbeziehung

$$\Phi\,(\hat{m}, n) = \hat{m} - (1 - n)\,\frac{A_s}{2A} = 0 \; . \qquad\qquad (3.5\text{-}17)$$

Die Interaktionsbeziehungen (3.5-16) und (3.5-17) entsprechen den von RUBIN [1978] angegebenen Interaktionsbedingungen für vernachlässigbare Querkräfte. Sie sind für ein Profil

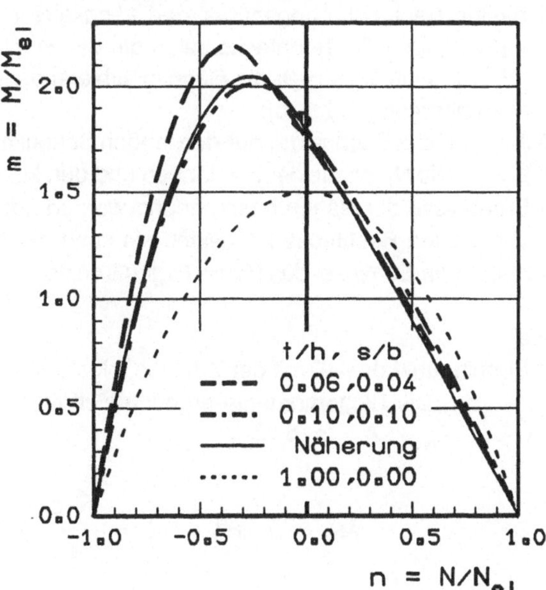

Bild 3.29: _Interaktionskurven für T-Profile und Rechteckquerschnitt_

mit t/h = 0,10 , s/b = 0,10 , h = b in Bild 3.29 eingetragen, dazu zum Vergleich die hier
nicht berechneten, exakten Kurven für dieses und ein weiteres Profil. Die Abweichungen betragen im Fall a (NF im Steg) etwa 3 % zur unsicheren Seite, im Fall b (NF im Gurt), in dem
die exakte nichtlineare Funktion durch eine lineare ersetzt wird, etwa 10 % zur sicheren Seite. Generell wird die Näherung umso besser, je dünnwandiger der Querschnitt ist, und umso
schlechter, insbesondere im Bereich der linearisierten Funktion, je mehr er sich dem Rechteckquerschnitt (t/h = 1,0 und s/b = 0 oder umgekehrt) nähert. Der Vergleich der Interaktionskurven von Rechteckquerschnitt und T-Profilen in Bild 3.29 zeigt, daß die T-Profile nach
der Elastizitätstheorie noch schlechter ausgenutzt werden als der ohnehin schon schlecht
genutzte Rechteckquerschnitt. Dabei ist allerdings zu beachten, daß für Druckkräfte ($n < 0$)
auf T-Profile Überlastungen mit $m > 1$ auch bei völlig elastischen Querschnitten möglich
sind.

3.5.3 Schiefe Biegung

Die schiefe Biegung ohne Längskraft eines dünnwandigen einfach-symmetrischen T-Profils
wurde bereits in Abschnitt 3.2.3 behandelt, die Interaktionskurven sind in Bild 3.13 dargestellt. Die gezeigte Vorgehensweise kann auch auf andere dünnwandige Querschnitte und
auf den Fall Biegung mit Längskraft angewendet werden, in dem die Interaktionsbeziehungen Fließflächen im Schnittgrößenraum N, M_y, M_z darstellen. Für doppelt-symmetrische I-
und Kastenprofile sei auf die Arbeiten von HEYMAN [1971]* und RUBIN [1978] verwiesen. In
einem anderen Ansatz für die Bestimmung der Beanspruchbarkeit von I-Profilen wird der
ideale **Sandwich-Querschnitt**, also ein Profil ohne Stegfläche, zugrunde gelegt, z. B. VOGEL
[1966] und RECKLING [1967]*, S. 97 f. Hier wird das schon vorgestellte Verfahren auf ein
nicht-symmetrisches dünnwandiges Profil angewendet.

Beispiel   L-Profil: Biegung ohne Längskraft
Da es offensichtlich keine Vorteile bringt, mit dem bisher verwendeten, im Schwerpunkt ge-
legenen Hauptachsensystem zu rechnen, wird das in den Mittellinien der Schenkel liegende
Y,Z-System nach Bild 3.30 verwendet. Das Profil sei so dünn, daß die Querausdehnung s
der beiden Rechtecke gegenüber den Längsausdehnungen a, b vernachlässigt werden
kann, die Längen der Rechtecke seien die der Profilmittellinien. Die Neutrale Faser, die wegen N = 0 nach Gl. (3.5-3) die Flächenhalbierende ist, kann im Rahmen der Näherung zwei
Lagen einnehmen (Bild 3.30):
Fall a   :   Die NF schneidet nur den langen Schenkel.
Fall b   :   Die NF schneidet den langen und den kurzen Schenkel.
Die Ergebnisse der Näherungsrechnung werden unsicher, wenn die NF die Schmalseite eines der beiden Rechtecke schneidet, sie kann nur teilweise den Fall erfassen, daß die NF
ganz längeren Schenkel des Profils liegt (Grenzlage g-g in Bild 3.30b).

Fall a
Der Schnittpunkt der NF mit der Z-Achse folgt aus $b + Z_{NO} = A/2$ mit $A = (a+b)\,s$ zu Z_{NO}
= ½$(a - b)$. Die Biegemomente ergeben sich aus den Gleichungen (3.5-4) und (3.5-5) mit
$A^+ = s\,(a - Z_{NO})$, $A^- = s\,(b+Z_{NO})$

$$M_Y = R_F\,(H_Y^+ - H_Y^-) = \frac{R_F\,s}{4}\,(a^2 + 2ab - b^2)$$

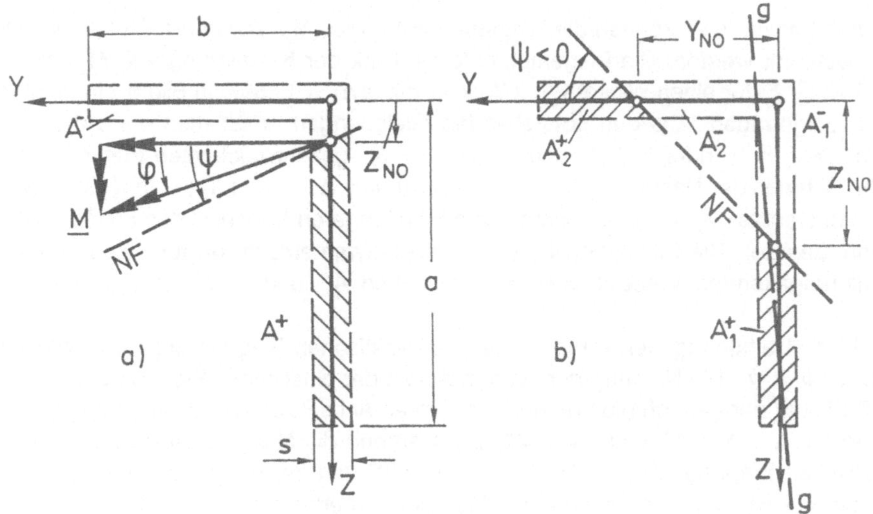

Bild 3.30: Schiefe Biegung eines L-Profils
a) NF durch einen Schenkel,   b) NF durch beide Schenkel

$$M_Z = -R_F\,(H_{\bar{Z}}^+ - H_{\bar{Z}}^-) = \frac{R_F\,s}{2}\,b^2$$

und damit der Winkel ϕ

$$\tan\phi = M_Z/M_Y = 2b^2/(a^2 + 2ab - b^2)\ .$$

Der Winkel ψ der NF zur Y-Achse bleibt im Bereich arctan $((b - a)/(2b)) \leqslant \psi \leqslant \pi/2$ unbestimmt.

Fall b

Die Schnittpunkte der NF mit den Achsen Y,Z sind $\{Y_{NO}; 0\}$ bzw. $\{0, Z_{NO}\}$ mit $0 \leqslant Y_{NO} \leqslant b$ bzw. $\tfrac{1}{2}(a - b) \leqslant Z_{NO} \leqslant \tfrac{1}{2}(a+b)$. Wegen des Zusammenhangs $A^- = s\,(Y_{NO} + Z_{NO}) = \tfrac{1}{2}(a+b)\,s$ können alle Teilflächen in Abhängigkeit von Y_{NO} angegeben werden:
$A_1^+ = \tfrac{1}{2}s(a - b) + sY_{NO}$, $A_2^+ = s(b - Y_{NO})$, $A_1^- = \tfrac{1}{2}s(a+b) - sY_{NO}$, $A_2^- = sY_{NO}$.
Die Biegemomente folgen wieder aus den Gleichungen (3.5-4) und (3.5-5)

$$M_Y = R_F\,(H_Y^+ - H_Y^-) = R_F\,s\left[\frac{a^2}{4} - \frac{ab}{2} - \frac{b^2}{4} + Y_{NO}\,(a+b) - Y_{NO}^2\right]$$

$$M_Z = -R_F\,(H_{\bar{Z}}^+ - H_{\bar{Z}}^-) = R_F\,s\left[Y_{NO}^2 - \frac{b^2}{2}\right]$$

mit dem Winkel $\phi = $ arctan (M_Z/M_Y) . In diesen Gleichungen ist der Fall a für $Y_{NO} = b$ enthalten. Der Winkel ψ der NF zur Y-Achse ist
$$\tan(-\psi) = -\tan\psi = Z_{NO}/Y_{NO} = \tfrac{1}{2}(a+b)/Y_{NO} - 1\ .$$

Für vorgegebenes Y_{NO} können die Biegemomente M_Y, M_Z sowie die Winkel ϕ und ψ einfach bestimmt werden. Die Biegemomente sind mit der Normierung auf M_Z im Fall a, $M_{Zpl} = R_F\, sb^2/2$, für einen Winkel 100 x 75 x 11 mit a/b = 1,3597 in Bild 3.31 als Interaktionskurve aufgetragen. Aus den vorstehenden Gleichungen erhält man die zwischen den durch o (Y_{NO} = b oder Fall a) und x (Y_{NO} = 0) gekennzeichneten Punkten liegende Kurve. Im Rahmen der Näherung bleibt M_Y unbestimmt, d. h. M_Y (Y_{NO} = b) $\leqslant M_Y \leqslant M_Y$ (Y_{NO} = 0) für konstantes M_Z = $- M_{Zpl}$, wenn die NF im längeren Schenkel des Profils liegt (ausgezogene Gerade). Die Interaktionskurve ist schief-symmetrisch, da für einen Momentenvektor mit umgekehrtem Vorzeichen nur die Teilflächen A^+ und A^- zu vertauschen sind.

Die in Bild 3.31 eingetragenen Hauptachsen der plastischen Biegung ergeben sich aus der Bedingung $\phi = \psi$. Die Neigung der starken Achse der plastischen Biegung weicht mit ψ_1 = 29,27° (Fall a) nur geringfügig von der der starken Achse der elastischen Biegung ab (Tabellenwert für L 100 x 75 x 11: ψ = 28,59°), während die Neigung der schwachen Achse der plastischen Biegung ψ_2 = - 71,78° um etwa 10° von der der elastischen Biegung abweicht (ψ = - 61,41°). Dieses Ergebnis läßt sich experimentell durch Biegeversuche an einseitig eingespannten Trägern bestätigen (HEYMAN [1971]*, S. 55 f.).

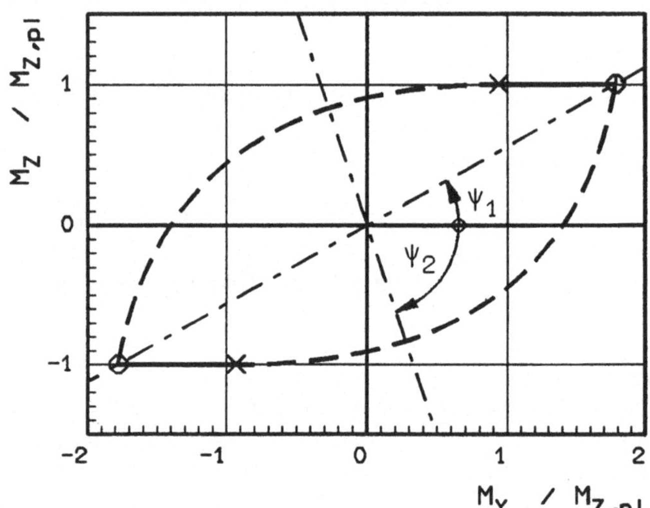

Bild 3.31: Interaktionskurven
für ein L-Profil 100 x 75 x 11

4. Biegelinie gerader Balken

4.1 Die Differentialgleichung der Biegelinie

Unter der Biegelinie wird im folgenden die verschobene Lage der sogen. Balkenachse, das ist die Verbindungslinie der Querschnittsschwerpunkte, verstanden. Nach den im Bild 3.3 eingeführten Konventionen für die Lage des Koordinatensystems ist die Balkenachse in Richtung der x-Achse gelegt und ihre verschobene Lage durch

$$w\,(x) \;=\; u_z\,(x,y,z)\,\big|_{y=0,\,z=0} \tag{4.1-1}$$

gegeben. Für die Herleitung der Differentialgleichung der Biegelinie wird zusätzlich zu den im Abschnitt 3.1.1 festgelegten vier Voraussetzungen die folgende Annahme gemacht:

(5)   Die Verschiebungen seien so klein, daß nichtlineare Terme bei der Beschreibung der verformten Lage vernachlässigt werden können. Dann berechnet sich der Krümmungsradius ρ der Biegelinie aus

$$\frac{1}{\rho} \;\simeq\; w'' \;=\; \frac{d^2w}{dx^2}\;. \tag{4.1-2}$$

In den Abschnitten 3.1.3 und 3.1.4 wurden für alle elastisch-plastischen Spannungszustände eines Balkenquerschnitts sowohl die kinematischen Beziehungen, nämlich die BERNOULLIsche Hypothese, Gl. (3.1-1), als auch das HOOKEsche Gesetz für den elastischen Restquerschnitt formuliert. Damit liegen zusammen mit Gl. (4.1-2) alle erforderlichen Gleichungen für die Herleitung der Differentialgleichung der Biegelinie vor.

Sofern der **gesamte Querschnitt elastisch** ist (Spannungszustand 1), also $|\,\varepsilon\,(z,z_N)\,| \leq \varepsilon_F$ für $z_u \geq z \geq z_o$, gelten die kinematischen Beziehungen (3.1-2) und das Werkstoffgesetz (3.1-5) speziell auch für die Randfasern $z = z_u$ und $z = z_o$, und mit Gl. (4.1-2) hat man sofort

$$w'' \;=\; -\frac{\sigma_o}{E\,(z_o - z_N)} \;=\; -\frac{\sigma_u}{E\,(z_u - z_N)}\;. \tag{4.1-3}$$

Mit den Randfaserspannungen $\sigma_{o,u} = \sigma(z_{o,u})$ aus Gl. (3.3-4) ergibt sich die bekannte Differentialgleichung der **elastischen Biegelinie**

$$w'' \;=\; -\frac{M_y}{E\,I_y} \quad \text{für} \quad |M_y| \leq M_{el}\;. \tag{4.1-4}$$

Ist der **Querschnitt teilweise plastisch** (Spannungszustände 2 bzw. 3), so gilt das HOOKEsche Gesetz nur im elastischen Restquerschnitt und für die Grenzfasern $z = \zeta_o \geq z_o$ oder bzw. und $z = \zeta_u \leq z_u$, in denen $|\sigma| = R_F$ ist, können die kinematischen Beziehungen (3.1-3) und das Werkstoffgesetz, Gln. (3.1-6) bzw. (3.1-7) aufgeschrieben werden, woraus für die Differentialgleichung der **elastisch-plastischen Biegelinie**

$$w'' = -\frac{R_F \, \text{sgn} \, \sigma_o}{E \, (\zeta_o - z_N)} = -\frac{R_F \, \text{sgn} \, \sigma_u}{E \, (\zeta_u - z_N)} \quad , \quad |M_y| > M_{el} \qquad (4.1\text{-}5)$$

folgt. Zur Bestimmung der zwei Unbekannten ζ_o und z_N, ζ_u und z_N oder wegen Gl. (3.1-4) ζ_o und ζ_u ist das Gleichungssystem (3.1-9) bis (3.1-11) mit der weiteren Unbekannten ψ zu lösen. Im Gegensatz zum voll-elastischen Querschnitt folgt aus der Bedingung $N = 0$ i. a. nicht $z_N = 0$ (vgl. Abschnitt 3.2.2). Zur Vereinfachung werden zwei weitere einschränkende Annahmen eingeführt:

(6)   Die Biegung erfolge um eine Symmetrieachse (y-Achse) des Querschnitts (vgl. Abschnitt 3.2.1).

(7)   Der Werkstoff verhalte sich elastisch-idealplastisch entsprechend Gl. (2.4-9).

Mit diesen zusätzlichen Annahmen vereinfacht sich Gl. (4.1-5)

$$w'' = -\frac{M_y}{E \, I_y \, (\zeta)} \quad \text{für} \quad |M_y| > M_{el} \, , \qquad (4.1\text{-}6)$$

wobei $I_y \, (\zeta)$ in Analogie zu Gl. (4.1-4) als **plastisches Flächenmoment 2. Grades des Gesamtquerschnitts** festgelegt wird, wie bereits in Abschnitt 3.1.6 für den Spannungszustand 3 gezeigt wurde, siehe Gleichungen (3.1-12) bis (3.1-15). Wegen der im Abschnitt 3.1.1 dargestellten Voraussetzungen sind die Gln. (4.1-4) bis (4.1-6) streng genommen nur für die "reine" (d. h. querkraftfreie) Biegung schlanker ($b,h \ll L$) Stäbe gültig. Dennoch wird sie auch als Näherung für solche Lastfälle verwendet, bei denen $M_y = M_y \, (x)$, also $Q_z = dM_y/dx \neq 0$ und damit auch $\zeta = \zeta \, (x)$ ist. Die Integration erfolgt stückweise für voll elastische und teilweise plastische Bereiche. Die zwei Integrationskonstanten je Bereich werden aus Rand- und Übergangsbedingungen für $w \, (x)$ und $w' \, (x)$ bestimmt. Voraussetzung für die Integration von Gl. (4.1-6) ist, daß $\zeta \, (x)$ als explizite Funktion gegeben ist, z. B. nach Gl. (3.2-10) für den Rechteckquerschnitt.

4.2   Integration für statisch bestimmte Systeme

Beispiel 1   Eingespannter Balken, elastisch-idealplastischer Werkstoff

Gesucht ist die Biegelinie des in Bild 4.1 dargestellten einseitig eingespannten Balkens mit Rechteckquerschnitt unter konstanter Streckenlast q für elastisch-idealplastischen Werkstoff. Mit der normierten Koordinate $\xi = x/L$ lautet die Biegemomentenverteilung im Träger

$$M_y \, (\xi) = -\tfrac{1}{2} q \, L^2 \, (1 - \xi)^2 \qquad (4.2\text{-}1)$$

und mit dem elastischen Grenzmoment $M_{el} = R_F \, W_{el}$ erhält man aus Gl. (3.2-10) die Grenzkurve zum plastischen Bereich

$$\zeta \, (\xi) = \frac{h}{2} \left[3 - \frac{q \, L^2}{R_F \, W_{el}} \, (1 - \xi)^2 \right]^{\tfrac{1}{2}} , \quad 0 \leq \xi \leq \hat{\xi} \, . \qquad (4.2\text{-}2)$$

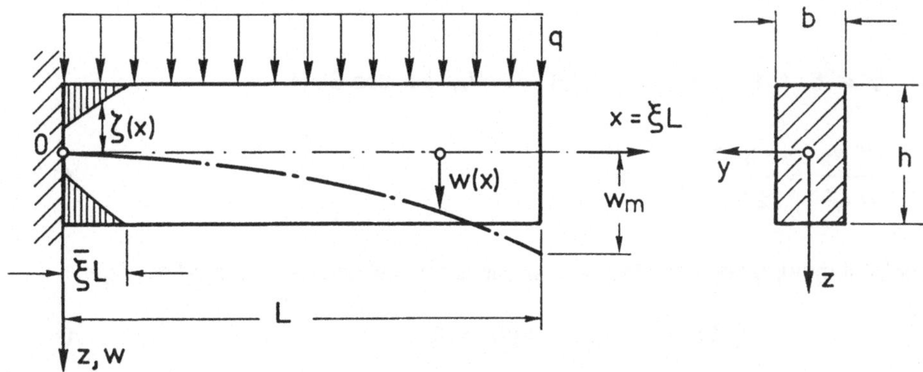

**Bild 4.1:** *Eingespannter Balken mit Rechteckquerschnitt unter konstanter Streckenlast q*

Daraus folgen für $\zeta(0) = h/2$ bzw. $\zeta(0) = 0$ die **elastische** bzw. die **plastische** Grenzlast

$$q_{el} = \frac{2 R_F W_{el}}{L^2}$$

$$q_{pl} = \frac{3 R_F W_{el}}{L^2} = 1.5\, q_{el} \qquad\qquad (4.2\text{-}3)$$

Da es sich bei dem Kragträger nach Bild 4.1 um ein statisch bestimmtes System handelt, ist der Quotient q_{pl}/q_{el} gleich dem plastischen Überlastungsfaktor für den Rechteckquerschnitt, Gl. (3.2-5), denn der vollplastische Zustand kann nur in einem Querschnitt erreicht werden. Die Länge der plastischen Zone erhält man mit der Bedingung $\zeta(\bar{\xi}) = h/2$ aus Gl. (4.2-2)

$$\bar{\xi} = 1 - \sqrt{\frac{2}{3}}\,\sqrt{\frac{1}{\kappa}} \geq 0 \;, \qquad \frac{2}{3} \leq \kappa = \frac{q}{q_{pl}} \leq 1 \;, \qquad (4.2\text{-}4)$$

sie beträgt maximal im Fall[1] $\kappa = 1$: $\bar{\xi}_{pl} = 0{,}184$.

Die Integration der Differentialgleichung der Biegelinie muß in den zwei Bereichen erfolgen:

1. $\quad 0 \leq \xi \leq \bar{\xi}$, in dem $|M(\xi)| \geq M_{el}$ ist, also Gl. (4.1-5) mit $\sigma_o > 0$, $\zeta_o = -\zeta$
    $z_N = 0$ gilt

$$\frac{d^2 w_1}{d\xi^2} = \frac{L^2 R_F}{E\,\zeta(\xi)} = \frac{2 R_F L^2}{E h}\,[3 - 3\kappa(1-\xi)^2]^{-\frac{1}{2}} \;, \qquad (4.2\text{-}5a)$$

---

[1] Im Gegensatz zu Gl. (3.2-7) wird hier die Belastung auf q_{pl} normiert.

und

2. $\tilde{\xi} \leqslant \xi \leqslant 1$, in dem $|M(\xi)| \leqslant M_{el}$ ist, also Gl. (4.1-4)

$$\frac{d^2 w_2}{d\xi^2} = \frac{q L^4}{2 E I_y} (1 - \xi)^2 \qquad\qquad (4.2\text{-}5b)$$

gilt. Zur Bestimmung der vier Integrationskonstanten stehen zwei Randbedingungen

$$w_1(0) = 0 \qquad w_1'(0) = 0 \qquad\qquad (4.2\text{-}6)$$

und zwei Übergangsbedingungen

$$\left. \begin{array}{l} w_1(\tilde{\xi}) = w_2(\tilde{\xi}) = \bar{w} \\[2mm] w_1'(\tilde{\xi}) = w_2'(\tilde{\xi}) = \bar{w}' \end{array} \right\} \qquad\qquad (4.2\text{-}7)$$

zur Verfügung. Bei der Integration der Gln. (4.2-5a,b) ist zu beachten, daß wegen der Normierung der Koordinate x nach der Kettenregel

$$\frac{dw}{d\xi} = L \frac{dw}{dx} = L w' \qquad\qquad (4.2\text{-}8)$$

gilt. Man erhält schließlich für den **elastisch-plastischen Bereich**

$$w_1(\xi) = \frac{2 R_F L^2}{E h} \sqrt{\frac{1}{3\kappa}} \left\{ (1 - \xi) \left[\arccos(\sqrt{\kappa}\,(1 - \xi)) - \arccos\sqrt{\kappa} \right] - \right.$$
$$\left. - \sqrt{\frac{1}{\kappa} - (1 - \xi)^2} + \sqrt{\frac{1}{\kappa} - 1} \right\} \qquad (4.2\text{-}9)$$

und für den rein **elastischen Bereich**

$$w_2(\xi) = \frac{q L^4}{24 E I_y} \left[(1 - \xi)^4 - (1 - \tilde{\xi})^4 + 4(1 - \tilde{\xi})^3 (\xi - \tilde{\xi}) \right] +$$
$$+ \bar{w}'(\xi - \tilde{\xi}) + \bar{w} \qquad (4.2\text{-}10)$$

mit $\bar{w}$ und $\bar{w}'$ aus den Übergangsbedingungen (4.2-7)

$$\bar{w} = -\frac{2\,R_F\,L^2}{E\,h}\;\sqrt{\frac{1}{3\,\kappa}}\;\left\{\sqrt{\frac{2}{3\,\kappa}}\;\left[\arccos\sqrt{\frac{2}{3}} - \arccos\sqrt{\kappa}\right] - \sqrt{\frac{1}{\kappa} - \frac{2}{3\,\kappa}} + \sqrt{\frac{1}{\kappa} - 1}\right\} \qquad (4.2\text{-}11)$$

$$\bar{w}' = \frac{2\,R_F\,L^2}{E\,h}\;\sqrt{\frac{1}{3\,\kappa}}\;\left[\arccos\sqrt{\frac{2}{3}} - \arccos\sqrt{\kappa}\right]$$

Die **größte Durchbiegung** bei $\xi = 1$ ist

$$w_m = w_2(1) = \frac{2\,R_F\,L^2}{E\,h\,\kappa}\left[\frac{1}{2} - \sqrt{\frac{1-\kappa}{3}}\right], \qquad (4.2\text{-}12)$$

siehe Bild 4.2, mit den Grenzwerten

elastische Grenze $\kappa = \dfrac{2}{3}$ $\qquad w_{m,el} = \dfrac{R_F\,L^2}{2\,E\,h}$ $\qquad\qquad (4.2\text{-}13a)$

plastische Grenze $\kappa = 1$ $\qquad w_{m,pl} = \dfrac{R_F\,L^2}{E\,h} = 2\,w_{m,el}$. $\qquad (4.2\text{-}13b)$

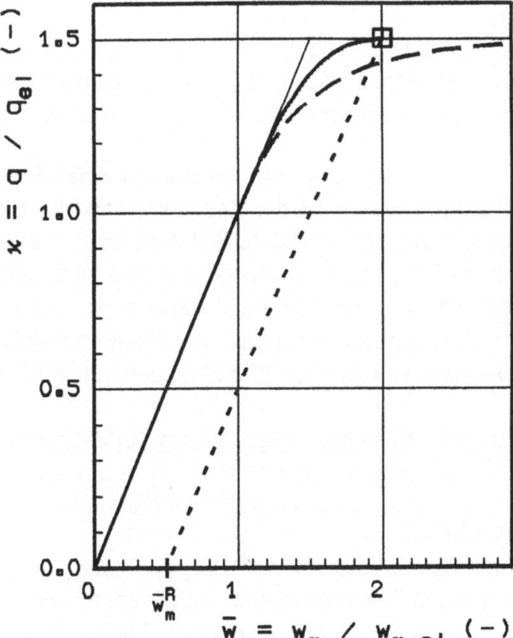

Bild 4.2: Normierte Last-
Verformung-Kurven für Träger
mit Rechteckquerschnitt unter
Streckenlast q
——— einseitig eingespannt,
— — beidseitig gelenkig
*   gelagert*

Die Durchbiegung unter der plastischen Grenzlast $q_{pl} = 1.5\, q_{el}$ ist also doppelt so groß wie die unter der elastischen Grenzlast, hat aber einen endlichen Wert, obwohl nach Gl. (4.2-5a) wegen $\zeta(0) \to 0$ die Krümmung $w''(0) \to \infty$ geht. Die Verformungen bei Wegnahme der äußeren Belastungen erfolgen rein elastisch. Bei vollständiger Entlastung von q_{pl} aus bleibt demnach eine Verformung

$$w_m^R = w_{m,pl} - 1.5\, w_{m,el} = 0.5\, w_{m,el} \qquad (4.2\text{-}14)$$

zurück.

Eine Veränderung der Randbedingungen ändert die Form der plastischen Zone und damit auch das Verformungsverhalten im elastisch-plastischen Bereich. So erhält man für den beidseitig gelenkig gelagerten Balken der Länge $2\,L$ unter konstanter Streckenlast als größte Durchbiegung in Balkenmitte, siehe Bild 4.2,

$$w_m = \frac{4\,R_F\,L^2}{E\,h}\left[\frac{1}{4\sqrt{3\kappa}}\,\operatorname{ar\,sinh}\sqrt{\frac{3\kappa-2}{3\,(1-\kappa)}} + \frac{\sqrt{1-\kappa}}{4\sqrt{3}\,\kappa} + \frac{2\,\kappa^2-1}{8\,\kappa} - \frac{3\,\kappa+1}{12\,\kappa}\sqrt{\frac{\kappa\,(3\kappa-2)}{3}}\,\right] \qquad (4.2\text{-}15)$$

mit der elastischen Grenzdurchbiegung

$$w_{m,el} = \frac{5}{12}\,\frac{R_F\,L^2}{E\,h} \qquad (4.2\text{-}16)$$

(PRAGER & HODGE [1954]*, S. 46 - 51). Bei Annäherung an die plastische Grenzlast geht in diesem Falle theoretisch $w_{m,pl} \to \infty$, praktisch wird wegen der immer vorhandenen Verfestigung q_{pl} bei endlichen Durchbiegungen erreicht (siehe Beispiel 2).

Trotz der vereinfachenden Annahmen eines Rechteckquerschnittes und ideal-plastischen Werkstoffverhaltens ist der Rechenaufwand für die Integration der Differentialgleichung der Biegelinie bereits erheblich. Will man andere als Rechteckquerschnitte und gar zusätzlich noch verfestigendes Werkstoffverhalten untersuchen, sind geschlossene Lösungen nicht mehr möglich, und man muß numerische Verfahren heranziehen. Als Beispiel sei eine Lösung für einen beidseitig gelenkig gelagerten Balken (Bild 3.6) der Länge $2\,L$ mit **Rechteckhohlprofil** (Bild 4.3) unter Einzellast behandelt (BURTH [1977]).

Beispiel 2   Balken auf zwei Stützen, verfestigender Werkstoff
Die Materialkennlinie werde durch eine bilineare Funktion nach Gl. (2.4-7) beschrieben. Betrachtet man entsprechend Bild 3.4 die möglichen Spannungszustände für das Hohlprofil, so sind neben dem
Spannungszustand 1, in dem $M_y(x) = -E\,I_y/\rho\,(x)$ gilt,
zwei weitere Zustände zu unterscheiden, nämlich
Spannungszustand 3a, bei dem die Fließgrenze R_F in den Gurten erreicht wird, während die Seitenwände noch elastisch sind,
und

Bild 4.3: Rechteck-Hohlprofil

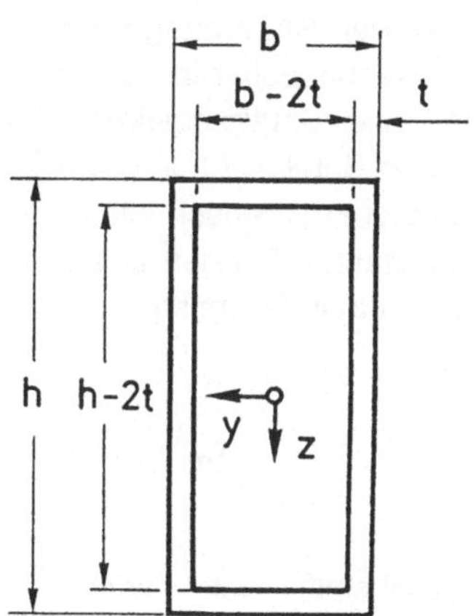

Spannungszustand 3b, bei dem die Fließgrenze R_F auch in den Seitenwänden erreicht wird.

Der Spannungszustand 2 mit einseitiger plastischer Zone tritt wegen der Querschnittssymmetrie und fehlender Längskraft nicht auf. Das Aufstellen der Äquivalenzgleichung (3.1-10) im elastisch-plastischen Bereich führt in den beiden Fällen 3a und 3b auf kubische Gleichungen für den Krümmungsradius $\rho(x)$, die für $T = E$ den elastischen Fall 1 enthalten:

$$C_{1a,b}\ \rho^3(x)\ +\ C_{2a,b}\ \rho(x)\ +\ C_{3a,b}\ =\ 0 \qquad (4.2\text{-}17)$$

mit

$$C_{1a} = -\frac{b\,h^3}{24\,I_y\,\rho_{el}^2}\left[1-\frac{T}{E}\right]\ ,$$

$$C_{2a} = \frac{b\,h^3}{8\,I_y}\left[1-\frac{T}{E}\right]-\frac{M(x)}{M_{el}}\ ,$$

$$C_{3a} = \rho_{el}\left[1-\frac{b\,h^3}{12\,I_y}\left[1-\frac{T}{E}\right]\right]\ , \qquad (4.2\text{-}18a)$$

bzw.

$$C_{1b} = -\frac{2\,t\,h^3}{24\,I_y\,\rho_{el}^2}\left[1-\frac{T}{E}\right]\ ,$$

$$C_{2b} = \frac{h\,W_{pl}}{2\,I_y}\left[1-\frac{T}{E}\right]-\frac{M(x)}{M_{el}}\ ,$$

$$C_{3a} = \rho_{el}\,\frac{T}{E}\ , \qquad (4.2\text{-}18b)$$

sowie

$$M_{el} = 2\,R_F\,I_y/h = -E\,I_y/\rho_{el}\ .$$

Die Wurzeln der kubischen Gl. (4.2-17) können mit den Formeln von CARDANO berechnet werden, wobei nur negative reelle Wurzeln in Betracht kommen. Ergeben sich zwei negative Wurzeln, so ist aus physikalischen Gründen diejenige die Lösung, die bei Vergrößerung von M betragsmäßig kleiner wird. Die aufgestellten Beziehungen zwischen dem Biegemoment und der Krümmung gelten für jede Stelle $x = \xi L$ in Stablängsrichtung, wobei der Koordinatennullpunkt in Stabmitte liege. Bei gegebener Momentenlinie ist also der Krümmungsradius eindeutig bestimmt. Die Differentialgleichung $w'' = 1/\rho\,(\xi)$ wird im elastisch- plastischen Bereich $(0 \leqslant \xi \leqslant \check{\xi})$ des Stabes unter Ausnutzung der Symmetrie als Anfangswertproblem numerisch integriert. Im elastischen Bereich kann sie geschlossen integriert und die Konstanten können aus den Übergangsbedingungen (4.2-7) bestimmt werden. Die Durchsenkung in Stabmitte ist

$$w_m = w\,(0) = \frac{F L^3}{6 E I_y}\,(1 - \check{\xi})^3 + \Delta\bar{w} - \bar{w}'\,(1 - \check{\xi}) \tag{4.2-19}$$

Dabei sind $\Delta\bar{w} = w\,(0) - w\,(\check{\xi})$ und $\bar{w}' = w'\,(\check{\xi})$ die Ergebnisse der numerischen Integration im elastisch-plastischen Bereich. Die berechnete Last-Verformung-Kurve für ein Rechteck-Hohlprofil mit den Werten

$$h = 160\ \text{mm}\ , \qquad b = 90\ \text{mm}\ , \qquad t = 7{,}1\ \text{mm}$$
$$\text{RSt 37-2:} \qquad R_F = 285\ \text{MPa}\ , \qquad T = 0{,}006\,E$$

wird in Bild 4.4 mit den Ergebnissen eines Biegeversuchs eines Balkens der Länge $2L = 2000$ mm verglichen. Als Verfestigungsmodul wurde etwa die Hälfte des in mehreren Zugversuchen gemessenen Moduls angesetzt, um LÜDERS-Bereich und Verfestigung mit dem bilinearen Ansatz zu erfassen. Der Rechnung wurden die Norm-Abmessungen zugrunde gelegt. Weil das reale Profil wegen der größeren Flächen steifer ist als das mit den Norm-Abmessungen, sind die berechneten Durchbiegungen im Anfangsbereich größer als die gemessenen. Ein Grenzzustand kann wegen der Verfestigung nur durch Beschränkung der Verformungen festgelegt werden, im Versuch ergab sich die höchste Belastung (Traglast) $F_{max} = 1.47\,F_{el}$ bei der Durchbiegung $w_m = 14.8\,w_{m,el}$. Die plastische Grenzlast $F_{pl} = m_{pl}$ $F_{el} = 1.26\,F_{el}$ für das Profil aus elastisch-idealplastischem Werkstoff ist hier eine gute und konservative Abschätzung derjenigen Belastung, unter der die Verformungen - verglichen mit den elastisch-plastischen Anfangsverformungen - stärker zu wachsen beginnen.

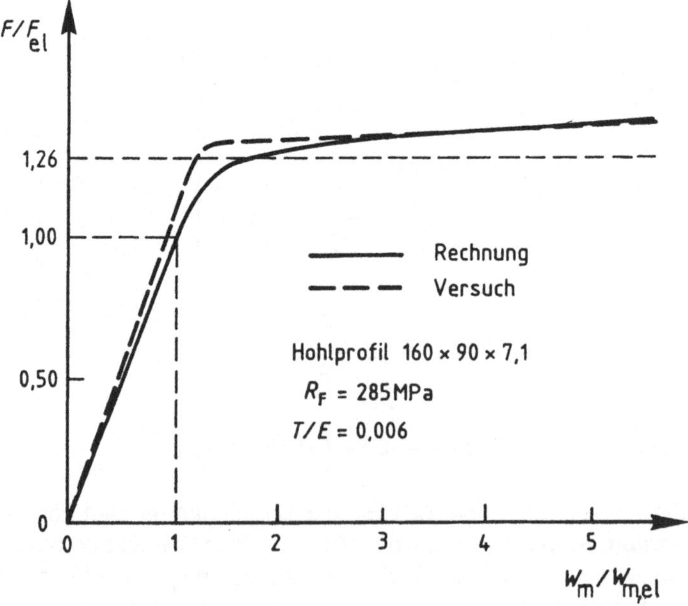

Bild 4.4: Normierte Last-Verformung-Kurven für Träger mit Rechteck-Hohlprofil, bilineare Werkstoffkennlinie

Zur experimentellen Absicherung der Biegetheorie

Die analytischen Ergebnisse der plastischen Biegetheorie wurden durch zahlreiche Versuche an statisch bestimmt und statisch unbestimmt gelagerten Balken und Rahmentragwerken bestätigt. Viele Versuchsergebnisse sind in MASSONET & SAVE [1965]* und im ASCE-GUIDE PLASTIC DESIGN IN STEEL [1971]* zitiert, eine Auswahl zeigen die Bilder 7.1 bis 7.3. Am häufigsten sind, wegen der einfachen Durchführung, Belastungen und zugehörige Verformungen gemessen worden, die experimentelle Last-Verformung-Kurven ergeben wie in Bild 4.4. Bei diesen Biegeversuchen ist aber immer nur eine pauschale Überprüfung mehrerer verschiedener Annahmen möglich, die das Werkstoffverhalten, den Spannungszustand, die Eigenspannungen, die Kinematik der Verformungen und die Art der Belastung betreffen. Die Möglichkeit, die zentrale Annahme der Biegetheorie, die BERNOULLI-Hypothese, und das wichtigste Ergebnis, den Spannungsausgleich im Querschnitt und damit das Erreichen des vollplastischen Moments für elastisch-idealplastischen Werkstoff, direkt zu überprüfen, ergibt sich durch Dehnungsmessungen und experimentell bestimmte Momenten-Krümmung-Kurven für konstantes Biegemoment. Bild 4.5 zeigt als Beispiel die Ergebnisse von Dehnungsmessungen an einem handelsüblichen Profil IPB 100 aus St 37, durchgeführt an einem eingespannten Balken mit Einzellast in 75 mm Entfernung von der Einspannung. Die Dehnungen verlaufen bei etwa $\varepsilon_{Rand} = 1.5\ \varepsilon_F$, d. h. auch während der beginnenden Stegplastizierung, linear über die Querschnittshöhe, bei weiterer Belastung linear nur noch über den elastischen Restquerschnitt und die anschließenden Bereiche geringerer plastischer Dehnungen, während die Meßstellen an der Ober- bzw. Unterseite des Gurtes ($2z/h = 1.0$ bzw. $2z/h = 0.8$) andere Dehnungen anzeigen. Dies ist dadurch zu erklären, daß der Plastizierungsprozeß nicht - wie angenommen - kontinuierlich verläuft. Zum einen liegt gerade im Übergangsbereich zwischen Steg und Gurt herstellungsbedingte Materialinhomogenität vor, zum anderen wachsen die plastischen Dehnungen nach Untersuchungen von LAY [1965], LAY & GALAMBOS [1967] und YAMADA et al. [1970] ausgehend von einzelnen

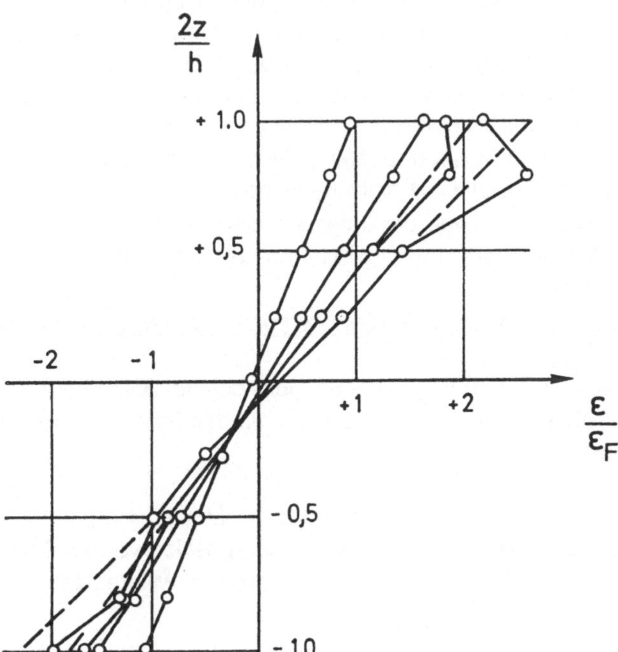

Bild 4.5: *BERNOULLI-Hypothese: Längsdehnungen in einem Profil IPB 100 aus St 37, o Meßwerte nach URBAN [1974]*

Punkten lokal in begrenzten, teilweise keilförmig ins Innere des Querschnitts vordringenden Gebieten an, zwischen denen sich Gebiete mit geringeren Dehnungen befinden. Erst bei höheren Belastungen und damit größeren Dehnungen in der Nähe der plastischen Grenzlast findet zwischen diesen Gebieten ein Ausgleich statt, der zu dem häufig beobachteten Ergebnis führt, daß in der Nähe der Grenzlast die BERNOULLI-Hypothese wieder besser erfüllt ist (in Bild 4.5 sind die Dehnungen in der Nähe der Grenzlast nicht eingezeichnet).

Für die Größe der Deformationen von Balken aus elastisch-idealplastischem Werkstoff ist allein der elastische Restquerschnitt maßgebend, solange die Dehnungen in den plastizierten Bereichen unter konstanter Spannung zunehmen. Abweichungen der Dehnungen von der linearen Verteilung in den plastizierten Bereichen wirken sich also auf die Rechnung nicht aus. Anders ist es für Balken aus verfestigendem Werkstoff: Hier hängt das Einsetzen der Verfestigung von der Größe der Dehnungen ab, so daß jede Abweichung der Dehnungsverteilung von der linearen Verteilung in den plastizierten Bereichen auch einen anderen Verfestigungsbeginn zur Folge hat. Dabei ist auch die Steilheit der Momentenlinie, der sogenante **Momentengradient**, von Bedeutung: Durch die Konzentration der plastischen Dehnungen auf einen kürzeren Bereich des Balkens setzt die Verfestigung bereits bei kleineren Deformationen etwa im Bereich der plastischen Grenzlast ein (vergl. Bilder 4.4 u. 8.1).

4.3   Integration für statisch unbestimmte Systeme

Während bei statisch bestimmten Systemen die Schnittlasten allein aus den Gleichgewichtsbedingungen berechnet werden können, die Bestimmung der Verformungen also hiervon unabhängig erfolgen (oder sogar unterbleiben) kann, ist bei statisch unbestimmten Systemen die Berechnung der Biegelinie unabdingbare Voraussetzung für die Ermittlung der Schnittlasten, da die überzähligen unbekannten Reaktionskräfte zusätzliche Gleichungen in Form geometrischer Zwangsbedingungen erfordern. Mit dem Grad der statischen Unbestimmtheit wächst allerdings die Zahl der Integrationsbereiche mit unterschiedlichen Lösungen, deren Integrationskonstanten durch Übergangsbedingungen zu bestimmen sind. Die Bereichsgrenzen verändern sich zudem mit steigender Belastung und müssen schrittweise in der richtigen Reihenfolge ermittelt werden. Eine Superposition von Teillösungen, wie in der Elastizitätstheorie, ist unzulässig! Diese Aufgabe führt deshalb i. a. schon für einfache Last- und Lagerungsfälle auf nicht mehr geschlossen lösbare Gleichungen zur Bestimmung der Bereichsgrenzen, wie das folgende Beispiel zeigt. Eine Berücksichtigung von verfestigendem Werkstoffverhalten ist wiederum nur über numerische Integration möglich.

Beispiel   Einfach statisch unbestimmter Balken unter Einzellast

Gegeben sei der im Bild 4.6a gezeichnete Balken mit Rechteck-Querschnitt aus idealplastischem Werkstoff. Die Berechnung des Systems bis zur plastischen Grenzlast F_{pl} muß in vier Stufen erfolgen:

a) <u>Vollständig elastischer Balken</u>, d. h. $|M(x)| \leqslant M_{el}$ für $0 \leqslant x \leqslant L$
    Die Lösung kann nach durch Superposition von zwei statisch bestimmten Lastfällen mit der Zusatzbedingung $w(L) = 0$ erfolgen. Mit der Normierung $x = \xi L$ erhält man

$$M(\xi) = \frac{F\,L}{16}\,(11\,\xi - 3) \qquad \text{für } 0 \leq \xi \leq \tfrac{1}{2}$$

$$M(\xi) = \frac{5F\,L}{16}\,(1 - \xi) \qquad \text{für } \tfrac{1}{2} \leq \xi \leq 1 \tag{4.3-1}$$

Die Extremwerte des Biegemomentes sind

$$M(0) = M_o = -\frac{3}{16}\,F\,L \qquad \text{und } M(\tfrac{1}{2}) = \frac{5}{32}\,F\,L \tag{4.3-2}$$

Die elastische Grenzlast des Systems ist erreicht, wenn im höchstbeanspruchten Querschnitt das elastische Grenzmoment erreicht wird, also Randfaserfließen auftritt:

$$\text{Max } |M(\xi)| = |M_o| = M_{el} = R_F\,W_{el} \ ,$$

woraus

$$F_{el,1} = F_{el} = \frac{16}{3}\,\frac{R_F\,W_{el}}{L} \quad \text{und } w_{el,1} = w_{el} = \frac{7}{144}\,\frac{R_F\,W_{el}\,L^2}{E\,I} \tag{4.3-3}$$

folgt. Der Momentenverlauf unter F_{el} ist als lang gestrichelte Linie im Bild 4.6b dargestellt.

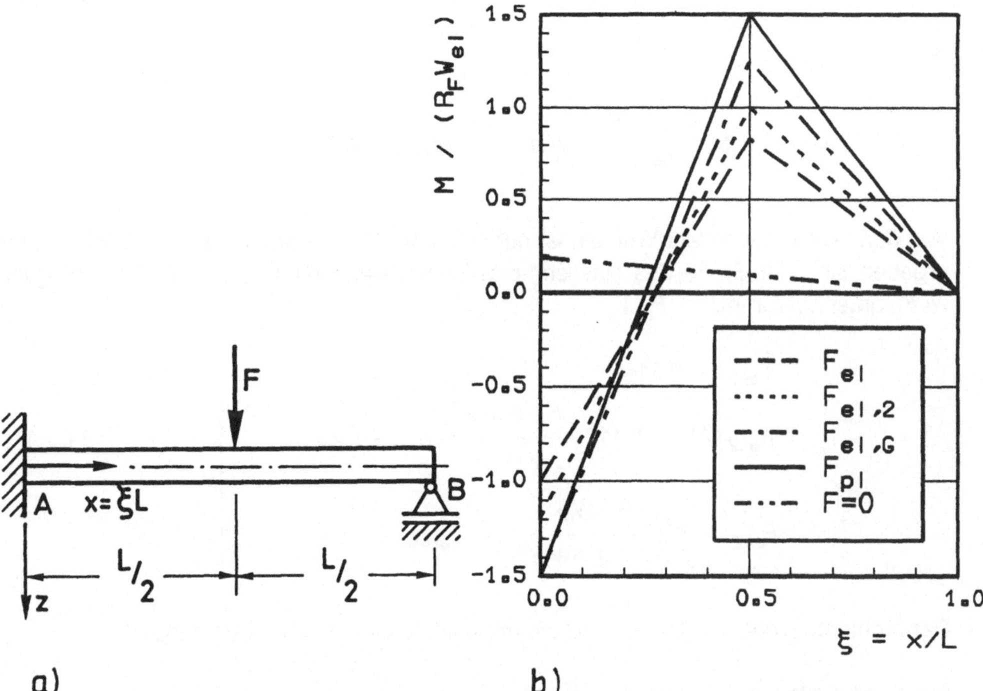

Bild 4.6: *Einfach statisch unbestimmt gelagerter Balken unter Einzellast F*
a) System, b) Momentenverlauf

b) <u>Plastizierung bei $\xi = 0$</u>, d. h. $|M(0)| > M_{el}$, $|M(\tfrac{1}{2})| \leqslant M_{el}$
Es stehen zunächst zwei Gleichgewichtsbedingungen für drei unbekannte Lagerreaktionen, $M(0)$, $Q(0)$, $Q(1)$, zur Verfügung. Die Differentialgleichung der Biegelinie ist für drei Bereiche zu integrieren, nämlich
1. $\underline{0} \leqslant \xi \leqslant \bar{\xi}$ elastisch-plastisch mit $0 \leqslant \zeta(\xi) \leqslant h/2$,
2. $\bar{\xi} \leqslant \xi \leqslant \tfrac{1}{2}$ elastisch und
3. $\tfrac{1}{2} \leqslant \xi \leqslant 1$ ebenfalls elastisch.
Die Aufteilung in die Bereiche 2 und 3 ist wegen der Einzellast an der Stelle $\xi = \tfrac{1}{2}$ erforderlich. Bei der zweifachen Integration treten insgesamt sechs Integrationskonstanten auf, zusammen mit den drei Auflagerreaktionen also neun Unbekannte. Zu erfüllen sind die drei Randbedingungen

$$w_1(0) = 0 , \quad w_1'(0) = 0 , \quad w_3(1) = 0$$

und die vier Übergangsbedingungen

$$w_1(\bar{\xi}) = w_2(\bar{\xi}) \quad , \qquad w_1'(\bar{\xi}) = w_2'(\bar{\xi}) \quad ,$$
$$w_2(\tfrac{1}{2}) = w_3(\tfrac{1}{2}) \quad , \qquad w_2'(\tfrac{1}{2}) = w_3'(\tfrac{1}{2}) \quad .$$

Damit stehen zusammen mit den zwei Gleichgewichtsbedingungen neun Gleichungen für neun Unbekannte zur Verfügung. Die Grenzbelastung dieses Zustandes, $F_{el,2}$, ist erreicht, wenn auch $|M(\tfrac{1}{2})| = M_{el}$ wird. Als Bedingung hierfür erhält man für den angenommenen Rechteckquerschnitt ein Polynom vierten Grades

$$\kappa^4 - 8\,\kappa^3 - 4\,\kappa^2 + 60\,\kappa - 41 = 0$$

für

$$0 \leqslant \kappa^2 = 3 + \frac{2\,M(0)}{R_F\,W_{el}} \leqslant 1 , \qquad M_{el} \leqslant |M(0)| \leqslant M_{pl} .$$

Von den vorhandenen vier Wurzeln ist nur $\kappa^2 = 0.611 \leqslant 1$ physikalisch zulässig. Damit ergeben sich die Größe des elastisch-plastischen Bereichs $\bar{\xi}$ und die Durchbiegung $w(\tfrac{1}{2})$ unter der Grenzlast $F_{el,2}$

$$
\left.
\begin{aligned}
\bar{\xi}_{el,2} &= 0.0444 \\[2mm]
w_{el,2}(\tfrac{1}{2}) &= 0.117\,\frac{R_F\,W_{el}\,L^2}{2\,E\,I} = 1.20\,w_{el}(\tfrac{1}{2}) \\[2mm]
F_{el,2} &= 6.39\,\frac{R_F\,W_{el}}{L} = 1.19\,F_{el}
\end{aligned}
\right\}
\qquad (4.3\text{-}4)
$$

Der Momentenverlauf unter $F_{el,2}$ ist als gepunktete Linie im Bild 4.6b dargestellt.

c) <u>Plastizierung bei $\xi = 0$ und $\xi = \tfrac{1}{2}$</u>
Die Differentialgleichung der Biegelinie ist jetzt für fünf verschiedene Bereiche zu integrieren, und man hat zehn Integrationskonstanten, also zusammen mit den drei Lager-

reaktionen dreizehn Unbekannte, für die wieder zwei Gleichgewichtsbedingungen, drei Randbedingungen und acht Übergangsbedingungen zur Verfügung stehen. Entlastungen plastisch verzerrter Fasern bei Laststeigerung können nicht auftreten, da die Bedingung Gl. (3.4-10) für den Spannungszustand 3 mit $\dot{h} = 0$, $n = 0$, $\dot{m} > 0$ nach Gl. (3.4-13) stets erfüllt ist. Die Grenzbelastung dieses Zustands ist dadurch gekennzeichnet, daß an einer oder beiden Stellen $\xi = 0$ und $\xi = 1/2$ der Querschnitt vollplastiziert wird. Es können dann Knickwinkel an diesen Stellen in der Biegelinie auftreten (siehe die Beispiele in den Abschnitten 3.3.3 und 6.4). Falls nur ein Querschnitt voll plastiziert wird, ist also eine weitere Berechnungsstufe d) erforderlich: Die Differentialgleichung ist wieder in fünf Bereichen zu integrieren, es sind aber jetzt nur noch zwei Lagerreaktionen unbekannt, weil das System statisch bestimmt ist, dafür entfällt eine Rand- oder Übergangsbedingung in w'.

Unabhängig davon, ob die Berechnungsstufe d) erforderlich ist, ist die größte mögliche Belastung des Systems, die **plastische Grenzlast**, erreicht, wenn an beiden Stellen

$$|M(0)| = |M(\tfrac{1}{2})| = M_{pl} = R_F \, W_{pl} = 1.5 \, R_F \, W_{el} \tag{4.3-5}$$

wird:

$$F_{pl} = 6 \, M_{pl}/L = 9 \, R_F \, W_{el}/L = 27/16 \, F_{el} = 1.69 \, F_{el} \tag{4.3-6}$$

Dieser Endzustand (durchgezogene Linie im Bild 4.6b) kann ohne Kenntnis der bis dahin durchlaufenen Zwischenzustände bestimmt werden, denn für die vier Unbekannten $M(0)$, $Q(0)$, $Q(1)$, F_{pl} stehen zwei Gleichgewichtsbedingungen und die beiden Bedingungen (4.3-5) zur Verfügung. So liefert das Prinzip der virtuellen Arbeiten

$$F \, \delta w - M_{pl} \, \delta\phi - M_{pl} \, 2\delta\phi = 0$$

mit der kinematischen Beziehung $\delta w = \tfrac{1}{2}L \, \delta\phi$ unmittelbar die Gl. (4.3-6).

Die **Tragfähigkeitsreserve** des statisch unbestimmten Systems ist größer als die des statisch bestimmten Systems, die durch den plastischen Formfaktor (hier: $m_{pl} = 1.5$ für den Rechteckquerschnitt) des höchstbelasteten Querschnitts angegeben wird (siehe Beispiel 2 im Abschnitt 3.2.1 oder das Beispiel im Abschnitt 4.2). Der Überlastungsfaktor des statisch unbestimmten Systems setzt sich aus zwei Anteilen zusammen

$$F_{pl} = m_{pl} \, m_u \, F_{el} \tag{4.3-7}$$

wobei m_u der Überlastungsfaktor infolge **Schnittlastenumlagerung** innerhalb des Systems ist (hier: $m_u = 9/8 = 1.13$). Er kann umso größer werden, je höher der Grad der statischen Unbestimmtheit und damit die Zahl der Querschnitte ist, die weitere Belastungen aufnehmen können.

Numerische Verfahren

Schon bei den vorangegangenen einfachen Beispielen der Berechnung von Biegelinien war teilweise die Anwendung numerischer Lösungsverfahren erforderlich. Die Bestimmung von Integrationskonstanten aus einer nichtlinearen Gleichung kann mit den bekannten Verfahren der Nullstellenbestimmung erfolgen. Ist - wie bei statisch bestimmten Systemen - die Momentenlinie bekannt, kann eine nicht mehr geschlossen analytisch integrierbare Differentialgleichung numerisch integriert werden. Erheblich schwieriger wird jedoch die Behandlung statisch unbestimmter Systeme, z. B. Durchlaufträger, weil hier die Momentenlinie erst über die Verformungen unter Einführung zusätzlicher geometrischer Zwangsbedingungen bestimmbar ist. Weitere Erschwernisse bilden die Behandlung realer Querschnitte (I-Profile) und ggf. verfestigendes Werkstoffverhalten. Die Bestimmung der Biegelinie ist nun immer dann unabdingbar, wenn die tatsächliche Traglast des Systems als Maximum der Last-Verformung-Kurve (Abschnitt 6.5.2) gesucht ist und dabei insbesondere die Verformungen das Tragverhalten beeinflussen, zu der physikalischen Nichtlinearität des Werkstoffs also auch noch eine geometrische Nichtlinearität hinzukommt (Theorie II. Ordnung, Abschnitt 5). In allen diesen Fällen sind meist sogar analytische Teillösungen wegen der hochgradigen Nichtlinearität nicht mehr möglich.

Das Bemühen um numerische Lösungen hat zu einer Flut von Verfahren geführt, die zunächst auf sehr spezifische Problemstellungen (z. B. Durchlaufträger und Rechteckrahmen) und teilweise einschränkende Annahmen über den Werkstoff (elastisch-idealplastisch) und die Querschnittsform (Rechteck) beschränkt waren. Die rapide steigende Leistungsfähigkeit elektronischer Rechenanlagen hat jedoch in jüngster Zeit die Behandlung immer komplexerer Systeme möglich gemacht.

OXFORT [1961] bestimmte für den symmetrischen Dreifeldträger mit konstantem Rechteckquerschnitt unter mittiger Querlast und Längsdruckkraft Traglastkurven noch auf graphischem Wege aus den Kurvenscharen, die numerisch aus den Momenten-Biegewinkel-Funktionen unter Variation der System- und Materialparameter errechnet wurden. WAGEMANN [1968] und BEER & SCHULZ [1969] entwickelten für axial gedrückte Träger iterative Verfahren, bei denen die Verformungen unter einer vorgegebenen Last zunächst vorgeschätzt und über die Gleichgewichts- und Fließbedingungen schrittweise verbessert werden. Unter Steigerung der Belastung wird dann die Traglast aus dem Scheitelpunkt der Last-Vorformung-Kurve, in dessen Nähe die Iteration divergiert, ermittelt. Während WAGEMANN eine vereinfachte Biegemoment-Krümmung-Beziehung nach JEZEK [1937]* als Ausgangspunkt für die numerische Integration der Biegelinie verwendet, werten BEER & SCHULZ die Äquivalenzbeziehungen (3.1-9) und (3.1-10) zwischen Normalspannungen und Schnittlasten für beliebige Profilquerschnitte durch Rasterung der Querschnittsfläche aus und können damit auch Eigenspannungsverteilungen und die Fließgrenzenstreuung im Querschnitt (Bilder 1.1 und 2.12) berücksichtigen.

Die Plastizierung der Balkenquerschnitte wird von den verschiedenen Autoren in sehr unterschiedlicher Weise modelliert. So verwenden BURTH [1969] und HERRMANN [1982] die Fließgelenkhypothese (Abschnitt 6.4), bei der zwar die Normalkraft über die Kinematik und die Abminderung des vollplastischen Momentes nach der Interaktionsbeziehung berücksichtigt wird (Bild 6.6b), aber die räumliche Ausdehnung der plastischen Zonen sowohl im Querschnitt als auch in Richtung der Balkenachse außer acht bleiben. KLÖPPEL & UHLMANN [1968] ermitteln den Steifigkeitsverlauf in Abhängigkeit der Plastizierungstiefe an äquidistanten Stützstellen. YAMADA et al. [1970] vereinfachen den I-Querschnitt durch Modelle, bei denen Steg und Flansche durch "Punkte" endlicher Fläche mit konstanter Spannung ersetzt werden. In dem auf I-Profile erweiterten isoparametrischen Stabelement des FE-Programms ADINA berechnen BOCK et al. [1989] die Spannungen in 13 NEWTON-COTES-Integrations-

punkten über den Querschnitt und können damit die plastizierten Zonen recht genau ab-
bilden.

Ein grundlegendes numerisches Lösungsprinzip für nichtlineare Randwertprobleme ist die
"Finitisierung" des Tragwerks (Abschnitt 6.1), d. h. seine Zerlegung in eine Anzahl von Elementen, für die die Randschnittlast-Randverschiebung-Beziehungen wenigstens näherungsweise, z. B. durch Linearisierung der Geometrie, bekannt sind. Über die Gleichgewichtsbedingungen für die Element-Randschnittlasten am System oder ersatzweise das Prinzip der
virtuellen Arbeiten wird ein nichtlineares algebraisches Gleichungssystem aufgebaut, das mit
bekannten Verfahren, z. B. nach NEWTON und RAPHSON iterativ gelöst werden kann. Hierzu gehören Verfahren der Übertragungsmatrizen ebenso wie die universelle Methode der
finiten Elemente (FE), siehe z. B. BATHE [1986]*. BALLIO, PETRINI & URBANO [1973]
haben das Problem druckbelasteter Einzelstäbe über ein finites Modell starrer Stabelemente
mit zwischengelagerten "Elementarzellen", in denen Axial- und Biegenachgiebigkeit konzentriert sind, behandelt und m-n-Interaktionskurven für verschiedene Querschnitte und Randbedingungen auch unter Berücksichtigung von Eigenspannungen bestimmt (Bild 5.5).
KLÖPPEL & UHLMANN [1968] verwendeten ein Übertragungsmatrizenverfahren zur Behandlung von Rahmen, bei dem die Einzelstäbe in äquidistante Abschnitte geteilt werden. In
Erweiterung eines Programmsystems von SCHRADER [1969] zur Behandlung von nichtlinearen mechanischen Systemen hat BURTH [1969] Traglasten und Stabilität ebener
Rahmentragwerke bei Berücksichtigung von großen Verschiebungen und Schnittlastenumlagerungen berechnet. KNOTHE & HERRMANN [1982] und HERRMANN [1983] entwickelten
ein gemischt hybrides FE-Verfahren zur geometrisch und physikalisch nichtlinearen Behandlung von ebenen Rahmentragwerken. Während die Verfahren von BURTH und HERRMANN
inkrementell arbeiten, haben VOGEL & MAIER [1987] ein Stabelement auf der Grundlage der
Deformationstheorie von HENCKY [1924] (Abschnitt 10.5) entwickelt, das zusätzlich zu
Biege- und Normalbeanspruchung auch die Schubweichheit berücksichtigt. Auch kommer-
zielle FE-Programme wie ADINA enthalten Stabelemente für elastisch-plastisches Stoffverhalten und einfache Querschnitte, vgl. BATHE & BOLOURCHI [1979], und erlauben damit die
Behandlung beliebiger, auch räumlicher Rahmensysteme bei großen Deformationen. Um
diese Möglichkeiten auch für baupraktisch relevante Probleme nutzbar zu machen, haben
BOCK et al. [1989] dieses Stabelement auf I-Profile erweitert.

Die Vielzahl der numerischen Verfahren und Programmsysteme, über die hier nur ein sehr
grober Überblick gegeben werden konnte, werfen das Problem auf, wie die damit erzielten
Ergebnisse auf ihre Richtigkeit überprüft werden können. Hierzu hat VOGEL [1985] Testbei-
spiele für Rahmentragwerke vorgeschlagen, an denen die verschiedenen Verfahren validiert
werden können.

5.   Der gerade Stab: Biegung mit Längskraft nach Theorie 2. Ordnung

Längskräfte beeinflußen die Tragfähigkeit eines Stabes[1] aus drei Gründen:

a) Das plastische Grenzmoment des Stabquerschnitts wird auch bei unveränderter Geometrie (Theorie 1. Ordnung) herabgesetzt (vgl. die Interaktionskurven in Abschnitt 3.3.4).

b) Bei Berücksichtigung der Verformungen des Stabes (Theorie 2. Ordnung) entstehen zusätzliche Biegemomente, die die vorhandenen Biegemomente bei einer Zugkraft vermindern und bei einer Druckkraft vergrößern.

c) Bei einer Druckkraft kann das Gleichgewicht instabil werden.

In diesem Abschnitt werden die unter b) und c) genannten **Einflüsse der Verformungen auf die Tragfähigkeit des gedrückten Stabes** untersucht, wobei die Verformungen als klein angenommen, d. h. nach einer linearisierten Theorie berechnet werden.

Die vorliegende Problemstellung erfordert eine Änderung der bisherigen Betrachtungsweise: Nach der **Theorie 1. Ordnung** (Abschnitt 3.3) werden lediglich physikalische Nichtlinearitäten (des Materials) in Betracht gezogen, und die daraus hergeleiteten Interaktionskurven beziehen sich infolgedessen auf einen **Querschnitt infinitesimaler Dicke** an einer beliebigen Stelle eines Balkens. Will man dagegen den Einfluß von Veränderungen der geometrischen Struktur auf die Tragfähigkeit eines Bauteils oder Tragwerks untersuchen, so setzt dies die Einbeziehung der geometrischen Konfiguration voraus. **Theorie 2. Ordnung** kann also nur an einem **Bauteil endlicher Größe** oder am Tragwerk als Ganzem betrieben werden.

Die folgenden Betrachtungen beschränken sich, um mit möglichst einfachem mathematischen Aufwand das Grundsätzliche zu zeigen, auf den Instabilitätsfall **Biegeknicken**, bei dem Biegeverformungen nur in einer Ebene senkrecht zu einer Symmetrieachse des Querschnitts auftreten. Die Instabilitätsfälle des Stabes, die mit Verdrehungen des Querschnitts verbunden sind, sind damit ausgeschlossen: Biegedrillknicken, Drillknicken und Kippen. Nicht behandelt werden Kriterien für die Stabilität von Gleichgewichtslagen, dafür sei auf die Standardwerke, z. B. von BÜRGERMEISTER et al. [1966]* und PETERSEN [1982]*, verwiesen.

Als typisches Beispiel für ein Bauteil werde im folgenden ein durch Momente, Normal- und Querkräfte an beiden Enden belasteter **gerader Stab** der Länge L untersucht, der Teil eines **Tragwerkes** sein kann. Es gelten die idealisierenden Voraussetzungen
- homogener und isotroper Werkstoff
- eigenspannungsfreier Ausgangszustand
- idealgerade Stabachse,
- und bei mittigem Druck: Idealzentrische Krafteinleitung.

Bild 5.1 zeigt den freigeschnittenen Stab, an dessen linkem ($\xi = 0$) bzw. rechtem ($\xi = 1$) Rand die Biegemomente M_o bzw. M_1 wirken, während aus Gleichgewichtsgründen Querkraft und Normalkraft[2] links und rechts gleich sind:

---

[1] Wie in der Stabilitätstheorie üblich, wird die Bezeichnung Stab anstelle von Balken im folgenden auch dann benutzt, wenn als Schnittgrößen Längskräfte und Biegemomente auftreten.

[2] Abweichend von der bisher verwendeten Vorzeichenkonvention werden im Abschnitt 5 Normalkräfte als Druckkräfte positiv definiert.

$$Q_o = Q_1 = Q_z = \frac{1}{L}(M_1 - M_o) = \frac{M_o}{L}(\mu - 1)$$

$$N_o = N_1 = N > 0 \quad \text{für Druck} \tag{5.1-1}$$

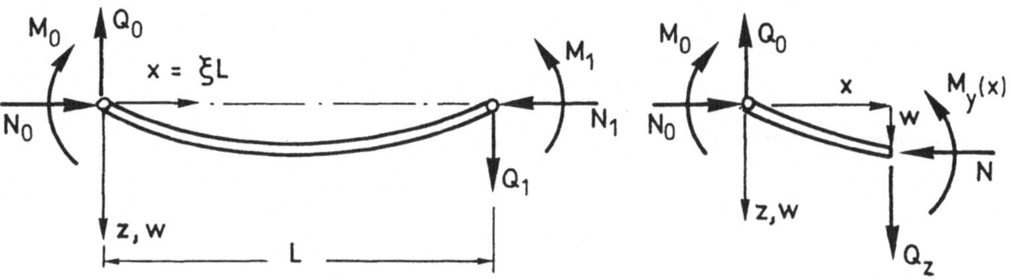

Bild 5.1: Durch Momente, Quer- und Normalkräfte belasteter Stab

Zur Abkürzung werden die bezogenen Schnittgrößen n, m und das Verhältnis der Stabendmomente μ eingeführt

$$n = \frac{N}{N_{el}} = \frac{N}{R_F A}, \qquad m = \frac{M_y}{M_{el}} = \frac{M_y}{R_F W_{el}}, \qquad \mu = \frac{M_1}{M_o} = \frac{m_1}{m_o}$$

sowie der Schlankheitsgrad λ, der Grenzschlankheitsgrad λ_F, der bezogene Schlankheitsgrad $\bar\lambda$ und die Stabkennzahl ε

$$\lambda = \frac{L}{i_y} = L\sqrt{\frac{A}{I_y}}, \quad \lambda_F = \pi\sqrt{\frac{E}{R_F}}, \quad \bar\lambda = \frac{\lambda}{\lambda_F}, \quad \varepsilon = L\sqrt{\frac{N}{E I_y}} = \pi\,\bar\lambda\,\sqrt{n}.$$

Die Gleichgewichtsbedingungen für den an einer beliebigen Stelle $x = \xi\,L$ geschnittenen verformten Stabes liefern

$$M_y(x) = Q_z x + M_o + N w(x). \tag{5.1-2}$$

5.1   Der Stab aus elastischem Werkstoff

Nach Art der Belastung sind zwei Fälle zu unterscheiden
1. Außermittiger Druck: Mindestens ein Stabendmoment ist von Null verschieden
2. Mittiger Druck: Beide Stabendmomente verschwinden.

5.1.1 Außermittiger Druck

Mit der Differentialgleichung (4.1-4) der Biegelinie für elastisches Verhalten erhält man aus
Gl. (5.1-2)

$$w''(\xi) + \kappa^2 w(\xi) = \frac{M_o}{E\,I_y}\,[(1-\mu)\,\xi - 1] \tag{5.1-3}$$

$$\text{mit} \quad \kappa = \sqrt{\frac{N}{E\,I_y}} = \frac{\pi}{L}\,\bar{\lambda}\,\sqrt{n} = \varepsilon/L$$

Die Integration der DGl. (5.1-3) mit den Randbedingungen

$$w(0) = w(1) = 0$$

liefert die Biegelinie

$$w(\xi) = \frac{m_o}{n}\,\frac{W_{el}}{A}\left[(1-\mu)\,\xi - 1 + \cos(\pi\bar{\lambda}\sqrt{n}\,\xi) - \frac{\cos(\pi\bar{\lambda}\sqrt{n}) - \mu}{\sin(\pi\bar{\lambda}\sqrt{n})}\,\sin(\pi\bar{\lambda}\sqrt{n}\,\xi)\right] \tag{5.1-4}$$

Einsetzen von Gl. (5.1-4) in Gl. (5.1-1) liefert den Verlauf des Biegemomentes nach der
Theorie 2. Ordnung

$$M(\xi) = m_o\,R_F\,W_{el}\left[\cos(\pi\bar{\lambda}\sqrt{n}\,\xi) - \frac{\cos(\pi\bar{\lambda}\sqrt{n}) - \mu}{\sin(\pi\bar{\lambda}\sqrt{n})}\,\sin(\pi\bar{\lambda}\sqrt{n}\,\xi)\right] \tag{5.1-5}$$

Die größte Spannung wird für $n > 0$ und $m_o > 0$ am oberen Querschnittsrand erreicht

$$\sigma_{max}(\xi) = |\sigma_o(\xi)| = \frac{N}{A} + \frac{M_y(\xi)}{W_{el}}$$

$$= R_F\left\{n + m_o\left[\cos(\pi\bar{\lambda}\sqrt{n}\,\xi) - \frac{\cos(\pi\bar{\lambda}\sqrt{n}) - \mu}{\sin(\pi\bar{\lambda}\sqrt{n})}\,\sin(\pi\bar{\lambda}\sqrt{n}\,\xi)\right]\right\} \tag{5.1-6}$$

Die höchstbelastete Stelle im Stab $0 \leqq \xi \leqq 1$ erhält man aus der Bedingung

$$\left.\frac{d\sigma_o(\xi)}{d\xi}\right|_{\xi} = 0$$

zu

$$\xi = \frac{1}{\pi\bar{\lambda}\sqrt{n}}\,\arctan\frac{\mu - \cos(\pi\bar{\lambda}\sqrt{n})}{\sin(\pi\bar{\lambda}\sqrt{n})} \tag{5.1-7}$$

Die **elastische Grenze** wird erreicht, wenn $\sigma_o(\xi) = R_F$ ist. Damit folgt als **Interaktionsbeziehung für den elastischen Grenzzustand** ($m_o > 0, n > 0$)

$$n + m_o \left[\cos(\pi\bar\lambda\sqrt{n}\ \xi) - \frac{\cos(\pi\bar\lambda\sqrt{n}) - \mu}{\sin(\pi\bar\lambda\sqrt{n})}\ \sin(\pi\bar\lambda\sqrt{n}\ \xi) \right] = 1 \qquad (5.1\text{-}8)$$

Die Interaktionskurven für die beiden Belastungsfälle

(1) $\underline{M_o = M \quad \text{und} \quad M_1 = 0, \quad \text{d. h.} \quad \mu = 0}$

$$\xi = 1 - \frac{1}{2\,\bar\lambda\,\sqrt{n}}$$

$$m = m_o = (1 - n)\ \sin(\pi\bar\lambda\sqrt{n})\ , \qquad (5.1\text{-}9)$$

(2) $\underline{M_o = M_1 = M, \quad \text{d. h.} \quad \mu = 1}$

$$\xi = \tfrac{1}{2}$$

$$m = m_o = m_1 = (1 - n)\ \cos(\tfrac{1}{2}\pi\bar\lambda\sqrt{n}) \qquad (5.1\text{-}10)$$

sind in den Bildern 5.2a,b mit R_F = 320 MPa, E = 210000 MPa, also λ_F = 78, für verschiedene Stabschlankheiten λ dargestellt, sie sind unabhängig von der Querschnittsform. Der Grenzwert $\lambda = 0$ führt auf die Interaktionskurve des Querschnitts, Gl. (3.3-5) und Bild 3.17. Die Abminderung der elastischen Grenzlast durch Berücksichtigung der geometrischen Nichtlinearität nach der Theorie 2. Ordnung ist insbesondere im Fall $\mu = 1$ schon bei kleinen Normalkräften bemerkenswert. Zur Veranschaulichung: Eine Schlankheit von $\lambda = 80$ bedeutet für einen IPB100 eine Balkenlänge von 3.33 m.

Die **größte Durchbiegung** $w_m = w(\tfrac{1}{2})$ des Stabes ergibt sich im Falle $\mu = 1$ bei Annahme eines **Rechteckquerschnitts** zu

$$\frac{w_m}{h} = \frac{m}{6\,n} \left[1 - \frac{1}{\cos(\tfrac{1}{2}\pi\bar\lambda\sqrt{n})} \right] \qquad (5.1\text{-}11)$$

mit der Gültigkeitsgrenze für elastische Zustände nach Gl. (5.1-10)

$$\frac{w_m}{h} \leqslant \frac{1 - n}{6\,n}\ [1 - \cos(\tfrac{1}{2}\pi\bar\lambda\sqrt{n})] \qquad (5.1\text{-}12)$$

Die Last-Verformung-Kurven $n(w_m/h)$ eines Stabes mit Rechteckquerschnitt der Schlankheit $\lambda = 80$ für verschiedene Momente m sind im Bild 5.3 dargestellt. Alle Kurven laufen theoretisch für $w_m \to \infty$ gegen denselben Grenzwert, der durch die EULERsche Knicklast n_{Ki} bestimmt ist. Tatsächlich kann der Grenzwert nicht erreicht werden, weil die Randspannung vorher die Fließspannung erreicht (in Bild 5.3 durch o gekennzeichnet), also die Gültigkeitsgrenze nach Gl. (5.1-12) verletzt wird.

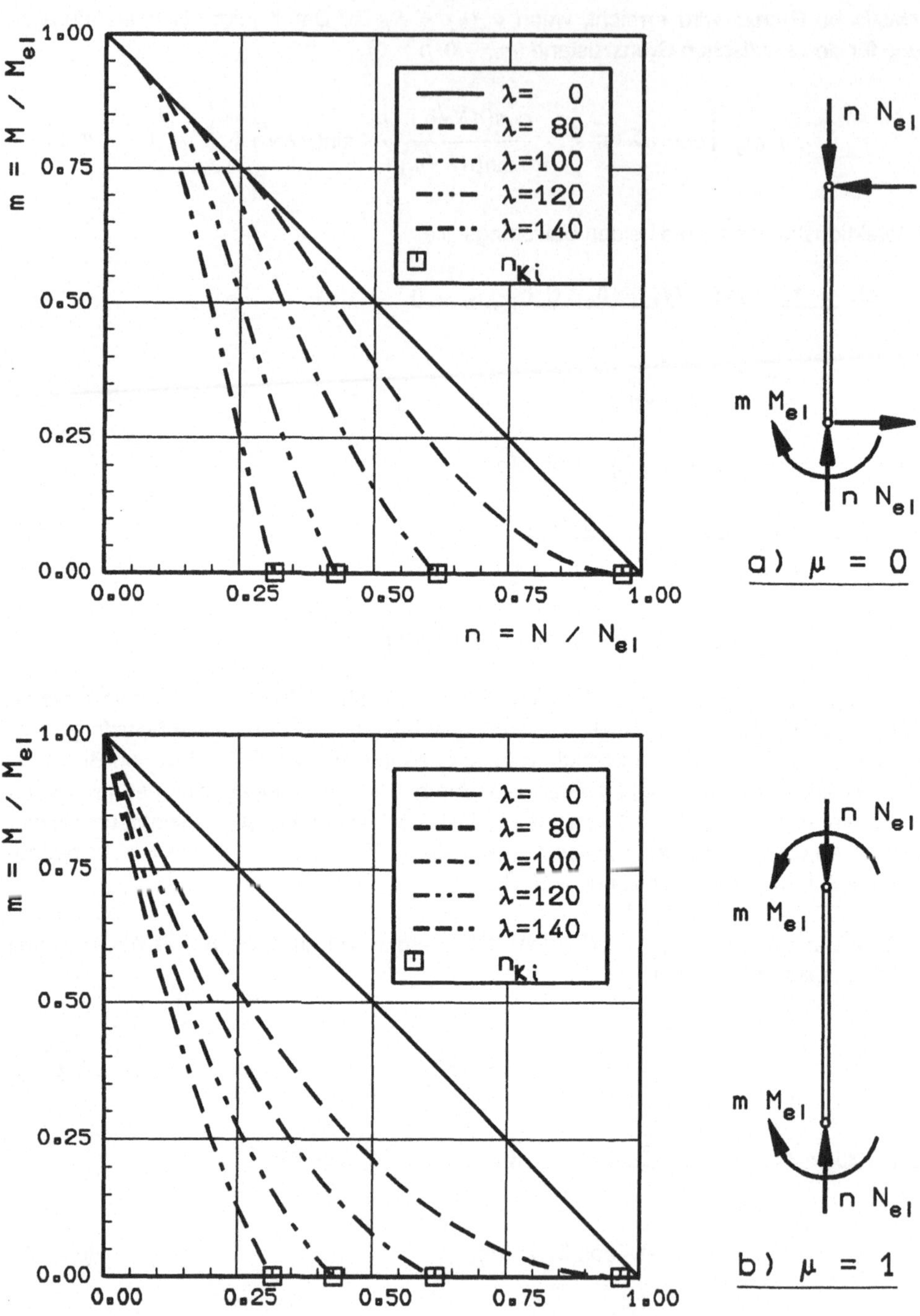

Bild 5.2: *Interaktionskurven für die elastische Grenzlast biege-druckbelasteter Stäbe nach Theorie 2. Ordnung, Rechteckquerschnitt*
   a) Moment an einem Stabende: μ = 0,
   b) gleiches Moment an beiden Stabenden: μ = 1

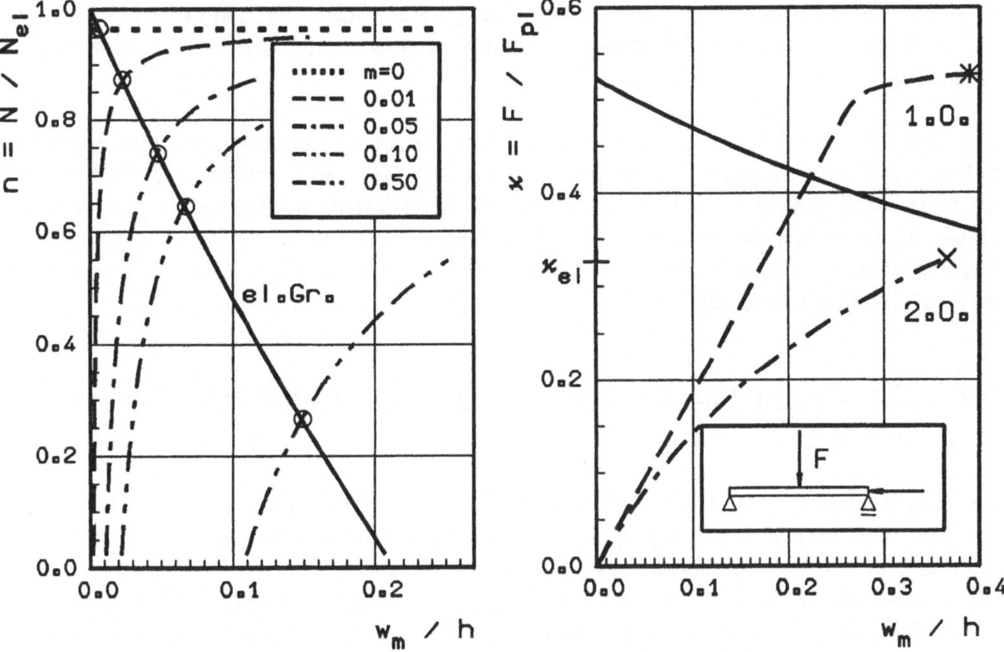

Bild 5.3: Last-Durchbiegung-Kurven für
Biege- und Druckbelastung nach
Theorie 2. Ordnung, Rechteckquer-
schnitt, μ = 1 (Bild 5.2b)

Bild 5.4: Last-Durchbiegung-Kurven für einen
Einfeldträger unter mittiger Einzellast mit Längs-
belastung nach Theorie 1. und 2. Ordnung,
IPB 200 (BOCK et al. [1989])

5.1.2 Mittiger Druck

Die Gleichung (5.1-4) nimmt einen unendlichen Wert an, wenn der Nenner des letzten Terms
verschwindet, d. h. wenn $\lambda \sqrt{n}$ = 1, also die (Druck-)Normalkraft

$$N_{Ki} = n_{Ki}\, N_{el} = \frac{\pi^2 E\, I_y}{L^2} \qquad\qquad (5.1\text{-}13)$$

wird. N_{Ki} ist die **EULERsche Knicklast**; sie stellt mathematisch gesehen den kleinsten Eigenwert des homogenen Randwertproblems $(M_o = M_1 = 0)$ dar. Wegen der Nebenbedingung
für elastisch-plastischen Werkstoff

$$N \leqq N_{el} = R_F\, A \qquad\qquad \text{oder} \qquad\qquad n \leqq 1$$

kann die EULER-Last überhaupt nur für Schlankheiten

$$\lambda = L\, \sqrt{\frac{A}{I_y}} \geqq \lambda_F = \pi\, \sqrt{\frac{E}{R_F}} \qquad\qquad (5.1\text{-}14)$$

erreicht werden. Für $\lambda < \lambda_F$ versagt der mittig gedrückte Stab theoretisch durch vollständige Plastizierung, tatsächlich kann die vollständige Plastizierung wegen der immer vorhandenen Abweichungen von den idealisierenden Voraussetzungen nur für sehr kurze Stäbe (Würfel) eintreten.

Die Last-Verformung-Kurve des mittig gedrückten Stabes besteht nach der hier angewendeten linearisierten Theorie 2. Ordnung aus zwei Geraden (Bild 5.3 für $m = 0$): Für $n < n_{Ki}$ bleibt der Stab gerade, für $n = n_{Ki}$ tritt eine indifferente Gleichgewichtslage ein, in der unbeschränkte Verformungen in beiden Richtungen $w > 0$ und $w < 0$ möglich sind (Gleichgewichtsverzweigung). Der Stab erreicht also mit der EULERschen Knicklast auch die **Traglast** und die **elastische Grenzlast.**

5.2   Der außermittig gedrückte Stab aus elastisch-plastischem Werkstoff

Die Tragfähigkeit des außermittig gedrückten Stabes ist mit dem Erreichen der Fließspannung am Querschnittsrand nicht erschöpft. Erst mit zunehmender Plastizierung an einem oder beiden Querschnittsrändern und kleiner werdendem elastischen Restquerschnitt wird die Traglast als Maximum der Last-Verformung-Kurve erreicht. Dieses gilt für Stäbe aus elastisch-idealplastischem und aus elastisch-verfestigendem Werkstoff. Zur Berechnung der Verformungen sind die Gleichungen (3.9) und (3.10) entsprechend der Vorgehensweise in den Abschnitten 3.3.1 und 4.2 für die Spannungszustände 1 bis 3 bereichsweise für den Stab auszuwerten. Das wird hier für den Stab mit Rechteckquerschnitt aus elastisch-idealplastischem Werkstoff gezeigt.

5.2.1 Berechnungsgrundlagen

Bereich 1: Die Querschnitte sind voll elastisch (Spannungszustand 1), und es gilt die Differentialgleichung (4.1-4) der elastischen Linie. Die Rechnung für diesen Teilbereich des Trägers erfolgt wie im Abschnitt 5.1.

Bereich 2: Die Querschnitte sind auf der Biege-Druckseite $z_o \leq z \leq \zeta_o$ plastiziert. Die Äquivalenzbeziehungen in diesem Teilbereich werden analog der Vorgehensweise im Abschnitt 3.3.1 für den Spannungszustand 2 unter Beachtung der geänderten Vorzeichendefinition $N > 0$ und $\sigma > 0$ für Druck aufgestellt sowie die Gleichgewichtsbedingung (5.1-1) und die Differentialgleichung der elastisch-plastischen Biegelinie nach Gl. (4.1-6) angesetzt. Man erhält das nichtlineare Differentialgleichungssystem

$$M_o \left[1 + (\mu - 1)\, \xi\right] + N\, w = -w''\, f_3\, (z_N,\, \zeta_o) - f_4\, (\zeta_o)$$

$$N = w''\, f_1\, (z_N,\, \zeta_o) + f_2\, (\zeta_o) \qquad\qquad (5.2\text{-}1)$$

$$R_F = w''\, E\, (\zeta_o - z_N)$$

für die drei unbekannten Funktionen $z_N(\xi)$, $\zeta_o(\xi)$ und $w(\xi)$ mit den Abkürzungen

$$f_1(z_N, \zeta_o) = \frac{Eb}{2}\left[\left[\frac{h}{2}\right]^2 - \zeta_o^2 - 2z_N\left[\frac{h}{2} - \zeta_o\right]\right]$$

$$f_2(\zeta_o) = b\,R_F\left[\frac{h}{2} + \zeta_o\right]$$

$$f_3(z_N, \zeta_o) = \frac{Eb}{6}\left[2\left[\left[\frac{h}{2}\right]^3 - \zeta_o^3\right] - 3z_N\left[\left[\frac{h}{2}\right]^2 - \zeta_o^2\right]\right]$$

$$f_4(\zeta_o) = \frac{bR_F}{2}\left[\zeta_o^2 - \left[\frac{h}{2}\right]^2\right]$$

(5.2-2)

Bereich 3: Die Querschnitte sind an der Ober- und Unterseite $z_o \leqslant z \leqslant \zeta_o$, $\zeta_u \leqslant z \leqslant z_u$ plastiziert (Spannungszustand 3). Auch hier gilt die DGl. (4.1-6). Die Rechnung erfolgt mit den entsprechend angesetzten Äquivalenzbeziehungen wie beim Spannungszustand 2 und führt ebenfalls auf ein nichtlineares Differentialgleichungssystem für die vier unbekannten Funktionen $z_N(\xi)$, $\zeta_o(\xi)$, $\zeta_u(\xi)$ und $w(\xi)$.

Die Integration der Biegedifferentialgleichung für den gesamten Balken ($0 \leqslant \xi \leqslant 1$) erfolgt wiederum bereichsweise in den Teilbereichen des Balkens, die den Zuständen 1, 2 und 3 zuzuordnen sind. Zur Bestimmung der Integrationskonstanten werden die Rand- und Übergangsbedingungen herangezogen.

Der **Spannungszustand 4**, d. h. die vollständige Plastizierung eines Querschnitts als Grenzfall vom Zustand 3, der zur plastischen Grenzlast des Balkens nach der Theorie 1. Ordnung gehört, wird nach der Theorie 2. Ordnung **nicht erreicht**, da mit abnehmendem elastischen Restquerschnitt die Last-Verformung-Kurve ein Maximum (Instabilitätspunkt) durchläuft, siehe Bild 5.7. Die **Traglast**, also die höchste im stabilen Gleichgewicht getragene Belastung, ist deshalb für Schlankheiten $\lambda > 0$ bei Berücksichtigung der Verformungen nicht mit der Ausbildung eines "Fließgelenkes" verbunden.

Schließlich ist zu überprüfen, ob während des Belastungsvorgangs **Entlastungen** plastisch gedehnter Fasern auftreten. Hierzu können die in Abschnitt 3.4.2 hergeleiteten Bedingungen Gln. (3.4-9) und (3.4-10) benutzt werden sowie die Gln. (3.4-11) bis (3.4-14) für den Rechteckquerschnitt, die entsprechend dem geänderten Vorzeichen der Normalkraft zu modifizieren sind. Die Prüfung z. B. für den exzentrisch gedrückten Stab mit derselben Exzentrizität an beiden Stabenden ($\mu = 1$) ergibt für idealplastischen Werkstoff, daß für $\dot{n} > 0$ keine Entlastungen auftreten. Dagegen können bei derselben Belastung für verfestigenden Werkstoff bei kleinen Exzentrizitäten und bei mittigem Druck Entlastungen auftreten.

5.2.2 Ergebnisse

Da die auftretenden Differentialgleichungssysteme nichtlinear sind, ist eine Lösung nur auf numerischem Wege möglich (vgl. Abschnitt 4.3). Als Beispiel sind im Bild 5.4 die Last-

Durchbiegung-Kurven nach Theorie 1. und 2. Ordnung für einen Einfeldträger IPB 200 der Länge L = 1 m aus elastisch-idealplastischem Werkstoff unter mittiger Einzellast $F = \kappa F_{pl}$ und einer Längskraft $H = N = \kappa N_{pl}$ verglichen. F_{pl} bezeichnet die plastische Grenzlast des Trägers ohne Längskraft, und $N_{pl} = R_F A$ ist die vollplastische Normalkraft. Die Rechnungen wurden mit dem Finite-Elemente-Programm ADINA (BATHE [1984]) unter Verwendung eines speziellen elastisch-plastischen Balkenelementes (BEAM) durchgeführt (BOCK et al. [1989]). Die Normalkraft bewirkt nach der Theorie 1. Ordnung eine Abminderung des vollplastischen Momentes und damit der plastischen Grenzlast entsprechend der Interaktionsbeziehung Gl. (3.5-12) auf $\bar{m}(n) = \kappa_{pl,N} = n = 0.53$. Nach der Theorie 2. Ordnung erhält man eine von Anfang an nichtlineare Last-Durchbiegung-Kurve mit einem Höchst-Lastfaktor κ_{max} = 0,33, der wenig über dem elastischen Grenzlastfaktor κ_{el} = 0,325 liegt, bei dem die Plastizierung im Druckgurt beginnt. Oberhalb des Höchst-Lastfaktors konvergiert die Rechnung nicht mehr, er ist damit eine untere Grenze für den Traglastfaktor. Eine obere Grenze kann mit der Fließgelenktheorie 2. Ordnung (siehe Abschnitt 6.5.4) und den fiktiven elastischen Durchbiegungen des Trägers zu κ = 0,35 bestimmt werden.

Das Ergebnis der Auswertung ist also eine Last-Durchbiegung-Kurve (vgl. Bild 5.7), deren Maximum die Traglast des Stabes liefert, also ein Wertepaar m_T, n_T. Um die Ergebnisse für Stäbe mit unterschiedlicher Schlankheit darzustellen, können punktweise Interaktionskurven m_T (n_T) für verschiedene Werte von λ als Parameter erstellt werden, die für einen Querschnitt und einen Belastungsfall gelten. Solche Interaktionskurven haben GALAMBOS & KETTER [1959] für handelsübliche Breitflanschprofile mit profiltypischer Eigenspannungsverteilung unter Voraussetzung einer elastisch-idealplastischen Werkstoffkennlinie erstellt. Als Beispiel zeigen die Bilder 5.5a,b die Interaktionskurven für einen Stab mit I-Profil, ebenfalls aus elastisch-idealplastischem Werkstoff, mit gleichen Endmomenten (μ = 1) unter Berücksichtigung einer Eigenspannungsverteilung und einer Vorkrümmung nach BALLIO et al. [1973]. Dabei fällt auf, daß die Interaktionskurven für die Traglast ebenso wie für die elastische Grenzlast (Bilder 5.2a,b) eines endlichen Balkens nach der Theorie 2. Ordnung im Gegensatz zu den elastischen und plastischen Grenzkurven eines Querschnitts (Abschnitt 3.3.4) nicht mehr konvex sind. Wegen des großen Berechnungsaufwandes wird bei den Untersuchungen das elastisch-idealplastische Werkstoffmodell bevorzugt. Die ersten Ergebnisse für ein realistisches elastisch-verfestigendes Werkstoffverhalten mit LÜDERS-Bereich stammen von CHWALLA [1934].

5.3   Der mittig gedrückte Stab aus verfestigendem Werkstoff

5.3.1 ENGESSER-KÁRMÁNsche Theorie

Ein gerader Stab der Länge L aus linear verfestigendem Werkstoff werde entsprechend Bild 5.6a mit einer Normalkraft $N > R_F A$ gedrückt. Seine Schlankheit sei hinreichend klein, $\lambda < \lambda_F$, so daß ein Versagen durch elastisches Knicken nach EULER ausgeschlossen ist. Gesucht ist eine kritische Last $N_{K,EK}$, für die ggf. eine "benachbarte" Gleichgewichtslage mit $w(x) \neq 0$ existiert. Für eine derart ausgebogene Lage ist die Spannungsverteilung über den Querschnitt (Bild 5.6e)

$$\sigma(x, z) = -\frac{N}{A} + \bar{\sigma}(x, z). \tag{5.3-1}$$

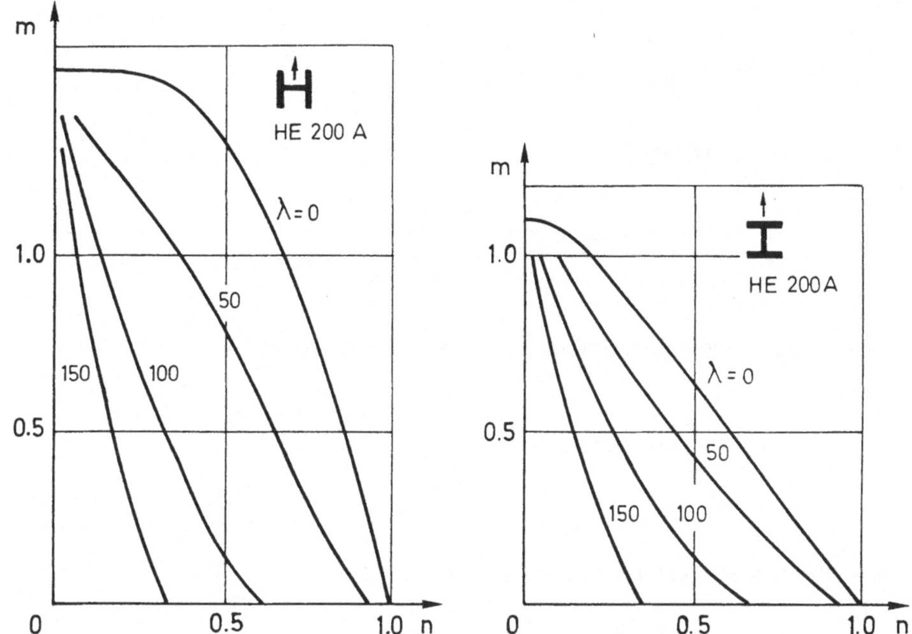

Bild 5.5:   *Interaktionskurven für die plastische Grenzlast biege-druckbelasteter Stäbe nach Theorie 2. Ordnung (BALLIO, PETRINI & URBANO [1973])*
a) I-Profil, Biegung um schwache Achse,
b) I-Profil, Biegung um starke Achse

$\bar{\sigma}(x, z)$ bezeichnet den zusätzlichen Spannungszustand, der durch das Biegemoment infolge N in der ausgebogenen Lage nach der Theorie 2. Ordnung hervorgerufen wird. Nach den Äquivalenzbeziehungen (3.1-9) und (3.1-10) muß hierfür gelten

$$\int\limits_{(A)} \bar{\sigma}(x, z)\, dA = 0 \quad \text{und} \quad \int\limits_{(A)} \bar{\sigma}(x, z)\, z\, dA = M_y(x) = N\, w(x) . \tag{5.3-2}$$

Auf der konvexen Seite (Teilquerschnitt A_1) wird der Stab über die ganze Länge L hierdurch entlastet, so daß das elastische Stoffgesetz gilt

$$\bar{\sigma}(x, z) = E\, \bar{\varepsilon}(x, z) = -E\, (z - z_N)\, w''(x) \quad \text{für} \quad z \geq z_N \tag{5.3-3}$$

während auf der konkaven Seite (Teilquerschnitt A_2) eine weitere Belastung mit

$$\bar{\sigma}(x, z) = T\, \bar{\varepsilon}(x, z) = -T\, (z - z_N)\, w''(x) \quad \text{für} \quad z \leq z_N \tag{5.3-4}$$

erfolgt (vgl. Bild 5.6e). Der Berechnung der Dehnungsverteilung $\bar{\varepsilon}(z)$ wurde die Bernoulli-Hypothese (3.1-1) zugrunde gelegt. Durch Einsetzen der Gln. (5.3-3) und (5.3-4) in die Äquivalenzbeziehung für das Biegemoment nach Gl. (5.3-2) erhält man die Knick-Differential-gleichung

$$w''(x) + \frac{N}{E_r\,I}\,w(x) = 0 \qquad (5.3\text{-}5)$$

mit dem "reduzierten" Modul

$$E_r = \frac{E\,I_{y1} + T\,I_{y2}}{I_y} \; , \qquad (5.3\text{-}6)$$

und den Flächenmomenten 2. Grades der Teilquerschnitte A_1 und A_2

$$I_{y1,2} = \int\limits_{(A1,A2)} (z - z_N)\,z\,dA \qquad (5.3\text{-}7)$$

ist. Für einen Rechteckquerschnitt erhält man z. B.

$$E_r = \frac{4\,E\,T}{(\sqrt{E} + \sqrt{T})^2} \; . \qquad (5.3\text{-}8)$$

Der Eigenwert der DGl. (5.3-5) ist die Knicklast

$$N_{K,EK} = \frac{\pi^2\,E_r\,I_y}{L^2} < N_{Ki} \qquad (5.3\text{-}9)$$

nach ENGESSER und KÁRMÁN, die wegen der Definition des reduzierten Moduls nach Gl. (5.3-8) eine zur EULER-Last N_{Ki} nach Gl. (5.1-5) analoge Form hat. Für nicht-linear verfestigendes Material ist E_r allerdings von der Knickspannung $\sigma_{K,EK} = N_{K,EK}/A$ abhängig, was eine Iterationsrechnung erforderlich macht.

5.3.2 SHANLEYsche Theorie

Der Theorie von ENGESSER-KÁRMÁN liegt die Annahme zugrunde, daß die Gleichgewichtsverzweigung (Knicken) ohne Steigerung der Druckkraft N erfolgt, also (analog der EULER-Theorie) gleichzeitig mit dem Erreichen der Stabilitätsgrenze auftritt.

SHANLEY [1946] hat nun gezeigt, daß auch Gleichgewichtsverzweigungen im plastischen Bereich unter Laststeigerung $N > 0$ möglich sind, wobei die zugehörige Last N_S kleiner als $N_{K,EK}$ ist. Die SHANLEY-Theorie beschreibt also **stabile Gleichgewichtsverzweigungen.**

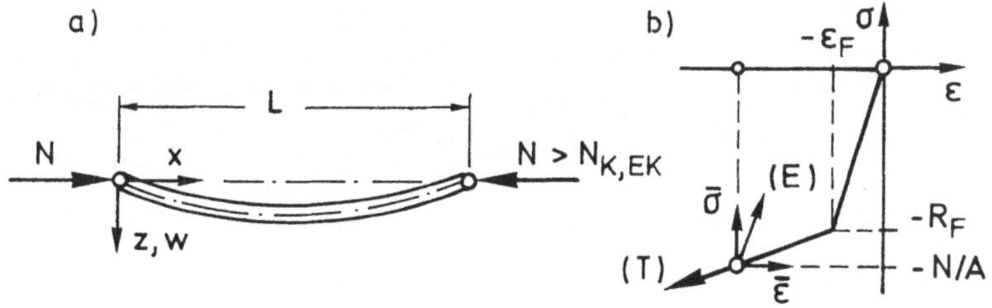

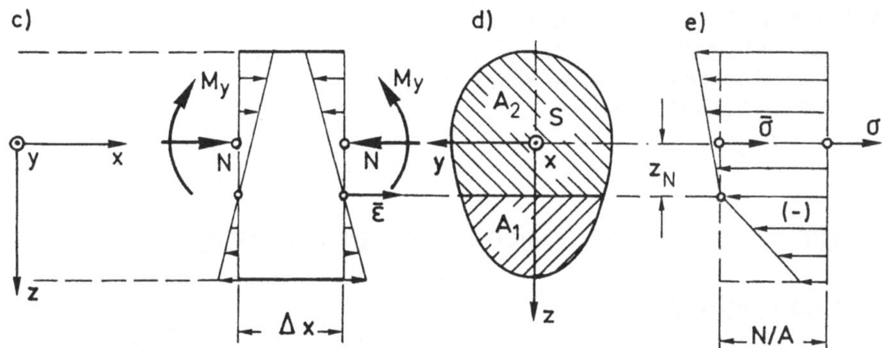

<u>*Bild 5.6:*</u> *Mittig gedrückter Stab aus verfestigendem Werkstoff*
        a) Stab, b) Werkstoff, c) Balkenelement,
        d) Querschnitt, e) Spannungsverteilung

Die kleinste aller möglichen Verzweigungslasten erhält man, wenn auf der konvexen Seite des ausgeknickten Stabes durch entsprechenden Zuwachs ΔN der äußeren Last gerade keine Entlastung auftritt. Dies entspricht der kritischen Last $N_{K,E}$ nach der alten ENGESSER-Theorie von 1889, wo dieser in der EULER-Theorie einfach den Elastizitätsmodul E durch den Tangentenmodul $T(\sigma_{K,E})$ ersetzt und dabei den Entlastungseffekt durch ein Ausknicken ohne Laststeigerung außer acht gelassen hatte

$$N_{K,E} = \frac{\pi^2\, T(\sigma_{K,E})\, I_y}{L^2}\,. \tag{5.3-10}$$

Die größte aller Verzweigungslasten ist die Instabilitätslast nach ENGESSER-KÁRMÁN, Gl. (5.3-5), weil für sie eine Gleichgewichtsverzweigung ohne Laststeigerung möglich ist. Demnach sind nach der Theorie von SHANLEY Gleichgewichtsverzweigungen im ganzen Bereich

$$N_{K,E} \leqslant N_S \leqslant N_{K,EK}\,. \tag{5.3-11}$$

möglich. Die mathematische Herleitung der SHANLEY-Theorie ist recht aufwendig und erfolgt zu Demonstrationszwecken meist am sogen. RYDER-Modell oder am Sandwich-Querschnitt (BÜRGERMEISTER et al. [1966]*, S. 92, (RECKLING [1967]*, S. 325). Hier wird auf die Herleitung verzichtet und nur das qualitative Verhalten im Bild 5.7 wiedergegeben.

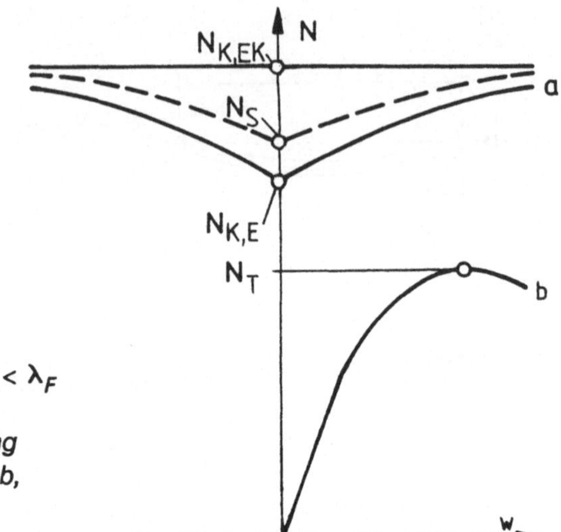

Bild 5.7: *Last-Durchbiegung-Kurven,* $\lambda < \lambda_F$
a) mittig gedrückter Stab,
Gleichgewichtsverzweigung
b) außermittig gedrückter Stab,
Traglast

5.4   Hinweise zu den Tragsicherheitsnachweisen für gedrückte Stäbe

5.4.1 Allgemeines

Biegeknicken und Biegedrillknicken

In den vorangegangenen Abschnitten wurden Verdrehungen der Querschnitte bei der Verformung ausgeschlossen. Diese Trennung der Untersuchung des Biegeknickens von der des Biegedrillknickens ist zur Vereinfachung der Rechnung üblich und auch nach DIN(E) 18800, Teil 2 zulässig, obwohl im Sinn der Traglastkonzeption eigentlich das allgemeine räumliche Versagen der Stäbe erfaßt werden müßte. Die Untersuchung von Biegeknicken ist allein ausreichend, wenn Querschnittsverdrehungen nicht auftreten können, weil das seitliche Ausweichen oder/und die Verdrehung des Stabes durch andere Konstruktionsteile verhindert werden. Bei torsionssteifen Hohlquerschnitten ist Biegedrillknicken vor dem Biegeknicken nahezu ausgeschlossen, und bei planmäßig mittig gedrückten Walzprofilen liegen die Biegedrillknicklasten nur wenig unter den Biegeknicklasten (einteiliger Stab), so daß letztere als gute Näherung der Traglast anzusehen sind (VOGEL & LINDNER [1980]). In diesen Fällen ist nach DIN(E) 18800 die Untersuchung des Biegedrillknickens nicht erforderlich.

Anwendung der Theorie 2. Ordnung

Die Rechnung nach der Theorie 2. Ordnung ist Voraussetzung für die Bestimmung der Traglast, hier der Knicklast. Die Anwendung der Theorie 2. Ordnung ist bei der Berechnung von Stäben und Tragwerken grundsätzlich erforderlich, wenn die Verformungen eine Vergrößerung der Beanspruchungen verursachen. Auf ihre Anwendung darf nach DIN(E) 18800 nur verzichtet werden, wenn der Unterschied zwischen den maßgebenden Biegemomenten nach Theorie 1. und 2. Ordnung nicht größer als 10 % ist. In der Norm sind vier Fälle angegeben, in denen diese Bedingung als erfüllt anzusehen ist, so daß die Rechnung nach der Theorie 2. Ordnung zur Kontrolle der Bedingung nicht in jedem Fall aufgestellt werden muß.

Imperfektionen

Die in den Abschnitten 5.1 bis 5.3 berechneten Traglasten sind nur bedingt für einen Tragsicherheitsnachweis zu gebrauchen, weil sie - im Gegensatz zur Definition der Traglast in Abschnitt 1.3 - unter idealisierenden Voraussetzungen ermittelt wurden. Tatsächlich sind **strukturelle Imperfektionen** wie Werkstoffinhomogenitäten und Eigenspannungen aus dem Herstellungs- und Montageprozeß immer vorhanden (siehe z. B. die Bilder 1.1 und 2.12), ebenso **geometrische Imperfektionen** wie Vorkrümmungen des Stabes und nicht idealzentrische Lasteinleitungen und Lagerungen. Diese Abweichungen führen dazu, daß tatsächlich nur das Instabilitätsproblem des Stabes mit Imperfektionen unter Biegemoment und Längskraft auftreten kann, siehe Abschnitt 5.3 und Bild 5.7. Dieser Sachverhalt wird in der Baustatik durch den Begriff des **planmäßig mittig gedrückten Stabes** erfaßt: Es handelt sich um einen nach der Rechnung - nach Plan - mittig gedrückten Stab mit den nicht gewollten - nicht geplanten -, aber nicht vermeidbaren Imperfektionen.

Da die Imperfektionen im Einzelfall natürlich unbekannt sind, müssen bei der Berechnung experimentell abgesicherte Angaben über Eigenspannungsverteilungen bei gewalzten und geschweißten Querschnitten, über Fließgrenzenstreuungen und Vorkrümmungen benutzt werden (BEER & SCHULZ [1969] und VOGEL et al. [1984]). Zur Vereinfachung der praktischen Berechnung ist es nach DIN(E) 18800 zulässig, alle Imperfektionen pauschal durch vorgegebene **geometrische Ersatzimperfektionen** zu erfassen, die auch durch äquivalente Zusatzbelastungen berücksichtigt werden können. Je nach Art des Tragwerks (verschiebliche - unverschiebliche Knoten, schlanke - gedrungene Stäbe), sind Vorkrümmungen in Form einer quadratischen Parabel oder einer Sinus-Halbwelle oder Vorverdrehungen der geraden Stabsachse um einen Winkel oder beides nach bestimmten Regeln anzusetzen. Die Ersatzimperfektionen brauchen nicht verträglich zu sein. Bei Anwendung der Theorie 1. Ordnung sind für Stäbe, die sich bei Verformung des Tragwerks verdrehen können, nur kleinere geometrische Imperfektionen in Form von Verdrehungen anzusetzen, strukturelle Imperfektionen (Eigenspannungen) sind nicht zu berücksichtigen.

<u>Querschnitte</u>
Bei allen Rechnungen wurde bisher stillschweigend vorausgesetzt, daß die Querschnitte bei der Verformung der Stäbe ihre Form beibehalten. Um das zu gewährleisten und insbesondere das vorzeitige Versagen der Querschnitte durch **Beulen** auszuschließen, müssen bestimmte Forderungen für die Querschnittsabmessungen und für die Verhältnisse von Breite b zur Dicke t der beulgefährdeten Teile eingehalten werden, siehe Abschnitt 8.2.

<u>Stäbe mit unterschiedlichen Lagerungen</u>
In Abschnitt 5.1 wurde die Knicklast des mittig gedrückten, idealen Stabes mit unverschieblichen Gelenken an beiden Stabenden berechnet, Gl. (5.1-13). Es ist zur Vereinfachung der Tragsicherheitsnachweise üblich, die Knicklasten anders gelagerter Stäbe und die kritischen Längskräfte von Stäben in Tragwerken auf diesen Standardfall umzurechnen: Durch Gleichsetzen der kritischen Lasten des gelenkig gelagerten und des anders gelagerten Stabes ergibt sich, wenn für beide Stäbe dieselbe Biegesteifigkeit beibehalten wird, eine fiktive Stablänge s_K . Der Nachweis kann dann für diesen **Ersatzstab** mit der **Knicklänge** s_K geführt werden. Als Beispiel zeigt Bild 5.8 die klassischen vier EULER-Fälle mit den zugehörigen Knicklasten N_{Ki} und den Knicklängen s_K der Ersatzstäbe.

5.4.2 Der planmäßig mittig gedrückte Stab

Es wird der Nachweis für den geraden, einteiligen Stab mit konstantem Querschnitt und konstanter Längskraft über ein Feld als Bauteil besprochen.

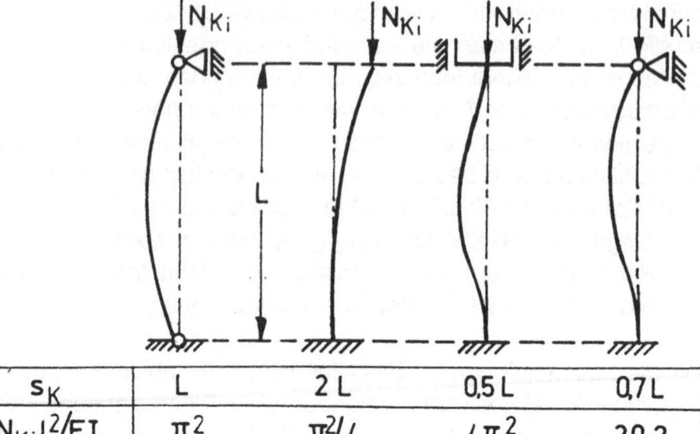

s_K	L	2 L	0,5 L	0,7 L
$N_{Ki}L^2/EI_y$	π^2	$\pi^2/4$	$4\pi^2$	20,2

Bild 5.8: EULER-Fälle

1. Tragsicherheitsnachweis mit den Knickspannungen von EULER, ENGESSER-KÁRMÁN und TETMAJER

Für das Werkstoffverhalten gelte die hyperbolische Approximation nach Gl. (2.4-18) mit der Proportionalitätsgrenze R_o = 0,8 R_F . Für die EULERsche Knicklast nach Gl. (5.1-13) ergeben sich dann die Grenzschlankheitsgrade in Abhängigkeit von der Stahlsorte nach Gl. (5.1-14) zu λ_o = 103,9 für St 37 mit R_F = 240 MPa und λ_o = 84,8 für St 52 mit R_F = 360 MPa. Für Stäbe mit den Schlankheiten $\lambda = s_K/i \geq \lambda_o$ gelten die Knickspannungen

$$\sigma_{Ki} = \frac{N_{Ki}}{A} = \frac{\pi^2 E}{\lambda^2} \quad . \tag{5.4-1}$$

Die graphische Darstellung (Bild 5.9) ist die sogenannte EULER-Hyperbel, sie gilt unabhängig von der Querschnittsform und der Stahlsorte.

Für $\lambda \leq \lambda_o$ gelte die Knicklast nach ENGESSER-KÁRMÁN nach Gl. (5.3-9) mit dem reduzierten Modul für den Rechteckquerschnitt nach Gl. (5.3-8). Es kann gezeigt werden, daß der reduzierte Modul für den Rechteckquerschnitt mit geringem Fehler auch für andere Querschnitte verwendet werden kann (BÜRGERMEISTER et al. [1966]*). Die in Abschnitt 5.3.1 erwähnte Iterationsrechnung wird nicht erforderlich, wenn der Zusammenhang zwischen Schlankheitsgrad λ und Knickspannung σ_K bestimmt wird. Aus den Gleichungen (2.4-18), (5.3-8) und (5.3-9) folgt nach Zwischenrechnung

$$\frac{1}{\lambda^2} = \frac{\sigma_K}{\pi^2 E} \left[\frac{1}{2} + \frac{0,1\,R_F}{\sqrt{(0,2\,R_F)^2 - (\sigma_K - 0,8\,R_F)^2}} \right] \tag{5.4-2}$$

in Abhängigkeit von der Stahlsorte für den Rechteckquerschnitt.

Im Maschinenbau wird anstelle der Knickspannung nach ENGESSER-KÁRMÁN häufig die Knickspannung nach TETMAJER benutzt

$$\sigma_K = a - b\lambda \quad , \qquad R_o \leq \sigma_K \leq R_F \quad , \tag{5.4-3}$$

die auf der Auswertung von zahlreichen Versuchen beruht, die TETMAJER um die Jahrhundertwende durchgeführt hat. Die Koeffizienten der linearen Funktion sind z. B. a = 310 MPa und b = 1,14 MPa für St 37 (DUBBEL [1983]), sie wird durch die Fließspannung R_F begrenzt.

Die Knickspannungen nach EULER, ENGESSER-KÁRMÁN und TETMAJER sind in Bild 5.9 für St 37 dargestellt.

Der Tragsicherheitsnachweis kann in der Form

$$\sigma = \frac{N}{A} \le \frac{\sigma_{Ki}}{y_{Ki}} \quad \text{oder} \quad N \le \frac{N_{Ki}}{y_{Ki}} \qquad \text{für } \lambda \ge \lambda_p$$

$$\sigma = \frac{N}{A} \le \frac{\sigma_K}{y_K} \quad \text{oder} \quad N \le \frac{N_K}{y_K} \qquad \text{für } \lambda \le \lambda_p \tag{5.4-4}$$

mit den Sicherheitsfaktoren y_{Ki} bzw. y_K im elastischen bzw. plastischen Bereich geführt werden. Wegen des hohen Maßes an Idealisierungen, die für die Berechnung der Knicklasten erforderlich sind, müssen die Sicherheitsfaktoren entsprechend groß angesetzt werden. In DUBBEL [1983]*, S. 220, werden für den allgemeinen Maschinenbau für den elastischen Bereich y_{Ki} = 5 ... 10, für den plastischen y_K = 3 ... 8 angegeben, nach DIN 4114 gilt für Stahlbauten im EULER-Bereich ein Sicherheitsfaktor von y_{Ki} = 2,5, allerdings mit der zusätzlichen Absicherung durch einen weiteren Tragsicherheitsnachweis.

2. Tragsicherheitsnachweis nach DIN 4114

Es ist ein doppelter Nachweis vorgeschrieben, erstens gegen Erreichen der EULERschen Knicklast und zweitens gegen Erreichen der Traglast eines außermittig gedrückten Stabes. Zur Berechnung dieser Traglast werden elastisch-idealplastischer Werkstoff, ein aus zwei gleichschenkeligen L-Profilen zusammengesetztes T-Profil sowie eine schlankheitsabhängige Exzentrizität a des Lastangriffspunktes vom Schwerpunkt zur Stegseite hin

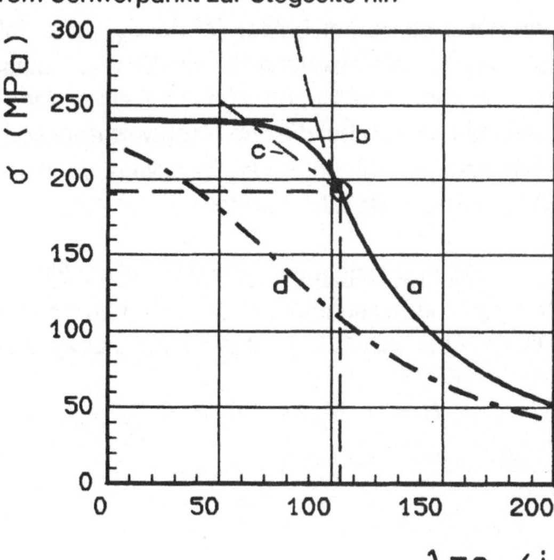

Bild 5.9: *Knickspannungslinien für St 37*
a) EULER   b) ENGESSER-KÁRMÁN
c) TETMAJER
d) außermittig gedrückter Stab

$$a/i = 0,05 + \lambda/500 \tag{5.4-5}$$

zugrunde gelegt. Die Wahl des T-Profils ist dadurch begründet, daß es eine besonders ungünstige Tragfähigkeit aufweist. Für dieses Profil werden die Exzentrizität und näherungsweise für die sogenannten Traglastspannungen σ_{Kr} der zugehörige Schlankheitsgrad λ bestimmt (BÜRGERMEISTER et al. [1966]*, S. 123). Die zugehörige Kurve ist in Bild 5.9 eingetragen, sie liegt - wie zu erwarten - unter den Kurven für den mittig gedrückten Stab.

Der Tragsicherheitsnachweis ist der Doppelnachweis

$$\left. \begin{aligned} \sigma &\leq \frac{\sigma_{Ki}}{y_{Ki}} \qquad \text{mit} \qquad y_{Ki} = 2,5 \\[2ex] \text{und} \quad \sigma &\leq \frac{\sigma_{Kr}}{y_{Kr}} \qquad \text{mit} \qquad \begin{aligned} y_{Kr} &= 1,5 \quad \text{für Hauptlasten} \\ y_{Kr} &= 1,31 \quad \text{für Haupt- und} \\ &\qquad\qquad\quad \text{Zusatzlasten} \end{aligned} \end{aligned} \right\} \tag{5.4-6}$$

Diese Nachweise werden durch das **ω-Verfahren** erleichtert und auf einen Spannungsnachweis zurückgeführt: Mit der zulässigen Spannung $zul\,\sigma_d$ für Druck und Biegedruck des nicht durch Instabilität gefährdeten Stabes ($\lambda = 0$) werden gebildet

$$\omega_{Ki} = \frac{zul\,\sigma_d\;y_{Ki}}{\sigma_{Ki}} \quad \text{und} \quad \omega_{Kr} = \frac{zul\,\sigma_d\;y_{Kr}}{\sigma_{Kr}} \quad .$$

Daraus folgt für den Nachweis einfach

$$\omega\,\sigma = \omega\,\frac{N}{A} \leq zul\,\sigma_d \quad , \tag{5.4-7}$$

wenn der größere der beiden Werte ω_{Ki}, ω_{Kr} mit ω bezeichnet wird. Die Werte $\omega = \omega(\lambda)$ findet man für verschiedene Werkstoffe und Querschnitte in Normen und Handbüchern tabuliert. Die Form des Spannungsnachweises der Gl. (5.4-7) darf nicht darüber hinweg täuschen, daß es sich bei diesem Nachweis ebenso wie bei den beiden vorangegangenen (Gln. (5.4-4) und (5.4-6)) um einen Nachweis im Sinne der Traglastkonzeption nach Gleichung (1.3-3) in Abschnitt 1.3b) handelt.

3. Tragsicherheitsnachweis nach DIN(E) 18800, Teil 2

Der Tragsicherheitsnachweis ist nach dem Verfahren der Grenzzustände mit Teilsicherheitsfaktoren (Abschnitt 1.3c)) mit der Bemessungslast zu führen:

$$N \leq \kappa\,N_{pl}/y_M = \kappa\,A\,R_F/y_M \quad^{1} \tag{5.4-8}$$

---

[1] Vergleiche die Bemerkung zum Teilsicherheitsfaktor y_M auf Seite 10.

Der **Abminderungsfaktor** κ wird den sogenannten **Europäischen Knickspannungslinien** $\kappa(\bar{\lambda})$ (siehe Bild 5.10) entnommen oder aus entsprechenden Formeln, die in der Norm angegeben sind, berechnet. Die Knickspannungslinien beruhen auf Traglastberechnungen von Stäben aus elastisch-idealplastischem Werkstoff mit verschiedenen Querschnittsformen und Herstellungsarten (geschweißte oder gewalzte Profile). Die größten Abminderungsfaktoren (Linie a) gelten für Hohlprofile, die kleinsten (Linie d) für geschweißte, dickwandige I-Profile bei Biegung um die schwache Achse. Gewalzte I-Profile sind je nach Fall den Linien a, b, c zuzuordnen, U-, L- und T-Profile sowie Vollquerschnitte der Linie d. Bei den Berechnungen wurden strukturelle Imperfektionen (typische Eigenspannungsverteilungen) und geometrische Imperfektionen (Vorkrümmung der Stabachse) berücksichtigt (BEER & SCHULZ [1969]). Die Knickspannungslinien sind durch über 1000 Versuche mit Druckstützen der Europäischen Konvention der Stahlbauverbände experimentell abgesichert. Die Darstellung in Abhängigkeit von der bezogenen Schlankheit

$$\bar{\lambda} = \lambda/\lambda_F = \sqrt{N_{pl}\,\gamma_M/N_{Ki}}$$

führt dazu, daß sie nahezu unabhängig von der Streckgrenze sind.

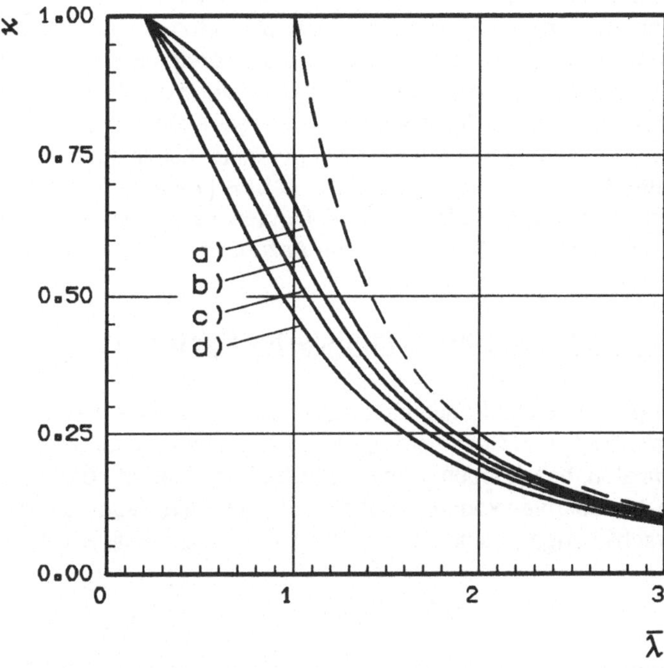

Bild 5.10: *Knickspannungslinien a) bis d)*
Erläuterungen im Text
— — — EULER-Hyperbel

6.   Grundlagen der Tragwerksberechnung

In Verallgemeinerung der bisher am Stab durchgeführten Betrachtungen werden im folgenden einige grundlegende Prinzipien der Tragwerksberechnung unter dem übergreifenden Gesichtspunkt des nichtlinearen Tragverhaltens behandelt. Dazu erweist sich die gedankliche und begriffliche Unterscheidung des Tragwerkes als Ganzem, im folgenden "System" genannt, von einzelnen Bauteilen, den "Elementen" des Systems, als nützlich. System und Elemente haben eine definierte geometrische Konfiguration und unterscheiden sich hierin von dem strukturlosen Werkstoff.

Das mathematische Modell jedes Festigkeitsproblems umfaßt

- Gleichgewichtsbedingungen und Randbedingungen für die Kraftgrößen,
- Kompatibilitätsbedingungen und Randbedingungen für die Deformationsgrößen und
- ein Stoffgesetz, das den materialspezifischen Zusammenhang zwischen den Kraft- und Deformationsgrößen herstellt.

Ersatzweise zu den beiden ersten Punkten kann das Prinzip der virtuellen Arbeiten, entweder in seiner Form als Kraftgrößen- oder als Deformationsgrößenverfahren, verwendet werden. Da das vorliegende Buch vorwiegend dem dritten Punkt, also dem Stoffgesetz, gewidmet ist, ohne bei der Behandlung von Beispielen auf die beiden anderen verzichten zu können, beschränken sich die Darstellungen in diesem Abschnitt auf eines der vielen Verfahren der Statik zur Ermittlung des Systemgleichgewichts, nämlich auf die Anwendung der **Deformationsmethode**. Hierzu wird eine auf SCHRADER [1969] zurückgehende Formulierung verwendet, in der das Tragwerk als zusammenhängendes System beliebig vieler Tragwerkselemente angesehen und durch eine endliche Anzahl von Systemverschiebungen beschrieben werden kann.

6.1   Beschreibung finitisierter Systeme

Die geometrische Konfiguration des Tragwerks oder "Systems" werde durch K voneinander unabhängige, auf ein Inertialsystem bezogene generalisierte Koordinaten x_k, die Systemkoordinaten, beschrieben. Dabei bedeutet "generalisiert", daß neben Längen- auch Winkelkoordinaten auftreten können. K ist die Zahl der Freiheitsgrade des Systems. Der augenblickliche Verschiebungszustand ist dann durch die K Systemverschiebungen

$$w_k\,(t)\; =\; x_k\,(t)\; -\; x_k\,(t_o)\quad ,\qquad k = 1, ..., K \tag{6.1-1}$$

gegeben. Die positive, monoton wachsende, skalare Variable t beschreibt dabei im Sinn einer "Systemzeit" die Belastungsgeschichte. Am System greifen generalisierte **äußere Lasten** f_i ($i = 1, ..., I$), also Kräfte und Momente, an. Die Verschiebungen ihrer Angriffspunkte in Richtung von f_i werden mit u_i bezeichnet. Der Zuwachs an äußerer Arbeit während Δt ist dann durch

$$\Delta A_a\; =\; \dot A_a\,\Delta t\; =\; f_i\,\dot u_i\,\Delta t\; :=\; \sum_{i=1}^{I} f_i\,\dot u_i\,\Delta t \;^1 \tag{6.1-2}$$

---

[1] Für zwei gleichnamige Indizes in einem Produkt werde analog den Regeln der Tensorrechnung (Anhang A1.5) die Summationskonvention verwendet.

gegeben.

Das System-Modell bestehe aus einer endlichen Anzahl N von **Elementen**, die sich an Knotenstellen berühren (Bild 6.1a). Ein Element ist ein Teilsystem, z. B. ein durch Längs- und Querkräfte, Biege- und Torsionsmomente belasteter Stab, aber auch ein "finites" Flächen- oder Volumenelement, dessen Randwertproblem - wenigstens näherungsweise - gelöst ist. Sein Verformungszustand sei durch J generalisierte Elementrandverschiebungen ${}^n v_j$, also neben translatorischen Verschiebungen und Längenänderungen auch durch Drehungen und Winkeländerungen, vollständig beschreibbar (Bild 6.1b). Über die Randverschiebungen ${}^n v_j$ werden generalisierte **Randschnittlasten** ${}^n s_j$, also Kräfte und Momente, in Richtung dieser Verschiebungen derart definiert, daß der Zuwachs an innerer Arbeit eines Elementes während Δt entsprechend Gl. (6.1-2)

$$\Delta^n A = {}^n\dot{A}\ \Delta t = {}^n s_j\ {}^n\dot{v}_j\ \Delta t := \sum_{j=1}^{J} {}^n s_j\ {}^n\dot{v}_j\ \Delta t \tag{6.1-3}$$

ist.

Zwischen den Verschiebungen der Angriffspunkte der äußeren Lasten u_i bzw. den Elementrandverschiebungen ${}^n v_j$ und den Systemverschiebungen w_k bestehen **kinematische Beziehungen**, mit deren Hilfe die Verschiebungsinkremente sich aus

$$\left.\begin{aligned}
\dot{u}_i &= u_{i,k}\ \dot{w}_k := (\partial u_i/\partial w_k)\ \dot{w}_k \\[2mm]
{}^n\dot{v}_j &= {}^n v_{j,k}\ \dot{w}_k := (\partial^n v_j/\partial w_k)\ \dot{w}_k
\end{aligned}\right\}\ 1 \tag{6.1-4}$$

berechnen lassen. Elastisch-plastische Randverschiebungsinkremente sollen in Analogie zu Gl. (2.3-3) in einen reversiblen und einen irreversiblen Anteil

$$ {}^n\dot{v}_j = {}^n\dot{v}_j^e + {}^n\dot{v}_j^R\ . \tag{6.1-5}$$

zerlegbar sein.

Mit Hilfe des **Prinzips der virtuellen Arbeiten**

$$ f_i\ \delta u_i = \sum_{n=1}^{N} {}^n s_j\ \delta^n v_j \tag{6.1-6}$$

und den kinematischen Beziehungen (6.1-4) findet man die K **Systemgleichungen**

$$ f_i\ u_{i,k} - \sum_{n=1}^{N} {}^n s_j\ {}^n v_{j,k} = 0 \tag{6.1-7}$$

---

1 Partielle Ableitungen nach den Systemkoordinaten oder den Systemverschiebungen werden in Analogie zur Bezeichnungweise der Tensoranalysis (Anhang A1.5) mit tiefgestelltem Komma vor dem Index der Koordinate gekennzeichnet.

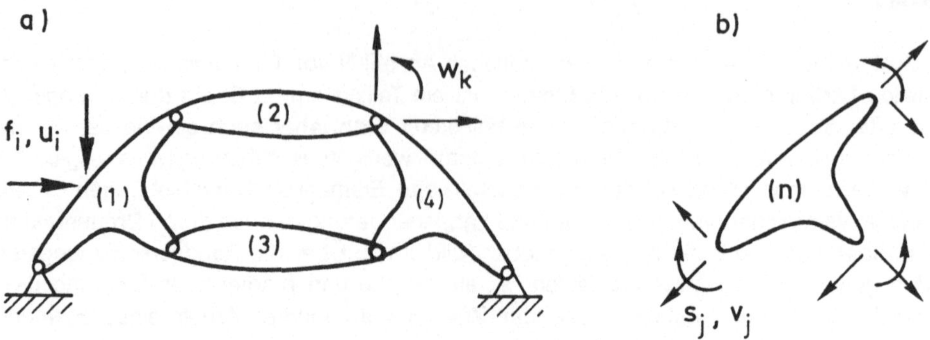

Bild 6.1: Das Tragwerk als finitisiertes System
a) System   b) Element

als Ausdruck des Gleichgewichts für die "generalisierten Knotenlasten".

Die Beziehungen zwischen den Randschnittlasten $^n s_j$ und den Randverschiebungen $^n v_j$ der Elemente werden aus Lösungen entsprechender nichtlinearer Randwertprobleme gewonnen; dies wurde in den vorausgegangenen Abschnitten 4 und 5 für Biegemoment M und Normalkraft N beschrieben. Sie erfüllen formal die Funktion von Stoffgesetzen für die Elemente, können aber im Gegensatz zu den σ-ε-Beziehungen für das Material auch geometrische Nichtlinearitäten enthalten (Abschnitt 5). Vor einer verallgemeinerten Formulierung dieser Randschnittlast-Randverschiebung-Beziehungen seien einige hierfür nützliche Stabilitätsbetrachtungen von DRUCKER [1960] eingefügt.

6.2   Element- und Systemstabilität: Die DRUCKERschen Postulate

Die statische Gleichgewichtslage eines Tragwerkes, das durch äußere Lasten f_i belastet wird, ist stabil, wenn bei einer Störung des Gleichgewichtszustandes durch eine Energiezufuhr begrenzter Größe die daraus resultierende Bewegung beschränkt bleibt (und in der Realität infolge Materialdämpfung nach einer endlichen Zeit wieder verschwindet). Der Arbeitssatz für einen Übergang aus der Gleichgewichtslage zur Zeit t in einen gestörten Zustand zur Zeit $t + \Delta t$ lautet

$$\Delta W = \Delta E \tag{6.2-1}$$

wobei $\Delta E = E(t + \Delta t) - E(t)$ die Änderung der kinetischen Energie des Tragwerks und $\Delta W = \Delta W_a - \Delta W_i$ die während Δt von den äußeren und inneren Kräften verrichtete Arbeit bezeichnen. Die Arbeit der äußeren Kräfte ist durch

$$\Delta W_a = \int_t^{t+\Delta t} f_i \, \dot{u}_i \, dt \tag{6.2-2}$$

und die der **inneren Kräfte** durch

$$\Delta W_i = \int\limits_{t}^{t+\Delta t} \sum_{n=1}^{N} {}^{n}s_j \; {}^{n}\dot{v}_j \; dt \qquad (6.2\text{-}3)$$

gegeben. In der statischen Ruhelage ist $E(t) = 0$. Zur Zeit t erfolge nun eine kleine Störung der Gleichgewichtslage durch eine Energiezufuhr $0 < E_{stör} \leqslant \delta$. Wenn nun $\Delta W < 0$ für beliebige gestörte Zustände ist, dann ist die Gleichgewichtslage **stabil**, weil dann immer $E(t+\Delta t)$ $< \delta$ bleibt. Ist dagegen $\Delta W > 0$ für mindestens einen gestörten Zustand, dann wird $E(t+\Delta t)$ $> E_{stör}$, d. h. die Gleichgewichtslage ist **instabil**. Durch $\Delta W = 0$ ist die Stabilitätsgrenze (**Indifferenz** der Gleichgewichtslage) gegeben, weil dann auch der gestörte Zustand zur Zeit $t+\Delta t$ eine Gleichgewichtslage ist.

Durch eine Taylor-Entwicklung von ΔW für hinreichend kleines Δt und Umformung mit Hilfe der Gleichgewichtsbedingung (6.1-7) folgt nun weiterhin aus der Bedingung $\Delta W < 0$

$$\dot{f}_i \; \dot{u}_i = \dot{f}_i \; u_{i,k} \; \dot{w}_k > 0 \qquad (6.2\text{-}4)$$

für beliebige $\dot{f}_i$ bzw. $\dot{u}_i$ als notwendiges und hinreichendes **Stabilitätskriterium** für das **Tragwerk** gegenüber kleinen Störungen seiner Gleichgewichtslage (BROCKS & BURTH [1977]). Diese Formulierung ist nichts anderes als DRUCKERs "**eingeschränktes Postulat im Kleinen**", angewendet auf das gesamte Tragwerk. Es kann analog für ein einzelnes **Element** (n) formuliert werden (MAIER & DRUCKER [1966, 1973])

$$ {}^{n}\dot{s}_j \; {}^{n}\dot{v}_j > 0 \qquad (6.2\text{-}5)$$

oder - unter Ausschluß aller geometrischen Nichtlinearitäten - auch für den **Werkstoff** (DRUKKER [1964]); hierauf wird im Abschnitt 10.1.3 bei der Verallgemeinerung des elastisch-plastischen Stoffgesetzes von ein- auf mehrachsige Spannungszustände noch einmal ausführlich eingegangen werden.

Zusätzlich hat DRUCKER eine Reihe weiterer Postulate aufgestellt, die sowohl für Tragwerkselemente oder Bauteile als auch für das gesamte Bauwerk oder System formuliert werden können. Zwei davon, nämlich die Postulate für einen "Lastzyklus im Kleinen" und für einen "Lastzyklus im Großen bei beginnender Plastizierung" sollen hier angeführt werden, weil mit ihnen zwei für die klassische Plastizitätstheorie wichtige Hypothesen, nämlich die **Konvexität** der "Fließfläche" und die **Normalität** der plastischen Verformungszuwächse zur Fließfläche sowohl auf Element- als auch auf Werkstoffebene begründbar sind. Bild 6.2 veranschaulicht die Postulate an einer einzelnen Last-Verschiebung-Kurve.

Beim **Lastzyklus im Kleinen** (Bild 6.2a) wird ausgehend von einem Beanspruchungszustand an der elastischen Grenze eine kleine Belastung im Sinne von Gl. (6.2-4) aufgebracht, die zu bleibenden Formänderungen führt, und wieder weggenommen. Dabei soll für Stabilität gelten

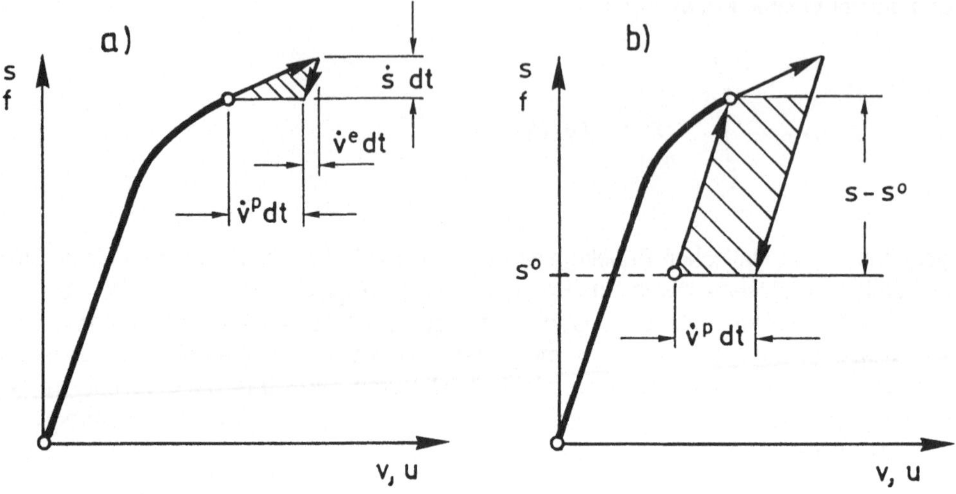

Bild 6.2: DRUCKERsche Stabilitätspostulate
a) Lastzyklus im Kleinen   b) Lastzyklus im Großen

$$\dot{f}_i\,\dot{u}_i^p \;\geq\; 0 \qquad \text{am System,}$$

$$^n\dot{s}_j\;^n\dot{v}_j^p \;\geq\; 0 \quad \text{am Element.} \qquad\qquad\qquad (6.2\text{-}6)$$

Beim Lastzyklus im Großen (Bild 6.2b) wird ausgehend von einem vollständig elastischen Beanspruchungszustand des Systems bzw. Elementes, f_i^o bzw. $^ns_j^o$ die Last um einen endlichen Betrag bis zur elastischen Grenze und dann weiter um einen kleinen Betrag in den plastischen Bereich hinein gesteigert. Anschließend wird wieder bis zum Ausgangszustand, also auf f_i^o bzw. $^ns_j^o$ entlastet und für Stabilität

$$(f_i - f_i^o)\,\dot{u}_i^p \;\geq\; 0 \qquad\qquad \text{am System}$$

$$(^ns_j - \,^ns_j^o)\;^n\dot{v}_j^p \;\geq\; 0 \qquad \text{am Element} \qquad\qquad (6.2\text{-}7)$$

gefordert.

Mit Hilfe dieser und weiterer DRUCKERschen Stabilitätspostulate ist es möglich, einzelne mehr oder weniger idealisierende Tragfähigkeitsuntersuchungen, also Grenzlast-, Stabilitäts- und Traglastberechnungen, unter dem gemeinsamen Aspekt des nichtlinearen Tragverhaltens zu sehen (BROCKS & BURTH [1977]). Einige Aspekte dieser Betrachtungen sollen im folgenden kurz diskutiert werden.

Die Stabilität des gesamten Tragwerkes, beschrieben durch die Bedingung (6.2-4), wird durch das Stabilitätsverhalten der einzelnen Tragwerkselemente, Gl. (6.2-5), und durch die Nichtlinearitäten der kinematischen Beziehungen (6.1-4) bestimmt, denn mit Gl. (6.1-7) folgt

$$\dot{f}_i\,\dot{u}_i = \left[\sum_{n=1}^{N}\,^n\dot{s}_j\;^nv_{j,k} + \,^gC_{kl}\,\dot{w}_l\right]\dot{w}_k > 0 \qquad\qquad (6.2\text{-}8)$$

mit der sogen. **geometrischen Steifigkeitsmatrix**

$$^g C_{kl} = \sum_{n=1}^{N} {}^n s_j \; {}^n v_{j,kl} - f_i \; u_{i,kl} \; . \tag{6.2-9}$$

Die Stabilität eines einzelnen Elementes wird ihrerseits von physikalischen (Werkstoff) wie von geometrischen Nichtlinearitäten bestimmt. Eine Unterscheidung dieser Ursachen ist für die Beurteilung des Systemverhaltens solange nicht erforderlich, wie keine Entlastungen auftreten.

Da nun die Aufteilung eines Systems in Elemente weitgehend beliebig ist, können geometrische Nichtlinearitäten in beliebiger Weise den Tragwerkselementen oder dem System als Ganzem zugeordnet werden. Bei Voraussetzung von stabilem Werkstoff kann immer eine Aufteilung derart gefunden werden, daß alle Elemente stabil sind, und damit ist allein das Vorzeichen der quadratischen Form der geometrischen Steifigkeitsmatrix in Gl. (6.2-8) maßgebend für die Stabilität des Gesamtsystems. Für lineare Systeme garantiert also die Stabilität des Werkstoffes auch die Stabilität des Tragwerkes. Umgekehrt kann ein lineares System nur instabil werden, wenn der Werkstoff instabil ist. So wird für idealplastischen Werkstoff ein lineares System (z. B. statisch bestimmt oder unbestimmt gelagerter Balken ohne Längskräfte) instabil durch die Ausbildung eines Mechanismus.

Besteht ein Tragwerk nur aus elastischen Elementen, so kann die Stabilitätsbedingung (6.2-4) als quadratische Form der Steifigkeitsmatrix

$$C_{kl} = \sum_{n=1}^{N} {}^n C_{jm} \; {}^n v_{j,k} \; {}^n v_{m,l} + {}^g C_{kl} \tag{6.2-10}$$

geschrieben werden:

$$C_{kl} \, \dot{w}_k \, \dot{w}_l > 0 \; . \tag{6.2-11}$$

Die Stabilitätsgrenze des Systems ist erreicht, wenn die Systemsteifigkeitsmatrix erstmalig singulär wird. Für Tragwerke mit elastisch-plastischen Elementen läßt sich dagegen keine eindeutige Steifigkeitsmatrix nach Art von Gl. (6.2-11) finden, da die plastischen Randverschiebungsänderungen nicht nur vom augenblicklichen Schnittlastenzustand, sondern auch davon abhängen, ob die Zustandsänderung eine Be- oder Entlastung darstellt. Die Stabilitätsuntersuchung ist infolgedessen erheblich aufwendiger. Sie läßt sich aber oft vereinfachen, wenn anstelle des realen ein fiktives, quasi-elastisches Restsystem untersucht wird, dessen Elemente sich bei Be- und Entlastung völlig gleich verhalten. Für Elemente, die die Stabilitätsbedingung Gl. (6.2-6) erfüllen, läßt sich zeigen, daß das reale System stabil ist, wenn das fiktive Restsystem stabil ist (BURTH [1969]).

6.3   Randschnittlast-Randverschiebung-Beziehungen

Die Randschnittlast-Randverschiebung-Beziehungen erfüllen auf Elementebene die Funktion von Stoffgesetzen. Entsprechend den Ausführungen im Abschnitt 2.3 müssen also für jedes Element (n) fünf Aussagen formuliert werden:

1. Für alle elastischen Randverschiebungsänderungen gelte ein **HOOKEsches Gesetz**

$$^n\dot{v}_j^e = {}^nC_{jl}^{-1}\, {}^n\dot{s}_l \qquad\qquad (j,l = 1, ..., J_n).\tag{6.3-1}$$

mit der Elementsteifigkeitsmatrix $^nC_{jl}$, und zwar sowohl für vollständig elastische Änderungen als auch für die elastischen Anteile in Gl. (6.1-5) bei Belastungen im elastisch-plastischen Bereich. Für geometrisch lineare Elemente ist $^nC_{jl}$ positiv definit und damit das DRUCKERsche Postulat (6.2-5) bei rein elastischen Randverschiebungsänderungen erfüllt.

2. Die Menge aller nur reversible (elastische) Randverschiebungen hervorrufenden Schnittlastenkombinationen werde durch eine ggf. von vorausgegangenen plastischen Verformungen abhängige Interaktionsbeziehung

$$^n\Phi(s_j^o, v_j^p) < 0 \tag{6.3-2a}$$

eingegrenzt. Sie werden **sichere Schnittlastenzustände** genannt und erfüllen das DRUCKERsche Postulat Gl. (6.2-5). Der elastische Grenzzustand selbst sei durch

$$^n\Phi(s_j^*, v_j^p) = 0 \tag{6.3-2b}$$

charakterisiert. Alle **zulässigen** (physikalisch möglichen) **Schnittlastenzustände** müssen also die Bedingung

$$^n\Phi(s_j, v_j^p) \leqq 0 \tag{6.3-2c}$$

erfüllen. Gl. (6.3-2b) stellt im Schnittlastenraum eine Fläche dar und spielt auf Elementebene die Rolle einer **Fließbedingung**, wie im folgenden Beispiel gezeigt wird. Wird, wie bei allen geometrisch linearen Elementen aus verfestigendem oder ideal-plastischem Werkstoff, das DRUCKERsche Postulat (6.2-7) erfüllt, ist die Fließfläche **konvex**. Beispiele für solche Bedingungen wurden für zwei Biegemomente M_y und M_z im Abschnitt 3.2.3 sowie für Biegemoment und Normalkraft in den Abschnitten 3.3, 3.4 und 5.1 behandelt.

3. Die Veränderung der Interaktionsbedingung im Verlaufe der Belastungsgeschichte (vgl. Abschnitt 3.4) sei als "Evolutionsgleichung"

$$^n\dot{\Phi} = {}^n(\partial\Phi/\partial s_j)\, {}^n\dot{s}_j + {}^n(\partial\Phi/\partial v_j^p)\, {}^n\dot{v}_j^p = 0\ .\tag{6.3-3}$$

gegeben. Wenn Gl. (6.3-2b) als Fließbedingung interpretiert wird, stellt (6.3-3) das **Verfestigungsgesetz** auf Elementebene dar. Man beachte dabei, daß selbst bei elastisch-idealplastischer Werkstoffkennlinie die Schnittlast-Verschiebung-Beziehungen i. a. verfestigend sind, z. B. Bild 3.14. Nur im Falle (idealisierter) elastisch-idealplastischer Schnittlast-Verschiebung-Beziehungen (siehe z. B. die Fließgelenkhypothese im Abschnitt 6.4) entfällt dieser Punkt, da dann keine Änderung der Fließfläche eintreten kann.

4. Unter den physikalisch möglichen Zustandsänderungen sind
   Belastungen mit $\quad {}^n(\partial\Phi/\partial s_j)\, {}^n\dot{s}_j \geqq 0$
   und
   Entlastungen mit $\quad {}^n(\partial\Phi/\partial s_j)\, {}^n\dot{s}_j < 0$
   $$\left.\vphantom{\begin{array}{c}a\\b\\c\end{array}}\right\}\tag{6.3-4}$$

zu unterscheiden. Für (idealisierte) elastisch-idealplastische Schnittlast-Verschiebung-Beziehungen können Belastungen nur mit dem Gleichheitszeichen in der oberen Gleichung auftreten (neutrale Schnittlastenumlagerung).

5. Der irreversible Anteil der Randverschiebungsänderungen gehorche einer **Fließregel**, die bei Gültigkeit des DRUCKERschen Stabilitätspostulates (6.2-6) die Form

$$^n\dot{v}^p_j \ = \ ^n\lambda \ ^n(\partial\Phi/\partial s_j) \ . \tag{6.3-5}$$

hat, d. h. die plastischen Verschiebungsänderungen stehen normal zur Fließfläche. Der skalare Faktor, der sich aus der Lösung des Randwertproblems ergibt, ist positiv bei Belastung und Null bei Entlastung. Bei einer (idealisierten) elastisch-idealplastischen Schnittlast-Verschiebung-Beziehung wird die Größe der plastischen Randverschiebungsänderungen durch den Zusammenhang des Elementes mit dem System, d. h. über die Systemgleichungen (6.1-7), bestimmt.

Für jede durch eine Änderung $\dot{f}_i$ der äußeren Lasten bedingte Änderung des Schnittlastenzustandes $^n\dot{s}_j$ ist die Be- bzw. Entlastungsbedingung (6.3-4) für alle Elemente $n = 1, ..., N$ des Systems zu überprüfen, um den jeweils lokal geltenden Zusammenhang zwischen Elementrandschnittlasten- und -verschiebungsänderungen nach Gl. (6.3-1) und ggf. Gl. (6.3-5) richtig ansetzen zu können.

Zur Erläuterung der Gleichungen (6.3-2), (6.3-4) und (6.3-5) werden noch einmal die Ergebnisse für das Balkenelement aus elastisch-idealplastischem Werkstoff herangezogen. Für ein genügend kurzes Element Δx mit der mittleren Dehnung ε_s und der mittleren Krümmung κ sind die Randverschiebungen, die nach Gln. (6.1-3) den Schnittlasten Längskraft und Biegemoment zugeordnet sind, die Verlängerung $\varepsilon_s\,\Delta x$ und die Verdrehung $\kappa\,\Delta x$.

Beispiel: Rechteckquerschnitt

Im **Spannungszustand 1** ist für $n > 0, m > 0$ die Gleichung (6.3-2b) direkt durch die Interaktionsbeziehung Gl. (3.3-5) gegeben

$$\Phi\,(s_j) \ = \ \Phi_{11}\,(n,m) \ = \ n + m - 1 \ = \ 0$$

mit $s_1 = M, s_2 = N$ und $v_1^p = v_2^p = 0$ für den Ausgangszustand. Die Ableitung ergibt mit $\partial\Phi/\partial M = 1/M_{el}$, $\partial\Phi/\partial N = 1/N_{el}$ die Bedingungen für Belastung bzw. Entlastung nach Gl. (6.3-4)

$$\dot{M}/M_{el} + \dot{N}/N_{el} \ = \ \dot{m} + \dot{n} \ \geqq \ 0 \qquad \text{bzw.} \qquad \dot{m} + \dot{n} < 0 \ .$$

Da durch die Ableitungen die äußere Normale auf der Fließfläche festgelegt wird (siehe Bild 6.3), bedeutet Belastung, daß in der Schnittlastenebene der Winkel zwischen Normale $\partial\Phi_{11}/\partial s_j$ und Schnittlastenänderung $\dot{s}_j\,dt$ nicht größer als 90° ist, und Entlastung, daß der Winkel größer als 90° ist. Die Schnittlastenänderungen sind also bei Belastung nach außen oder in die Tangentialebene (die hier mit der Interaktionskurve zusammenfällt), Entlastungen nach innen gerichtet. Wenn die Randverschiebungen mit $v_1 = \Delta x/\rho = \kappa\,\Delta x$, $v_2 = \varepsilon_s\,\Delta x$ bezeichnet werden, lautet die Fließregel nach Gl. (6.3-5)

$$\dot{v}_1^P = \lambda \, \dot{\kappa}^P \, \Delta x = \lambda / M_{el} \quad , \quad \dot{v}_2^P = \lambda \, \dot{\varepsilon}_s^P \, \Delta x = \lambda / N_{el} \quad .$$

Werden die plastischen Verschiebungsänderungen koaxial zu den Schnittlasten aufgetragen, so fällt $\dot{v}_j^P dt$ in die Richtung der äußeren Normalen. Damit wird deutlich, daß das Verhältnis der plastischen Verschiebungsänderungen zueinander für jeden Schnittlastenzustand s_j^* auf der Fließfläche festgelegt ist. Diese als **Fließmechanismus des Querschnitts** bezeichnete kinematische Vorschrift ist hier wegen der Linearität der Interaktionsbeziehung unabhängig vom Schnittlastenzustand, sie lautet für den Rechteckquerschnitt

$$\dot{v}_2^P / \dot{v}_1^P = \dot{\varepsilon}_s^P / \dot{\kappa}^P = M_{el} / N_{el} = h/6 \quad .$$

Das Ergebnis ist plausibel, da für alle Schnittlastenzustände auf der Grenze $\Phi_{11} = 0$ gerade $\sigma_u = R_F$ gilt, so daß nach einer kleinen plastischen Verformung der unteren Faser unabhängig vom Schnittlastenzustand stets derselbe bleibende Verformungszustand eintritt, der natürlich auch mit der BERNOULLI-Hypothese Gl. (3.1-1) und den Gleichungen für den Spannungszustand 1 berechnet werden kann.

Alle Interaktionsbeziehungen für die **Spannungszustände 2 bis 4** erfüllen nicht die Bedingung, daß die zugehörigen Schnittlastenkombinationen nur reversible Verformungen verursachen, sie sind also nicht als Fließbedingungen im Sinne der Aussage 2. anzusehen. Dagegen stellen die Grenzen der in Abschnitt 3.4.3 ermittelten Bereiche elastischer Verformungen (Bilder 3.23 und 3.24) die Fließkurven für den Fall dar, daß bereits plastische Verformungen $v_j^P \neq 0$ eingetreten sind. Es ist bemerkenswert, daß die Fließmechanismen durch die plastischen Verformungen nicht verändert werden (Parallelverschiebung der entsprechenden Seiten des Polygons), solange die Spannungsmaxima nicht im Innern des Querschnitts liegen.

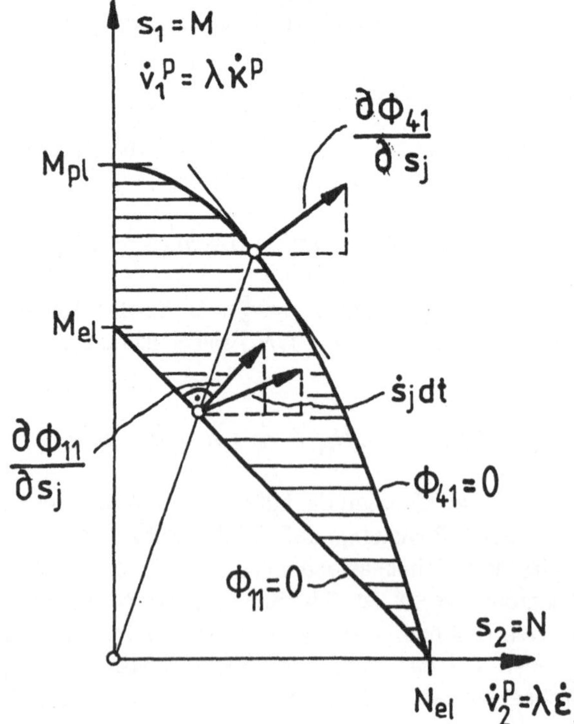

Bild 6.3: *Interaktionskurven für den Rechteckquerschnitt*

Von besonderem Interesse ist die Interaktionskurve des vollplastischen **Spannungszustands 4**, die die Menge aller physikalisch möglichen Schnittlastenkombinationen begrenzt. Sie ist damit die **Umhüllende** aller überhaupt möglichen Fließkurven. Die Fließkurven für vollplastische Schnittlastenzustände auf der Interaktionskurve selbst entarten zu Geraden, wie schon in Abschnitt 3.4.3 dargelegt wurde. Nur in zwei Fällen, die für die näherungsweise Berechnung von Tragwerken von großer Bedeutung sind, kann die Interaktionskurve als Fließkurve gedeutet werden:

1. Bei **Voraussetzung eines starr-idealplastischen Werkstoffs.**
   In diesem Fall grenzt die Interaktionskurve die Menge aller Zustände ein, für die keine Verschiebungen auftreten können, Verschiebungen sind nur möglich für Zustände auf der Interaktionskurve selbst: Sie kann also als Fließkurve im Sinne der Aussage 2. angesehen werden. Die starr-idealplastische Werkstoffkennlinie hat eine ebensolche Randschnittlast-Randverschiebung-Beziehung am Element und eine ebensolche Kraft-Verformung-Beziehung am System zur Folge.

2. Bei **Voraussetzung einer elastisch-idealplastischen Schnittlast-Verschiebung-Beziehung.**
   In diesem Fall sind voraussetzungsgemäß alle Schnittlastenzustände im Innern der Interaktionskurve nur mit elastischen Verformungen verknüpft, so daß die Interaktionskurve die Eigenschaft einer Fließkurve hat. Speziell im Fall Biegung mit Längskraft wird die Voraussetzung durch die Einführung der Fließgelenkhypothese erfüllt. Für den Rechteckquerschnitt ist die Bedingung Gl. (6.3-2b) durch die Interaktionsbeziehung Gl. (3.3-12) für $m > 0$, $n > 0$ und $v_j^p = 0$ gegeben

$$\Phi\,(s_j)\ =\ \Phi_{41}\,(n,m)\ =\ m\ +\ \frac{3}{2}\,n^2\ -\ \frac{3}{2}\ =\ 0\quad.$$

Der Fließmechanismus ist in diesem Fall abhängig vom Schnittlastenzustand (Bild 6.3), mit $\partial\Phi_{41}/\partial M = 1/M_{el}$, $\partial\Phi_{41}/\partial N = 3N/N_{el}^2$ folgt die kinematische Vorschrift

$$\dot{\varepsilon}_s^p\ =\ \frac{n\,h}{2}\ \dot{\kappa}^p\quad,$$

die sich für festgehaltene Schnittlasten auch aus Gln. (3.1-1) und (3.3-9a) herleiten läßt.

Wie bereits erwähnt, können Randschnittlast-Randverschiebung-Beziehungen grundsätzlich aus den Lösungen der entsprechenden nichtlinearen Randwertprobleme entwickelt werden, z. B. Beziehungen zwischen den Randmomenten $M(0) = M_0$ bzw. $M(L) = M_1$ und den Randverdrehungen $w'(0)$ bzw. $w'(L)$ des unverschieblich gelagerten Stabes mit N als Parameter nach den Abschnitten 5.1 und 5.2. Für Stäbe und andere Tragwerkselemente sind diese Randbeziehungen für Beanspruchungen im elastischen Werkstoffbereich bekannt, und zwar sowohl für geometrisch lineare (Theorie 1. Ordnung am Element) als auch für geometrisch nichtlineare Elemente (Theorie 2. Ordnung am Element). Für Beanspruchungen im plastischen Werkstoffbereich können für geometrisch lineare Elemente und elastisch-idealplastischen Werkstoff teilweise Lösungen angegeben werden (siehe Abschnitt 4.), im Fall geometrisch nichtlinearer Elemente ist man auf sehr aufwendige numerische Methoden angewiesen. Die entscheidende Berechnungshilfe ist die nachfolgend vorgestellte Fließgelenkhypothese, weil sie es ermöglicht, auch im Fall geometrisch und physikalisch nichtlinearer Elemente auf die bekannten Lösungen für den elastischen Werkstoffbereich zurückzugreifen.

6.4   Die Fließgelenkhypothese

Zuerst hat KAZINCZY [1914] erkannt, daß sich bei beidseitig eingespannten Stahlträgern vollplastizierte Querschnitte bei der weiteren Verformung etwa wie Gelenke unter konstantem Biegemoment verhalten. Dieser Verformungsmechanismus ergibt sich auch aus der Lage der Fließzonen eines Stabes aus idealplastischem Werkstoff unter dem plastischen Grenzmoment M_{pl} (Bild 3.16), während bei Stäben aus verfestigendem Werkstoff stets ein (kleiner) elastischer Restquerschnitt bleibt (Bild 3.10), der nur durch Biegemomente $M >$ M_{pl} weiter verformt werden kann.

Zur Einführung der Hypothese wird das Biegemoment-Verdrehung-Diagramm eines endlichen Stababschnitts Δx aus elastisch-idealplastischem Werkstoff unter konstantem Biegemoment (Bild 6.4a) betrachtet, das sich aus dem Biegemoment-Krümmung-Diagramm nach Bild 3.9 ergibt. Die Verdrehungen ψ werden wie die Verschiebungen w_k in Gl. (6.1-1) und die Elementrandverschiebungen $^n v_j$ nach Gl. (6.1-4) als Koordinatenänderungen eingeführt. Die Biegemoment-Verdrehung-Beziehung werde ebenfalls als elastisch-idealplastisch idealisiert. Das Moment, bei dem volle Querschnittsplastizierung eintritt, wird bei dieser Idealisierung - analog der Fließspannung R_F des $\sigma(\varepsilon)$-Diagramms (Bild 2.3) - als **Fließmoment** M_F des Querschnitts[1] bezeichnet. Nun werde der Grenzübergang $\Delta x \to 0$ durchgeführt. Der als endlich vorausgesetzte Verdrehwinkel ψ tritt dann an einer Stelle x_0 auf (Bild 6.4b). Für einen Stab mit veränderlichem Biegemoment $M(x)$ bedeuten diese Idealisierungen, daß in den elastischen und teilplastizierten Bereichen mit $M(x) < M_F$ die Differentialgleichung der elastischen Biegelinie Gl. (4.1-4) gilt, und an den Stellen x_0, an denen das vollplastische Moment erreicht wird, d. h. $M(x_0) = M_F$ gilt, plastische Knickwinkel ψ^p in der elastischen Biegelinie auftreten. Die plastischen Verformungen des Stabes sind durch die Idealisierungen also an konkreten Stellen konzentriert. Die Wirkung bei der Verformung des Stabes ist bei konstanter Belastung - nicht bei Entlastung - wie die eines konstruktiven Gelenks, das als **Fließgelenk** bezeichnet wird.

Tatsächlich sind wegen der immer vorhandenen Verfestigung plastische Verformungen nur unter - geringer - Belastungssteigerung möglich, die dann auch zu einer Ausdehnung der plastischen Zonen in Stablängsrichtung führt (Beispiel 6 auf Seite 50). Große plastische Krümmungsänderungen treten aber nur in einem relativ schmalen Bereich in der Umgebung des maximalen Moments auf. Bild 6.5 zeigt die mit Gl. (3.2-13) bestimmten Krümmungen für einen einfachen Belastungsfall unter zwei Belastungen $F_1 = F_{pl}$ und $F_2 = 1,10\,F_{pl}$. Obwohl die Fließzonen sich bei der Belastungssteigerung von F_1 auf F_2 von $\bar{x}_{pl1} = \pm 0,33\,L$ auf $\bar{x}_{pl2} = \pm 0,39\,L$ ausdehnen (Bild 3.10), bleiben große plastische Krümmungsänderungen, die mehr als das Doppelte der elastischen Krümmung betragen, auf einen Bereich von $\bar{x}_{pl} = \pm 0,13\,L$ beschränkt, der nur wenig größer ist als der Verfestigungsbereich mit $\bar{x}_{pl} = \pm 0,09\,L$ (Bild 6.5b). Dies begründet die Einführung des Fließgelenks anstelle einer ausgedehnten plastischen Zone für die Berechnung der Verformungen (Bild 6.5c).

---

[1] Siehe Fußnote Seite 36

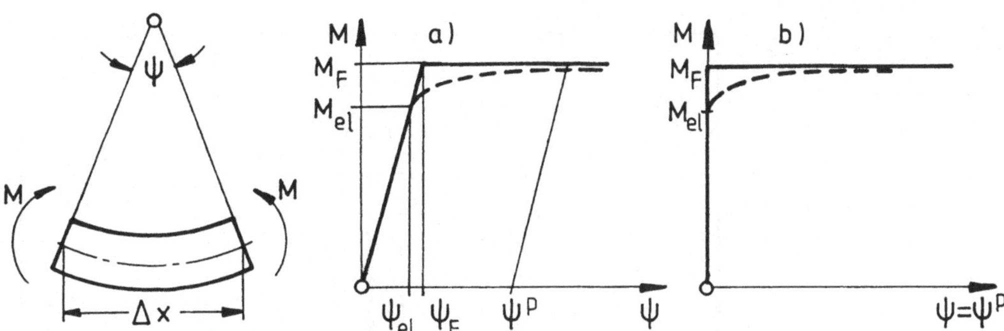

Bild 6.4: *Idealisierte M(ψ)-Kennlinie*
a) endliches Stabelement Δx ,   b) Übergang $\Delta x \to 0$

Es ist darauf hinzuweisen, daß die häufig vorgeschlagene (und dargestellte) elastisch-ideal-plastische Idealisierung der Biegemoment-Krümmung-Beziehung $M(\kappa)$ nur stückweise existiert: Für $\dot M = (M_F - 0)$ gilt der Endwert κ_F der elastischen Geraden, für $M = M_F$ gilt $\kappa = \infty$, Zwischenwerte $\kappa_F < \kappa < \infty$ gibt es nicht.

Mit Hilfe der beiden Idealisierungen kann die Fließgelenkhypothese für überwiegend durch Biegemomente beanspruchte ebene Stabwerke, die Belastungen und Verformungen nur in der Tragwerksebene erfahren, festgelegt werden:

1. An den Punkten der Systemlinie, in denen die Biegemomente den Wert M_F erreichen, kön-nen plastische (bleibende) Verdrehungen $\dot\psi^P \neq 0$ benachbarter Querschnitte gegeneinan-der bei konstantem Biegemoment $M(x_0) = M_F$ erfolgen (Bild 6.4b), sofern die Bedingung für aktive Belastung $M(x_0)\ \dot\psi^P > 0$ eingehalten wird, d. h.

$$\dot M(x_0)\ \dot\psi^P = 0. \tag{6.4-1}$$

2. Wenn als einzige Schnittlast das Biegemoment berücksichtigt wird, hängt die Größe des Fließmomentes nur von der Querschnittsform und der Fließspannung R_F ab,

$$M_F = M_{pl} = m_{pl}\, M_{el} \quad , \tag{6.4-2}$$

z. B. beim Rechteckquerschnitt nach Gl. (3.2-5): $M_F = 1.5\,M_{el} = (b\,h^2/4)\,R_F$, Bild 6.6a.

3. Der Einfluß von Längskräften (und ggf. Querkräften, s. Abschnitt 11.1 und WESSELS [1984]) auf die Kinematik des Fließgelenks (vgl. Abschnitt 6.3) und die Größe des Fließ-momentes wird ggf. gesondert berücksichtigt (Bild 6.6b):

$$M_F = m_{pl}\,(n)\, M_{el} \quad , \tag{6.4-3}$$

z. B. beim Rechteckquerschnitt nach Gl. (3.3-12a) und Gl. (3.3-9): $M_F = 1.5\,(1 - n^2)\,M_{el}$, $N_{el} = N_{pl} = b\,h\,R_F , z_N = -n\,h/2$.

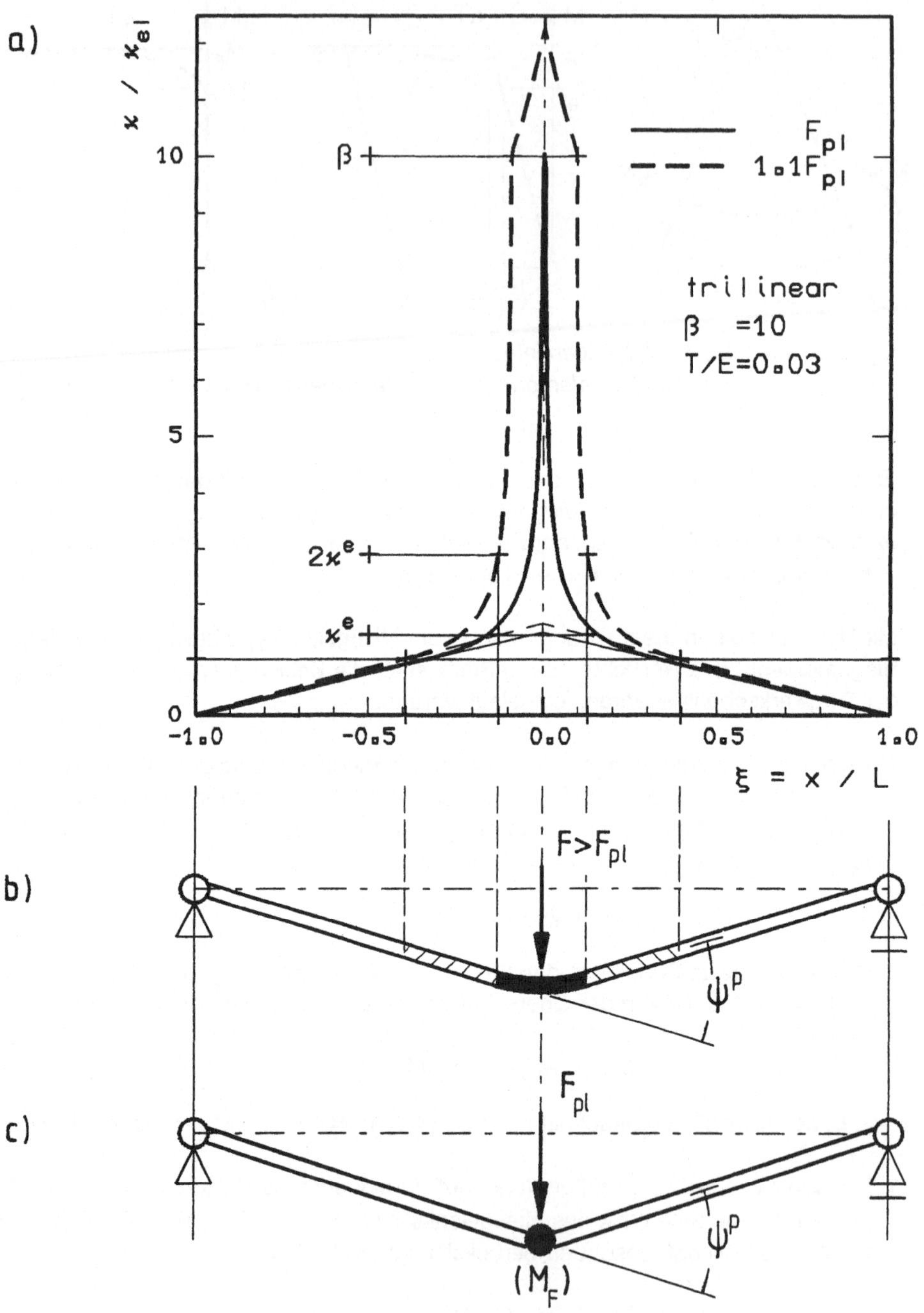

Bild 6.5: *Zur Einführung der Fließgelenkhypothese*
a)Krümmungen der Balkenachse für F = F_{pl} und F = 1,10 F_{pl},
trilineare Werkstoffkennlinie (β = 10)
b) Bereich der Krümmungsänderungen   c) Fließgelenk

4. Die Verdrehungen des Fließgelenks erfolgen um eine Achse senkrecht zur Tragwerksebene. Größere Verdrehungen erfordern ggf. örtliche Aussteifungen, damit Änderungen
   der Querschnittsform, und/oder seitliche Aussteifung, damit Ausweichen aus der Lastebene (z. B. durch Biegedrillknicken, Kippen) vermieden werden, weil andernfalls das
   ideal-plastische Verhalten nach Gl. (6.4-1) nicht garantiert ist (siehe Abschnitt 8).

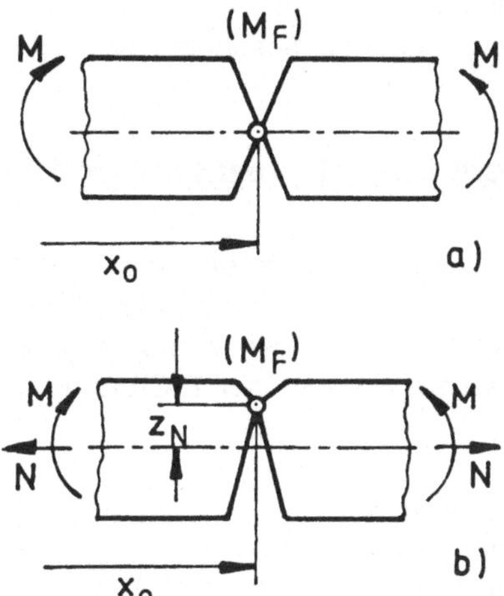

Bild 6.6: *Fließmoment und Kinematik des Fließgelenkes*
   a) Biegemoment
   b) Biegemoment und Längskraft

Für räumliche Tragwerke gibt es entsprechende Ansätze und Hypothesen, die als **erweiterte
Fließgelenkhypothese** bezeichnet werden (WESSELS [1984], GEBBEKEN [1988]). In Verallgemeinerung von Gl. (6.4-1) wird eine elastisch-idealplastische Randschnittlast-Randver-
schiebung-Kennlinie angenommen, für die

$$^n\dot{s}_j \; ^n\dot{v}_j^p = 0 \tag{6.4-4}$$

gilt, da entweder

$$^n\dot{v}_j^p = 0 \qquad \text{für} \qquad ^n\Phi < 0 \qquad \text{bzw.}$$

$$\text{für} \qquad ^n\Phi = 0 \quad \text{und} \quad ^n\dot{\Phi} = \frac{\partial ^n\Phi}{\partial ^n s_j} \, ^n\dot{s}_j < 0$$

im elastischen Bereich bzw. bei Entlastung oder

$$^n\dot{v}_j^p \neq 0 \qquad \text{für} \qquad ^n\Phi = 0 \quad \text{und} \quad ^n\dot{\Phi} = \frac{\partial ^n\Phi}{\partial ^n s_j} \, ^n\dot{s}_j = 0$$

bei Belastung im plastischen Bereich ist.

Die Fließgelenkhypothese stellt aus zwei Gründen eine enorme und für die Berechnung von
überwiegend durch Biegung beanspruchten Tragwerken wichtige Erleichterung dar:

1. Sie ermöglicht näherungsweise die Bestimmung der Verschiebungen und des Schnittlastenzustands statisch unbestimmter elastisch-plastischer Tragwerke mit Hilfe der bekannten Verfahren der Statik elastischer Systeme.

2. Sie ermöglicht die Aufstellung von Kriterien zur direkten Bestimmung des Grenzzustands und der plastischen Grenzlast von Tragwerken, ohne die Zustände zwischen der elastischen und der plastischen Grenzlast zu berechnen oder auch nur zu kennen. Diese Kriterien, die **Grenzlastsätze**, werden in Abschnitt 7 behandelt.

6.5   Tragwerksberechnung: Grenzlasten und Traglast

Bei der Berechnung von Tragwerken müssen die Verfahren danach unterschieden werden, ob ein Werkstoffmodell (elastischer, elastisch-idealplastischer, elastisch-verfestigender oder auch starr-plastischer Werkstoff) oder ein Elementmodell (z. B. zentrisches Fließgelenk) zugrunde gelegt wird und ob nach Theorie 1. oder 2. Ordnung gerechnet wird. Damit ergeben sich folgende Verfahren:

- Elastizitätstheorie 1. und 2. Ordnung
- Fließgelenktheorie 1. und 2. Ordnung
- Fließzonentheorie 1. und 2. Ordnung

Die folgenden Ausführungen befassen sich überwiegend mit Fließgelenktheorie 1. und 2. Ordnung, nur zu dieser Theorie werden Beispiele gebracht. Die Anwendung der Fließzonentheorie 1. Ordnung wurde bereits in den einfachen Beispielen der Abschnitte 3.2.1, 3.3.3 und 4 gezeigt, Hinweise zur Fließzonentheorie 2. Ordnung gibt Abschnitt 5.

6.5.1 Grundzüge der Berechnung bei Anwendung der Fließgelenkhypothese

Die Vorgehensweise ergibt sich, wie in den Beispielen der Abschnitte 2.6.2 und 4.3, im Grunde fast zwangsläufig, wenn für ein vorgegebenes Belastungsprogramm Schnittlasten und Verformungen eines Tragwerks berechnet werden und dabei die plastischen Verformungen durch die Einführung von Fließgelenken näherungsweise erfaßt werden: Bei einem vom Grad n statisch unbestimmten System wird, ausgehend vom elastischen Zustand, der meistbeanspruchte Querschnitt ermittelt und hier ein Fließgelenk eingeführt, wenn die Interaktionsbeziehung für die Schnittlasten erfüllt wird. Das so entstandene, geänderte System ist wiederum völlig elastisch, die plastischen Verformungen bei weiterer Belastungssteigerung werden durch den im Gelenk eintretenden Knickwinkel dargestellt. Dieses (erste) sogenannte Restsystem ist nur noch vom Grad $(n - 1)$ statisch unbestimmt, da jetzt die Schnittlasten im Fließgelenk bekannt sind. Die Belastung kann weiter gesteigert werden, bis an einer weiteren Stelle die Querschnittstragfähigkeit erreicht, d. h. die Interaktionsbeziehung erfüllt ist. An dieser Stelle wird ein weiteres Fließgelenk eingeführt, und es entsteht so ein (zweites) elastisches Restsystem, das vom Grad $(n - 2)$ statisch unbestimmt ist. So wird weiter vorgegangen, bis sich ein statisch bestimmtes Restsystem ergibt, das von einem Teil oder vom ganzen vorgegebenen System gebildet wird. Im letzteren Fall ist es das n-te Restsystem. Wenn in diesem statisch bestimmten Restsystem an einer Stelle die Querschnittstragfähigkeit erreicht und an dieser Stelle ein Fließgelenk eingeführt wird, bildet sich ein Mechanismus, der als **Fließgelenkkette** oder **Kollapsmechanismus** bezeichnet wird. Die Grenze der Tragfähigkeit der Systeme ist erreicht, wenn während der Belastung eine instabile Gleichgewichtslage auftritt, also entweder das vorgegebene System oder eines der Restsysteme instabil wird oder eine instabile Fließgelenkkette ausgebildet wird. Dieses Kriterium für die Tragfähigkeit gilt unabhängig davon, ob man nach Theorie 1. oder 2. Ordnung rechnet.

Bei diesem in groben Zügen geschilderten Vorgehen sind also nacheinander die Gleichgewichtslagen von bis zu $(n+1)$ geänderten, elastischen Systemen zu bestimmen und ihre Stabilität zu untersuchen. Zusätzlich ist bei jeder Belastungsänderung zu prüfen, ob in den Fließgelenken (neutrale) Belastungen oder Entlastungen auftreten. Außerdem sind die Schnittlastenkombinationen in den Fließgelenken nicht, wie oben zunächst angenommen, konstant, sondern ändern sich bei Belastungsänderung, so daß auch die i. a. nichtlinearen Interaktionsbeziehungen in das Gleichungssystem eingeführt werden müssen, ebenso gegebenenfalls die Beziehungen für die Änderung der Kinematik der Fließgelenke. Das so erhaltene nichtlineare Gleichungssystem kann trotz der Vereinfachungen durch Einführung der Fließgelenk-Hypothese nur mit numerischen Verfahren gelöst werden. Wesentliche weitere Vereinfachungen sind nur durch Beschränkung auf zentrische Fließgelenke zu erzielen sowie bei Anwendung der Theorie 1. Ordnung oder durch bereichsweise Linearisierung bei Anwendung der Theorie 2. Ordnung (siehe Abschnitt 6.5.3 und 6.5.4).

6.5.2 Grenzzustände und Grenzbelastungen

Bei den im folgenden festgelegten Grenzzuständen mit den zugehörigen Grenzbelastungsgruppen $\{f_i\}$ ist wie bei den Berechnungsverfahren zu unterscheiden, ob ein Werkstoff- oder Elementmodell benutzt wird und ob die Verformungen in den Gleichgewichtsbedingungen berücksichtigt werden oder nicht. Die verschiedenen Belastungsgruppen werden bei Bedarf bei Anwendung der Fließgelenktheorie durch tiefgestellten Index G, bei Anwendung der Theorie 1. bzw. 2. Ordnung durch hochgestellten Index 1 bzw. 2 gekennzeichnet. Die Festlegung der Grenzzustände enthält keine Vorschrift, auf welchem Wege die Belastung bis zum Erreichen des Grenzzustandes zu steigern ist, sie gilt also für beliebige Belastungswege.

Elastische Grenzlast
Der elastische Grenzzustand mit der elastischen Grenzlast $\{f_i\}_{el}$ tritt ein, wenn im meistbeanspruchten Querschnitt die größte Spannung die Fließspannung R_F erreicht. Bei Anwendung der Fließgelenkhypothese ist es zweckmäßig, die elastische Grenzlast $\{f_i\}_{el,G}$ als diejenige Lastgruppe festzulegen, unter der im meistbeanspruchten Querschnitt das Biegemoment das Fließmoment M_F erreicht. Ein plastischer Knickwinkel tritt dabei nicht auf.

Traglast
Die Traglast $\{f_i\}_T$ ist durch ein (relatives) Maximum, in Sonderfällen auch durch einen stationären Wert der Last-Verformung-Kurve gekennzeichnet, d. h. für sie gilt die Bedingung, daß mindestens eine Verschiebungsänderung unter gleichbleibender Belastung existiert

$$\dot{w}_k \neq 0 \qquad \text{für} \qquad \{\dot{f_i}\} = 0 \; . \tag{6.5-1}$$

Aus den Gleichgewichtsbedingungen (6.1-7) erhält man durch Taylor-Entwicklung für eine benachbarte Gleichgewichtslage

$$(\dot{f}_i\, u_{i,k} + f_i\, u_{i,kl}\, \dot{w}_l - \sum_n (^n\dot{s}_j\, ^nv_{j,k} + {^ns_j}\, ^nv_{j,kl}\, \dot{w}_l))\, \dot{w}_k = 0 \qquad (6.5\text{-}2)$$

und daraus die Stabilitätsbedingung (6.2-8) und die notwendige (nicht hinreichende) Bedingung für das Erreichen der Traglast:

$$\dot{f}_i\, \dot{u}_i = (\sum_n {^n\dot{s}_j}\, ^nv_{j,k} + {^gC_{kl}}\, \dot{w}_l)\, \dot{w}_k = 0 \qquad (6.5\text{-}3)$$

mit der geometrischen Steifigkeitsmatrix $^gC_{kl}$ nach Gl. (6.2-9). Bei unstetigen Änderungen der Randbeziehungen nach Gl. (6.4-4) kann in der Bedingung (6.5-3) auch ein Vorzeichenwechsel eintreten, d. h. $\dot{f}_i\, \dot{u}_i \leq 0$.

Die Traglast ist nur für solche Systeme von Bedeutung, bei denen ein (relatives) Maximum bzw. ein stationärer Wert der Kraft-Verformung-Kurve tatsächlich auftreten kann, das sind nichtlineare Systeme mit Druckstäben bzw. lineare Systeme. Bei nichtlinearen Systemen mit Zugstäben gibt es kein Maximum der Kraft-Verformung-Kurve und damit keine Traglast, eine Grenzbelastung kann nur durch zulässige Verformungen festgelegt werden.

Plastische Grenzlast
Der plastische Grenzzustand eines Systems aus elastisch-idealplastischem Werkstoff unter der plastischen Grenzlast $\{f_i\}_{pl}$ ist derjenige Zustand, in dem in der Belastungsgeschichte zum ersten Mal die Verschiebungen unter gleichbleibender Belastung zunehmen können, **wenn die begleitenden geometrischen Änderungen des Systems vernachlässigt werden** (vergl. DRUCKER, PRAGER & GREENBERG [1951]). Allein diese letzte Bedingung unterscheidet die Grenzlastdefinition von der Traglastdefinition Gl. (6.5-1). Für ein finitisiertes System mit idealplastischen Randbeziehungen können die Bedingungen für die plastische Grenzlast $\{f_i\}_{pl}$ wie folgt formuliert werden: Es existiert mindestens eine Verschiebungsänderung unter gleichbleibender Belastung

$$\dot{w}_k \neq 0 \quad \text{für} \quad \{\dot{f}_i\} = 0 \quad \text{und} \quad \dot{v}_{j,k} = 0, \; \dot{u}_{j,k} = 0 \; . \qquad (6.5\text{-}4)$$

Damit erhält man im plastischen Grenzzustand aus Gl. (6.5-2) für die benachbarte Gleichgewichtslage unter Beachtung von Gl. (6.1-5)

$$\sum_n {^n\dot{s}_j}\, ^nv_{j,k} = \sum_n (^n\dot{s}_j\, ^nv^e_{j,k} + {^n\dot{s}_j}\, ^nv^p_{j,k}) = 0 \; . \qquad (6.5\text{-}5)$$

Da nach den DRUCKERschen Postulaten (6.2-5) und (6.2-6) alle Summanden positiv oder Null sind, folgen daraus zwei wichtige Aussagen über den plastischen Grenzzustand:

1. Alle elastischen Verschiebungsänderungen verschwinden, und es können nur plastische Verschiebungsänderungen an den Elementrändern auftreten.

2. Alle Randschnittlasten bleiben konstant $(^n\dot{s}_j = 0)$.

Ein System mit dieser kinematischen Konfiguration wird als **Kollapsmechanismus** oder **Fließgelenkkette** bezeichnet. Mit Gl. (6.5-5) verschwindet in der Stabilitätsbedingung (6.2-8) der erste Summand, und der zweite Summand mit der geometrischen Steifigkeitsmatrix bestimmt alleine die Stabilität: Das Gleichgewicht am Kollapsmechanismus kann stabil ($^gC_{kl}$ positiv definit, d. h. "stabilisierender" Einfluß der Geometrie) oder instabil ($^gC_{kl}$ nicht oder negativ definit, d. h. "labilisierender" Einfluß der Geometrie) sein.

Während die Traglast für alle Werkstoff- und Elementmodelle definiert ist und die elastische Grenzlast für solche, die einen elastischen Anfangsbereich aufweisen, gilt die Definition der plastischen Grenzlast nur für Werkstoff- und Elementmodelle mit einem unbeschränkten idealplastischen Bereich nach Gln. (2.3-13) oder (6.4-4). Sie ist aber unabhängig davon, wie die entsprechende Beziehung "unterhalb" des idealplastischen "Niveaus" aussieht.

6.5.3 Theorie 1. Ordnung

Die Anwendung dieser Theorie bedeutet, daß Änderungen der Geometrie des Systems in den Gleichgewichtsbedingungen nicht auftreten (lineare Systeme) oder wegen ihres geringen Einflusses vernachlässigt werden dürfen (linearisierte Systeme). Damit verschwinden die geometrischen Nichtlinearitäten innerhalb der Elemente und die geometrische Steifigkeitsmatrix des Systems, die Stabilitätsbedingung Gl. (6.2-8) reduziert sich auf

$$\dot{f}_j \, \dot{u}_j = \sum_n {}^n\dot{s}_j \, {}^n\dot{v}_j > 0 \ . \tag{6.5-6}$$

Wenn vorausgesetzt wird, daß das System unter genügend kleiner Belastung völlig elastisch ist, sind alle Summanden nach Gl. (6.2-5) positiv und damit die Gleichgewichtszustände immer stabil. Instabilität kann nur eintreten, wenn durch fortschreitende Plastizierung innerhalb der Elemente Änderungen der Randbeziehungen auftreten, die das System in einen Mechanismus überführen, für den nach Gl. (6.5-5) $\sum_n {}^n\dot{s}_j \, {}^n\dot{v}_j = 0$ gilt. Der Gleichgewichtszustand ist indifferent. Traglast und plastische Grenzlast linearer oder linearisierter Systeme stimmen also überein

$$ {}^1\{f_i\}_{pl} = {}^1\{f_i\}_T \ . \tag{6.5-7}$$

Da auch die Gleichgewichtsbedingungen an diesem Mechanismus voraussetzungsgemäß keine Änderungen der Geometrie des Systems enthalten, sind die Traglast und die plastische Grenzlast unabhängig davon, ob ein Werkstoff- oder ein Elementmodell eingeführt wird und wie das Modell unterhalb der idealplastischen Grenze aussieht. Die Rechnung mit einem elastisch-idealplastischen Werkstoffmodell (Fließzonentheorie) oder einem elastisch-idealplastischen Elementmodell (Fließgelenktheorie) oder einem starr-idealplastischen Werkstoffmodell, das ein ebensolches Elementmodell zur Folge hat, ergibt dieselbe Traglast und plastische Grenzlast und denselben Mechanismus, aber unterschiedliche Verformungen des Systems. Dieser Sachverhalt hat dazu geführt, daß in der Literatur (siehe z. B. GREENBERG & PRAGER [1951], DRUCKER, PRAGER & GREENBERG [1951], RECKLING [1967]*, S. 44 f.) mehrere verschiedene Definitionen des plastischen Grenzzustandes zu finden sind, die alle zu denselben Ergebnissen führen. Abschließend ist darauf hinzuweisen, daß wegen der Unabhängigkeit der Gleichgewichtsbedingungen von Änderungen der Geometrie die plastische Grenzlast auch unabhängig von den geometrischen und strukturellen Imperfektionen (vergl. Abschnitt 5.4.1) ist.

Zur Erläuterung sollen drei Beispiele dienen.

Beispiel 1 Eingespannter Balken mit Streckenlast

Für dieses System nach Bild 4.1 wurden im Abschnitt 4.2 bereits die Last-Verformung-Kurve und die plastische Grenzlast nach der Fließzonentheorie berechnet. Bei Anwendung der Fließgelenktheorie ist an der Stelle des größten Biegemomentes, der Einspannung $\xi = 0$, ein Fließgelenk einzuführen, wenn das Biegemoment nach Gl. (4.2-1) das Fließmoment erreicht, $|M_y(0)| = \frac{1}{2}qL^2 = M_F = M_{pl}$ mit $M_{pl} = 3\,R_F\,W_{el}/2$ für den Rechteckquerschnitt.

Daraus ergibt sich unmittelbar dieselbe plastische Grenzlast wie in Gl. (4.2-3). Das statisch bestimmte System wird durch ein Fließgelenk in einen Mechanismus überführt, der sich unter konstanter Belastung verschieben kann. Die aus physikalischen Gründen nichtlineare Kraft-Verformung-Kurve (Bild 4.2) wird durch zwei Geraden angenähert: Die elastische Gerade für $q \leqslant q_{pl}$ und die horizontale Gerade für $q = q_{pl}$. Die Durchbiegung bei $\xi = 1$ ist bei Einführung des Fließgelenks unter der Grenzbelastung $q_{pl} = 3\,q_{el}/2$ mit $w_{m,pl} = 3\,w_{m,el}/2$ kleiner als die Durchbiegung nach der Fließzonentheorie nach Gl. (4.2-13b), weil wegen der Fließgelenkhypothese mit einem vollelastischen Balkenquerschnitt bis zur Belastung $q = q_{pl}$ gerechnet wird, obwohl der elastische Restquerschnitt im Bereich der Fließzonen tatsächlich kleiner ist. Die Steifigkeit des Systems wird also im elastisch-plastischen Übergangsbereich überschätzt, sie stimmt mit der tatsächlichen Steifigkeit sowohl unter der elastischen Grenzlast q_{el} als auch unter der plastischen Grenzlast q_{pl} (Mechanismus mit der Steifigkeit Null) überein. Das gilt entsprechend für statisch unbestimmte Systeme.

Beispiel 2   Einfach statisch unbestimmter Balken unter Einzellast
Die für die Berechnung des in Bild 4.6 skizzierten Systems nach der Fließzonentheorie erforderlichen vier Berechnungsstufen a) bis d) wurden in Abschnitt 4.3 besprochen. Nach der Fließgelenktheorie sind für das einfach unbestimmte System zwei Fließgelenke erforderlich, um es in einen Mechanismus zu überführen, also auch nur zwei Berechnungsstufen. Die Berechnung wird, exemplarisch für andere statisch unbestimmte Systeme, im folgenden durchgeführt, um zu demonstrieren, welche Vereinfachungen die Fließgelenkhypothese zur Folge hat.

1. <u>Vollständig elastischer Balken</u>, d. h. $|M(x)| \leqslant M_F$ für $0 \leqslant x \leqslant L$
   Die Rechnung ist dieselbe wie in Stufe a) des Abschnitts 4.3, der einzige Unterschied liegt darin, daß die Gültigkeitsgrenze von $max\,|M(0)| = M_{el}$ auf $max\,|M(0)| = M_F = M_{pl} = R_F\,W_{pl}$ erweitert wird, der Balken also bis zur Belastung mit

$$F_1 = F_{el,G} = \frac{16}{3}\,\frac{R_F W_{pl}}{L} = m_{pl}\,F_{el}$$

als elastisch angesehen wird. Unter dieser Belastung bildet sich das erste Fließgelenk, und das System wird statisch bestimmt. Die Kraft-Verformung-Beziehung für die Durchbiegung in Balkenmitte

$$w(\tfrac{1}{2}) = \frac{F}{F_{el}}\,w_{el}(\tfrac{1}{2})$$

ergibt für $F_1 = F_{el,G}$ die Durchbiegung $w_1(\tfrac{1}{2}) = w_{el,G}(\tfrac{1}{2}) = m_{pl}\,w_{el}(\tfrac{1}{2})$.

2. <u>Elastischer Balken mit einem Fließgelenk,</u> d. h. $|M(0)| = M_F$, $|M(\tfrac{1}{2})| \leqslant M_F$, (Bild 4.6b)
   Nach Bildung des ersten Fließgelenkes kann man auf zwei Wegen weiterrechnen:

<u>Weg 1:</u>
Das System wird nach Bild 6.7a mit dem Moment $M(0) = -M_F$ im Fließgelenk, dargestellt durch einen schwarz angelegten kleinen Kreis, und der Kraft $F \geqslant F_{el,G}$ belastet, bis das Moment in Balkenmitte

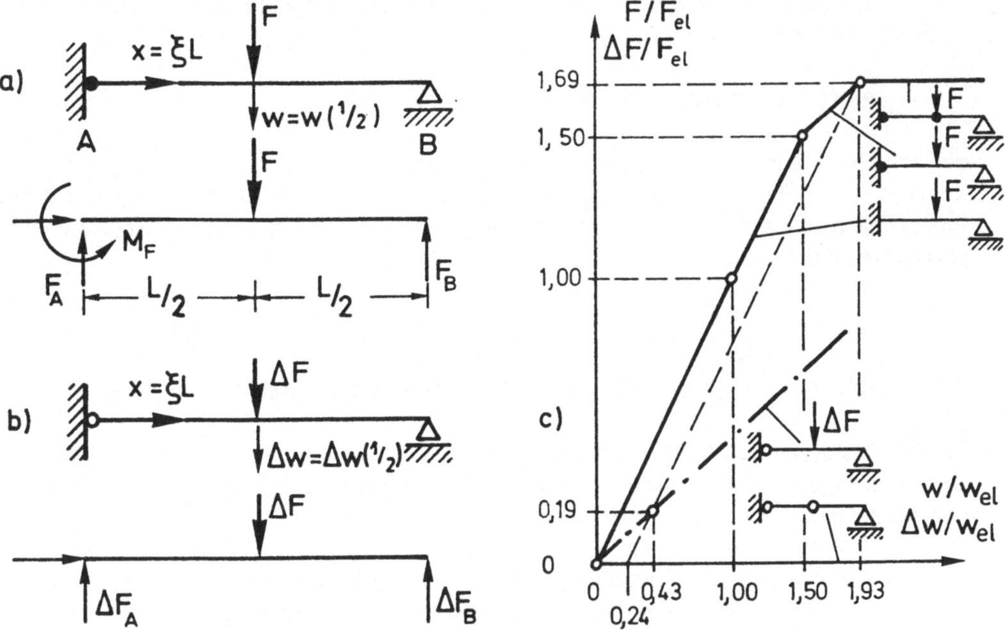

Bild 6.7: *Einfach statisch unbestimmt gelagerter Balken*
a) System mit Fließgelenk b) System mit konstruktivem Gelenk
c) Kraft-Verformung-Beziehung

$$M(\tfrac{1}{2}) = \frac{F_2 L}{4} - \frac{M_F}{L} = M_F$$

ist und damit das nächste Fließgelenk gebildet wird, das in diesem Beispiel das letzte ist.
Daraus ergibt sich die plastische Grenzlast nach Gl. (4.3-6)

$$F_2 = F_{pl} = \frac{6 M_F}{L} = \frac{27 F_{el}}{16} \ .$$

Die Durchbiegung in Balkenmitte

$$w(\tfrac{1}{2}) = -\frac{27}{14} w_{el}(\tfrac{1}{2}) + \frac{16}{7}\frac{F}{F_{el}} w_{el}(\tfrac{1}{2})$$

beträgt unter der plastischen Grenzlast F_{pl} etwa das Doppelte derjenigen unter der ela-
stischen Grenzlast F_{el}: $w_2(\tfrac{1}{2}) = w_{pl} = 27 w_{el}(\tfrac{1}{2})/14 = 1{,}93\, w_{el}(\tfrac{1}{2})$. Die Kraft-
Verformung-Beziehung des Balkens besteht nach der Fließgelenktheorie aus drei Gera-
den, die in Bild 6.7c aufgetragen sind.

Bei Umkehr der Kraft F unmittelbar bei Erreichen der plastischen Grenzlast werden beide
Fließgelenke entlastet und verhalten sich wie elastische Querschnitte, es gelten die Gleichungen der Stufe 1. Bei vollständiger Entlastung $F = 0$, also Subtraktion von F_{pl} am
elastischen System, ergeben die Gln. (4.3-2) die Restbiegemomente (Bild 6.4b)

$$M^R(0) = -M_F + \frac{3}{16} F_{pl} L = \frac{1}{8} M_F \ , \quad M^R(\tfrac{1}{2}) = M_F - \frac{5}{32} F_{pl} L = \frac{1}{16} M_F \ .$$

Mit dem bekannten Einspannmoment M^R (0) kann die bleibende Durchbiegung in Balkenmitte direkt bestimmt werden

$$w^P\,(½) \;=\; w^R\,(½) \;=\; \frac{27}{112}\,w_{el}\,(½) \;=\; 0{,}24\,w_{el}\,(½)\;,$$

die sich ohne Kenntnis des Einspannmomentes auch aus
$w_{pl}\,(½) \;=\; w^R\,(½) + w_{el}\,(½)\,F_{pl}/F_{el}$ ergibt (Bild 6.7c). Diese Restverformungen und die Restschnittlasten sind die Folge des im Fließgelenk an der Einspannstelle aufgelaufenen plastischen Knickwinkels

$$\psi^P \;=\; \frac{M_F\,L}{24\,E\,I_y}\;,$$

der ebenfalls mit dem Einspannmoment M^R (0) berechnet werden kann.

<u>Weg 2:</u>

Da das Restsystem außerhalb des Fließgelenks völlig elastisch ist und damit zwischen **Laständerungen** und **Schnittlastenänderungen** ein linearer Zusammenhang besteht, können die Belastung und die Schnittlasten gemäß
$$F \;=\; F_1 + \Delta F\;,\quad M(\xi) \;=\; M_1\,(\xi) + \Delta M(\xi)$$
superponiert werden. Die Berechnung der Schnittlastenänderungen erfolgt dann einfach an einem System, bei dem anstelle des Fließgelenks ein reibungsfreies und damit momentenfreies, sogenanntes "konstruktives" Gelenk eingebaut ist (Bild 6.7b). Aus der Fließbedingung an der Stelle des größten Momentes, hier in Balkenmitte,
$$\Delta M(½) \;=\; \Delta F\,L/4 \;=\; M_F - M_1\,(½) \;=\; M_F/6$$
folgt die mögliche Laststeigerung $\Delta F_2 = 2\,M_F/(3L)$ und damit die plastische Grenzlast $F_2 = F_1 + \Delta F_2 = F_{pl}$ wie vorher. Die Kraft-Verformung-Beziehung ist für dieses System die strichpunktierte Gerade durch den Ursprung in Bild 6.7c, die für den Mechanismus mit zwei Gelenken die Abszisse selbst. Die tatsächliche Kraft-Verformung-Beziehung erhält man durch Parallelverschiebung oder entsprechende Superposition.

<u>Beispiel 3   Rechteckrahmen mit Einzellasten</u>

Die Abmessungen des dreifach statisch unbestimmten Rechteckrahmens aus St37 (R_F = 240 MPa) sind Bild 6.8a zu entnehmen, die Querschnittswerte sind
Riegel:A_R = 45,9 cm^2, I_R = 5790 cm^4, $W_{el\,R}$ = 429 cm^3, $m_{pl\,R}$ = 1,13, $M_{pl\,R}$ = 116,34 kNm
Stiele: A_S = 43,0 cm^2, I_S = 1150 cm^4, $W_{el\,S}$ = 164 cm^3, $m_{pl\,S}$ = 1,14, $M_{pl\,S}$ = 44,90 kNm.
Da der Rahmen relativ "weich" ist, ist eine Berechnung nach Theorie 1. Ordnung nur für kleine Längskräfte F_v sinnvoll und zulässig. Im folgenden werden nur die Ergebnisse für zwei Belastungsprogramme vorgestellt, die Rechnung selbst kann einfach z. B. mit Hilfe von Rahmentabellen oder einem anderen Verfahren entsprechend dem Vorgehen in Beispiel 2 erfolgen.

<u>Belastung nur durch die horizontale Kraft F_{h}</u> (Kurve a)

In diesem Fall sind die Einspannmomente M_1 und M_5 der Stiele von gleicher Größe, es bildet sich zuerst das Restsystem C mit zwei Fließgelenken, Bild 6.8b. Bei weiterer Belastung wird das Fließmoment M_F in den Stielen an den Rahmenecken erreicht und der Mechanismus E gebildet mit der plastischen Grenzlast $F_{h\,pl}$ = 39,9 kN. Die Kraft-Verformung-Kurve besteht aus drei Geraden, Bild 6.9a. Eine Abminderung des Fließmoments wegen der Längskraft in den Stielen ist nicht erforderlich, da die Längskräfte bei Anwendung der linearen Näherung nach Gl. (3.14) mit C_4 = 1,10 (siehe Bild 3.27) unter der Grenze $n = N/N_{pl} = N/(R_F\,A) \le$ 1/11 = 0,091 liegen, bis zu der $M = M_F = M_{pl}$ gilt.

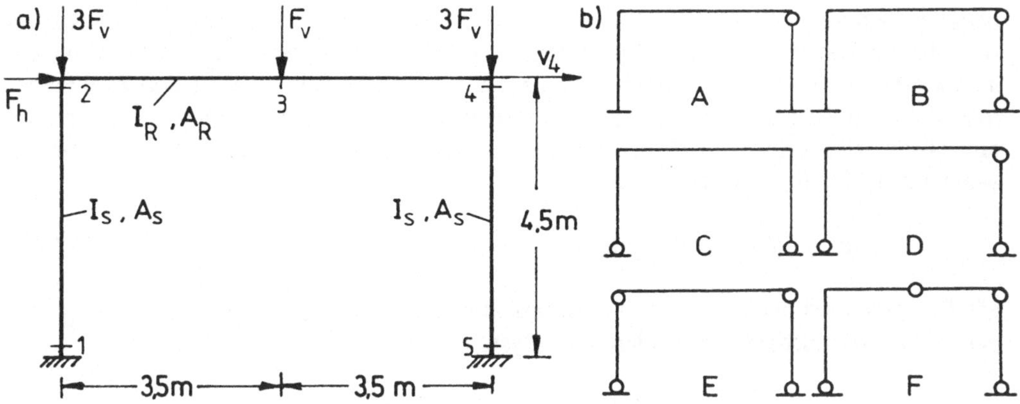

Bild 6.8: *Rechteckrahmen*
a) Abmessungen und Belastung   b) Restsysteme

Belastung mit F_h, $F_v = 2 F_h/3$, (Kurve b)
Bei dieser proportionalen Belastung sind die Momente im Stiel rechts oben und unten von gleicher Größe, es werden die Restsysteme *B, D, E* nach Bild 6.8b gebildet. Die plastische Grenzlast beträgt wieder $F_{h\,pl}$ = 39,9 kN, sie wird wegen der Längskraftwirkung bei größeren Verformungen erreicht, Bild 6.9, Kurve b, die aber voraussetzungsgemäß die Rechnung nicht beeinflussen. Die Längskräfte unter dieser Belastung mit dem Faktor F_v/F_h = 2/3 liegen etwa auf der Grenze, bis zu der die Fließmomente nicht abgemindert werden müssen, siehe oben. Für alle Belastungen mit F_v/F_h > 2/3 ist also aus diesem Grund die plastische Grenzlast $F_{h\,pl}$ < 39,9 kN, auch wenn nach Theorie 1. Ordnung gerechnet wird.

Es ist festzuhalten, daß unter den beiden Belastungen die Fließgelenke in unterschiedlicher Reihenfolge gebildet werden, aber zu demselben Mechanismus *E* führen. Die Gleichgewichtsbedingung mit dem Prinzip der virtuellen Arbeit für diesen Mechanismus lautet unabhängig von der Reihenfolge $F_{h\,pl} H \delta\alpha - M_{F1} \delta\alpha - M_{F2} \delta\alpha - M_{F4} \delta\alpha - M_{F5} \delta\alpha = 0$ und ergibt direkt die plastische Grenzlast $F_{h\,pl} = 4 M_F/H$ = 39,9 kN.

6.5.4 Theorie 2. Ordnung

Wenn die Änderungen der Geometrie des Systems in den Gleichgewichtsbedingungen berücksichtigt werden, ist für die Untersuchung der Stabilität und damit für die Bestimmung der Traglast die vollständige Gl. (6.5-3) mit der geometrischen Steifigkeitsmatrix $^g C_{kl}$ nach Gl. (6.2-9) heranzuziehen. Diese Matrix ist bei **labilisierendem Einfluß der Geometrie**, z. B. bei einem **System mit Druckkräften in den Stäben** wie dem Rahmen des Beispiels 3 im vorangegangenen Abschnitt, nicht oder negativ definit. Instabilität kann schon bei völlig elastischen Systemen mit stabilen Elementen, für die $\Sigma\, {}^n\dot{s}_j\, {}^n\dot{v}_j > 0$ gilt, eintreten. Für den hier interessierenden Fall eines elastisch-idealplastischen Systems wird der Verlust der Steifigkeit durch zwei Effekte verursacht: Erstens wird die erste, bei Belastungsbeginn positive Summe in Gl. (6.5-3) durch die Plastizierung der Elemente wie bei Theorie 1. Ordnung bei Belastungssteigerung kleiner und verschwindet bei Ausbildung eines Mechanismus, wenn an genügend vielen Elementrändern $^n\dot{s}_j\, {}^n\dot{v}_j P = 0$ gilt. Dieser Vorgang wird bei labilisierendem Einfluß der Geometrie innerhalb der Elemente (Druckstäbe) verstärkt, weil die Summanden $^n\dot{s}_j\, {}^n\dot{v}_j\, e$

kleiner werden. Zweitens wird bei labilisierendem Einfluß der Systemgeometrie die zweite, negative Summe mit steigender Belastung größer. Bei Belastungssteigerung von Null an wird also die erste nicht-stabile, i. a. indifferente Gleichgewichtslage und damit die Traglast immer erreicht, bevor ein Mechanismus ausgebildet wird. Daraus ergeben sich zwei Folgerungen, die für den Sonderfall der proportionalen Belastung einfach formuliert werden können. Hierzu wird angenommen, daß alle äußeren Lasten f_i sich proportional zueinander mit einem Lastfaktor $f(t) > 0$ ändern, d. h.

$$f_i(t) = f(t) \; \overset{o}{f_i} = f(t) \; f_i(t_o) \tag{6.5-8}$$

gilt. Entsprechend den Definitionen in Abschnitt 6.5.2 sei f_T der Traglastfaktor und f_{pl} der plastische Grenzlastfaktor. Für linearisierte Systeme gilt

$$^1f_{pl} > f_T \; , \tag{6.5-9}$$

die plastische Grenzlast nach Theorie 1. Ordnung überschätzt also die Tragfähigkeit des Systems (vergleiche Bild 5.4). Für nichtlineare Systeme wird die plastische Grenzlast erst im instabilen Bereich der Kraft-Verformung-Kurve nach der Traglast erreicht, es ist also stets

$$^2f_{pl} < f_T \; . \tag{6.5-10}$$

Bei **Anwendung der Fließgelenkhypothese** wird, wie schon dargestellt, mit einer größeren Systemsteifigkeit als der tatsächlichen gerechnet, es ist also

$$f_{T,G} \geq f_T \; , \tag{6.5-11}$$

und wegen der nicht stetigen Änderungen der Randbeziehungen muß Gl. (6.5-10) den Fall einschließen, daß die Steifigkeit des letzten, statisch bestimmten Restsystems so groß ist, daß sie gegenüber dem labilisierenden Einfluß der Systemgeometrie überwiegt und Instabilität durch Ausbildung eines Mechanismus eintritt

$$^2f_{pl,G} \leq f_{T,G} \; . \tag{6.5-10a}$$

Für linearisierte Systeme ändert sich Gl. (6.5-9) mit Gl. (6.5-11) zu

$$^1f_{pl} = \; ^1f_{pl,G} > f_{T,G} \geq f_T \; . \tag{6.5-9a}$$

Für die überschlägige Beurteilung von Kraft-Verformung-Kurven nichtlinearer Systeme ist das **starr-plastische Werkstoffmodell** von besonderem Interesse. Bei Anwendung dieses Modells können Verschiebungen überhaupt nur auftreten, wenn ein Mechanismus mit starren Stäben ausgebildet wird, und es entfallen bis dahin alle Unterschiede zwischen Theorie 1. und 2. Ordnung

$$^1f_{pl} = \; ^1f_T = \; ^2f_{pl} = \; ^2f_T \tag{6.5-12}$$

ebenso wie die Unterschiede zwischen Werkstoffmodell und Elementmodell. Unterschiede zwischen Theorie 1. und 2. Ordnung ergeben sich erst, wenn die Gleichgewichtsbedingungen am verformten, starr-plastischen Mechanismus angesetzt werden. Die Gleichgewichts-

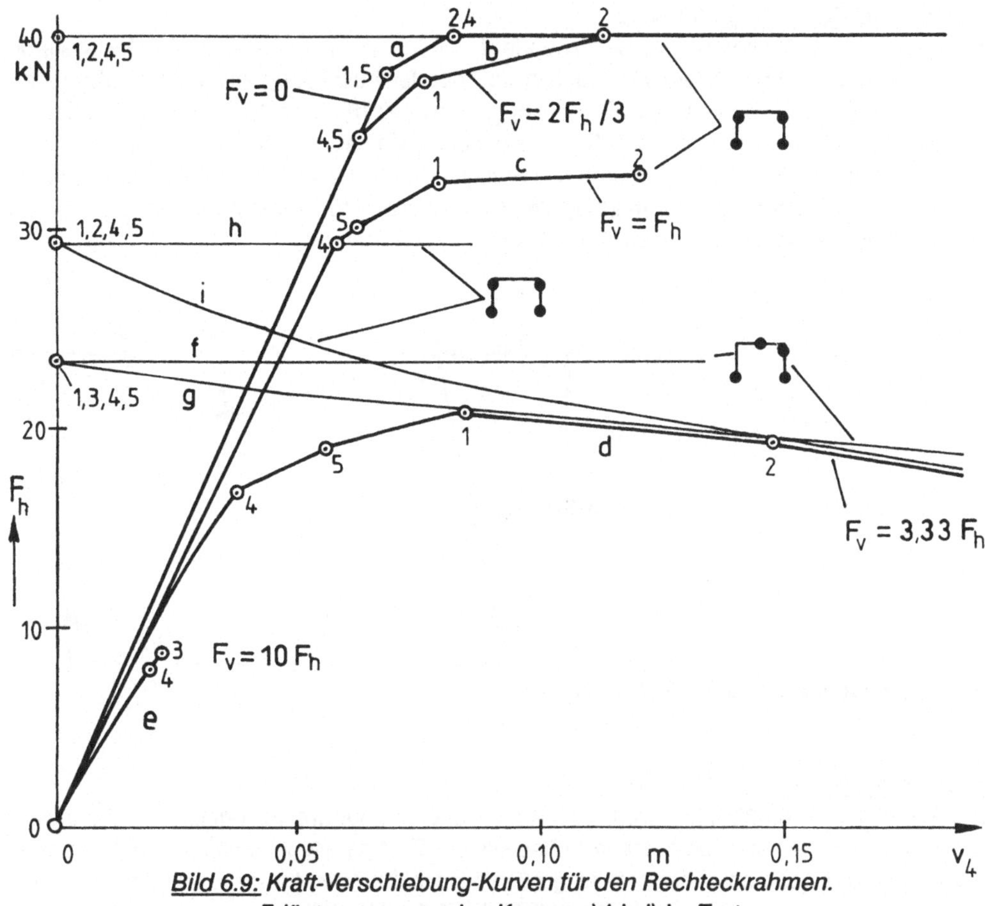

Bild 6.9: Kraft-Verschiebung-Kurven für den Rechteckrahmen.
Erläuterungen zu den Kurven a) bis i) im Text.
Die Zahlen an den Kreisen geben den Ort (nach Bild 6.8) des Fließgelenks an.

bedingungen nach der Theorie 2. Ordnung enthalten dann gegenüber denen nach der Theorie 1. Ordnung gerade die Momente, die sich aus den Drehnungen der Stäbe in Verbindung mit den Längskraften ergeben, also die Wirkung der sogenannten Abtriebskräfte.

Zur Erläuterung der Gleichungen (6.5-9) bis (6.5-12) wird noch einmal der Rechteckrahmen nach Bild 6.8 benutzt, der jetzt mit größeren Kräften F_v belastet wird. Die Berechnung nach der Theorie 2. Ordnung mit der Fließgelenkhypothese und mit Berücksichtigung der Abminderung der Fließmomente durch Längskraftwirkung erfolgte numerisch mit einem Programm von BURTH [1969], hier werden nur die Ergebnisse in Form charakteristischer Kraft-Verformung-Kurven nach Bild 6.9 vorgestellt. Die Kurven bestehen wegen der geometrischen Nichtlinearitäten - im Gegensatz zur Theorie 1. Ordnung - aus gekrümmten Linien zwischen den Punkten, die den Einbau eines Fließgelenks markieren. Die Krümmungen sind allerdings in diesem Beispiel so klein, daß die Linien bis auf den elastischen Anfangsbereich durch Geraden ersetzt werden. Alle Kurven gelten für proportionale Belastung, das Verhalten dieses Rahmens bei nicht-proportionaler, einsinniger Laststeigerung ist von BURTH & VOGEL [1973] untersucht worden.

Belastung mit F_h, $F_v = F_h$ (Kurve c)

Es werden wie bei Anwendung der Theorie 1. Ordnung nacheinander die Restsysteme A,B,D,E nach Bild 6.8b gebildet, die Traglast wird mit der Ausbildung eines Mechanismus erreicht (vergl. Gl. (6.5-10a)), es ist $F_{h\,T} = F_{h\,pl} = 0{,}862\ ^1F_{h\,pl}$ mit der plastischen Grenzlast nach Theorie 1. Ordnung unter Berücksichtigung der Abminderung der Fließmomente $^1F_{h\,pl} = 38{,}21$ kN (vergl. Gl. (6.5-9a)). Die Steifigkeit des statisch bestimmten Restsystems D ist bereits sehr gering (flache Steigung der Kurve), so daß für etwas größere Kräfte F_v die Traglast **ohne** die Ausbildung eines Mechanismus zu erwarten ist.

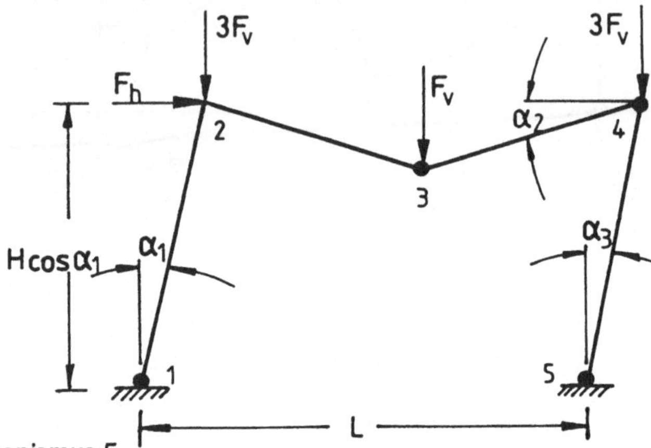

Bild 6.10: *Verschiebung des Mechanismus F*

Belastung mit F_h, $F_v = 3{,}333\,F_h$ (Kurve d)

Die Traglast $F_{h\,T} = 0{,}892\ ^1F_{h\,pl}$ wird nach Ausbildung von nur drei Fließgelenken (Restsysteme A,B) erreicht, das statisch bestimmte Restsystem D ist bereits instabil und der Mechanismus kommt erst nach etwa doppelt so großen Verschiebungen im instabilen Bereich unter kleineren Kräften zustande (vergl. Gl. (6.5-10a)). Beim Vergleich mit dem Ergebnis nach Theorie 1. Ordnung ist zu beachten, daß sich unter der plastischen Grenzlast $^1F_{h\,pl} = 23{,}39$ kN (Abminderung von M_F berücksichtigt) der Mechanismus F mit einem Fließgelenk in Riegelmitte bildet (Reihenfolge der Fließgelenke 4, 5, 3, 1). Zur Erläuterung dieser Änderung der Mechanismen sollen die Kraft-Verformung-Kurven für das starr-plastische Werkstoffmodell dienen: Die Kurven liegen für beide Mechanismen E und F bei Laststeigerung von Null an in der Ordinate, zuerst wird die plastische Grenzlast des Mechanismus F erreicht, $F_{h\,pl} = 23{,}39$ kN, und damit sind Verschiebungen dieses Mechanismus möglich. Die zugehörige Kraft-Verformung-Kurve verläuft nach Theorie 1. Ordnung horizontal (Gerade f), nach Theorie 2. Ordnung abfallend (Kurve g). Diese Kurve erhält man durch Ansetzen der Gleichgewichtsbedingungen am verschobenen Mechanismus F nach Bild 6.10 mit dem Prinzip der virtuellen Arbeiten

$$\delta A^{(e)} = 0 = F_h\,H\cos\alpha_1\,\delta\alpha_1 + 3F_v\,H\sin\alpha_1\,\delta\alpha_1 + F_v\,\delta\alpha_1\,(H\sin\alpha_1 + \tfrac{1}{2}L\,\cos\alpha_1) +$$
$$+ 3F_v\,H\sin\alpha_3\,\delta\alpha_3 - [M_{F1}\,\delta\alpha_1 + M_{F4}\,(\delta\alpha_2 + \delta\alpha_3) + M_{F5}\,\delta\alpha_3 + M_{F3}\,(\delta\alpha_1 + \delta\alpha_2]\ .$$

$$(6.5\text{-}13)$$

Da hier die Verschiebung $v_4 \leqq 0{,}16$ m und damit $\alpha_1 \leqq 2°$ ist, können die Näherungen

$$\alpha_1 = \alpha_2 = \alpha_3 = \alpha\ ,\ \sin\alpha = \alpha\ ,\ \cos\alpha = 1\ ,\ \delta\alpha_1 = \delta\alpha_2 = \delta\alpha\ ,\ \delta\alpha_3 = (1-\alpha)\,\delta\alpha$$

eingeführt werden. Zur Abminderung der Fließmomente in den Stielen werden näherungsweise die nach Theorie 1. Ordnung berechneten Auflagerkräfte F_{1Z}, F_{5Z} benutzt, die mit Gl.

(3.5-14) zu

$$M_{F1} = 1{,}10\, M_{pl}\, (1 - F_{1Z}/N_{pl\,S})\quad,\quad M_{F4} = M_{F5} = 1{,}10\, M_{pl}\, (1 - F_{5Z}/N_{pl\,S})$$

führen. Die Auswertung dieser Gleichungen ergibt den gesuchten Zusammenhang

$$F_h \;=\; kN\,[43{,}16 - 10{,}02\alpha]\,/\,[18{,}50 + 105{,}24\alpha - 46{,}45\alpha^2]\;. \qquad (6.5\text{-}14)$$

Man erkennt, daß die so berechnete Kurve g den Verlauf der Kraft-Verformung-Kurve im instabilen Bereich sehr gut annähert. Sie wird kurz vor Ausbildung des letzten Fließgelenks 2 von der entsprechend berechneten Kurve i für den Mechanismus E geschnitten: In diesem Punkt sind unter derselben Belastung bei derselben Horizontalverschiebung die Gleichgewichtsbedingungen an beiden Mechanismen erfüllt, bei größeren Horizontalverschiebungen trägt der Mechanismus E kleinere Belastungen als der Mechanismus F, und entsprechend stellt sich das letzte Fließgelenk im Punkt 2 ein.

Zur **Wirkung der Längskräfte** in den beiden Rahmenstielen ist zusammenfassend festzustellen:

1. Einen nicht zu vernachlässigenden Einfluß hat mit zunehmenden Längskräften die Abminderung der Fließmomente in den Fließgelenken. Bei Berücksichtigung der Abminderung beträgt die plastische Grenzlast $^1F_{pl}$ für das Lastverhältnis $F_v = F_h$ bzw. $F_v = 3{,}33\,F_h$ nur noch 95,7 % bzw. 91,5 % der Grenzlast ohne Abminderung.

2. Die Traglast ist nur bei relativ kleinen Längskräften mit der Ausbildung eines Mechanismus verbunden, der nicht mit dem nach Theorie 1. Ordnung berechneten übereinstimmen muß. Bei dem hier behandelten dreifach statisch unbestimmten Rahmen stellen sich beim Lastverhältnis $F_v = 3{,}33\,F_h$ nur noch drei Fließgelenke von vier für einen Mechanismus erforderlichen ein. Dieses Phänomen ist bei hochgradig statisch unbestimmten Systemen wie z. B. Stockwerkrahmen noch ausgeprägter (vergl. VOGEL [1985]).

3. Aus dem Vergleich der Kraft-Verformung-Kurven für den starr-plastischen Mechanismus und für das elastisch-idealplastische System beim Lastverhältnis $F_v = 3{,}33\,F_h$ ist zu schließen, daß die Unterschiede hier im wesentlichen auf die Änderungen der Systemgeometrie zurückzuführen sind, die zu zusätzlichen Momenten in den Gleichgewichtsbedingungen führen. In Gl. (6.5-13) sind dies die Terme $7F_v\,H\sin\alpha$, die für $\alpha = 0$ (Theorie 1. Ordnung) verschwinden. In der Literatur wird dieser Effekt mit der Längskraft P und der Knotenverschiebung Δ als "$P\Delta$-Effekt" bezeichnet. Erst bei schlankeren Stäben und größeren Längskräften, d. h. größeren Stabkennzahlen $\varepsilon = L\,\sqrt{N/E\,I}$ (vergl. Abschnitt 5.1.1) wirken sich auch die geometrischen Effekte innerhalb der Stäbe stärker aus.

Wenn bei statisch bestimmten oder niedriggradig statisch unbestimmten Systemen, wie hier am Rahmen, die Mechanismen überschaubar und leicht berechenbar sind, bietet sich für nicht zu schlanke Stäbe folgende **Näherung** an: Der Effekt der Stabdrehungen wird durch den starr-plastischen Mechanismus erfaßt, die Verschiebungen des Systems werden geschätzt. Das kann mit Hilfe der Elastizitätstheorie nach Theorie 1. und 2. Ordnung (Verschiebungen stets zu klein!) oder der Fließgelenktheorie 1. Ordnung geschehen, wobei auch Vorverformungen zu berücksichtigen sind. Die Verschiebungen nach der Fließgelenktheorie 1. Ordnung sind, wenn das letzte, statisch bestimmte Restsystem bekannt ist, relativ einfach zu ermitteln. Beim Rechteckrahmen ist die Verschiebung bei Ausbildung des Mechanismus

(Kurve j) v_4 = 0,1067 m und α = 0,0237. Aus Gl. (6.5-14) ergibt sich damit eine Traglast $F_{h\,T}$ = 20,50 kN, die eine sehr gute Näherung für die aufwendig nach Theorie 2. Ordnung berechnete Traglast $^2F_{h\,T}$ = 20,87 kN darstellt. Beim statisch bestimmt gelagerten Stab nach Bild 5.4 ergibt die Elastizitätstheorie 2. Ordnung die beste Schätzung der Verschiebungen, da nach der Fließgelenktheorie die Verschiebungen w_{pl} $(L/2)$ = m_{pl} w_{el} $(L/2)$ nur wenig größer ist als die nach der Elastizitätstheorie 1. Ordnung. Einsetzen der so geschätzten Verformung in die Gleichgewichtsbedingung am starr-plastischen Stab-Mechanismus liefert einen plastischen Grenzlastfaktor κ_{pl} = 0,35 , der nur wenig über dem vorher berechneten Wert liegt.

Die beschriebene Näherung ist als Berechnungsverfahren nicht immer ausreichend, sondern eher für die Kontrolle von Ergebnissen durch "Handrechnung" geeignet. Für ein systematisches Berechnungsverfahren bietet sich als Näherung die **Linearisierung des Gleichungssystems** an, bei dem die (wenig) gekrümmten Kurvenabschnitte zwischen den Punkten, die den Einbau von Fließgelenken markieren, durch Geraden ersetzt werden (siehe Bild 6.9). Dies gelingt unter drei Voraussetzungen:

1. Es wird eine feste Belastung vorgegeben, die z. B. die Bemessungslast sein kann und die gegebenenfalls iterativ zu verändern ist, etwa um die Traglast zu bestimmen.
2. Unter dieser vorgegebenen Belastung werden die Stablängskräfte und, falls für die Interaktionsbeziehung erforderlich, die Querkräfte näherungsweise bestimmt und in die folgende Rechnung als feste Größen eingeführt. Auch hier kann eine Iteration notwendig werden.
3. Es werden, wie beim Vorgehen nach Theorie 1. Ordnung, zentrische Fließgelenke eingeführt, wenn die Interaktionsbeziehung erfüllt wird.

Durch Voraussetzung 2. werden die Fließmomente nach Gl. (6.4-3) konstante Größen und die Element-Randbeziehungen am Stab linear ebenso wie die in den Gleichgewichtsbedingungen enthaltenen Zusatzterme $P\Delta$. Es wird bei Belastungsbeginn mit einem - gegenüber dem gegebenen System - zu weichen System gerechnet, nur der Endzustand unter der vorgegebenen Belastung wird richtig erfaßt. Es ist aber ein charakteristisches Kennzeichen aller elastisch-plastischen Berechnungen, daß bei jeder Laständerung zu prüfen ist, ob Be- oder Entlastungen in den plastizierten Bereichen, hier in den Fließgelenken, vorliegen. Es bleibt bei dem vorgestellten Berechnungsmodell problematisch, ob diese Prüfung in den angenäherten Zwischenzuständen realistisch abgebildet wird.

Zur Aufstellung des Gleichungssystems können das Kraftgrößenverfahren, das Verschiebungsgrößenverfahren oder auch gemischte Verfahren benutzt werden. Eine detaillierte Darstellung geben RUBIN & VOGEL im Stahlbau-Handbuch [1982], im einzelnen durchgerechnete Beispiele findet man bei HEES [1984], [1989]*.

7.   Das Grenzlastverfahren

7.1   Einordnung und Bedeutung des Verfahrens

In den Beispielen der Abschnitte 2.6 (Tragwerksmodell), 4. (Balken) und 6.5.3 (Balken und Rahmen) wurde bei **Anwendung der Theorie 1. Ordnung** die plastische Grenzlast der Systeme aus **elastisch-idealplastischem Werkstoff** zunächst als Endwert einer Folge von Belastungsschritten berechnet. Dieser Endwert ergab sich aus der Bedingung, daß eine weitere Steigerung der äußeren Lasten wegen der erreichten Ausdehnung der plastischen Bereiche nicht mehr möglich war. Anschließend wurde an Beispielen gezeigt, daß der plastische Grenzzustand auch direkt ohne Kenntnis der Zwischenzustände bestimmt werden kann. Die **Grenzlastsätze** liefern die theoretische Begründung hierfür und erlauben somit eine Verallgemeinerung auf beliebige Tragwerke aus ideal-plastischem Werkstoff. Sie ermöglichen es, einen definierten Versagenszustand, nämlich den plastischen Grenz- oder Kollapszustand, eines Systems zu ermitteln, ohne für jeden Belastungsschritt den vollständigen Schnittlastenzustand und den zugehörigen Verschiebungszustand zu bestimmen. Auf der Grundlage dieser Sätze sind leistungsfähige Verfahren entwickelt worden, die eine eindeutige Berechnung oder in komplizierten Fällen eine Einschrankung der plastischen Grenzlast ermöglichen.

Das Grenzlastverfahren ist eine Alternative zu dem in Abschnitt 6.5.3 vorgestellten Berechnungsverfahren nach Theorie 1. Ordnung, das darauf beruht, daß die Berechnungsverfahren der Elastizitätstheorie um die Fließgelenkhypothese erweitert werden, die ein Ergebnis der Plastizitätstheorie ist. Für die Berechnungen in Abschnitt 6.5.3 ist es nicht erforderlich, den ebenfalls von der Plastizitätstheorie entwickelten Begriff des plastischen Grenzzustandes einzuführen. Er ergibt sich vielmehr als Sonderfall des allgemeineren Begriffs des Grenzzustandes unter der Traglast.

Die Reihenfolge der Darstellung in diesem Buch, zuerst die Tragwerksberechnung mit Hilfe der Fließgelenkhypothese und danach das Grenzlastverfahren zu behandeln, folgt dem Verständnis von Tragwerksicherheit und -berechnung, wie es sich in den letzten 20 Jahren entwickelt und durchgesetzt hat. Historisch ist die Entwicklung ganz anders verlaufen. Seit Ende der vierziger Jahre wurden in Großbritannien und den USA die plastischen Berechnungsverfahren intensiv weiterentwickelt, nachdem die seit Beginn des Jahrhunderts auf dem Kontinent betriebene Erforschung der Grundlagen, die experimentellen Untersuchungen und die Entwicklung von Berechnungsansätzen etwa Mitte der dreißiger Jahre nicht mehr fortgesetzt wurden. Im Jahr 1951 wurden die Grenzlastsätze für Balken und Rahmen von GREENBERG & PRAGER, für Kontinua von DRUCKER, PRAGER & GREENBERG aufgestellt und bewiesen. Sie gelten für elastisch-idealplastischen Werkstoff unter der Voraussetzung der Gültigkeit der Theorie 1. Ordnung. Hinsichtlich der Stabilität verweisen GREENBERG & PRAGER in der Diskussion über ihr Papier auf das übliche Vorgehen bei der Berechnung von Tragwerken nach der Elastizitätstheorie, wobei neben der Berechnung nach der Theorie 1. Ordnung Stabilitätsuntersuchungen gesondert vorzunehmen sind. Sie halten es für einen wesentlichen Beitrag zu ihrer Theorie, wenn die Verformungen beim Erreichen des plastischen Grenzzustandes durch ein einfaches Verfahren bestimmt werden könnten, geben allerdings keine Grenzen für eine kritische Verformung an.

Die Vernachlässigung der Verformungen im Grenzlastverfahren hat zu einer langen und kontroversen Diskussion in der deutschen Fachliteratur über die Anwendbarkeit des Verfahrens im Stahlbau geführt. Eine Zusammenfassung der Diskussion und eine Darstellung des Entwicklungsstandes der Grenzlastberechnung gibt MASSONNET [1963] und [1964]. Im Grunde konnten die Widersprüche erst aufgelöst werden, nachdem das Traglastkonzept, das für die Berechnung der Tragfähigkeit des Einzelstabes seit langem bekannt war (siehe Abschnitt 5, speziell CHWALLA [1934]), konsequent auf Systeme mit mehreren Elementen angewendet wurde. Die Berechnung der Traglast eines einfachen, einhüftigen Rahmens aus elastisch-idealplastischem Werkstoff nach der Fließzonentheorie von OXFORT [1961] markiert etwa den Beginn dieser Entwicklung, die bis etwa 1980 zu der Fließgelenktheorie 2. Ordnung führte, die in Abschnitt 6.5.4 in großen Zügen vorgestellt wurde.

Die Bedeutung der plastischen Grenzlast liegt darin begründet, daß sie für Tragwerke, bei denen die Verformungen die Schnittlastenverteilung nicht wesentlich beeinflußen, eine einfache, allerdings nicht gleichmäßig gute Schätzung der **Traglast** liefert. Dadurch ist es möglich, die Sicherheit gegenüber dem Zusammenbruch zu quantifizieren und die Querschnitte optimal auszunutzen. Die Bilder 7.1 bis 7.3 zeigen Zusammenstellungen früher Traglastversuche, die später durch weitere ergänzt wurden. Angegeben sind dort die berechnete elastische Grenzlast (weißer Teil der Säule) und die im Versuch ermittelte Traglast (ganze Säule), jeweils in Prozent der berechneten plastischen Grenzlast. Während die elastische Grenzlast überwiegend erheblich zu konservativ ist und die sehr unterschiedlichen Sicherheitsreserven (schwarzer Teil der Säule) bis zum tatsächlichen Versagen nicht erkennen läßt, stellt die plastische Grenzlast in den meisten dargestellten Fällen eine nahezu exakte bis leicht konservative Abschätzung der tatsächlichen Versagenslast dar. Neuere Untersuchungen von GOLEMBIEWSKI & VAZOUKIS [1986, 1988] an Proben und Bauteilen aus verfestigenden Werkstoffen mit Rissen zeigen die gleichen Tendenzen und geben Hinweise auf erforderliche Mindestwerte für die Werkstoffzähigkeit zur Anwendung des Grenzlastkonzeptes.

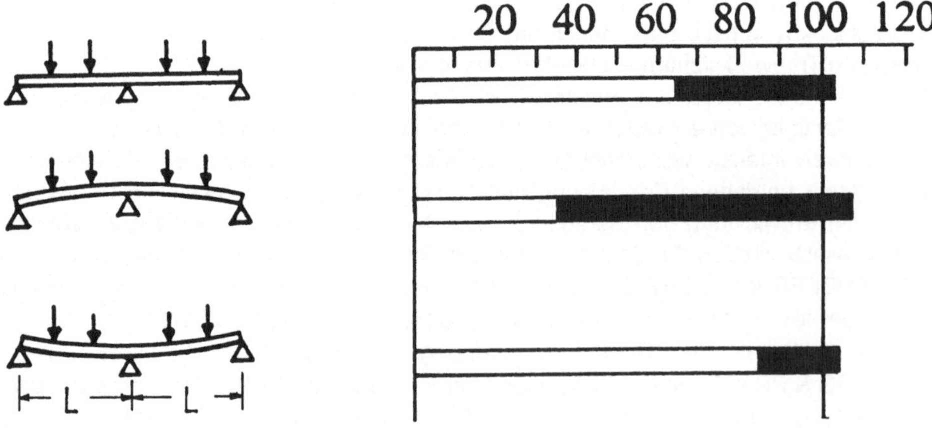

Bild 7.1: *Vergleich berechneter Grenzlasten mit experimentell ermittelten Traglasten; Versuche von MAIER-LEIBNITZ [1928], Profil 2 · I 160, L = 2,40 m*

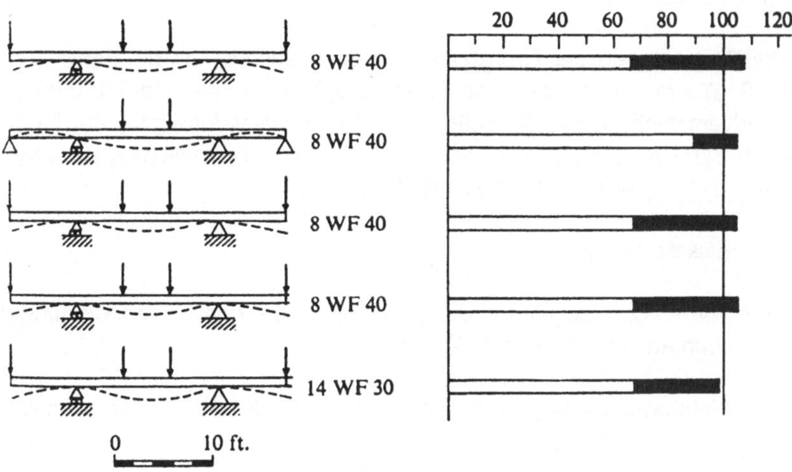

Bild 7.2: Vergleich berechneter Grenzlasten mit experimentellermittelten Traglasten von Trägern nach MASSONNET & SAVE [1965]*, Längen und Profilmaße in englischen Einheiten

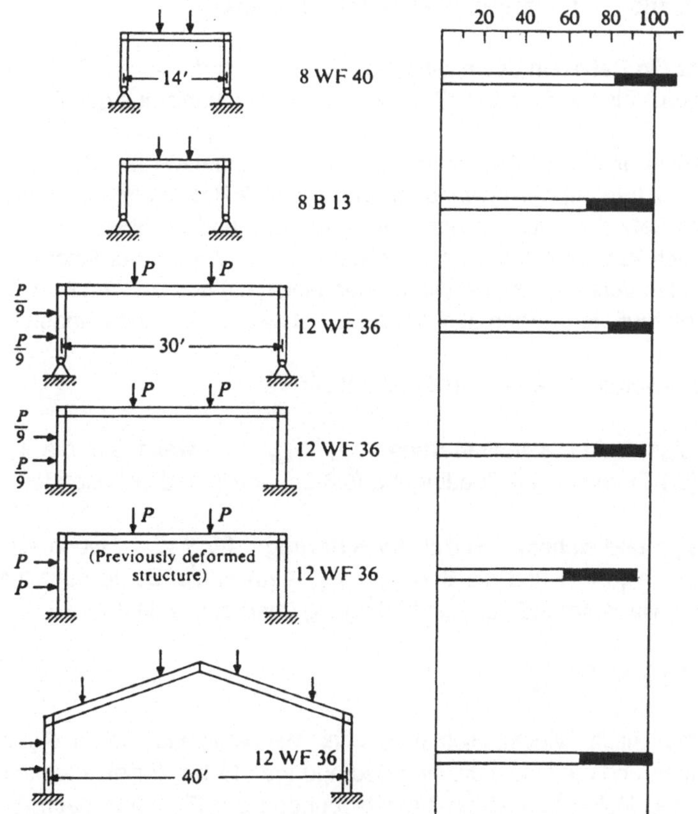

Bild 7.3: Vergleich berechneter Grenzlasten mit experimentell ermittelten Traglasten von Rahmen nach MASSONNET & SAVE [1965]*, Längen und Profilmaße in englischen Einheiten

7.2   Die Grenzlastsätze

Hier erfolgt die Formulierung der Grenzlastsätze in Anlehnung an die Formulierung von NEAL [1956]*, S. 67 - 71, für generalisierte Schnittlasten ^ns_j (Kräfte oder Momente) und generalisierte Randverschiebungen ^nv_j (Längen- oder Winkeländerungen) am Element "n" eines finitisierten Systems gemäß Abschnitt 6.1. Die analoge Formulierung für Spannungen σ_{ij} und Verzerrungen ε_{ij} wird im Abschnitt 10.7.2 gegeben.

Es gelten die **Voraussetzungen**:

1. Die Systemverformungen seien so klein, daß die Gleichgewichtsbedingungen nach Theorie 1. Ordnung aufgestellt werden dürfen.

2. Die Randverschiebungsänderungen $^n\dot{v}_j$ seien nach Gl. (6.1-5) in einen elastischen und einen plastischen Anteil zerlegbar.

3. Die Randschnittlast-Randverschiebung-Beziehung sei elastisch-idealplastisch und genüge den Interaktionsbeziehungen Gl. (6.3-2a,b) sowie Gl. (6.4-4) (Verallgemeinerte Fließgelenkhypothese). Der für alle Elemente vorausgesetzte elastische Bereich werde durch linear oder nichtlinear elastischen Werkstoff sichergestellt. Für den Beweis der Grenzlastsätze ist aber auch starr-plastischer Werkstoff zugelassen.

Außerdem gelte die Definition des plastischen Grenzzustands gemäß Gl. (6.4-4), die mit den Voraussetzungen 1 bis 3 auf die Definition des Kollapsmechanismus gemäß Gl. (6.4-5) führt.

Die Grenzlastsätze umfassen den **statischen** und den **kinematischen Satz**. Ihre Beweise beruhen im wesentlichen auf der Anwendung des DRUCKERschen Postulats (6.2-7). Während beim statischen Satz die Erfüllung der Gleichgewichts- und Fließbedingung, aber nicht die Kompatibilität des Verschiebungszustandes gefordert wird, geht der kinematische Satz von einem kompatiblen Verschiebungszustand (Mechanismus) aus, zu dem kein Gleichgewichtszustand gehören muß. Es werden deshalb zunächst zwei Definitionen eingeführt.

Eine Schnittlastenverteilung an einem System heißt

statisch zulässige Schnittlastenverteilung $\{^ns_j\}_{st}$, wenn sie die Gleichgewichtsbedingungen (6.1-7) und die Fließbedingung (6.3-2c) erfüllt, und insbesondere

statisch zulässige und sichere Schnittlastenverteilung $\{^ns_j^{\,o}\}_{st}$, wenn sie die Gleichgewichtsbedingungen (6.1-7) und die Bedingung (6.3-2a) erfüllt. Beide Schnittlastenzustände sind Teilmengen aller aufgrund der Fließbedingung überhaupt zulässigen Schnittlasten

$$\{^ns_j^{\,o}\}_{st} \subset \{^ns_j\}_{st} \subset \{^ns_j\} \tag{7.2-1}$$

Ein Mechanismus heißt "**kinematisch möglicher Mechanismus**", wenn die geometrischen Randbedingungen und die kinematischen Bedingungen (6.1-4) für die Elementrandverschiebungen erfüllt und kleine Starrkörper-Verschiebungen der Elemente nach Gl. (6.4-4) ohne elastische Verformungen möglich sind. Die zugehörige Schnittlastenverteilung $\{^ns_j\}_{ki} \subset \{^ns_j\}$ soll im Sinne der Bedingung (6.3-2c) zulässig sein.

Mit Hilfe dieser beiden Definitionen werden jetzt zwei Sätze formuliert:

Der **statische Satz** sagt aus:

(1)   Solange zu jeder Belastung eine statisch zulässige und sichere Schnittlastenvertei-
        lung gefunden werden kann, wird unter dieser Belastung kein Kollapsmechanismus
        ausgebildet.

(2)   Solange kein Kollapsmechanismus ausgebildet wird, kann zu jeder Belastung eine
        statisch zulässige und sichere Schnittlastenverteilungen gefunden werden.

Der **kinematische Satz** sagt aus:

(1)   Wenn für eine Belastung ein kinematisch möglicher Mechanismus gefunden werden
        kann, für den

$$f_i \; u_{i,k} - \sum_n \; {}^n s_j \; {}^n v^p_{j,k} \; > \; 0 \qquad\qquad (7.2\text{-}2a)$$

        gilt, so wird diese Belastung vom System nicht getragen.

(2)   Wenn für eine Belastung ein kinematisch möglicher Mechanismus gefunden werden
        kann, für den

$$f_i \; u_{i,k} - \sum_n \; {}^n s_j \; {}^n v^p_{j,k} \; = \; 0 \qquad\qquad (7.2\text{-}2b)$$

        gilt, dann ist dieser Mechanismus der Kollapsmechanismus.

Aus den beiden Sätzen folgt unmittelbar der **Folgesatz**, auch Einzigkeitssatz genannt:

Wird für irgendeine Belastung ein statisch zulässiger Schnittlastenzustand **und** ein kinematisch möglicher Mechanismus gefunden, so ist dies die plastische Grenzlast des Systems. Die Schnittlastenverteilung ist eindeutig an den Stellen, an denen nach Gl. (6.4-4)
plastische Verschiebungsänderungen auftreten, sonst nicht.

Denn Gl. (7.2-2b) stellt die Gleichgewichtsbedingung für $\{{}^n s_j \}_{ki}$ am Kollapsmechanismus
dar. Die gleiche Bedingung muß definitionsgemäß für einen statisch zulässigen Schnittlastenzustand $\{{}^n s_j \}_{st}$ gelten, und Substraktion beider Gleichungen liefert:

$$\sum_n \; [({}^n s_j)_{ki} - ({}^n s_j)_{st}] \; {}^n \dot{v}^p_{j,k} \; = \; 0 \; ,$$

was wegen des DRUCKERschen Postulates (6.2-7) nur erfüllt sein kann, wenn $\{{}^n s_j \}_{ki} =$
$\{{}^n s_j \}_{st}$ gilt.

Eine Spezialisierung und Konkretisierung der Grenzlastsätze erhält man für **proportionale
Belastung.** Hierzu wird angenommen, daß alle äußeren Lasten sich proportional zueinander
über einen Lastfaktor $f(t) > 0$ gemäß Gl. (6.5-8) ändern. Entsprechend den vorausgegange-

nen Definitionen bezeichne

f_{pl} den plastischen Grenzlastfaktor,

f_{st} einen statisch zulässigen Lastfaktor,

f_{st}^o einen statisch zulässigen und sicheren Lastfaktor und

f_{ki} einen zu einem kinematisch möglichen Mechanismus gehörenden Lastfaktor.

Hierfür sagt der **statische Satz** aus:

Der Grenzlastfaktor ist größer als jeder statisch zulässige und sichere Lastfaktor:

$$f_{pl} > f_{st}^o \ .$$

In Verbindung mit dem o. g. Folgesatz gilt:

Der Grenzlastfaktor ist der größte statisch zulässige Lastfaktor:

$$f_{pl} \geq f_{st} \ .$$

Und der **kinematische Satz** sagt aus:

Der Grenzlastfaktor ist der kleinste zu einem Mechanismus führende Lastfaktor:

$$f_{ki} \geq f_{pl} \ .$$

Damit hat man die folgende **Eingrenzung des Grenzlastfaktors** gefunden

$$f_{st}^o < f_{st} \leq f_{pl} \leq f_{ki} \ . \tag{7.2-3}$$

7.3   Anwendung auf Biegetragwerke

Wie bereits im Abschnitt 7.1 erläutert, ermöglichen die Grenzlastsätze die eindeutige **Bestimmung** oder die **Einschrankung der plastischen Grenzlast**, ohne die fortschreitende Plastizierung im Tragwerk bei der Steigerung der Belastung im einzelnen zu verfolgen. Insbesondere zur Berechnung der plastischen Grenzlast von Rahmentragwerken ist auf dieser Grundlage eine Reihe leistungsfähiger Verfahren entwickelt worden   (siehe z. B. NEAL [1956]* und MASSONNET & SAVE [1965]*), von denen hier nur eines vorgestellt werden kann. Im folgenden soll anhand einfacher Beispiele vor allem das Grundsätzliche bei der Anwendung der Grenzlastsätze erläutert werden.

Zur Vereinfachung wird angenommen, daß die Fließmomente M_{jF} in den Fließgelenken konstant seien. Dies erfordert entweder, daß die Längs- und Querkräfte so klein sind, daß ihr Einfluß vernachlässigt werden kann (vergl. Abschnitt 3.5, Bild 3.27) oder, daß sie mit den (geschätzten) Größen unter der plastischen Grenzlast in die Rechnung eingeführt werden. Da somit als einzige Schnittlast Biegemomente berücksichtigt werden, lautet die der Fließbedingung (6.3-2c) entsprechende Bedingung für zulässige Schnittlastenzustände an der Stelle j einfach

$$-M_{jF} \leq M_j \leq +M_{jF} \ . \tag{7.3-1}$$

7.3.1 Gleichungen im Grenzzustand

Es bezeichne

m die Zahl der Gleichgewichtsbedingungen,

n die Zahl der statisch unbestimmten Größen,

p die Zahl der möglichen Fließgelenke,

q die Zahl der Fließgelenke im Kollapsmechanismus,

r die Zahl der statisch unbestimmten Größen nach Ausbildung des Kollapsmechanismus

Wegen der Definition der statischen Unbestimmtheit gilt der Zusammenhang

$$m + n = p \quad . \tag{7.3-2}$$

Unter den möglichen **Kollapsmechanismen** unterscheidet man

vollständige Kollapsmechanismen mit $q = n + 1$,

unvollständige Kollapsmechanismen mit $q = n + 1 - r$,

übervollständige Kollapsmechanismen mit $q > n + 1$.

Der letzte Fall ist ein Sonderfall bei symmetrischen Systemen, der nicht weiter verfolgt werden soll.

Zur Behandlung des Problems stehen folgende Gleichungen zur Verfügung:

m Gleichgewichtsbedingungen und

p Ungleichungen (7.3-1), aus denen sich

q Gleichungen $M_j = \pm\, M_{jF}$ für die Fließgelenke im Kollapsmechanismus ergeben, insgesamt also

$m+q$ Gleichungen.

Bei einem vollständigen Kollapsmechanismus sind das

$$m + q = m + n + 1 = p + 1$$

Gleichungen zur Bestimmung von p Schnittgrößen und 1 Lastparameter. Bei einem unvollständigen Kollapsmechanismus stehen nur

$$m + q = m + n + 1 - r = p + 1 - r$$

Gleichungen zur Bestimmung von $p - r$ Schnittgrößen und 1 Lastparameter zur Verfügung, d. h. r Schnittgrößen bleiben unbestimmt. Sie müssen jedoch nicht bestimmt werden; es genügt der Nachweis, daß sie die Gleichgewichtsbedingungen und die Ungleichungen (7.3-1) erfüllen.

7.3.2 Obere und untere Grenzen, Einschrankung

Obere Grenzen

Aufgrund der Aussagen des kinematischen Satzes ist es möglich, obere Grenzen für einen Lastparameter zu bestimmen. Für einen gewählten, kinematisch möglichen Mechanismus wird die Gleichgewichtsbedingung angesetzt, d. h. dieser Mechanismus wird gewissermaßen probeweise als Kollapsmechanismus betrachtet. Die Vorgehensweise ist einfach: Durch Einführen von hinreichend vielen Fließgelenken an Stellen, an denen Extremwerte der Biegemomentenverteilung vorliegen oder vermutet werden, wird ein Mechanismus mit einem Freiheitsgrad erzeugt. Da die Biegemomente an den Fließgelenkstellen nach Größe und Richtung bekannt sind, läßt sich mit dem Prinzip der virtuellen Arbeiten ein Lastparameter für diesen Mechanismus berechnen.

Die Vorzeichenregel für die virtuelle Arbeit der Fließmomente ist einfach: Da hier als virtuelle Verschiebungen die Änderungen der wirklichen Verschiebungen am Kollapsmechanismus eingeführt werden und in allen Fließgelenken die Bedingung für aktive Belastung $M_j \dot{\psi}_j{}^P > 0$ mit $M_j = \pm M_{j\,F}$ eingehalten werden muß, sind alle Summanden $M_{jF}\,\delta\psi_j > 0$ als innere virtuelle Arbeiten mit dem negativen Vorzeichen in die Arbeitsgleichung einzusetzen.

Probierverfahren
Soweit die Zahl der Mechanismen überschaubar ist, kann man das oben beschriebene Verfahren für alle möglichen Mechanismen, an denen die äußeren Kräfte positive virtuelle Arbeiten leisten, wiederholen. Der kleinste so erhaltene Lastparameter beschreibt die plastische Grenzlast des Systems.

Untere Grenzen
Aufgrund der Aussagen des statischen Satzes in Verbindung mit dem Folgesatz ist es möglich, untere Grenzen für einen Lastparameter zu bestimmen. Jeder Lastparameter, der einen Belastungszustand beschreibt, für den eine statisch zulässige Schnittlastenverteilung gefunden wird, ist kleiner oder höchstens gleich dem Lastparameter, der die plastische Grenzlast beschreibt. Es können also z. B. untere Grenzen für ein statisch unbestimmtes Tragwerk dadurch erzeugt werden, daß zulässige Schnittlastenverteilungen für ein weniger statisch unbestimmtes oder ein statisch bestimmtes Tragwerk berechnet werden.

Einschrankung
Die Einschrankung des Lastparameters für die Grenzlast kann auf zwei verschiedene Arten erfolgen:
1. Bestimmung einer oberen **und** einer unteren Grenze unabhängig voneinander,
2. Bestimmung einer unteren Grenze aus einer oberen oder Bestimmung einer oberen Grenze aus einer unteren.
Die Begründung für 2. ergibt sich aus der Linearität der verwendeten Gleichungen. Wenn z. B. mit einem gewählten Mechanismus eine obere Grenze bestimmt wird, für die die Schnittlasten an verschiedenen Stellen im Tragwerk die Bedingungen (7.3-1) verletzen, dann genügt es, alle Gleichungen durch den größten Überschreitungsfaktor zu teilen, um eine statisch zulässige Schnittlastenverteilung und damit eine untere Grenze zu erhalten.

7.3.3 Verfahren der Kombination von Grundmechanismen

Dieses von NEAL und SYMONDS entwickelte, sehr leistungsfähige Verfahren (siehe NEAL [1956]*, S. 112 - 145) beruht darauf, daß jeder Mechanismus als eine Kombination linear unabhängiger Grundmechanismen dargestellt werden kann.

Grundmechanismen (GM)
Ein System mit allen p Fließgelenken bildet eine Gelenkkette mit $m = p - n$ Freiheitsgraden. Durch die Wahl eines Satzes unabhängiger Koordinaten ψ_j kann die Lage der Gelenkkette eindeutig beschrieben werden. Als Grundmechanismus (mit einem Freiheitsgrad) bezeichnet man einen Mechanismus, der durch Festlegung von $(m - 1)$ Beziehungen zwischen den Koordinatenänderungen ψ_j entsteht. Die Prüfung, ob GM linear unabhängig sind, erfolgt praktisch anhand von Verschiebungsskizzen. Für die Berechnung von **Rahmentragwerken** werden zweckmäßig drei Typen von GM gewählt, die Unabhängigkeit garantieren (Bild 7.4b bis d):
- Balkenmechanismen,

- Rahmenmechanismen,
- Knotenmechanismen (nur für Knoten mit mehr als zwei Stäben).

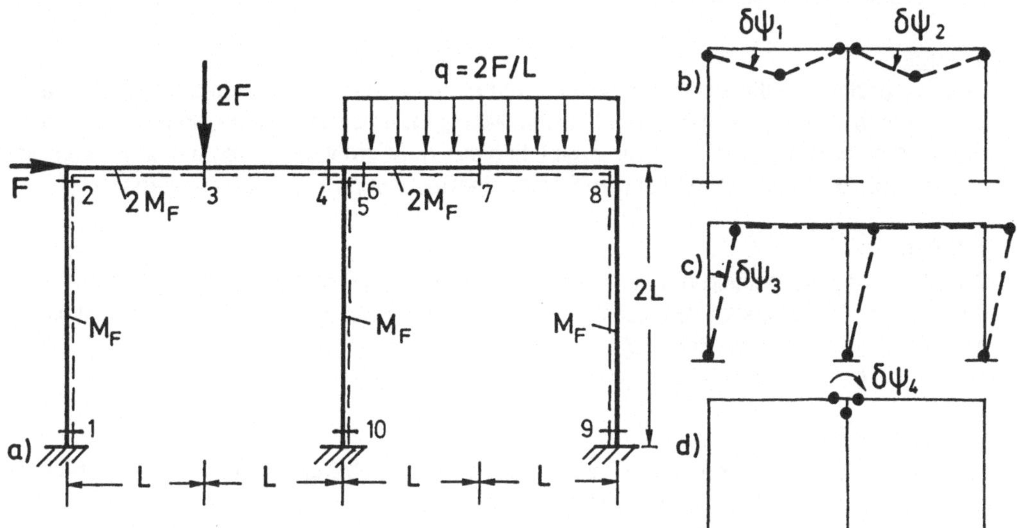

Bild 7.4: *Rechteckrahmen über 2 Felder*
a) Abmessungen und Belastung   b) Zwei Balkenmechanismen
c) Rahmenmechanismus   d) Knotenmechanismus

Für das in Bild 7.4a gezeigte Tragwerk sind an $p = 10$ Stellen Fließgelenke möglich (gekennzeichnet durch einen Strich senkrecht zur Systemlinie), wobei die Stelle 7 des maximalen Biegemoments unter der verteilten Belastung $2F/L$ nicht bekannt ist. Sie wird zunächst in Riegelmitte angenommen und muß gegebenenfalls durch mehrere Versuche oder genauere Rechnung geändert werden (vergl. Beispiel 1 im folgenden Abschnitt). Man kann aber zeigen, daß die plastische Grenzlast nur wenig beeinflußt wird durch Abweichungen der angenommenen von der richtigen Lage des Fließgelenks. Das Tragwerk ist unbestimmt vom Grad $n = 6$, so daß $m = p - n = 4$ Grundmechanismen festzulegen sind, gewählt werden zwei Balkenmechanismen, ein Rahmenmechanismus und ein Knotenmechanismus.

Bei der Berechnung von **Durchlaufträgern** sind als Grundmechanismen nur Balkenmechanismen zulässig, die bei einsinniger Belastung über ein Feld reichen. Bei mehreren Einzellasten in einem Feld können nur solche Grundmechanismen eintreten, die sich über das ganze Feld erstrecken.

Verfahren

<u>1. Schritt</u>
Es werden, wie eben gezeigt, die p Stellen abgezählt, an denen die Biegemomente extremal werden können. Nach der Wahl der $m = p - n$ GM können die m Gleichgewichtsbedingungen an den GM aufgestellt werden, wobei zweckmäßig das Prinzip der virtuellen Arbeiten benutzt wird.

<u>2. Schritt</u>
Die zulässigen Schnittlasten $M_j = \pm M_{jF}$ an den Fließstellen j werden in die Gleichgewichts-

bedingungen nach Schritt 1 oder alternativ bei der Kombination von GM in die Gleichgewichtsbedingungen an den kombinierten Mechanismen eingesetzt. Der kleinste der m Last-
werte ergibt eine **obere Grenze**.

<u>3. Schritt</u>
Es ist zu prüfen, ob die zum kleinsten Lastwert nach Schritt 2 gehörende Schnittlastenverteilung statisch zulässig ist. Wenn sie statisch zulässig ist, ist die **plastische Grenzlast** bestimmt,
wenn sie nicht statisch zulässig ist, ergibt sich aus dem größten **Überschreitungsfaktor** eine
untere Grenze. (Der 3. Schritt kann zu Beginn der Rechnung überschlagen werden!)

<u>4. Schritt</u>
Die GM werden kombiniert mit dem Ziel, die Arbeit der äußeren Belastungen möglichst groß
und die der Schnittlasten möglichst klein zu machen. Das ergibt sich aus den Gleichgewichtsbedingungen nach Schritt 2

$$f_i \, \delta u_i \; = \; M_{jF} \, \delta \psi_j \quad .$$

<u>Weitere Schritte</u>
Die Schritte 2, 3, 4 werden wiederholt, bis die plastische Grenzlast nach dem 3. Schritt eindeutig bestimmt oder genügend genau eingegrenzt ist.

7.3.4 Beispiele

Beispiel 1: Balken mit Streckenlast

Bei dem in Bild 7.5a dargestellten, einfach statisch unbestimmten Balken können im Grenzzustand nur zwei Fließgelenke mit dem Fließmoment M_F auftreten, eines an der Einspannung $\xi = 0$ und eines an einer noch unbekannten Stelle ξ_o im Feld. Es ist nach Gl. (7.3-2)
in diesem Fall also nur ein möglicher Mechanismus zu untersuchen.

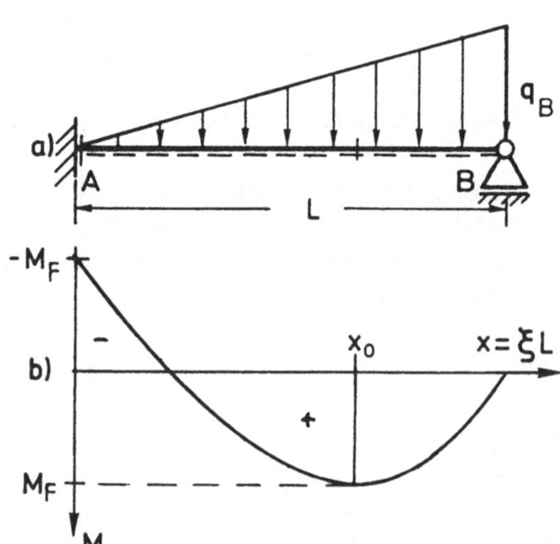

<u>*Bild 7.5:*</u> *Balken mit Streckenlast*
a) System und Belastung
b) Biegemomentenverteilung am
  Mechanismus

<u>Exakte Lösung</u>
Ansetzen der Gleichgewichtsbedingungen am statisch unbestimmten System liefert die Biegemomentenverteilung

$$M(\xi) \; = \; M_A \, (1 - \xi) \; + \; q_B L^2 \, \xi (1 - \xi^2)/6 \quad , \tag{7.3-3}$$

in die die Gelenkbedingungen

$$M(0) = -M_F = M_A \ , \ \ M(\xi_o) = M_F = M_A (1 - \xi_o) + q_B L^2 \xi_o (1 - \xi_o^2)/6$$

eingeführt werden, um die Gleichgewichtsbedingung für den kinematisch möglichen Mechanismus zu erfüllen (Bild 7.5b). Aus diesen Gleichungen folgt der Zusammenhang

$$q_B = \frac{6 M_F (2 - \xi_o)}{L^2 \xi_o (1 - \xi_o^2)} \tag{7.3-4}$$

zwischen den Unbekannten q_B und ξ_o, der für beliebige ξ_o eine **obere Grenze** für die plastische Grenzlast q_{Bpl} ergibt. Eine **untere Grenze** für die plastische Grenzlast erfordert eine statisch zulässige Biegemomentenverteilung, die gegeben ist, wenn an der Stelle ξ_o das größte Biegemoment auftritt, also

$$\frac{dM(\xi)}{d\xi} \Bigg|_{\xi_o} = M_F + q_B L^2 (1 - 3\xi_o^2)/6 = 0 \tag{7.3-5}$$

ist. Aus der Kombination der Gleichungen (7.3-4) und (7.3-5) folgt die kubische Gleichung

$$\xi_o^3 - 3\xi_o^2 + 1 = 0 \ ,$$

von deren Wurzeln hier nur $\xi_o = 0{,}653$ infrage kommt. Da mit diesem Wert ξ_o die Bedingungen für eine obere **und** eine untere Grenze erfüllt sind, ist die plastische Grenzlast des Balkens

$$q_{Bpl} = 21{,}58 \, M_F/L^2 \ \ .$$

<u>Einschrankung bei geschätztem Wert ξ_o</u>
Wenn der Wert ξ_o geschätzt wird, ergeben sich für den in Frage kommenden Bereich (etwa $0{,}5 < \xi < 0{,}8$) folgende obere Grenzen für die plastische Grenzlast:

Geschätzter Wert ξ_o	=	0,55	0,65	0,75
Obere Grenze $q_{Bpl}^o L^2/M_F$	=	22,68	21,58	22,86
Neuer Wert ξ_o	=	0,649	0,653	0,649
Faktor $M(\xi_o)/M_F$	=	1,069	1,000	1,080
Untere Grenze $q_{Bpl}^u L^2/M_F$	=	21,22	21,58	21,16

Mit dieser oberen Grenze q_{Bpl}^o kann mit Gl. (7.3-5) die Stelle ξ_o des extremalen Biegemoments und mit Gl. (7.3-3) das Biegemoment $M(\xi_o)$ bestimmt werden. Division der oberen Grenze durch den Überschreitungsfaktor liefert eine untere Grenze. In diesem Beispiel bringt die Einschrankung keinen Vorteil, da dieselben Gleichungen ausgewertet werden müssen, die auch die exakte Lösung ermöglichen. Die Tabelle zeigt aber, daß obere und insbesondere untere Grenzen nur wenig von Abweichungen der geschätzten Lage von der exakten Lage des Fließgelenks beeinflußt werden und daß nach nur einer Schätzung fast die exakte Lage des Fließgelenks bestimmt werden kann. Die Ursache hierfür liegt im flachen Verlauf der Biegemomentenkurve in der Umgebung des Extremwerts (Bild 7.5b).

Beispiel 2: Rechteckrahmen über zwei Felder

Die plastische Grenzlast des in Bild 7.4a skizzierten Systems wird mit dem in Abschnitt 7.3.3 beschriebenen Verfahren der Kombination von Grundmechanismen bestimmt. Es wird proportionale Belastung vorausgesetzt.

<u>1. Schritt</u>
Die Gleichgewichtsbedingungen für die schon festgelegten vier GM nach Bild 7.4b bis d lauten

1) $\delta A = 2FL\,\delta\psi_1 + M_2\,\delta\psi_1 - M_3\,2\delta\psi_1 + M_4\,\delta\psi_1 = 0$
    $2FL + M_2 - 2M_3 + M_4 = 0$

2) $2FL + M_6 - 2M_7 + M_8 = 0$

3) $2FL + M_1 - M_2 + M_{10} - M_5 + M_8 - M_9 = 0$

4) $M_4 + M_5 - M_6 = 0$.

Dabei sind Biegemomente positiv, wenn sie an der gestrichelten Seite der Stäbe Zugspannungen erzeugen.

2. Schritt

Die GM werden als mögliche Kollapsmechanismen betrachtet, d. h. die in den Gleichungen 1) bis 4) auftretenden Momente sollen die Fließmomente sein. Die Gleichungen 1) bis 3) liefern dann jeweils eine **obere Grenze** für die plastische Grenzlast, am GM4 ergibt sich kein Lastwert.

GM1: $M_2 = -M_F$, $M_3 = +2M_F$, $M_4 = -2M_F$ $\longrightarrow$ $F_{pl}^o = 3,5\,M_F/L$

GM2: $M_6 = -2M_F$, $M_7 = +2M_F$, $M_8 = -M_F$ $\longrightarrow$ $F_{pl}^o = 3,5\,M_F/L$

GM3: $M_1 = -M_F$, $M_2 = +M_F$, $M_5 = +M_F$

      $M_8 = -M_F$, $M_9 = +M_F$, $M_{10} = -M_F$ $\longrightarrow$ $F_{pl}^o = 3\,M_F/L$

3. Schritt

Einsetzen der kleinsten oberen Grenze und der Fließmomente des GM3 in die Gleichgewichtsbedingungen 1), 2) und 4) ergibt

1) $2L\,(3M_F/L) + M_F - 2M_3 + M_4 = 0$ $\longrightarrow$ $-2M_3 + M_4 = -7M_F$

2) $2L\,(3M_F/L) + M_6 - 2M_7 - M_F = 0$ $\longrightarrow$ $M_6 - 2M_7 = -5M_F$

4) $M_4 + M_F - M_6 = 0$

Der Mechanismus 3 ist mit $q = 6 < n + 1 = 7$ Fließgelenken unvollständig, die Schnittgrößenverteilung ist also nicht eindeutig bestimmbar, da ein einfach statisch unbestimmtes Restsystem vorliegt. Aus der ersten Gleichung ergibt sich die **statische Unzulässigkeit** der Schnittlastenverteilung am GM3: Die größten Werte für M_3 und M_4 sind $M_3 = +2M_F$, $M_4 = -2M_F$, damit ist Gleichung 1) nicht erfüllbar. Da die Gleichgewichtsbedingungen 2) und 4) mit diesen Werten für M_3, M_4 erfüllbar sind, ergibt sich aus Gleichung 1) - κ $6M_F = -7M_F$ der Überschreitungsfaktor $\kappa = 7/6$ und damit die **untere Grenze** $F_{pl}^u = F_{pl}^o /\kappa = 2,57$ M_F/L .

4. Schritt

Es werden die GM 1 und 3 in der Weise kombiniert, daß das Fließgelenk in 2 verschwindet (Bild 7.6). Dadurch wird die Arbeit der äußeren Kräfte um $2FL\,\delta\psi_3$ größer, die Arbeit der Fließmomente aber nur um $-(2M_{3F} + M_{4F} - M_{2F})\,\delta\psi_3 = -5M_F\,\delta\psi_3$. Die Kombination der GM 2 und 3 würde einen größeren Arbeitsbetrag für die Fließmomente ergeben ($-6M_F\,\delta\psi_3$) bei demselben Arbeitsbetrag für die Kräfte ($+2FL\,\delta\psi_3$) , also ungünstiger sein als die gewählte Kombination aus GM1 und GM3.

5. Schritt (Wiederholung des 2. Schritts)

Die neben Bild 7.6 angeschriebenen Fließmomente werden in die Gleichgewichtsbedingung an dem kombinierten Mechanismus eingesetzt, die sich durch Addition der Gleichungen 1) und 3) ergibt. Damit wird eine neue **obere Grenze** für die Belastung bestimmt

$$4F_{pl}^o L - 11M_F = 0   \longrightarrow   F_{pl}^o = 2,75\,M_F/L .$$

6. Schritt (Wiederholung des 3. Schritts)

Der kombinierte Mechanismus ist mit $q = n + 1 = 7$ Fließgelenken vollständig, die Schnittgrößenverteilung ist eindeutig bestimmbar. Aus den Gleichgewichtsbedingungen 1), 2) und 4) ergeben sich die statisch zulässigen Momente

$$M_2 = 0,5\,M_F < +M_F \quad, \quad M_6 = -M_F > -2M_F \quad, \quad M_7 = 1,75\,M_F < 2M_F \quad,$$

so daß die letzte obere Grenze auch die Bedingungen für eine **untere Grenze** erfüllt. Damit ist die plastische Grenzlast des Systems nach dem Folgesatz

$$F_{pl} = 2,75\,M_F/L \quad.$$

In diesem Fall liegt wegen $M_6 = M_8 = -M_F$ der Extremwert der Biegemomentenverteilung im rechten Riegel wie angenommen in der Mitte des Riegels, anderenfalls wäre die Rechnung zu korrigieren, vergleiche Beispiel 1.

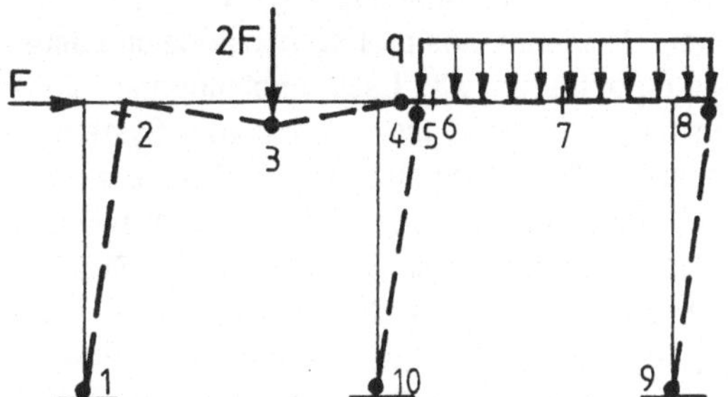

Biegemomente am kombinierten Mechanismus:

$$M_1 = -M_F \quad, \quad M_3 = +2M_F \quad, \quad M_4 = -2M_F$$
$$M_5 = +M_F \quad, \quad M_8 = -M_F \quad, \quad M_9 = +M_F$$
$$M_{10} = -M_F$$

Bild 7.6: *Kombinierter Mechanismus*

Beispiel 3: Rechteckrahmen mit Einzellasten

Die plastische Grenzlast des in Bild 7.7a skizzierten Rahmens mit der Höhe $H = 2L$ wird mit dem Probierverfahren durch Bestimmung von oberen Grenzen berechnet. Für den $n = 3$-fach statisch unbestimmten Rahmen sind $p = 5$ Fließgelenke an den durch Strich quer zur Systemlinie markierten Stellen möglich, so daß $m = p - n = 2$ Gleichgewichtsbedingungen an zwei GM zu erfüllen sind. Die Belastungskombination $F_h = f_h\,F$, $F_v = f_v\,F$ sei beliebig, jedoch $f_h \geqslant 0$ und $f_v \geqslant 0$.

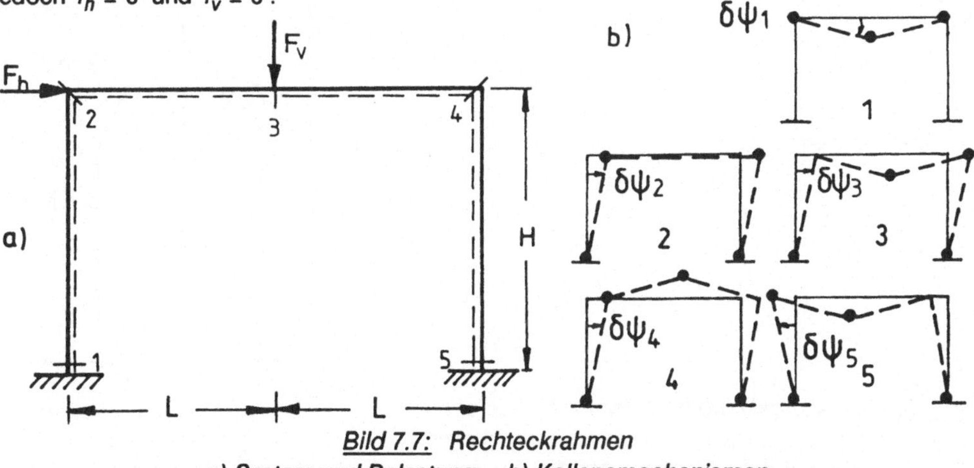

Bild 7.7: *Rechteckrahmen*
a) System und Belastung   b) Kollapsmechanismen

Zunächst wird angenommen, daß alle möglichen Mechanismen nach Bild 7.7b, an denen wenigstens eine der beiden Kräfte positive Arbeit leistet, Kollapsmechanismen (KM) sind. Die Gleichgewichtsbedingungen

KM1: $f_v\,FL\,\delta\psi_1 - 4M_F\,\delta\psi_1 = 0$ $\longrightarrow$ $f_v = 4M_F/(FL)$
KM2: $f_h\,FH\,\delta\psi_2 - 4M_F\,\delta\psi_2 = 0$ $\longrightarrow$ $f_h = 2M_F/(FL)$
KM3: $f_h\,FH\,\delta\psi_3 + f_v\,FL\,\delta\psi_3 - 6M_F\,\delta\psi_3 = 0$ $\longrightarrow$ $2f_h + f_v = 6M_F/(FL)$
KM4: $f_h\,FH\,\delta\psi_4 - f_v\,FL\,\delta\psi_4 - 6M_F\,\delta\psi_4 = 0$ $\longrightarrow$ $2f_h - f_v = 6M_F/(FL)$
KM5: $-f_h\,FH\,\delta\psi_5 + f_v\,FL\,\delta\psi_5 - 6M_F\,\delta\psi_5 = 0$ $\longrightarrow$ $-2f_h + f_v = 6M_F/(FL)$

ergeben die zugehörigen Werte der Lastparameter f_h, f_v. Es ist sofort zu erkennen, daß die Mechanismen 4 und 5 keine Kollapsmechanismen sein können, weil sie wegen $f_h \geq 0$, $f_v \geq 0$ stets größere Lastfaktoren liefern als Mechanismus 3. Für **beliebige Belastungskombinationen** gilt also

$$0 \leq f_h\,(FL/M_F) \leq 2 \quad,\quad 0 \leq f_v\,(FL/M_F) \leq 4 \quad,\quad (FL/M_F)\,(2f_h + f_v) \leq 6 \quad.$$

Das Ergebnis ist in Bild 7.8 in der Lastebene (als Sonderfall des mehrdimensionalen Lastenraumes) mit den Lastfaktoren als Koordinaten aufgetragen. Alle Lastkombinationen, die innerhalb des durch die drei Geraden abgegrenzten Bereichs liegen, werden vom System getragen, es sind im Sinne der Definition in Abschnitt 7.2 statisch zulässige und sichere Kombinationen. Alle Kombinationen, die auf den begrenzten Geraden liegen, sind zulässige Kombinationen, die einen Mechanismus erzeugen, also plastische Grenzlasten des Systems. Die Analogie zur Darstellung des Schnittlastenzustandes in der Schnittlastenebene (siehe Bild 6.3) ist evident, wenn man das ganze System als ein einziges Element betrachtet, bei dem die Lastfaktoren den Randschnittlasten entsprechen: Der Polygonzug ist die Interaktionskurve des Systems, für die bei Anwendung der Theorie 1. Ordnung Konvexität nachzuweisen ist. Für das System aus starr-plastischem Werkstoff kann der Polygonzug darüber hinaus als Fließkurve interpretiert werden, für die die plastischen Verschiebungsänderungen in die Richtung der äußeren Normalen fallen (vergl. Abschnitt 6.3).

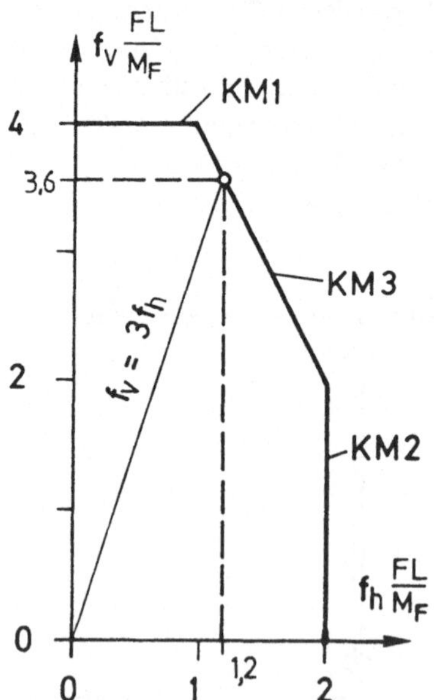

Bild 7.8: *Belastungskombinationen in der Lastebene*

Für den **Sonderfall der proportionalen Belastung** kann ein Lastparameter bestimmt werden, z. B. ergibt sich für $f_v = 3\,f_h$ aus der letzten Ungleichung der kleinste plastische Grenzlastfaktor $f_v = 3,6\,M_F/(FL)$. In der Lastebene werden die Belastungswege bei proportionaler Belastung durch Geraden durch den Ursprung 0 dargestellt.

8. Lokales Versagen und Einspielen von Tragwerken

8.1 Lokales Versagen

Lokales Versagen im allgemeinen Sinn bezieht sich auf solche Grenzzustände der Tragfähigkeit von Werkstoff, Querschnitten, Bauteilen oder Verbindungen (vergl. Abschnitt 1.3), die mit örtlich begrenzten Auswirkungen verbunden sind. Dagegen bezieht sich globales Versagen auf den Grenzzustand der Tragfähigkeit des Tragwerks, der aber letztlich eine Folge von lokalem Versagen an hinreichend vielen Stellen sein kann. Die mathematischen Berechnungsmodelle von Tragwerken sind danach zu unterscheiden, ob und in welchem Umfang lokales Versagen durch die Element-Randbeziehungen erfaßt wird oder nicht. Wenn es erfaßt wird, wie z. B. die Ausbildung des vollplastischen Zustands im Querschnitt bei Anwendung der Fließgelenkhypothese, dann beschreiben die Systemgleichungen den Zusammenhang mit dem globalen Versagen. Wenn das lokale Versagen nicht erfaßt wird, weil z. B. der mathematische Aufwand zu groß wird oder weil nur experimentell überprüfte Zusammenhänge oder Grenzwerte vorliegen, dann sind neben dem eigentlichen Tragsicherheitsnachweis besondere Sicherheitsnachweise gegen lokales Versagen erforderlich.

Hier wird im engeren Sinne als lokales Versagen eines Querschnitts bzw. eines Elements ein Verhalten bezeichnet, das durch eine mehr oder weniger ausgeprägte Abweichung von der vorausgesetzten Schnittlast-Verformung-Beziehung bzw. Element-Randbeziehung gekennzeichnet ist. Speziell bei Anwendung der Fließgelenkhypothese müssen die Querschnitte eine ausreichende Rotationsfähigkeit haben, damit das vorausgesetzte ideale Verhalten - endliche Verdrehungen bei konstantem Fließmoment - tatsächlich näherungsweise eintreten kann (siehe Bild 8.1). Von den vielfältigen Ursachen für Abweichungen vom idealen Verhalten werden die wichtigsten im folgenden behandelt:
- Versagen durch **Veränderungen der Querschnittsform** bei idealem Werkstoffverhalten
- Versagen des idealen Querschnitts oder Elements durch **alternierende oder progressive Plastizierung.** "Ideal" bedeutet hier, daß der Querschnitt oder das Element frei von Fehlern wie Oberflächenrissen, Materialdopplungen und Materialinhomogenitäten ist.

Lokales Versagen kann, aber muß nicht notwendig globales Versagen zur Folge haben. Unter bestimmten Bedingungen kann es zu plötzlichem, katastrophalen Versagen eines Tragwerks bei Belastungen führen, die kleiner sind als die Bemessungslast, z. B. weil durch seitliches Ausweichen und Verdrehen der Querschnitte Systemverschiebungen eingeleitet werden, die nicht im Berechnungsmodell berücksichtigt wurden. Das ist insbesondere bei statisch bestimmten, aber auch bei statisch unbestimmten Systemen möglich.

8.2 Lokales Versagen durch Veränderungen der Querschnittsform, Rotationskapazität

Veränderungen der Querschnittsform können durch **Beulung** dünnwandiger, gedrückter Querschnittsteile schon im elastischen Querschnitt eingeleitet werden, aber auch durch extreme Biegung im elastisch-plastischen oder plastischen Querschnitt. Betroffen sind die Stellen, an denen das Biegemoment extremal wird, also Lasteinleitungen und Verbindungen wie Fußverankerungen, Rahmenecken und -knoten sowie biegesteife Anschlüsse. Veränderungen der Querschnittsform sind bei großen plastischen Verformungen kaum zu vermeiden, man vergleiche dazu die nachfolgenden Beispiele, aber es muß sichergestellt werden, daß sie sich erst **nach den für den Schnittlastenausgleich erforderlichen Querschnittsverdrehungen** auswirken. Bild 8.1 zeigt qualitativ die möglichen Folgen von Querschnittsverformungen im Bereich eines Fließgelenks, bei dem seitliches Ausweichen verhindert ist:

Kurve a: Wegen der immer vorhandenen Verfestigung wird das Fließmoment M_F überschritten (vergl. auch Bild 4.4), Beulen im Flansch und/oder im Steg treten erst für Biegemomente $M > M_F$ auf. Nach dem Beulen kann das Biegemoment noch bis zum Maximalwert M_T gesteigert werden, dann wird es mit zunehmender Verdrehung kleiner.

Kurve b: Das Fließmoment M_F wird zwar erreicht oder wenig überschritten, aber wegen bereits eingetretener Beulen sind Verdrehungen nur bei kleiner werdendem Biegemoment möglich.

Kurve c: Durch das Ausbeulen des elastischen Querschnitts wird die Tragfähigkeit so begrenzt, daß M_F nicht erreicht wird.

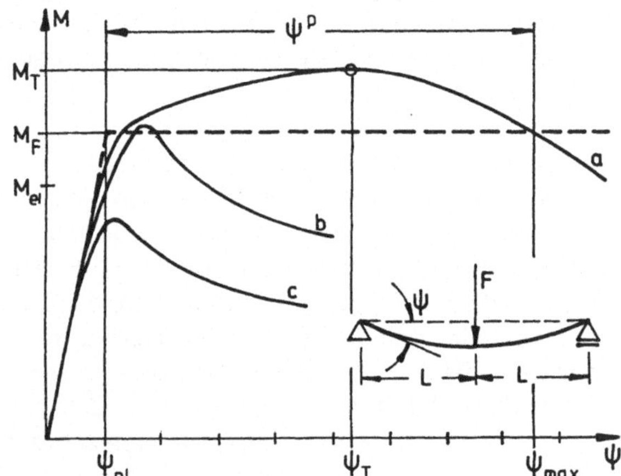

Bild 8.1: *Biegemoment-Verdrehung-*
         Kurven,
         Erläuterungen im Text,
         — — — Fließgelenkhypothese

Es ist offensichtlich, daß nur das Verhalten nach Kurve a näherungsweise durch die Fließgelenkhypothese erfaßt werden kann. Diese Querschnitte werden EUROCODE Nr. 3 als **"plastische" Querschnitte**, die entsprechend Kurve b als **"kompakte" Querschnitte** und die entsprechend Kurve c als **"schlanke" Querschnitte** bezeichnet. Nur für "plastische" Querschnitte dürfen Beanspruchungen und Beanspruchbarkeiten nach der Plastizitätstheorie oder nach der Fließgelenktheorie berechnet werden (Verfahren plastisch-plastisch), für "kompakte" Querschnitte nur die Beanspruchbarkeiten (Verfahren elastisch-plastisch), es wird also die Plastizierung des Querschnitts, aber kein plastischer Knickwinkel ψ^p zugelassen.

Vorzeitiges Beulen kann durch Einhaltung vorgeschriebener Verhältnisse der Breite b zur Dicke t der beulgefährdeten Querschnittsteile und durch konstruktive Maßnahmen verhindert werden. Bild 8.2 zeigt die maximalen b/t-Verhältnisse für **"plastische" unversteifte Querschnitte**, die in DIN(E) 18800 als Grenzwerte vorgesehen sind. Sie beruhen vorwiegend auf experimentellen Untersuchungen und werden von allen Walzprofilen aus St37 bei Biegung ohne Längskraft (und $Q/Q_{pl} \leq 1/3$) eingehalten. Konstruktive Maßnahmen können sein: Anordnung von Versteifungen an Krafteinleitungen und Verbindungen und von Verstärkungen an Krafteinleitungsflächen.

Die Rotationskapazität R eines Querschnitts kann durch den maximal möglichen Drehwinkel ψ^p im angenommenen Fließgelenk unter $M \geq M_F$ als dimensionslose Größe

$$R = \frac{\psi^p}{\psi_{pl}} = \frac{\psi_{max} - \psi_{pl}}{\psi_{pl}} = \frac{\psi_{max}}{\psi_{pl}} - 1 \qquad (8.2\text{-}1)$$

mit dem Bezugswinkel $\psi_{pl} = M_F\,L/(2\,E\,I_y)$ definiert werden (siehe Bild 8.1). Bei dieser Definition sind Beulen im Bereich des Fließgelenks zugelassen, es gibt aber auch die Auffassung, die Rotationskapazität durch das erste Auftreten von Beulen zu begrenzen (siehe PETERSEN [1982]*, S. 282).

Lagerung und Breite b	Spannungsverteilung σ_x, max (b/t)	Lagerung und Breite b	Spannungsverteilung σ_x, max (b/t)

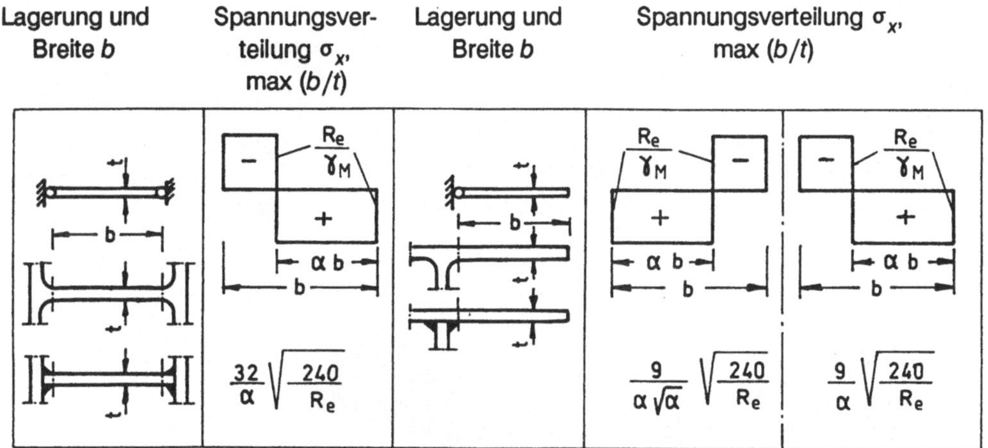

Bild 8.2: Grenzwerte (b/t) nach DIN(E) 18800
Druckspannung $\sigma_x > 0$, Streckgrenze R_e, Teilsicherheitsbeiwert γ_M

Theoretische Untersuchungen der Rotationskapazität sind außerordentlich komplex und aufwendig: Sie umfassen erstens die Ermittlung der Bedingungen, unter denen bei verfestigendem Werkstoff **Beulen auftreten** können, und zweitens die Untersuchung der Spannungsumlagerungen im Querschnitt **nach dem Beulen**. Einige theoretische und experimentelle Untersuchungen des Beul-Verhaltens findet man im ASCE GUIDE [1971], S. 71 - 106. Speziell das Nachbeul-Verfahren von I-Profilen untersuchen CLIMENHAGA & JOHNSON [1972] mit Hilfe **lokaler Kollapsmechanismen**, die die Verdrehungen von Querschnittsteilen gegeneinander durch **Fließgelenklinien** ermöglichen, BURTH [1977] beschreibt einen solchen Kollapsmechanismus für Rechteck-Hohlprofile. ROIK & KUHLMANN [1987] stellen ein Berechnungsverfahren zur Ermittlung der Rotationskapazität von I-Profilen vor, das die Beulanalyse und das Nachbeulverhalten umfaßt.

Die Rotationskapazität von I-Profilen hängt vor allem ab von der Verfestigung des Werkstoffs und dem b/t-Verhältnis des Druckgurtes, aber auch vom Verhältnis der Gurtsteifigkeit zur Stegsteifigkeit und der Stablänge L. Um einen Eindruck von der großen Rotationskapazität ausgesteifter Querschnitte zu geben, werden abschließend Teilergebnisse von zwei experimentellen Untersuchungen vorgestellt. Es handelt sich dabei um relativ kurze Träger, bei denen der Einfluß der Verfestigung und der Querkraft gut erkennbar ist.

Beispiel 1   Träger auf zwei Stützen, Einzellast der Mitte, IPBv-Profil
Bild 8.3 zeigt die von BRANDT & KLEE [1979] im Versuch gemessenen Kraft-Verformung-Kurven für drei verschieden lange Träger aus St52, Stützlänge L, die auf den ersten Blick der

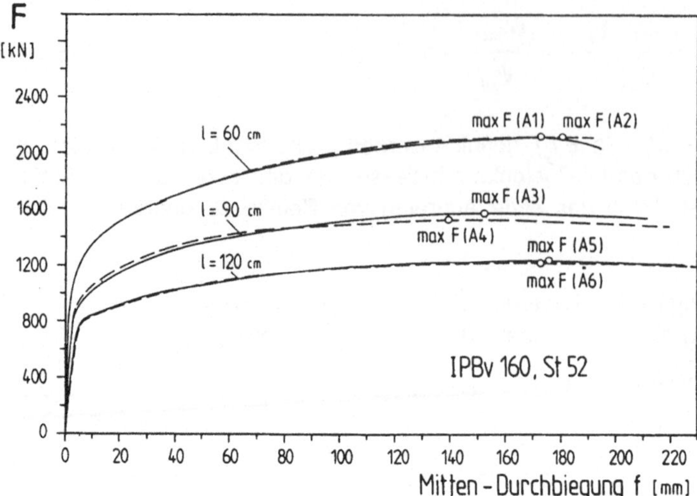

Bild 8.3:
Kraft-Verformung-Kurven
IPBv160

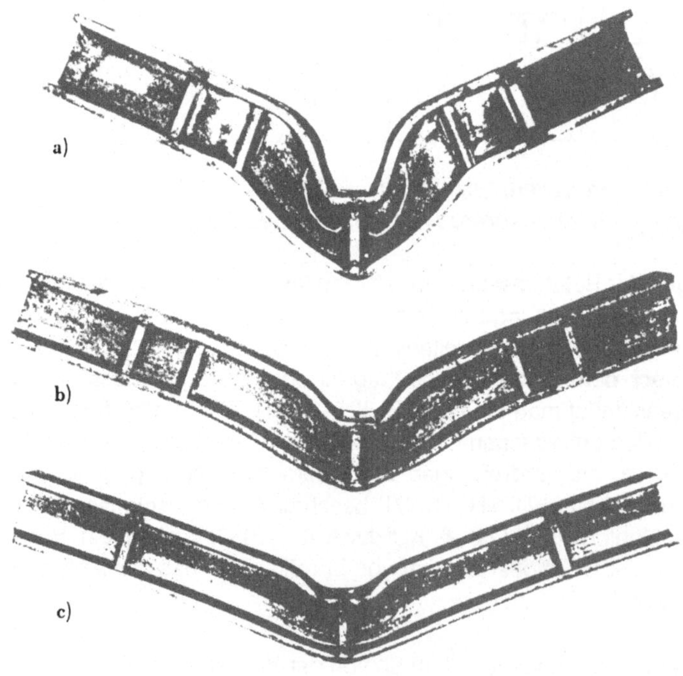

Bild 8.4:
Träger nach dem
Versuch
a) L =   60 cm
b) L =   90 cm
c) L = 120 cm

Kurve a in Bild 8.1 entsprechen. Der Vergleich der gemessenen Traglasten F_{max} (Mittelwert) mit den von UHLMANN [1979] unter Berücksichtigung der Querkraft berechneten plastischen Grenzlasten F_{pl}

$$L = \ \ 60 \text{ cm} : \quad F_{max} = 2120 \text{ kN}, \quad F_{pl} = 1155 \text{ kN}$$
$$L = \ \ 90 \text{ cm} : \quad F_{max} = 1550 \text{ kN}, \quad F_{pl} = \ \ 940 \text{ kN}$$
$$L = 120 \text{ cm} : \quad F_{max} = 1230 \text{ kN}, \quad F_{pl} = \ \ 760 \text{ kN}$$

zeigt aber, daß die Grenzlasten weit unter den Traglasten liegen. Nur für den Träger mit L = 120 cm wird das Erreichen der plastischen Grenzlast durch große Krümmungen in einem begrenzten Bereich der Kraft-Verformung-Kurve angezeigt, wie es für längere Träger typisch ist (vergl. Bild 4.4). Nur bei diesem Träger sind die Querschnittsverformungen um den Lasteinleitungsbereich in Trägermitte konzentriert (Bild 8.4). Bei allen Trägern sind die Querschnitte in den stark verformten Bereichen nicht eben geblieben, und die Querschnittshöhe ist durch Stauchungen des Steges verringert. Deutlich sind beim kurzen Träger die Schubverformungen infolge der großen Querkraft zu erkennen. UHLMANN [1979] hat für diese Versuche die Kraft-Verformung-Kurven im Verfestigungsbereich berechnet und dabei für den kurzen Träger ein Schubmodell für den Steg und ein Biegemodell für die Gurte zugrunde gelegt.

Beispiel 2   Träger auf zwei Stützen, Einzellast in der Mitte, Rechteck-Hohlprofil 160x90x4,5
BURTH [1977] berichtet über Versuche mit verschiedenen Krafteinleitungen an Rechteck-Hohlprofilen aus RSt 37-2. Bild 8.5 zeigt das Mittelstück eines Trägers der Länge L = 90 cm, bei dem die Kraft über ein eingeschweißtes Blech eingeleitet wurde, nach dem Versuch. Die Kraft-Verformung-Kurve dieses Versuchs zeigte das typische Verhalten für "plastische" Querschnitte (Kurve a in Bild 8.1): Unmittelbar nach dem Erreichen der plastischen Grenzlast setzt die Verfestigung ein, die Belastung muß noch um etwa 20 % gesteigert werden, bis kurz vor Erreichen der Traglast Beulen im Obergurt auftreten, die dann ein Ausbeulen der Seitenbleche und den Abfall der Kraft-Verformung-Kurve zur Folge haben. Wegen einer Schiefstellung des eingeschweißten Bleches nach Erreichen der Traglast sind in Bild 8.5 die Beulen in den Seitenblechen nur links von der Krafteinleitung eingetreten, der rechte Teil gibt etwa den Zustand unter der Traglast wieder: Die Seitenwand zeigt ein ausgeprägtes Gleitlinienfeld (vergl. Abschnitt 10.7.4), dessen erste sichtbare Linien etwa an der Stelle liegen, für die M = M_{el} ist. Zusätzlich ist an der Stelle, an der M = M_{pl} ist, ein Gleitlinienfeld eingezeichnet, das GREEN [1954] für den Steg von I-Profilen aus idealplastischem Werkstoff entwickelt hat. Es besteht aus zwei dreieckförmigen Feldern, in denen der Werkstoff unter einachsiger Druck/Zugbeanspruchung fließt, und einer Kreislinie, entlang der der Träger abgleitet. Wegen der tatsächlich vorhandenen Verfestigung können an einer Linie nur sehr geringe Gleitungen eintreten, so daß weitere Verformungen nur unter ansteigender Belastung möglich sind, unter der sich dann weitere Gleitlinien ausbilden.

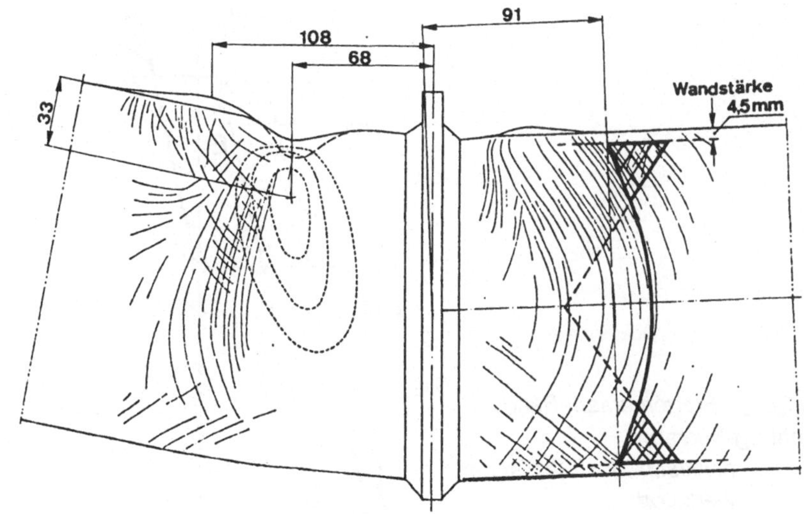

Bild 8.5:
Mittelstück
eines Trägers
mit Rechteck-
Hohlprofil
nach dem
Versuch

8.3   Versagen idealer Querschnitte

8.3.1 Versagen durch alternierende Plastizierung

Dieses Versagen tritt ein, wenn im Laufe der Belastungsgeschichte **plastische Verzerrungs-änderungen in entgegengesetzten Richtungen** an einer Stelle im Querschnitt auftreten (alter-neting plasticity). Nach - bezogen auf Dauerfestigkeitsversuche - wenigen Lastwechseln kann das zur Ermüdung (low cycle fatigue) und zum Bruch an dieser Stelle führen. Dabei bleiben die Gesamtverformungen des Querschnitts im allgemeinen klein.

Beispiel   Balken auf zwei Stützen, Wechsellast F in der Mitte
Bild 8.6 zeigt qualitativ die nach der Fließzonentheorie (Abschnitt 4.2) und nach der Fließge-lenktheorie (Abschnitt 6.4) bestimmten Biegemoment-Randverdrehung-Kurven für einen Be-lastungszyklus F, $-F$, F. Im Querschnitt ohne Rest- und Eigenspannungen treten bei Be-lastung (O-A-B) plastische Verzerrungen erst für $M > M_{el}$ auf, sie bleiben bei Entlastung und Belastung in entgegengesetzter Richtung (B-C-D) ungeändert, solange das Biegemo-ment in dem durch ΔM begrenzten Bereich bleibt. Aus Gl. (3.4-4b) ergibt sich $\Delta M = 2\,M_{el}$. Bei Belastungen über diese Grenze hinaus treten plastische Verzerrungen mit entgegenge-setztem Vorzeichen auf, die bei Umkehr der Belastung (D-E) im Bereich ΔM wieder ungeän-dert bleiben. Der konstant angenommene Bereich elastischer Verformungen wird durch den Belastungszyklus verschoben, er kann jede Lage zwischen den Grenzen $-M_{pl} \leq M \leq +M_{pl}$ einnehmen (vergl. Bild 3.24, Gerade d). Die notwendige und hinreichende Bedingung dafür, daß alternierende Plastizierung im Querschnitt nicht eintreten kann, ist

$$M_{max} - M_{min} \leq 2M_{el} \tag{8.3-1}$$

mit M_{max} bzw. M_{min} als dem größten bzw. kleinsten Biegemoment in der Belastungs-geschichte. Diese Bedingung muß auch bei Anwendung der **Fließgelenktheorie** eingehalten werden, denn die nach dieser Theorie ausgewiesenen Bereiche elastischer Verformungen $\Delta M = 2M_F < 2M_{el}$ lassen tatsächlich bereits plastische Verzerrungsänderungen in entge-

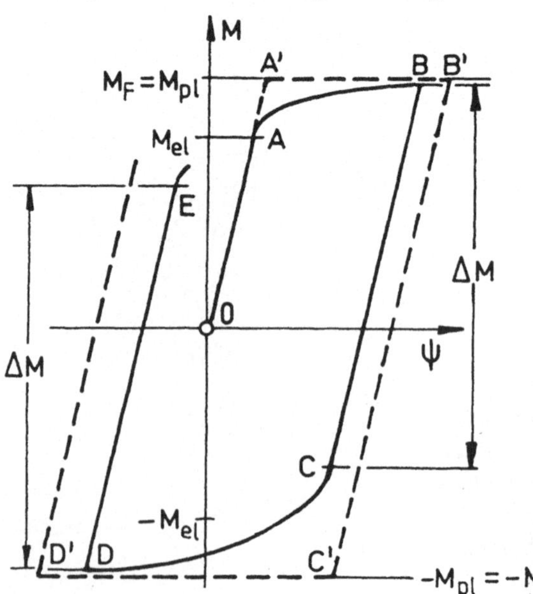

Bild 8.6: *Biegemoment-Randver-*
drehung-Kurven
——   *elastisch-idealplastischer*
        Werkstoff
– – – – *Fließgelenkhypothese*

gengesetzten Richtungen zu (z. B. $B' - C' - B'$ in Bild 8.6). Es ist darauf hinzuweisen, daß die vorstehenden Überlegungen nur für die einfache Biegung ohne Längskraft doppeltsymmetrischer Querschnitte mit derselben Größe der Fließspannung R_F für Zug und Druck gelten. Bei anderen Querschnitten oder schiefer Biegung oder zusätzlicher Längskraft bewirken die Verschiebungen oder/und Verdrehungen der Neutralen Faser andere Bereiche elastischer Verformungen bei Entlastung. Diese Vorgänge sind nur auf der Bezugsebene der Spannungen zu erfassen (vergl. Abschnitt 3.4).

8.3.2 Versagen durch progressive Plastizierung

Dieses Versagen tritt ein, wenn im Laufe der Belastungsgeschichte an einer Stelle im Querschnitt **plastische Verzerrungsänderungen in derselben Richtung** auftreten, die sich aufsummieren. Dies führt zum Versagen durch große Querschnittsverformungen, die im allgemeinen große Systemverschiebungen zur Folge haben. Versagen durch progressive Plastizierung (incremental collapse) kann auftreten, wenn bestimmte Einzellasten oder Teillastgruppen der Gesamtbelastung in verschiedenen, getrennten Bereichen des Systems plastische Verformungen verursachen und wiederholt aufgebracht und entfernt werden (Schwellbelastung). Der Vorgang soll an einem einfachen System erläutert werden, für das auch Ergebnisse experimenteller Untersuchungen von MASSONNET [1953] vorliegen.

Beispiel Balken über zwei Felder mit zwei variablen Einzellasten
Ein Balken mit konstantem Querschnitt (Biegesteifigkeit $E\,I_y$) werde nach Bild 8.7a durch zwei Kräfte $F_1 = f_1\,M_F/L$ und $F_3 = f_3\,M_F/L$ belastet. Es gelte die Fließgelenkhypothese, d. h. plastische Verformungen können als Knickwinkel der Balkenachse an den Stellen 1,2,3 auftreten. Als charakteristische Systemverformung wird die Durchbiegung $w_3 = w(3L/2)$ in der Mitte des rechten Feldes gewählt. Da das System bei Belastung außerhalb der Fließgelenke und bei Entlastung völlig elastisch ist, kann die Berechnung nach der Elastizitätstheorie erfolgen.

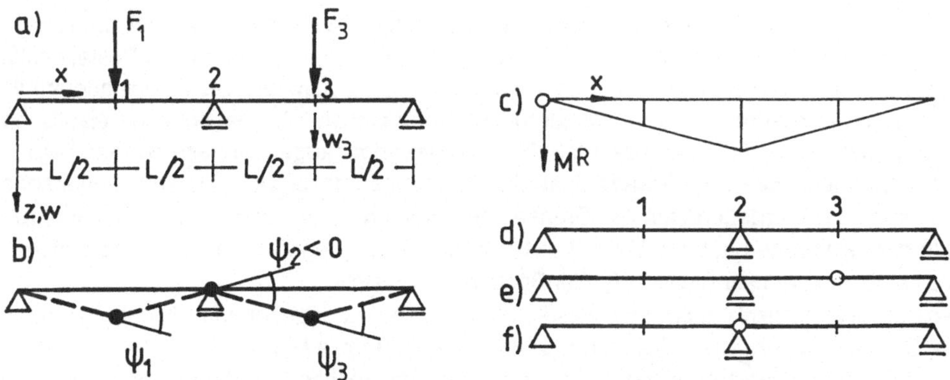

Bild 8.7: Balken über zwei Felder
a) System und Belastung b) Kollapsmechanismus c) Restschnittlastenverteilung
d), e), f) elastische Systeme

In Tabelle 8.1 sind die Biegemomente und Verformungen für das vorgegebene System (Bild 8.7d) und die beiden möglichen Restsysteme (Bild 8.7e,f) zusammengestellt. Bei vollständiger Entlastung ist bei dem einfach statisch unbestimmten System nur eine Restbiegemomentenverteilung möglich (Bild 8.7c), die durch die Größe der statisch Unbestimmten festgelegt ist. Für das Stützmoment $M_2{}^R = 2M_1{}^R = 2M_3{}^R$ ergibt sich der Zusammenhang mit den Knickwinkeln $\psi_i{}^P$ nach elementarer Rechnung zu

$$M_2{}^R = -\frac{3E\,I_y}{4L}\left(\psi_1{}^P + 2\psi_2{}^P + \psi_3{}^P\right)\,. \tag{8.3-2}$$

Zeile	System Bild 8.7	Belastung F_1	F_3	M_1/M_F	M_2/M_F	M_3/M_F	$w_3\,(E\,I_y/M_F L^2)$	$\psi_i\,(E\,I_y/M_F L)$
1	d	> 0	$= 0$	$+0{,}2031\,f_1$	$-0{,}0938\,f_1$	$-0{,}0469\,f_1$	$-0{,}0059\,f_1$	-
2	d	$= 0$	> 0	$-0{,}0469\,f_3$	$-0{,}0938\,f_3$	$+0{,}2031\,f_3$	$+0{,}0150\,f_3$	-
3	e	$= 0$	> 0	$-0{,}2500\,f_3$	$-0{,}5000\,f_3$	0	$+0{,}1250\,f_3$	$+0{,}5417\,f_3$
4	e	> 0	$= 0$	$+0{,}2500\,f_1$	0	0	$-0{,}0313\,f_1$	$-0{,}1250\,f_1$
5	f	> 0	$= 0$	$+0{,}2500\,f_1$	0	0	0	$-0{,}0625\,f_1$

Tabelle 8.1: Biegemomente und Verformungen des elastischen Balkens

1. Belastungsprogramm

Bei **proportionaler Belastung** mit $f_1 = f_3 = f > 0$ ergibt die Gleichgewichtsbedingung
$$2\,F\delta_\psi L/2 - 6M_F\delta_\psi = 0$$
am übervollständigen Kollapsmechanismus (vergl. Abschnitt 7.3) den plastischen Grenzlastfaktor $f_{pl} = 6$, der sich auch bei Belastung nur eines Feldes ergibt. Bei ebenfalls **proportionaler Entlastung** aus diesem Grenzzustand sind nach Gl. (3.4-15) den Schnittlasten $M_1 = M_3 = M_F$, $M_2 = -M_F$ die Schnittlasten $\bar{M}_j$ am fiktiven, elastischen System zu überlagern. Mit den ersten beiden Zeilen der Tabelle 8.1 folgt der Restschnittlastenzustand $M_1{}^R = M_3{}^R = M_F(1 - 0{,}156\,f_{pl}) = 0{,}063\,M_F$, $M_2 = M_F(-1 + 0{,}188\,f_{pl}) = 0{,}126\,M_F$, von dem ausgehend alle folgenden proportionalen Be- und Entlastungen in den Grenzen $0 \leqslant f < f_{pl}$ nur elastische Verformungen erzeugen, sie liegen auf der Entlastungsgeraden der Kraft-Verformung-Kurve (Bild 8.8b).

Einen besseren Überblick über das Verhalten des Systems nach der ersten Belastung mit $f = f_{pl}$ gewinnt man, wenn entsprechend Abschnitt 3.4.3 mit dem berechneten Restschnittlastenzustand der Bereich in der Lastebene ermittelt wird, in dem alle Lastkombinationen liegen, die nur elastische Verzerrungsänderungen verursachen. Da die Bereiche elastischer Verformungen für die Querschnitte 1,2,3 durch die vorangegangene Belastung mit $|M_j| = M_F$ entsprechend Bild 3.24, Gerade d, an die Belastungsgrenzen der Querschnitte verschoben worden sind, ergeben sich die Grenzen des Bereichs elastischer Verzerrungsänderungen in der Lastebene nach Gl. (3.4-15) aus den Fließbedingungen für die Biegemomente. In Bild 8.8a sind in der Lastebene f_1,f_3 vier Bereiche dargestellt:
1. Bereich aller statisch zulässigen Lastkombinationen (durchgezogene Linien), der durch die Geraden $f_1 = f_{1pl}$, $f_2 = f_{2pl}$ begrenzt wird. Bedingung: $|M_j| \leqslant |M_F|$.
2. Bereich der statisch zulässigen und nach der Fließgelenktheorie sicheren Lastkombinationen (dünn gestrichelte Linien), die nur elastische Systemverformungen verursachen. Bedingung: $max\,|M_j| \leqslant M_F$, $|M_j| < M_F$ sonst.
3. Bereich aller statisch zulässigen und sicheren Lastkombinationen, die nur elastische Verzerrungsänderungen verursachen
   - ohne Restschnittlasten (gestrichelte Linien) für $M_F = 1{,}15\,M_{el}$. Bedingung: $|M_j| \leqslant M_{el}$
   - mit dem Restschnittlastenzustand nach proportionaler Belastung (strichpunktierte Linien). Bedingung: $|M_j{}^R + \bar{M}_j| \leqslant M_F$.

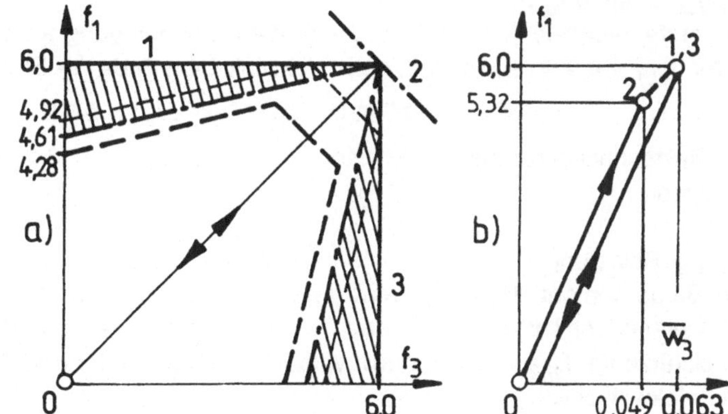

Bild 8.8:
Proportionale Belastung
a) Lastebene
b) Kraft-Verformung-Kurve
$\bar{w}_3 = w_3\, E\, I_y/M_F\, L^2$

Nach der ersten Belastung mit der plastischen Grenzlast sind alle im nicht-schraffierten Bereich liegenden Belastungszustände nur mit elastischen Verzerrungsänderungen verbunden.

2. Belastungsprogramm

Es wird zuerst das rechte Feld mit der konstant gehaltenen Kraft $F_3 = f\, M_F/L < F_{3pl}$ belastet, dann das linke Feld mit der schwellenden Kraft $F_1 = f\, M_F/L < F_{1pl}$, $F_1 = 0$, $F_1 = f\, M_F/L$, $F_1 = 0$ usw. (Bild 8.9a). Der Lastfaktor wird zu $f = 5{,}50$ gewählt, er liegt etwa in der Mitte des Bereichs der Lastkombinationen mit plastischen Verformungen.

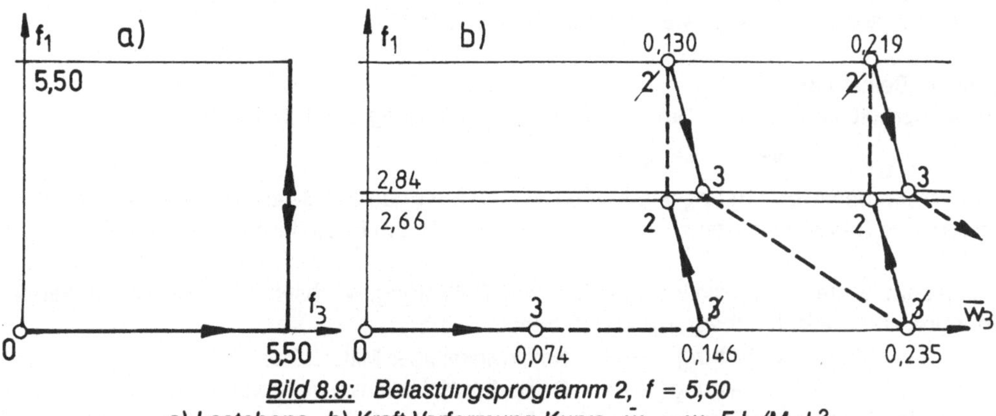

Bild 8.9: *Belastungsprogramm 2, $f = 5{,}50$*
a) Lastebene   b) Kraft-Verformung-Kurve, $\bar{w}_3 = w_3\, E\, I_y/M_F\, L^2$

Die Einzelheiten der Berechnung für die ersten vier Belastungsstufen sind in Tabelle 8.2 zusammengefaßt.

Stufe	F_1	F_3	M_1/M_F	M_2/M_F	M_3/M_F	$w_3(EI_y/M_FL^2)$	$\psi^p_2\,(EI_y/M_FL)$	$\psi^p_3\,(EI_y/M_FL)$
1	0	5,50	-0,375	-0,750	+1,000	+0,1459	0	+0,3122
2	5,50	5,50	+0,875	-1,000	+0,875	+0,1302	-0,1772	+0,3122
3	0	5,50	-0,375	-0,750	+1,000	+0,2347	-0,1772	+0,6666
4	5,50	5,50	+0,875	-1,000	+0,875	+0,2190	-0,3544	+0,6666

Tabelle 8.2: *Biegemomente und Verformungen bei stufenweiser Belastung, $f = 5{,}50$*

<u>Stufe 1</u> Belastung F_3
Das erste Fließgelenk bildet sich, wenn die Fließbedingung an der Stelle 3 unter dem Lastfaktor $f_{el,1} = 4{,}924$ erfüllt wird, der Knickwinkel am Ende der Belastungsstufe 1 ist

$$\psi^P_{3,1} = 0{,}542\,(f - f_{el,1})\,M_F\,L/E\,I_y = 0{,}312\,M_F\,L/E\,I_y.$$

Der Restschnittlastenzustand ist nach Gl. (3.4-15) oder Gl. (8.3-2) durch $M^R_{2,1} = -0{,}234\,M_F$
bestimmt.

<u>Stufe 2</u> Belastung F_1
Das Biegemoment $M_3 = M_F$ wird durch die zusätzliche Belastung mit F_1 vermindert, das
Fließgelenk "schließt sich", und das System bleibt elastisch, bis die Fließbedingung über der
Mittelstütze für $f_{el,2} = 2{,}665$ erfüllt wird. Bis zum Ende der Belastungsstufe 2 bildet sich hier
ein Knickwinkel von

$$\psi^P_{2,2} = -0{,}062\,(f - f_{el,2})\,M_F\,L/E\,I_y = -0{,}177\,M_F\,L/E\,I_y\,,$$

das Restmoment ist $M^R_{2,2} = 0{,}032\,M_F$.

<u>Stufe 3</u> Entlastung F_1
Wenn F_1 kleiner wird, schließt sich das Fließgelenk in 2, das System ist elastisch, bis die
Fließbedingung wieder an der Stelle 3 erfüllt wird für $f_{el,3} = 2{,}835$. Dann wird das Fließgelenk in 3 wieder wirksam, es "öffnet sich", und der schon vorhandene Knickwinkel $\psi^P_{3,1}$ wird
um

$$\psi^P_{3,3} = 0{,}125\,f_{el,3}\,M_F\,L/E\,I_y = 0{,}354\,M_F\,L/E\,I_y$$

vergrößert. Der Schnittlasten- und der Restschnittlastenzustand am Ende der Belastungsstufe sind jedoch dieselben wie die am Ende der Stufe 1.

<u>Stufe 4</u> Belastung F_1
Es wiederholt sich der unter Stufe 2 beschriebene Vorgang. Der Knickwinkel

$$\psi^P_2 = \psi^P_{2,2} + \psi^P_{2,4} = 2\psi^P_{2,2}$$

wächst um denselben Betrag wie in Stufe 2, und am Ende der Belastungsstufe sind Schnitt-
lasten- und Restschnittlastenzustand dieselben wie die am Ende der Stufe 2.

Mit jedem weiteren Lastzyklus aus Be- und Entlastung wachsen die plastischen Verformungen - theoretisch unbegrenzt - nach dem Schema

        Belastung $\longrightarrow$ Knickwinkel über Mittelstütze

        Entlastung $\longrightarrow$ Doppelter Knickwinkel im rechten Feld,

wobei der Restschnittlastenzustand im Zyklus verändert wird, aber nach dem Zyklus derselbe ist. Dies ist ein Grundmuster für die **progressive Plastizierung**, die bei Belastungen unterhalb der plastischen Grenzlast auftreten kann. Trotz des Vorzeichenwechsels von M_1 im
Lastzyklus gibt es keine **alternierende Plastizierung**, wenn die Bedingung Gl. (8.3-1) erfüllt ist,
d. h. in diesem Beispiel der Formfaktor des Querschnitts $m_{pl} < 1{,}60$ ist. Die Kraft-Verformung-Kurve in Bild 8.9b veranschaulicht das Verhalten des Systems, man erkennt, daß das
Verformungsschema unterbrochen wird, wenn in Stufe 2 kein Knickwinkel im Fließgelenk 2
über der Mittelstütze auftritt. Die Bedingung dafür lautet

$$M_2/M_F = -0{,}094\,f_{el,1} - 0{,}500\,(f_E - f_{el,1}) - 0{,}094\,f_E = -1$$

und ergibt $f_E = 5{,}052$. Da dann für alle folgenden Lastzyklen $M_3 < M_F$ ist, treten nach der
plastischen Verformung in Stufe 1 keine weiteren plastischen Verformungen auf: Das System
hat sich "eingespielt", und f_E ist, wie im nächsten Abschnitt gezeigt wird, der Einspiellastfaktor für das vorgegebene Belastungsprogramm.

Experimentelle Untersuchung
MASSONNET [1953] hat die Durchbiegungen von Balken über zwei Felder unter verschiedenen zyklischen Belastungsprogrammen gemessen, einige Ergebnisse werden hier nach
MASSONNET & SAVE [1965]*, S. 238 - 242, zitiert. Bild 8.10a zeigt die vier Belastungsstufen
eines Zyklus 1-2-3-4, wobei der Faktor y in einem Belastungsprogramm konstant ist, aber
für verschiedene Programme in den Grenzen $0 \leqslant y \geqslant 1$ variiert. Hier werden zwei Kraft-Verformung-Kurven nach Bild 8.10c,d vorgestellt, die für einen Belastungszyklus jeweils aus vier
Hysteresekurven bestehen (Bild 8.10b). Im Versuch nach Bild 8.10d nehmen die Verformungen mit jedem Belastungszyklus zu, wobei die Kurven flacher, die Hystereseflächen und die
Ausschläge größer werden: Das System versagt durch die kumulierten plastischen Verformungen. Dagegen tritt in dem Versuch nach Bild 8.10c nach anfangs ebenfalls zunehmenden Verformungen eine deutliche Stabilisierung der Kraft-Verformung-Kurven und eine Annäherung an einen festen Endzustand ein: Das System hat sich eingespielt. Die größte Kraft
F, unter der ein stabiler Endzustand erreicht wird, wird als experimentelle Einspiellast angesehen. Der Vergleich mit theoretisch ermittelten Einspiellasten ergibt, daß die Abweichungen
zwischen experimentell und theoretisch ermittelten Einspiellasten gering sind, sie betragen
bis zu 5 % der experimentellen Einspiellast. LEERS et al. [1985] berichten über Untersuchungen an Rohren aus AlMgSi 0.5 unter sehr komplexer Belastung, die aus Innendruck, Druck
oder Zug in Achsenrichtung, konzentrierter Ringkraft und Temperaturgefälle besteht. Die Ergebnisse der experimentellen Untersuchungen bestätigen ebenfalls, daß die Berechnung der
Einspiellast auf der Grundlage des elastisch-idealplastischen Werkstoffmodells sowie einfacher Mechanismen für das Versagen durch progressive Plastizierung für praktische Berechnungen ausreichend genau ist.

8.4   Einspielen von Systemen

Die Beispiele des vorangegangenen Abschnitts zeigen, daß bei variabler, wechselnder oder
wiederholt aufgebrachter und entfernter Belastung das Versagen eines Systems wegen alter-
nierender oder progressiver Plastizierung eintreten kann, bevor der plastische Grenzzustand
erreicht wird. Dieses Versagen kann nur ausgeschlossen werden, wenn alle möglichen Belastungen nach einfacher oder mehrfacher Einwirkung nur noch elastische Verzerrungsänderungen in allen Punkten des Systems verursachen: Es muß sich also ein Restspannungszustand in der Weise einstellen, daß die plastischen Verzerrungsänderungen abklingen. Dieser Vorgang wird als **Einspielen** (shake down oder adaption) bezeichnet, der größte Lastfaktor, unter dem Einspielen erfolgt, als **Einspiellastfaktor**. Falls eine Belastung durch mehrere Lastfaktoren beschrieben wird, wird im mehrdimensionalen Lastenraum ein **Einspielbereich** eingegrenzt. Bild 8.11 zeigt qualitativ für verschiedene Fälle die Größe der plastischen Verformungen in Abhängigkeit von der Zahl der Lastwechsel. Einspielen wird durch
den Verlauf der Kurven b,c,d charakterisiert: Die plastischen Verformungen stabilisieren sich
und laufen gegen einen festen Endwert.

Grundlage für die Berechnung der Einspiellast sind der statische und der kinematische Satz
für das Einspielen. Der statische Satz, der die notwendige und hinreichende Bedingung für
das Einspielen festlegt, wurde zuerst von MELAN [1936] aufgestellt und bewiesen. Er wird im
folgenden vorgestellt, eine spezielle Formulierung des kinematischen Satzes für Biegetragwerke folgt im nächsten Abschnitt.

Es werde ein System aus elastisch-idealplastischem Werkstoff betrachtet, dessen Verformungen so klein sind, daß die Gleichgewichtsbedingungen für das unverformte System aufge-

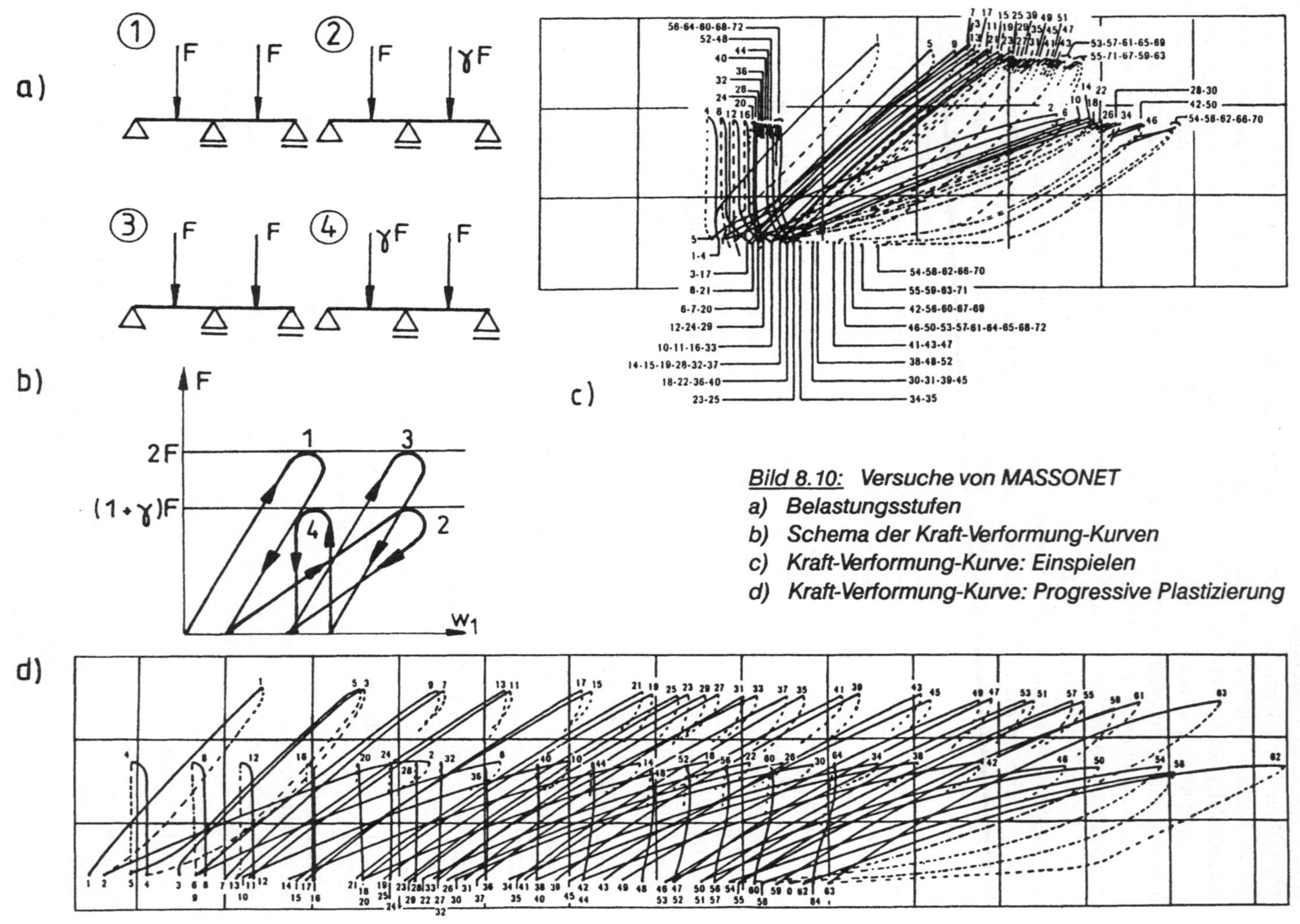

Bild 8.10: Versuche von MASSONET
a) Belastungsstufen
b) Schema der Kraft-Verformung-Kurven
c) Kraft-Verformung-Kurve: Einspielen
d) Kraft-Verformung-Kurve: Progressive Plastizierung

stellt werden dürfen (Theorie 1. Ordnung). In jedem Querschnitt n im System sind unter einer bestimmten Belastung $\{f_i\}$ vier Schnittlastenzustände zu unterscheiden:
- Der **tatsächliche Schnittlastenzustand** $^n s_j$ mit Verschiebungen $^n v_i$, deren Änderungen nach Gl. (6.1-5) in einen reversiblen und einen irreversiblen Anteil zerlegbar sind.
- Der **fiktive Schnittlastenzustand** $^n \bar{s}_j$ am **völlig elastischen System** mit Verschiebungen $^n \bar{v}_i$.
- Der **tatsächliche Restschnittlastenzustand** $^n s_j^R$, der sich bei **vollständiger Entlastung des Systems** ergeben würde.
- Der **fiktive Restschnittlastenzustand** $^n \bar{s}^R$, der sich aus der Differenz der beiden ersten Zustände

$$^n \bar{s}_j^R = {}^n s_j - {}^n \bar{s}_j \tag{8.4-1}$$

ergibt. Er muß die Gleichgewichtsbedingungen am unbelasteten System, d. h. für alle $f_i = 0$, erfüllen.

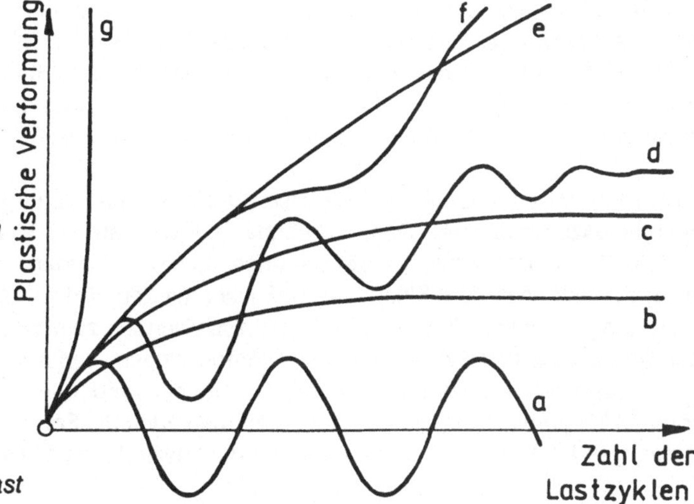

Bild 8.11:
Plastische Verformungen in Abhängigkeit von der Zahl der Lastzyklen
Kurve a: Alternierende Plastizierung
Kurven b,c,d: Einspielen
Kurven e,f: Progressive Plastizierung
Kurve g: Plastische Grenzlast

Damit lautet der **statische Satz für das Einspielen:**
Ein System spielt sich ein, wenn ein **zeitunabhängiger**[1] fiktiver Restschnittlastenzustand $^n \bar{s}_j^R$ existiert, der nach Überlagerung mit dem **zeitabhängigen** fiktiven Schnittlastenzustand $^n \bar{s}_j$ in jedem Querschnitt n für alle Belastungskombinationen $\{f_i\}$ nur elastische Verzerrungsänderungen verursacht.

Diese Bedingung ist für den hier behandelten einachsigen Spannungszustand erfüllt, wenn die Spannungen aus den beiden Schnittlastenzuständen die Fließbedingung

$$-R_F < (\bar{\sigma} + \bar{\sigma}^R) < R_F \tag{8.4-2}$$

einhalten. Wegen des linearen Zusammenhangs zwischen Schnittlasten und Spannungen im Querschnitt n

$$\bar{\sigma} = c_j\, \bar{s}_j \quad , \quad \bar{\sigma}^R = \bar{\sigma}^R_{\,o} + c_j\, \bar{s}_j^R \tag{8.4-3}$$

---

[1] "Zeit" in der Bedeutung der in Abschnitt 6.1 eingeführten Systemzeit.

mit dem fiktiven Restspannungszustand $\bar{\sigma}^R{}_o$, für den die Äquivalenzgleichungen (3.1-9) bis (3.1-11) keine Schnittlasten ergeben, kann die Bedingung mit den Schnittlasten formuliert werden

$$\Phi(c_j\,\bar{s}_j \;+\; c_j\,\bar{s}_j^R \;+\; \bar{\sigma}^R{}_o) \;=\; \Phi(c_j\,s_j \;+\; \bar{\sigma}^R{}_o) \;<\; 0 \quad . \tag{8.4-4}$$

Bei bekanntem Restspannungszustand $\bar{\sigma}^R{}_o$ wird durch Gl. (8.4-4) im Schnittlastenraum der Bereich elastischer Verformungen festgelegt, in dem alle statisch zulässigen und sicheren Schnittlastenzustände liegen. Für die Belastung eines Querschnitts durch Biegemoment und Längskraft, $s_1 = M$, $s_2 = N$, wurde das in Abschnitt 3.4 bereits für den tatsächlichen Restspannungszustand nach Gl. (3.4-18) gezeigt (Bilder 3.23 und 3.24). Wegen der Voraussetzung, daß bei der Entlastung keine Änderungen der bleibenden Dehnungen eintreten sollen, stimmen in diesem Fall der tatsächliche mit dem fiktiven Restspannungszustand überein.

Der Beweis des statischen Satzes, der eine untere Grenze für den Einspiellastfaktor festlegt, beruht auf einer energetischen Betrachtungsweise. Es wird mit Hilfe des DRUCKERschen Postulats (Gl. 10.1-14) nachgewiesen, daß die fiktive elastische Formänderungsenergie, die mit der Differenz $(\sigma_{ij}^R - \bar{\sigma}_{ij}^R)$ der Restspannungszustände gebildet wird, beim Auftreten plastischer Verzerrungsänderungen nur kleiner werden kann.

Einspielen tritt unabhängig von der Belastungsfolge und von irgendwelchen Anfangseigenspannungszuständen ein. Dadurch können nur die Zahl der Lastzyklen bis zum Einspielen und die Größe der plastischen Verformungen geändert werden. Der tatsächliche Restschnittlastenzustand nach dem Einspielen muß nicht mit dem fiktiven übereinstimmen. Es wird keine Aussage gemacht über die Zahl der Lastzyklen bis zum Einspielen und über die Größe der bis dahin auftretenden plastischen Verformungen. Verfahren, die die Größe der plastischen Verformungen beim Einspielen abschätzen, werden in der umfassenden Monografie von KÖNIG [1988]* vorgestellt. Dort findet man auch die Formulierung der Einspielsätze für verfestigenden Werkstoff und Hinweise für die Anwendung der Theorie 2. Ordnung.

8.5   Anwendung auf Biegetragwerke

Der statische Satz über das Einspielen werde für den Fall spezialisiert, daß als einzige Schnittlast Biegemomente $^j s_1 = M_j$ berücksichtigt werden, die Fließmomente M_{jF} also konstant und unabhängig von Längs- und Querkräften sind. Wie schon in Abschnitt 8.3.1 erläutert, sind die Bereiche elastischer Verformungen in diesem Fall Geraden der Länge $2M_{jel}$, die zwischen den Grenzen $\pm M_{jF}$ liegen (Bild 3.24, Gerade d und Bild 8.8). Wenn gemäß Gl. (8.3-1) keine alternierende Plastizierung eintritt, kann die Bedingung (8.4-4) für das Einspielen deshalb durch

$$-M_{jF} \;\leqslant\; \bar{M}_j \;+\; \bar{M}_j^R \;\leqslant\; M_{jF} \tag{8.5-1}$$

ersetzt werden, wobei der Grenzfall $\Phi = 0$ eingeschlossen wird. Für zeitunabhängige Belastung und damit konstante Biegemomente geht Gl. (8.5-1) über in die Bedingung (7.3-1) für zulässige Schnittlastenzustände bei der Grenzlastberechnung. Der Einspiellastfaktor liegt damit stets zwischen den Faktoren für die elastische und für die plastische Grenzlast

$$f_{el} \;\leqslant\; f_E \;\leqslant\; f_{pl} \quad . \tag{8.5-2}$$

Wie bei der Berechnung der plastischen Grenzlast (Abschnitt 7.3) ist es möglich, mit dem statischen und dem noch zu formulierenden kinematischen Satz untere und obere Grenzen zu bestimmen und die Einspiellast einzuschranken oder eindeutig zu bestimmen. Im Gegensatz zur Grenzlastberechnung ist es hier aber zusätzlich erforderlich, die fiktiven Schnittlasten für alle möglichen Belastungen nach der Elastizitätstheorie zu berechnen. Dafür werden folgende Bezeichnungen eingeführt. Es sei

$M_j{}^+$ das größte   fiktive Biegemoment
$M_j{}^-$ das kleinste   an der Stelle j im Tragwerk
M_j jedes   bei Änderung der Belastung.

8.5.1 Untere Grenzen

Die Bedingung (8.5-1) ergibt mit den extremalen Biegemomenten die Ungleichungen

$$\bar{M}_j{}^R + \bar{M}_j{}^+ \leq M_{jF} \quad , \quad \bar{M}_j{}^R + \bar{M}_j{}^- \geq -M_{jF} \quad , \tag{8.5-3}$$

die die fiktiven Restbiegemomente erfüllen müssen, damit Einspielen eintreten kann. Jeder Restbiegemomentenzustand gibt eine untere Grenze für den Einspiellastfaktor.

8.5.2 Obere Grenzen

Alternierende Plastizierung
Die Bedingung (8.3-1) ergibt mit Gl. (8.4-1)

$$\bar{M}_j{}^+ - \bar{M}_j{}^- \leq 2M_{jel} \tag{8.5-4}$$

für die p Stellen, an denen die fiktive Biegemomentenlinie (relative) Extremwerte aufweist. Damit erhält man p Bedingungen für die in den extremalen Biegemomenten enthaltenen Lastfaktoren, die in bekannter Weise im Lastraum den Bereich eingrenzen, in dem kein Versagen durch alternierende Plastizierung möglich ist. Diese Untersuchung erfordert ausschließlich die Berechnung der Schnittlasten nach der Elastizitätstheorie.

Progressive Plastizierung
Der kinematische Satz für das Versagen durch progressive Plastizierung wurde von NEAL für Biegetragwerke aufgestellt und bewiesen (siehe NEAL [1956]*, S. 296 - 299). Ausgangspunkt ist die Annahme, daß beim Auftreten progressiver Plastizierung der Zusammenbruch eines Tragwerks nur eintreten kann, wenn Fließgelenke an hinreichend vielen Stellen das Tragwerk in einen Mechanismus überführen. Wenn dieser **Mechanismus für progressive Plastizierung** kinematisch möglich ist (vergl. Abschnitt 7.2) und die Bedingung für aktive Belastung $M_i \, \dot{\psi}_i{}^P > 0$ an den q Fließgelenkstellen mit $|M_i| = M_{iF}$ eingehalten wird, dann gelten an diesen q Stellen die Gleichungen

$$\bar{M}_i{}^R - \bar{M}_i{}^+ = M_{iF} \text{ für } \dot{\psi}_i{}^P > 0 \quad , \quad \bar{M}_i{}^R + \bar{M}_i{}^- = -M_{iF} \text{ für } \dot{\psi}_i{}^P < 0 \; . \tag{8.5-5}$$

Da die fiktiven Restbiegemomente voraussetzungsgemäß die Gleichgewichtsbedingungen am unbelasteten Tragwerk erfüllen, ergibt das Prinzip der virtuellen Arbeiten eine weitere Gleichung

$$\Sigma \, \bar{M}_i{}^R \, \dot{\psi}_i{}^P = 0 \quad . \tag{8.5-6}$$

Damit können die q fiktiven Restbiegemomente bestimmt werden und eine Bedingung für die die Belastung beschreibenden Lastfaktoren. Der **kinematische Satz über das Einspielen** sagt aus:

> Die für einen kinematisch möglichen Mechanismus für progressive Plastizierung auf diese Weise ermittelte Belastung ist größer als die Einspiellast.

Wenn im Sinn der Gl. (8.5-1) die Grenze zwischen Einspielen und Nicht-Einspielen dem Einspielbereich zugeordnet wird, kann die für einen Mechanismus ermittelte Belastung auch die Einspiellast sein. Jeder probeweise angenommene Mechanismus für progressive Plastizierung liefert also eine obere Grenze für die Einspiellast oder gerade die Einspiellast, wenn die fiktiven Restbiegemomente die Bedingungen (8.5-3) für eine untere Grenze erfüllen.

8.5.3 Beispiel

Die Verfahren zur Bestimmung der Einspiellast entsprechen denen zur Bestimmung der plastischen Grenzlast in den Abschnitten 7.3.2 und 7.3.3. Hier wird noch einmal das in Abschnitt 8.3.2 behandelte Beispiel: **Balken über zwei Felder mit zwei Einzellasten** nach Bild 8.7 herangezogen. Anstelle der dort stufenweise vorgegebenen Belastungsprogramme tritt hier ein Programm

$$0 \le f_1 \le f \quad , \quad 0 \le f_2 \le f \quad ,$$

bei dem die Kräfte $F_1 = f_1\, M_F/L$, $F_2 = f_2\, M_F/L$ beliebig variieren können. Gesucht wird der Einspiellastfaktor $f = f_E$. Es wird das Verfahren der Kombination von Grundmechanismen angewendet, die Berechnungsschritte werden im folgenden ausführlicher dargestellt, als es für das einfache Beispiel erforderlich ist, um die Anwendung auf andere Tragwerke zu erleichtern.

<u>1. Schritt</u>
Berechnung der fiktiven elastischen Schnittlasten an den p möglichen Fließgelenkstellen. Hier: Tabelle 8.1.

<u>2. Schritt</u>
Zusammenstellung der extremalen Schnittlasten mit den Grenzen des vorgegebenen Belastungsprogramms. Hier:

$$\bar{M}_1{}^+ = \bar{M}_3{}^+ = +0{,}203\, f\, M_F \quad , \quad \bar{M}_2{}^+ = 0$$
$$\bar{M}_1{}^- = \bar{M}_3{}^- = -0{,}047\, f\, M_F \quad , \quad \bar{M}_2{}^- = -0{,}188\, f\, M_F$$

<u>3. Schritt</u>
Bestimmung oberer Grenzen für die Einspiellastfaktoren für alternierende Plastizierung aus p Gleichungen (8.5-4). Hier: Größte Momentensumme bei $j = 1{,}3$

$$(\bar{M}_1{}^+ - \bar{M}_1{}^-) = 0{,}250\, f_a\, M_F = 2\, M_F/1{,}15 \longrightarrow f_a = 6{,}597$$

Versagen durch alternierende Plastizierung kann nicht eintreten, da $f_a > f_{pl} = 6{,}0$.

<u>4. Schritt</u>
Gegebenenfalls Schätzung einer unteren Grenze, z. B. für alle $\bar{M}_j{}^R = 0$. Hier ergibt sich der elastische Grenzlastfaktor $f_{el} = 4{,}924$.

5. Schritt

Wahl der Grundmechanismen als Mechanismen für progressive Plastizierung und Aufstellen der Gleichgewichtsbedingungen Gl. (8.5-6) für die fiktiven Restbiegemomente. Hier: Das System ist einfach statisch unbestimmt ($n = 1$), es gibt $p = 3$ mögliche Fließgelenkstellen, also $m = p - n = 2$ Grundmechanismen mit Fließgelenken in $j = 1,2$ und $j = 2,3$ (Bild 8.7b).

Gleichgewichtsbedingungen: $-2\bar{M}_1^R + \bar{M}_2^R = 0$, $\bar{M}_2^R - 2\bar{M}_3^R = 0$.

6. Schritt

Auswertung der Gln. (8.5-5) für die Grundmechanismen zur Bestimmung oberer Grenzen durch progressive Plastizierung. Hier:

$$j = 1 \qquad \bar{M}_1^R + 0{,}203\,f\,M_F = -M_F$$
$$j = 2 \qquad \bar{M}_2^R - 0{,}188\,f\,M_F = -M_F$$
$$j = 3 \qquad \bar{M}_3^R + 0{,}203\,f\,M_F = +M_F$$

Ergebnisse: $\bar{M}_1^R = \bar{M}_3^R = -0{,}026\,M_F$, $\bar{M}_2^R = -0{,}052\,M_F$, $f_p = 5{,}052$.

Da hier außer den Grundmechanismen keine weiteren Mechanismen auftreten können, muß $f_p = f_E$ der Einspiellastfaktor sein. Das war auch das Ergebnis in Abschnitt 8.3.2.

7. Schritt

Ermittlung des Restbiegemomentenzustands und Kontrolle der statischen Zulässigkeit mit den im 6. Schritt nicht benutzten Ungleichungen (8.5-3) für die kleinste obere Grenze. Hier sind die Restbiegemomente vollständig bestimmt und die Ungleichungen

$$j = 1 \qquad \bar{M}_1^R - 0{,}047\,f\,M_F = -0{,}263\,M_F > -M_F$$
$$j = 2 \qquad \bar{M}_2^R + 0 \qquad\quad = -0{,}052\,M_F < M_F$$
$$j = 3 \qquad \bar{M}_3^R - 0{,}047\,f\,M_F = -0{,}263\,M_F > -M_F$$

erfüllt. Damit ist $f_p = f_E$ der Einspiellastfaktor.

8. Schritt

Kombination der Grundmechanismen mit dem Ziel, kleinere obere Grenzen zu erhalten. Wiederholung der Schritte 5 bis 8, bis die Einspiellast nach dem 7. Schritt bestimmt ist.

9.   Mehrachsige Spannungs- und Verzerrungszustände

In allen vorangegangenen Abschnitten wurden nur einachsige Spannungszustände betrachtet, für die das elastisch-plastische Stoffgesetz die einfache Form der Gln. (2.3-8) bis (2.3-14) annimmt. Nichtsdestoweniger können diese einachsigen Spannungszustände über die Äquivalenzgleichungen (3.1-9) bis (3.1-11) auf mehrachsige Schnittlastenzustände $\{M_y, M_z, N\}$ führen, für die entsprechende elastisch-plastische Randschnittlast-Randverschiebung-Beziehungen in der Form der Gln. (6.3-1) bis (6.3-5) hergeleitet wurden. Hiermit konnten biege- und zug- oder druckbelastete Stabtragwerke behandelt werden. Für andere Beanspruchungsarten und andere Tragwerkskonfigurationen reicht dieses einfache Modell jedoch nicht aus. Im folgenden werden deshalb zunächst die Grundlagen der kontinuumsmechanischen Beschreibung mehrachsiger Spannungs- und Verzerrungszustände unter der Voraussetzung kleiner Verformungen behandelt und im anschließenden Abschnitt 10 das elastisch-plastische Stoffgesetz auf solche mehrachsigen Zustände verallgemeinert. Die auf die Bedürfnisse des vorliegenden Buches reduzierten Grundlagen der Vektor- und Tensorrechnung sind im Anhang A1 zusammengefaßt; zu den Vorzeichenregeln siehe auch BROCKS & BURTH [1974].

9.1   Die Kinematik der Formänderung

Im Gegensatz zum Tragwerksmodell "finitisiertes System" (Abschnitt 6) wird ein Tragwerk im **kontinuumsmechanischen Modell** als **"Körper"** (Bild 9.1), also als eine kompakte Menge materieller Punkte, betrachtet. Die geometrischen Orte dieser materiellen Punkte sind zu jedem Zeitpunkt $0 \leqslant \tau \leqslant t$ durch die Ortsvektoren

$$\underline{x}(\tau) \;=\; \overrightarrow{OP} \;=\; x_i\,(\tau)\,\underline{e}_i \tag{9.1-1}$$

gegeben und bilden die geometrische Konfiguration des Körpers. Beanspruchungs- und Verformungszustände können dementsprechend nicht mehr durch eine endliche Anzahl von Schnittlasten und Verschiebungen, sondern müssen durch vektorielle und tensorielle "Feldgrößen" beschrieben werden.

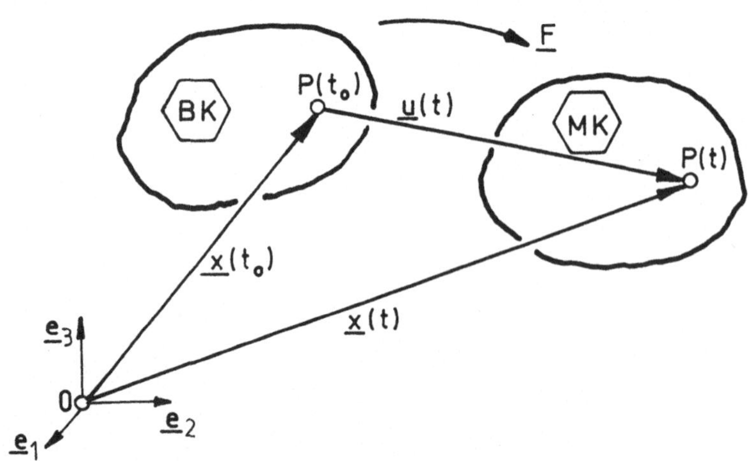

Bild 9.1: *Beschreibung des Bewegungszustandes eines Körpers*

Zur Beschreibung der gegenwärtigen Formänderung eines Körpers betrachtet man den Bewegungsablauf von einer "undeformierten" **Ausgangskonfiguration** (AK) zur Zeit $\tau = 0$

$$\underline{x}(t_o) = \overset{o}{\underline{x}} = \overset{o}{x}_i\ \underline{e}_i. \tag{9.1-2}$$

bis zur verformten **Momentankonfiguration** (MK) zur Zeit $\tau = t$. Damit kann jeder materielle Punkt P in der verschobenen Lage, also in der MK, durch seine Koordinaten in der AK identifiziert werden:

$$\underline{x}(\overset{o}{\underline{x}},t) = x_i\,(\overset{o}{\underline{x}},t)\ \underline{e}_i. \tag{9.1-3}$$

Die Differenz beider Ortsvektoren ist der **Verschiebungsvektor**

$$\underline{u}(\overset{o}{\underline{x}},t) = \underline{x}(\overset{o}{\underline{x}},t) - \overset{o}{\underline{x}} = u_i\,(\overset{o}{\underline{x}},t)\ \underline{e}_i \tag{9.1-4}$$

des Punktes P zur Zeit t. Es seien nun P_1 und P_2 zwei dicht benachbarte Punkte, die in der AK um

$$d\overset{o}{\underline{x}} = \overset{o}{\underline{x}}_2 - \overset{o}{\underline{x}}_1 \tag{9.1-5}$$

auseinander liegen. Beim Übergang in die MK ändert sich ihre Ortsdifferenz zu

$$d\underline{x} = (\underline{x}\,\overset{o}{\underline{\nabla}}) \cdot d\overset{o}{\underline{x}} \qquad \text{bzw.} \qquad dx_i = (\partial x_i/\partial \overset{o}{x}_j)\ d\overset{o}{x}_j$$
$$\qquad\quad = \underline{F} \cdot d\overset{o}{\underline{x}} \qquad\qquad\qquad = F_{ij}\ d\overset{o}{x}_j \tag{9.1-6}$$

Dabei bezeichnet $\overset{o}{\underline{\nabla}}$ den Differentialoperator für die Ableitung nach den Koordinaten in der AK. Der **Deformationsgradient**

$$\underline{F} = F_{ij}\ \underline{e}_i\ \underline{e}_j = \underline{x}\,\overset{o}{\underline{\nabla}} = \underline{I} + \underline{u}\,\overset{o}{\underline{\nabla}} \ \Big\}$$
$$\qquad = (\delta_{ij} + u_{i,j})\ \underline{e}_i\ \underline{e}_j \tag{9.1-7}$$

vermittelt somit die Abbildung der AK auf die MK. Als (quadratisches) Maß der Formänderung wird nun definiert

$$d\underline{x}^2 - d\overset{o}{\underline{x}}{}^2 = 2\ d\overset{o}{\underline{x}} \cdot \underline{G} \cdot d\overset{o}{\underline{x}} \tag{9.1-8}$$

mit dem symmetrischen GREENschen **Verzerrungstensor**

$$\underline{G} = \frac{1}{2}\,(\underline{F}^t \cdot \underline{F} - \underline{I}) = \frac{1}{2}\,(\overset{o}{\underline{\nabla}}\,\underline{u} + \underline{u}\,\overset{o}{\underline{\nabla}} + \overset{o}{\underline{\nabla}}\,\underline{u} \cdot \underline{u}\,\overset{o}{\underline{\nabla}})$$
$$\qquad = \frac{1}{2}\,(u_{i,j} + u_{j,i} + u_{k,i}\,u_{k,j})\ \underline{e}_i\ \underline{e}_j = \underline{G}^t \tag{9.1-9}$$

Alle Aussagen des Anhangs A1 für symmetrische Tensoren können für $\underline{G}$ übernommen werden, insbesondere gelten
- die **Transformationsbeziehungen** der Gln. (A1-33a,b) für die Komponenten des Verzerrungstensors,
- die Gln. (A1-39) und (A1-40) für die **Invarianten** und
- die Aussagen des Abschnitts A1.3 über **Hauptachsentransformationen**.

Bei Voraussetzung kleiner Deformationen

$$u_{i,j} \ll 1 \qquad\qquad (9.1\text{-}10)$$

geht der GREENsche Verzerrungstensor unter Vernachlässigung der quadratischen Terme in Gl. (9.1-9) in den bekannten **linearen Verzerrungstensor**

$$\left.\begin{aligned}
\underline{E} = \varepsilon_{ij}\,\underline{e}_i\,\underline{e}_j &= \frac{1}{2}(\underline{\nabla}\,\underline{u} + \underline{u}\,\underline{\nabla}) \\[2em]
&= \frac{1}{2}(u_{i,j} + u_{j,i})\,\underline{e}_i\,\underline{e}_j
\end{aligned}\right\} \qquad (9.1\text{-}11)$$

über, und es ist näherungsweise

$$\frac{\partial}{\partial \overset{o}{x}_i} = \frac{\partial}{\partial x_i} \qquad \text{bzw.} \qquad \overset{o}{\underline{\nabla}} = \underline{\nabla}\ . \qquad\qquad (9.1\text{-}12)$$

Die Komponenten ε_{ij} heißen **Dehnungen** für $i=j$ und **Gleitungen** für $i\neq j$. Der Kugeltensor-Anteil von $\underline{E}$ nach Gl. (A1-41)

$$e := 3\,\hat{\varepsilon} = \varepsilon_{ii} = E_1 = \mathrm{spur}(\underline{E}) \qquad\qquad (9.1\text{-}13)$$

beschreibt die Volumenänderung (Dilatation) und der Deviator-Anteil

$$\varepsilon'_{ij} = \varepsilon_{ij} - \hat{\varepsilon}\,\delta_{ij} \qquad\qquad (9.1\text{-}14)$$

die Gestaltänderung eines Volumenelementes.

Eine Änderung der MK während eines kleinen Zeitinkrementes Δt führt zu Verschiebungsänderungen

$$\Delta\underline{u} = \underline{u}\,(\underline{x}, t + \Delta t) - \underline{u}\,(\underline{x}, t) = \dot{\underline{u}}\,(\underline{x}, t)\,\Delta t\ . \qquad\qquad (9.1\text{-}15)$$

Mit den Verschiebungsgeschwindigkeiten $\dot{\underline{u}}$ kann entsprechend Gl. (9.1-7) ein Geschwindigkeitsgradient und daraus nach Gl. (9.1-8) ein symmetrischer **Tensor der Verzerrungs-** oder **Formänderungsgeschwindigkeiten** in der Momentankonfiguration, $\frac{1}{2}(\underline{\nabla}\,\dot{\underline{u}} + \dot{\underline{u}}\,\underline{\nabla})$, definiert werden, der wegen $\Delta t \to 0$ linear in $\dot{\underline{u}}$ ist. Setzt man wiederum kleine Verzerrungen voraus, so ist

$$\dot{\underline{E}} = \dot{\varepsilon}_{ij} \, \underline{e}_i \, \underline{e}_j = \frac{1}{2} \, (\nabla \, \dot{\underline{u}} + \dot{\underline{u}} \, \nabla) \ . \qquad (9.1\text{-}16)$$

Bei bekanntem, stetig differenzierbarem Verschiebungsfeld können mit den Gleichungen (9.1-11) bzw. (9.1-16) die sechs Verzerrungen bzw. Verzerrungsgeschwindigkeiten eindeutig bestimmt werden. Ist hingegen der Verzerrungstensor oder Verzerrungsgeschwindigkeitstensor bekannt, z. B. über das Stoffgesetz aus dem Spannungstensor berechnet worden, so ist das Verschiebungsfeld nicht eindeutig durch Integration der sechs partiellen Differentialgleichungen bestimmbar. Zunächst einmal müssen die Verzerrungen den **Verträglichkeits-** oder **Kompatibilitätsbedingungen** genügen, die die notwendigen und hinreichenden Bedingungen dafür darstellen, daß die Integration des Verzerrungsfeldes auf ein stetiges Verschiebungsfeld führt, der verformte Körper also weiterhin ein stetiges Kontinuum darstellt. Durch partielles Differenzieren von Gl. (9.1-11) können unter Beachtung der Vertauschungsregeln die Verschiebungen eliminiert werden und man erhält

$$\begin{aligned}
\varepsilon_{22,33} + \varepsilon_{33,22} - \varepsilon_{23,23} - \varepsilon_{23,23} &= 0 \\
\varepsilon_{33,11} + \varepsilon_{11,33} - \varepsilon_{31,31} - \varepsilon_{31,31} &= 0 \\
\varepsilon_{11,22} + \varepsilon_{22,11} - \varepsilon_{12,12} - \varepsilon_{12,12} &= 0 \\
\varepsilon_{23,13} + \varepsilon_{13,23} - \varepsilon_{12,33} - \varepsilon_{33,12} &= 0 \\
\varepsilon_{13,12} + \varepsilon_{12,13} - \varepsilon_{23,11} - \varepsilon_{11,23} &= 0 \\
\varepsilon_{12,23} + \varepsilon_{23,12} - \varepsilon_{13,22} - \varepsilon_{22,13} &= 0
\end{aligned} \qquad (9.1\text{-}17)$$

(s. z. B. BETTEN [1986]*, S. 40). Diese Bedingungen lassen sich in symbolischer Tensordarstellung kurz

$$\nabla \times \underline{E} \times \nabla = \underline{0} \qquad \text{in} \ V \qquad (9.1\text{-}18)$$

schreiben. Die Kompatibilitätsbedingungen (9.1-17) oder (9.1-18) gelten entsprechend für die Verzerrungsgeschwindigkeiten in Gl. (9.1-16).

Darüber hinaus enthält das Verschiebungsfeld $\underline{u}(\underline{x})$ im Gegensatz zum Verzerrungsfeld auch Starrkörperbewegungen. Für eine gegebene Struktur müssen deshalb **geometrische Randbedingungen** in der Form aufgeprägter Verschiebungen - oder Verschiebungsgeschwindigkeiten - auf Teilen ihrer Oberfläche

$$\underline{u}(\underline{x}) = \underline{u}_0 \qquad \text{auf} \ \partial V_u \subset \partial V \qquad (9.1\text{-}19)$$

formuliert werden. Insbesondere müssen an Auflagern und Einspannungen entsprechende Verschiebungskoordinaten verschwinden.

Der durch die Gln. (9.1-11) und (9.1-19) beschriebene Verschiebungs- und Formänderungszustand ist nur für kinematisch bestimmte Probleme, sogen. **Mechanismen** (vgl. Abschnitte 7.3 und 10.6.2), für sich allein, d. h. ohne Kenntnis des Spannungszustandes, zu bestimmen.

9.2   Der Spannungstensor

Der Spannungstensor ist ein Operator, der die Berechnung des Spannungsvektors in einer beliebigen (gedachten) Schnittfläche durch einen Körper ermöglicht. Man betrachte hierzu ein aus einem Körper in der MK[1] herausgeschnittenes und durch die drei Ebenen x_j = const mit den Normalenvektoren $\underline{n}_i$ = $\underline{e}_i$ (i = 1, 2, 3) sowie durch eine Ebene mit dem Normalenvektor

$$\underline{n} = n_k\, \underline{e}_k\, , \qquad |\underline{n}| = 1\, , \tag{9.2-1}$$

begrenztes Tetraeder-Element (Bild 9.2). Die Schnittkraft in der Ebene (i) ist durch

$$\Delta\underline{s}_i = \underline{\sigma}_{(i)}\, \Delta A_{(i)} \qquad ^2 \tag{9.2-2}$$

gegeben mit dem **Spannungsvektor**

$$\underline{\sigma}_i = (\sigma_i)_j\, \underline{e}_j := (\sigma_i)_1\, \underline{e}_1 + (\sigma_i)_2\, \underline{e}_2 + (\sigma_i)_3\, \underline{e}_3\, . \tag{9.2-3}$$

Entsprechendes gilt für die Darstellung des Schnittkraftvektors $\Delta\underline{s}$ in der Ebene mit dem Normalenvektor nach Gl. (9.2-1). Die Gleichgewichtsbedingungen am Tetraeder lauten

$$\sum_{i=1}^{3} \Delta\underline{s}_i + \Delta\underline{s} = \underline{\sigma}_i\, \Delta A_i + \underline{\sigma}\, \Delta A = \underline{o}\, , \tag{9.2-4}$$

woraus durch skalare Multiplikation mit $\underline{e}_j$ die Gleichgewichtsbedingung in j-Richtung folgt:

$$(\sigma_i)_j\, \Delta A_i + \sigma_j\, \Delta A = 0\, . \tag{9.2-5}$$

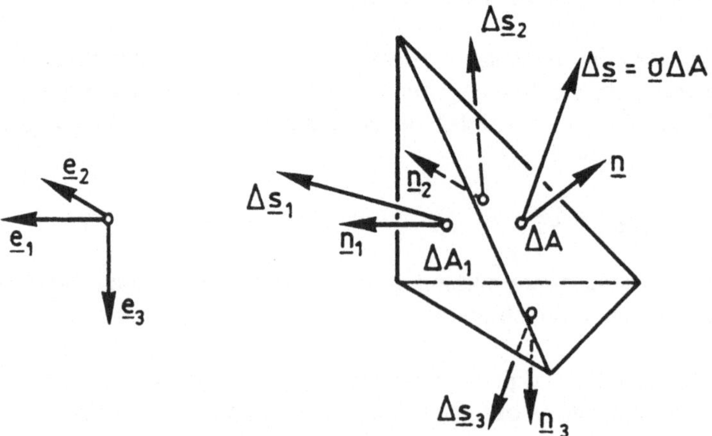

Bild 9.2: *Schnittkräfte an einem Tetraederelement*

---

[1]   Bei großen Deformationen muß unterschieden werden, ob die Schnittkräfte auf die unverformte Ausgangs- oder die verformte Momentankonfiguration (vgl. Bild 9.1) bezogen werden.
[2]   Über eingeklammerte Indizes soll nicht summiert werden.

Da für die gesamte Oberfläche eines Körpers

$$\Delta A_i \ \underline{n}_i \ + \ \Delta A \ \underline{n} \ = \ \underline{o} \ , \qquad\qquad (9.2\text{-}6)$$

also für eine einzelne Schnittfläche (i)

$$\Delta A_i \ = \ - (\underline{n} \cdot \underline{n}_i) \ \Delta A \ = \ -\underline{n} \cdot \underline{e}_i \ \Delta A \ = \ -n_i \ \Delta A \qquad\qquad (9.2\text{-}7)$$

gilt, nehmen die Gleichgewichtsbedingungen (9.2-5) die Form

$$\sigma_j \ = \ (\sigma_i)_j \ n_i \ = \ \sigma_{ij} \ n_i \quad \text{oder} \quad \underline{\sigma} \ = \ \underline{n} \cdot \underline{S} \qquad\qquad (9.2\text{-}8)$$

an mit dem **Spannungstensor**

$$\underline{S} \ = \ \sigma_{ij} \ \underline{e}_i \ \underline{e}_j \ . \qquad\qquad ^{1} \qquad\qquad (9.2\text{-}9)$$

Der Spannungstensor vermittelt also eine Transformation des Normalenvektors $\underline{n}$ einer beliebigen Schnittfläche in den Spannungsvektor $\underline{\sigma}$ in dieser Schnittfläche. Betrachtet man speziell die Ebenen $\underline{n}_i = \underline{e}_i$, so kann man die **Komponenten** des Spannungstensors in folgender
Weise interpretieren (Bild 9.3):

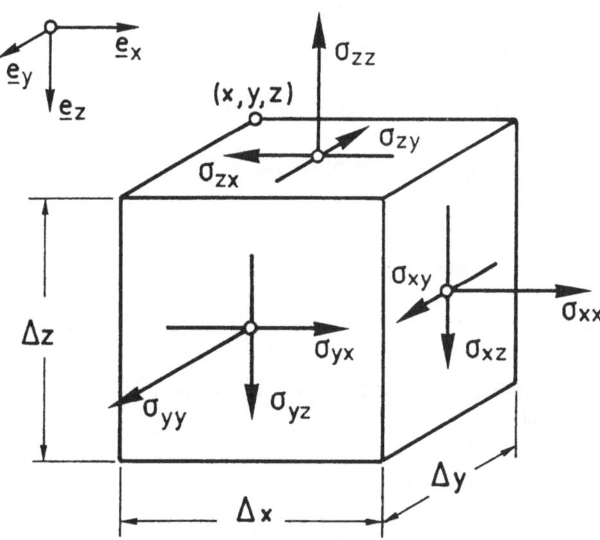

<u>Bild 9.3:</u> *Komponenten des Spannungstensors im kartesischen Koordinatensystem*

σ_{ij} ist die Komponente des Spannungsvektors in der Schnittfläche mit der Normalen $\underline{n}_i = \underline{e}_i$
($=$ positive Schnittfläche) in Richtung der positiven j-Achse, bzw. in der Schnittfläche mit der

---

[1] Bei großen Deformationen unterscheidet man - je nachdem, ob die Schnittkräfte auf die unverformte AK oder
   verformte MK bezogen werden - zwischen PIOLA-KIRCHHOFF-Spannungen (Ingenieurspannungen, "nominal
   stresses") und CAUCHY-Spannungen (EULERsche Momentanspannungen, wahre Spannungen, "true stresses"), vgl. Abschnitt 2.1. Wegen der Voraussetzung kleiner Deformationen entfällt diese Unterscheidung hier.

Normalen $\underline{n}_j = -\underline{e}_j$ (= negative Schnittfläche) in Richtung der negativen j-Achse. Die Komponente heißt **Normalspannung** für $i = j$ und **Schubspannung** für $i \neq j$. Positive Normalspannungen sind Zugspannungen, negative Normalspannungen Druckspannungen.

Aus Gründen des Momentengleichgewichts (s. Abschnitt 9.3) ist der Spannungstensor symmetrisch:

$$\underline{S} = \underline{S}^t \qquad \text{oder} \qquad \sigma_{ij} = \sigma_{ji} \ . \qquad (9.2\text{-}10)$$

Man nennt $\qquad \hat{\sigma} = \dfrac{1}{3}\,\sigma_{ii} \qquad$ den **hydrostatischen Spannungsanteil**

und $\qquad \underline{S}' = \underline{S} - \hat{\sigma}\,\underline{I} \quad$ den **Spannungsdeviator.**

Alle Aussagen des Anhangs A1 für symmetrische Tensoren gelten ebenso auch für den Spannungstensor. Nach den Aussagen des Abschnitts A1.3 über Hauptachsentransformationen besitzt jeder Spannungstensor drei reelle Hauptwerte

$$\sigma_I \geq \sigma_{II} \geq \sigma_{III} \ , \qquad (9.2\text{-}11)$$

die sog. **Hauptspannungen**, zu denen drei **Hauptrichtungen** $\underline{n}_\alpha$ gehören, die ein Orthonormalsystem

$$n_\alpha\,n_\beta = \delta_{\alpha\beta} \qquad (\alpha,\beta = I, II, III) \qquad (9.2\text{-}12)$$

bilden. In der Basis der Hauptachsen nimmt die Matrix der Spannungstensorkomponenten Diagonalform an,

$$\underset{\sim}{S} = \text{diag}(\sigma_\alpha) \ , \qquad (9.2\text{-}13)$$

d. h. es wirken in diesen Richtungen nur Normal-, aber keine Schubspannungen.

Ein Sonderfall des allgemeinen dreiachsigen Spannungszustandes ist der **ebene Spannungszustand** (ESZ) mit

$$\underset{\sim}{S} = \begin{bmatrix} \sigma_{11} & \sigma_{12} & 0 \\ \sigma_{21} & \sigma_{22} & 0 \\ 0 & 0 & 0 \end{bmatrix} \ , \qquad (9.2\text{-}14)$$

wobei ohne Einschränkung der Allgemeinheit angenommen wird, daß die Spannungen in der (1,2)-Ebene wirken. Die Invarianten von $\underline{S}$ ergeben sich aus Gl. (A1-39) zu

$$\left.\begin{aligned} S_1 &= \sigma_{11} + \sigma_{22} \\ S_2 &= \sigma_{12}^2 - \sigma_{11}\,\sigma_{22} \\ S_3 &= 0 \end{aligned}\right\} \qquad (9.2\text{-}15)$$

Die charakteristische Gleichung (A1-38) hat die Lösungen

$$\left.\begin{array}{l} \sigma_I \\ \sigma_{II} \end{array}\right\} = (\sigma_{11} + \sigma_{22})/2 \pm \sqrt{(\sigma_{11} - \sigma_{22})^2/4 + \sigma_{12}^2}$$
$$\sigma_{III} = 0 \; . \tag{9.2-16}$$

Die Richtung der **größten Hauptspannung** ist

$$\tan 2\alpha_o = \frac{2\,\sigma_{12}}{\sigma_{11} - \sigma_{22}} \tag{9.2-17}$$

In den Hauptrichtungen nehmen die Normalspannungen Extremwerte an, und die Schubspannungen verschwinden. Die **größten Schubspannungen** treten unter dem Winkel

$$\alpha_1 = \alpha_o \pm \pi/4 \tag{9.2-18}$$

auf. Aus den Transformationsbeziehungen bei ebener Drehung mit α um die $\underline{e}_3$-Achse (Abschnitt A1.2) folgt, daß die Spannungen

$$\sigma = \overset{*}{\sigma}_{11}(\alpha) \qquad \text{und} \qquad \tau = \overset{*}{\sigma}_{12}(\alpha) \tag{9.2-19}$$

die Gleichung des MOHRschen Spannungskreises erfüllen:

$$\left.\begin{array}{l} \left[\sigma - \dfrac{1}{2}(\sigma_{11} + \sigma_{22})\right]^2 + \tau^2 = \tau_{max}^2 \\[3mm] \qquad\qquad = (\sigma_I - \sigma_{II})^2/4 \; . \end{array}\right\} \tag{9.2-20}$$

Gl. (9.2-20) ist Ausdruck des Gleichgewichts der Spannungen an einem ebenen Dreieckselement ohne Volumenkräfte.

9.3 Gleichgewichtsbedingungen (CAUCHYsche Feldgleichungen)

Aus dem **Gleichgewicht der Kräfte** am Volumenelement[1] (Bild 9.3) $\Delta V = \Delta x\,\Delta y\,\Delta z$ erhält man nach Division durch ΔV und Grenzübergang $\Delta x \to 0$, $\Delta y \to 0$, $\Delta z \to 0$

$$\frac{\partial \sigma_{xx}}{\partial x} + \frac{\partial \sigma_{yx}}{\partial y} + \frac{\partial \sigma_{zx}}{\partial z} + \rho\,f_x = 0$$

$$\frac{\partial \sigma_{xy}}{\partial x} + \frac{\partial \sigma_{yy}}{\partial y} + \frac{\partial \sigma_{zy}}{\partial z} + \rho\,f_y = 0 \tag{9.3-1}$$

$$\frac{\partial \sigma_{xz}}{\partial x} + \frac{\partial \sigma_{yz}}{\partial y} + \frac{\partial \sigma_{zz}}{\partial z} + \rho\,f_z = 0$$

---

[1] Auch hier ist bei großen Verformungen auf die gewählte Bezugskonfiguration für das Ansetzen der Gleichgewichtsbedingungen zu achten.

Dabei bezeichnen ρ die Dichte des Materials und f_i die Komponenten eines Volumen-
kraftvektors, z. B. der Schwerkraft: $f_x = f_y = 0, f_z = g$.

In symbolischer bzw. indizierter Tensorschreibweise können die drei Gleichungen (9.3-1)
kurz zu

$$\underline{\nabla} \cdot \underline{S} + \rho \underline{f} = \underline{o} \qquad \text{bzw.} \qquad \sigma_{ij,i} + \rho\, f_j = 0 \qquad (9.3\text{-}2)$$

zusammengefaßt werden. In der symbolischen Schreibweise ist die Gl. (9.3-2) unabhängig
vom Basissystem, gilt also auch für krummlinige oder schiefwinklige Koordinaten; die indizierte Form setzt ein kartesisches Koordinatensystem voraus (vergl. die Darstellung der
Gleichgewichtsbedingungen in Zylinder- und Kugelkoordinaten im Abschnitt 9.4).

Das **Gleichgewicht der Momente** am Volumenelement, bezogen auf seinen Volumenmittel-
punkt, liefert in analoger Weise die drei Gleichungen

$$\sigma_{zy} = \sigma_{yz} \quad , \quad \sigma_{zx} = \sigma_{xz} \quad , \quad \sigma_{yx} = \sigma_{xy} \quad , \qquad (9.3\text{-}3)$$

also die **Symmetrie des Spannungstensors**

$$\underline{S}^t = \underline{S} \qquad \text{bzw.} \qquad \sigma_{ji} = \sigma_{ij} \quad . \qquad (9.3\text{-}4)$$

Die neun unbekannten Komponenten des Spannungstensors reduzieren sich damit auf
sechs. Mit den Gleichgewichtsbedingungen (9.3-2) hat man drei Differentialgleichungen für
die verbliebenen sechs Spannungsgrößen. Zur Bestimmung der Integrationskonstanten
müssen die **physikalischen Randbedingungen** des Problems beschrieben werden in Form
eingeprägter Oberflächenkräfte auf den Teilen der Körperoberfläche, für den keine Verschiebungen nach Gl. (9.1-18) vorgegeben sind:

$$\underline{n} \cdot \underline{S} = \underline{t}_0 \qquad \text{auf} \quad \partial V_t = \partial V \backslash \partial V_u \quad . \qquad (9.3\text{-}5)$$

Darunter fallen auch kräftefreie Ränder, auf denen also $\underline{t}_0 = \underline{o}$ ist.

Das Differentialgleichungssystem (9.3-2) mit den Randbedingungen (9.3-5) ist bei **statisch
bestimmten Systemen** für sich allein, d. h. ohne Kenntnis des Verformungszustandes (Abschnitt 9.1), lösbar.

9.4   Darstellung in Zylinder- und Kugelkoordinaten

Während alle in den vorausgegangenen Abschnitten hergeleiteten Gleichungen in der symbolischen Darstellung unabhängig vom gewählten Basissystem sind, gelten die angegebenen Gleichungen für die Tensorkomponenten nur für ein kartesisches Basissystem. Die
Behandlung rotationssymmetrischer Probleme (Abschnitt 11.3) erfolgt jedoch vorteilhaft
durch Verwendung von Zylinder- oder Kugelkoordinaten. Diese beiden wichtigen Fälle werden deshalb im folgenden gesondert behandelt. Beide Basissysteme sind krummlinig, aber
weiterhin orthonormal.

9.4.1 Zylinderkoordinaten

Die im Anhang A1.2 hergeleiteten Transformationsgleichungen bei ebener Drehung sind unmittelbar für die Transformation von einer kartesischen $\{\underline{e}_i\} = \{\underline{e}_x, \underline{e}_y, \underline{e}_z\}$ auf eine zylindrische Basis $\{\underline{e}_j^*\} = \{\underline{e}_r, \underline{e}_\psi, \underline{e}_z\}$ verwendbar. So können die Komponenten σ_{ij}^* des Spannungstensors $\underline{\underline{S}}^*$ in Zylinderkoordinaten (Bild 9.4)

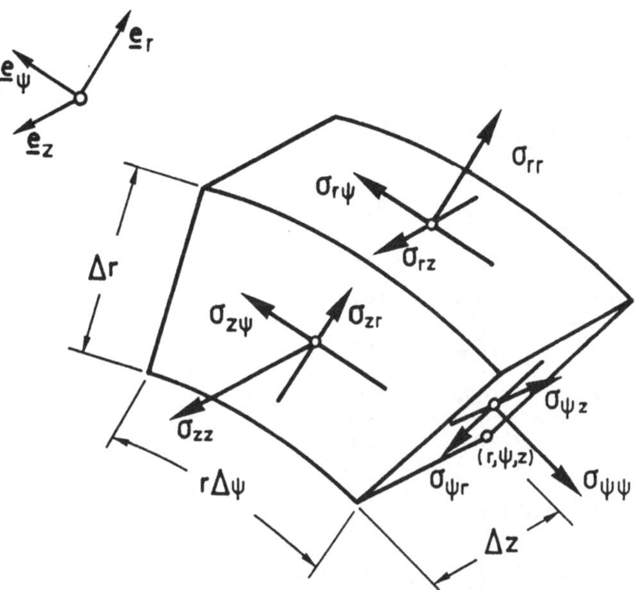

Bild 9.4: *Komponenten des Spannungstensors im Zylinder-Koordinatensystem*

$$\underline{\underline{S}}^* = \begin{bmatrix} \sigma_{rr} & \sigma_{r\psi} & \sigma_{rz} \\ \sigma_{\psi r} & \sigma_{\psi\psi} & \sigma_{\psi z} \\ \sigma_{zr} & \sigma_{z\psi} & \sigma_{zz} \end{bmatrix} \qquad (9.4\text{-}1)$$

aus den kartesischen Komponenten mit σ_{ij} nach der Transformationsbeziehung (A1-33b) mit der Transformationsmatrix

$$\underline{\underline{A}} = \begin{bmatrix} \cos\psi & -\sin\psi & 0 \\ \sin\psi & \cos\psi & 0 \\ 0 & 0 & 1 \end{bmatrix} \qquad (9.4\text{-}2)$$

berechnet werden. Gleiches gilt für die Komponenten des Verzerrungstensors. Die Anwendung der Gleichgewichtsbedingungen (9.3-2) oder die Berechnung der Verzerrungen durch Ableitung der Verschiebungskomponenten nach Gl. (9.1-11) setzt jedoch Differentiationen in einer krummlinigen Basis voraus. Hierzu verwendet man zweckmäßigerweise den **Nabla-Operator** in Zylinderkoordinaten-Darstellung, die man in einfacher Weise aus dem totalen Differential des Ortsvektors

$$\underline{x} = r\,\underline{e}_r + z\,\underline{e}_z \qquad (9.4\text{-}3)$$

$$d\underline{x} = \dot{\underline{x}}\, dt = (\dot{r}\, \underline{e}_r + r\, \dot{\underline{e}}_r + \dot{z}\, \underline{e}_z)\, dt$$

mit den Ableitungen der Basisvektoren

$$\dot{\underline{e}}_r = \dot{\psi}\, \underline{e}_\psi \quad , \qquad \dot{\underline{e}}_\psi = -\dot{\psi}\, \underline{e}_r \tag{9.4-4}$$

erhält:

$$\underline{\nabla} = \frac{d}{d\underline{x}} = \underline{e}_r \frac{\partial}{\partial r} + \underline{e}_\psi \frac{\partial}{r\partial\psi} + \underline{e}_z \frac{\partial}{\partial z} \ . \tag{9.4-5}$$

Damit lauten die Gleichgewichtsbedingungen

$$\left.\begin{array}{l}
\dfrac{\partial\sigma_{rr}}{\partial r} + \dfrac{\partial\sigma_{\psi r}}{r\partial\psi} + \dfrac{\partial\sigma_{zr}}{\partial z} + \dfrac{1}{r}(\sigma_{rr} - \sigma_{\psi\psi}) + \rho\, f_r = 0 \\[3ex]
\dfrac{\partial\sigma_{r\psi}}{\partial r} + \dfrac{\partial\sigma_{\psi\psi}}{r\partial\psi} + \dfrac{\partial\sigma_{z\psi}}{\partial z} + \dfrac{1}{r}\sigma_{r\psi} \qquad\quad + \rho\, f_\psi = 0 \\[3ex]
\dfrac{\partial\sigma_{rz}}{\partial r} + \dfrac{\partial\sigma_{\psi z}}{r\partial\psi} + \dfrac{\partial\sigma_{zz}}{\partial z} + \dfrac{1}{r}\sigma_{rz} \qquad\quad + \rho\, f_z = 0
\end{array}\right\} \tag{9.4-6}$$

Aus dem Verschiebungsvektor

$$\underline{u} = u_r\, \underline{e}_r + u_\psi\, \underline{e}_\psi + u_z\, \underline{e}_z \tag{9.4-7}$$

können mit Hilfe des $\underline{\nabla}$-Operators aus Gl. (9.1-11) die Komponenten des Verzerrungstensors

$$\overset{*}{\underset{\sim}{E}} = \begin{bmatrix} \dot{\varepsilon}_{rr} & \varepsilon_{r\psi} & \varepsilon_{rz} \\ \varepsilon_{\psi r} & \varepsilon_{\psi\psi} & \varepsilon_{\psi z} \\ \varepsilon_{zr} & \varepsilon_{z\psi} & \varepsilon_{zz} \end{bmatrix} \tag{9.4-8}$$

gewonnen werden

$$\left.\begin{array}{l}
\varepsilon_{rr} \ = \ \dfrac{\partial u_r}{\partial r} \\[3ex]
\varepsilon_{\psi\psi} = \ \dfrac{u_r}{r} + \dfrac{\partial u_\psi}{r\partial\psi} \\[3ex]
\varepsilon_{zz} \ = \ \dfrac{\partial u_z}{\partial z} \\[3ex]
\varepsilon_{r\psi} \ = \ \varepsilon_{\psi r} = \dfrac{1}{2}\left[\dfrac{\partial u_r}{r\partial\psi} + \dfrac{\partial u_\psi}{\partial r} - \dfrac{u_\psi}{r}\right] \\[3ex]
\varepsilon_{rz} \ = \ \varepsilon_{zr} = \dfrac{1}{2}\left[\dfrac{\partial u_r}{\partial z} + \dfrac{\partial u_z}{\partial r}\right]
\end{array}\right\} \tag{9.4-9}$$

$$\varepsilon_{\psi z} = \varepsilon_{z\psi} = \frac{1}{2} \left[\frac{\partial u_z}{r\partial \psi} + \frac{\partial u_\psi}{\partial z} \right] \qquad \Bigg\}$$

Für Rotationssymmetrie gilt

$$\frac{\partial}{\partial \psi} \, (\, . \,) = 0 \, , \tag{9.4-10}$$

und die Gleichgewichtsbedingungen und Verzerrung-Verschiebung-Gleichungen vereinfachen sich. Von den Komponenten des Spannungs- und des Verzerrungstensors verschwinden $\sigma_{r\psi} = \sigma_{\psi z} = 0$ und $\varepsilon_{\psi\psi} = \varepsilon_{r\psi} = \varepsilon_{\psi z} = 0$.

9.4.2 Kugelkoordinaten

In der Basis $\{\overset{*}{\underline{e}}_i\} = \{\underline{e}_r, \underline{e}_\psi, \underline{e}_\phi\}$ hat der Ortsvektor die einfache Darstellung

$$\underline{x} = r \, \underline{e}_r \tag{9.4-11}$$

und es gelten folgende Gleichungen für die Umrechnung in kartesische Koordinaten

$$\left. \begin{aligned} x_1 &= r \, \sin\psi \, \cos\phi \, , \\ x_2 &= r \, \sin\psi \, \sin\phi \, , \\ x_3 &= r \, \cos\psi \, . \end{aligned} \right\} \tag{9.4-12}$$

Der Nabla-Operator ist

$$\underline{\nabla} = \underline{e}_r \, \frac{\partial}{\partial r} + \underline{e}_\psi \, \frac{\partial}{r\partial \psi} + \underline{e}_\phi \, \frac{1}{r \sin\psi} \, \frac{\partial}{\partial \phi} \, . \tag{9.4-13}$$

Damit können die CAUCHYschen Feldgleichungen (9.3-2) und die Verzerrung-Verschiebung-Gleichungen (9.1-11) in Kugelkoordinaten formuliert werden. Eine erhebliche Vereinfachung ergibt sich aus der Annahme von Rotationssymmetrie

$$\frac{\partial}{\partial \psi} \, (\, . \,) = 0 \qquad \text{und} \qquad \frac{\partial}{\partial \phi} \, (\, . \,) = 0 \, , \tag{9.4-14}$$

da alle Gleichungen jetzt nur noch von einer Variablen, nämlich dem Radius r abhängen, und die CAUCHYschen Feldgleichungen sich auf eine einzige gewöhnliche Differential-gleichung

$$\frac{d\sigma_r}{dr} + \frac{2}{r} \, (\sigma_r - \sigma_t) = 0 \tag{9.4-15}$$

für die radiale Normalspannungskomponente $\sigma_r := \sigma_{rr}$ und die tangentiale Normalspannungskomponente $\sigma_t := \sigma_{\phi\phi} = \sigma_{\psi\psi}$ reduzieren.

10.   Die klassische Theorie des elastisch-plastischen Material-verhaltens

10.1   Grundlegendes Konzept eines Stoffgesetzes

10.1.1 Voraussetzungen

Das Werkstoffverhalten sei **zeitunabhängig**, die Beanspruchung erfolge **quasistatisch** (d. h. die Deformationsgeschwindigkeiten seien klein) und die Zustandsänderungen erfolgen **isotherm**. Zusätzlich zu diesen grundlegenden Voraussetzungen beschränken sich die mathematischen Formulierungen in den folgenden Abschnitten auf **kleine Verzerrungen** sowie auf **homogene und isotrope Werkstoffe**. Diese beiden weitergehenden Einschränkungen sind für eine inkrementelle Theorie allerdings nicht zwangsläufig und können zugunsten allgemeinerer Formulierungen aufgegeben werden.

Die Belastungsgeschichte werde in Abhängigkeit von einem skalaren Parameter $t \geq 0$ dargestellt, die Änderungen aller Zustandsgrößen durch die Ableitungen nach diesem Parameter, Gl. (2.3-4). Diese Ableitungen - obwohl häufig als "Geschwindigkeiten" bezeichnet (vgl. Abschnitt 9.1) - sind jedoch keine Geschwindigkeiten im physikalischen Sinne (vgl. die Voraussetzungen zeitunabhängigen Werkstoffverhaltens), sondern beschreiben Zustandsänderungen (Inkremente) als Folge von Belastungsänderungen. In der englisch-sprachigen Literatur wird hierfür der Begriff "rate" - im Gegensatz zu "velocity" - verwendet.

Die Verzerrungsänderungen lassen sich entsprechend Gl. (2.3-2) additiv in einen elastischen und einen plastischen Anteil zerlegen.

$$\dot{\underline{E}} = \dot{\underline{E}}^{e} + \dot{\underline{E}}^{p} \qquad\qquad\qquad (10.1\text{-}1)$$

Diese additive Zerlegung der Inkremente gilt i. a. nicht für die gesamten Verzerrungen.

Für die phänomenologische Beschreibung von elastisch-plastischem Materialverhalten nimmt man nun aufgrund makroskopischer Beobachtungen an, daß es
- rein elastische Zustandsänderungen, also Spannungsänderungen $\dot{\underline{S}}$, die keine irreversiblen Verzerrungsänderungen hervorrufen, und
- elastisch-plastische Zustandsänderungen mit bleibenden Verzerrungsänderungen $\dot{\underline{E}}^{p} \neq 0$
gibt. Bleibende Deformationen treten auf, wenn die Beanspruchung des Werkstoffs eine bestimmte kritische Größe erreicht ("Fließbeginn") und ggf. überschreitet. Experimente zeigen weiterhin zwei für die mathematische Beschreibung wichtige Eigenschaften:
- Fließbeginn und Verfestigung von Metallen sind - isotropes Material vorausgesetzt - unabhängig vom hydrostatischen Spannungsanteil $\hat{\sigma}$.
- Volumenänderungen erfolgen nahezu voll reversibel, der Tensor der plastischen Verzerrungsgeschwindigkeiten muß also deviatorisch sein:

$$\dot{\hat{\varepsilon}}^{p} = 0 \quad , \quad \dot{\underline{E}}^{p} = \dot{\underline{E}}^{\prime p} \; . \qquad\qquad (10.1\text{-}2)$$

10.1.2 Das elastisch-plastische Werkstoffmodell

Wie in den Abschnitten 2.3 und 6.3 umfaßt das elastisch-plastische Werkstoffmodell die folgenden fünf Aussagen:

1. Elastisches Formänderungsgesetz
Für alle rein elastischen Formänderungen bzw. Formänderungsanteile gelte das HOOKE-sche Gesetz.

2. Fließbedingung (yield condition)
Die Menge aller elastischen Zustände werde durch eine Fließfunktion Φ eingegrenzt:

$$\underline{S} \in \mathcal{E}: \qquad \Phi < 0 \tag{10.1-3a}$$

$\mathcal{E}$ ist ein einfach zusammenhängendes Gebiet im Spannungsraum. **Plastische Zustände** liegen auf seiner Oberfläche, die **Fließfläche** genannt wird.

$$\underline{S} \in \partial\mathcal{E}: \qquad \Phi = 0 \tag{10.1-3b}$$

Zustände mit $\Phi > 0$ sind nicht erreichbar (vgl. Abschnitt 2.3).

Ideal-plastischer Werkstoff ist dadurch gekennzeichnet, daß die Fließfläche bei konstanter Temperatur unveränderlich bleibt; ihre Gleichung ist deshalb bei Beschränkung auf isotherme Zustandsänderungen durch die **Fließbedingung**

$$\Phi[\underline{S}] = 0 \tag{10.1-4}$$

gegeben. Bei **verfestigendem Material** ändert sich die Fließfläche mit Zunahme der plastischen Verzerrungen

$$\Phi[\underline{S}, \underline{E}^p\,(\tau)\Big|_{\tau \leq t}] = 0 \; ; \tag{10.1-5}$$

sie ist für beginnende Plastizierung wegen $\underline{E}^p = 0$ identisch der Fließbedingung (10.1-4) für idealplastischen Werkstoff.

Im Sinne einer Thermodynamik der inneren Variablen wird jetzt in Gl. (10.1-5) die Abhängigkeit von den plastischen Verzerrungen - die selbst keine thermodynamischen Zustandsvariablen sind - durch eine Abhängigkeit von mehreren **internen Zustandsvariablen** ersetzt, wobei man sich meist auf eine tensorielle innere Variable $\underline{A}$ und eine skalare innere Variable κ beschränkt:

$$\Phi[\underline{S}, \underline{A}\,(\underline{E}^p), \; \kappa(\varepsilon_v^p)] = 0 \tag{10.1-6}$$

mit

$$\varepsilon_v^p = \int\limits_0^t \sqrt{\frac{2}{3}\, \dot{\underline{E}}^p \cdot\cdot\, \dot{\underline{E}}^p}\; d\tau \tag{10.1-7}$$

als der "akkumulierten plastischen Vergleichsdehnung" nach ODQUIST (vgl. Abschnitt 10.4.3). Mit dieser Wahl von inneren Variablen gelingt es auch, Prozesse mit Belastungsumkehr und den dabei auftretenden makroskopischen Effekten, wie den BAUSCHINGER-Effekt (BAUSCHINGER [1886]) zu beschreiben.

3. Be- und Entlastungsbedingung

Ausgehend von einem Spannungszustand zur Zeit t, der die Fließbedingung (10.1-3) erfüllt ("Fließzustand"), sind nur Zustandsänderungen $\underline{\dot{S}}$ mit $\dot{\Phi} \leqslant 0$ physikalisch zulässig. Für einen **ideal-plastischen Werkstoff** gilt nach Gl. (10.1-4)

$$\dot{\Phi} = \frac{\partial \Phi}{\partial \underline{S}} \cdot \cdot \underline{\dot{S}} = \underline{\Phi}_s \cdot \cdot \underline{\dot{S}} \leqslant 0 \qquad (10.1\text{-}8)$$

mit der Abkürzung

$$\underline{\Phi}_s := \frac{\partial \Phi}{\partial \underline{S}} \qquad (10.1\text{-}9)$$

und für einen **verfestigenden Werkstoff** nach Gl. (10.1-7)

$$\dot{\Phi} = \frac{\partial \Phi}{\partial \underline{S}} \cdot \cdot \underline{\dot{S}} + \frac{\partial \Phi}{\partial \underline{A}} \cdot \cdot \underline{\dot{A}} + \frac{\partial \Phi}{\partial \kappa} \dot{\kappa} \leqslant 0 \ . \qquad (10.1\text{-}10)$$

Da Änderungen der internen Variablen an plastische Verzerrungsänderungen gebunden sind, ist der erste Term in Gl. (10.1-10) maßgebend für die Entscheidung, ob eine Be- oder Entlastung vorliegt:

$$\underline{\Phi}_s \cdot \cdot \underline{\dot{S}} < 0 \qquad \text{Entlastung} \qquad (10.1\text{-}11)$$

$$\underline{\Phi}_s \cdot \cdot \underline{\dot{S}} = 0 \qquad \text{Belastung} \qquad (10.1\text{-}12\text{a})$$

bei **ideal-plastischem Werkstoff** bzw.

$$\underline{\Phi}_s \cdot \cdot \underline{\dot{S}} \geqslant 0 \qquad \text{Belastung} \qquad (10.1\text{-}12\text{b})$$

bei **verfestigendem Werkstoff**. Im letztgenannten Falle gilt das Gleichheitszeichen für sogenannte "neutrale" Belastungen, also Spannungsumlagerungen auf der Fließfläche, die nicht mit zusätzlichen plastischen Verzerrungen verbunden sind. Die verschiedenen möglichen Zustandsänderungen - ausgehend von einem Fließzustand - sind in der folgenden Tabelle zusammengestellt:

	verfestigend					ideal-plastisch	
	$\underline{\dot{E}}^p$	$\underline{\dot{A}}$	$\dot{\kappa}$	$\dot{\Phi}$	$\underline{\Phi}_s \cdot \cdot \underline{\dot{S}}$	$\underline{\dot{E}}^p$	$\dot{\Phi} = \underline{\Phi}_s \cdot \cdot \underline{\dot{S}}$
Entlastung	$= \underline{0}$	$= \underline{0}$	$= 0$	$\dot{\Phi} = \underline{\Phi}_s \cdot \cdot \underline{\dot{S}} < 0$		$= \underline{0}$	< 0
neutrale Belastung	$= \underline{0}$	$= \underline{0}$	$= 0$	$\dot{\Phi} = \underline{\Phi}_s \cdot \cdot \underline{\dot{S}} = 0$		$= \underline{0}$	$= 0$
aktive Belastung	$\neq \underline{0}$	$\neq \underline{0}$	$\neq 0$	$= 0$	> 0	$\neq \underline{0}$	$= 0$

4. Verfestigungsgesetz (hardening rule)[1]
Zur Beschreibung des makroskopischen Verfestigungsverhaltens müssen die Abhängigkeiten der inneren Variablen in Gl. (10.1-6) von den plastischen Verzerrungen mathematisch beschrieben werden. Dies erfolgt i. a. über sogen. **Evolutionsgleichungen** der Form

$$\dot{\underline{A}} = \dot{\underline{A}} \, (\underline{S}, \, \underline{E}^p, \, \underline{A}, \, \kappa, \, \dot{\underline{S}}, \, \dot{\underline{E}}_p \, , \, ...) \quad \left.\begin{array}{c} \\ \\ \end{array}\right\}$$

$$\dot{\kappa} = \dot{\kappa} \, (\underline{S}, \, \underline{E}^p, \, \underline{A}, \, \kappa, \, \dot{\underline{S}}, \, \dot{\underline{E}}^p \, , \, ...) \; . \quad \left.\begin{array}{c} \\ \end{array}\right. \tag{10.1-13}$$

Dabei muß jederzeit die sogen. Konsistenzbedingung $\dot{\Phi} = 0$ in Gl. (10.1-10) für plastische Zustandsänderungen erfüllt werden.

5. Plastisches Formänderungsgesetz ("Fließregel", flow rule)
Während das HOOKEsche Gesetz für die elastischen Formänderungen bzw. Formänderungsanteile gelten soll, beschreibt die Fließregel den Zusammenhang zwischen den Spannungen und den bleibenden Verzerrungsänderungen (inkrementelles Gesetz). Eine erste Aussage über die Fließregel stellt Gl. (10.1-2) dar, die aufgrund experimenteller Befunde aussagt, daß plastische Verformungen weitgehend **isochor**, d. h. bei konstantem Volumen als reine Gestaltänderungen erfolgen. Bei der Klasse der **"assoziierten Fließregeln"** wird das plastische Verzerrungsinkrement aus der Fließfunktion Φ abgeleitet, Φ also als **"plastisches Potential"** betrachtet, weshalb das in diesem Abschnitt behandelte Materialmodell auch generell als "Theorie des plastischen Potentials" bezeichnet wird. Eine physikalische Begründung hierfür kann man mit Hilfe der Stabilitätspostulate von DRUCKER geben.

10.1.3 Stabiler Werkstoff: Normalität und Konvexität

Der Begriff der Werkstoffstabilität, den DRUCKER [1960, 1964] in die Plastizitätstheorie eingeführt hat, ermöglicht es, das vom einachsigen Zugversuch bekannte charakteristische nichtlineare Verhalten auf mehrdimensionale Spannungszustände zu übertragen. Während bei elastischem Werkstoff, also unterhalb der Fließgrenze, eine Zunahme der Dehnungen immer nur aufgrund einer Erhöhung der Spannungen möglich ist, können an der Fließgrenze die Dehnungen unter wachsenden, konstant bleibenden oder sogar unter abfallenden Spannungen zunehmen. Das entsprechende Werkstoffverhalten wird als verfestigend, idealplastisch oder erweichend bezeichnet. Zur Charakterisierung dieses Verhaltens hat DRUCKER aus dem klassischen energetischen Stabilitätskriterium (Abschnitt 6.2) unter Ausschluß aller Geometrieänderungen eine Reihe von Stabilitätspostulaten für den Werkstoff hergeleitet, von denen hier lediglich die zwei für die Begründung der klassischen Elastizitäts- und Plastizitätstheorie bedeutsamen dargestellt werden.

(a)   Lastzyklus im Großen bei beginnender Plastizierung
Ausgehend von einem elastischen Beanspruchungszustand $\underline{S}^o$, Gl. (10.1-3a), wird die Beanspruchung um einen endlichen Betrag bis zur elastischen Grenze $\underline{S}^*$, Gl. (10.1-3b), und dann weiter um einen kleinen Betrag in den plastischen Bereich hinein gesteigert. Anschließend wird wieder bis zum Ausgangszustand $\underline{S}^o$ entlastet. Hierfür soll in Analogie zu Gl. (6.2-7) gelten

---

[1] Für ideal-plastisches Material entfällt dieser Punkt.

$$(\underline{S}^* - \underline{S}^o) \cdot\cdot \ \dot{\underline{E}}^P \geq 0 \ . \qquad\qquad (10.1\text{-}14)$$

Diese Bedingung ist auch als Minimalprinzip von PRAGER [1955] bekannt.

(b) <u>Lastzyklus im Kleinen</u>
Dieser Lastzyklus ist ein Sonderfall von (a) für $\underline{S}^o \rightarrow \underline{S}^*$. Das analoge Postulat zu (6.2-6) lautet

$$\dot{\underline{S}} \cdot\cdot \ \dot{\underline{E}}^P \geq 0 \ . \qquad\qquad (10.1\text{-}15)$$

Aus diesen beiden Postulaten lassen sich zwei wichtige Folgerungen herleiten (Bild 10.1):

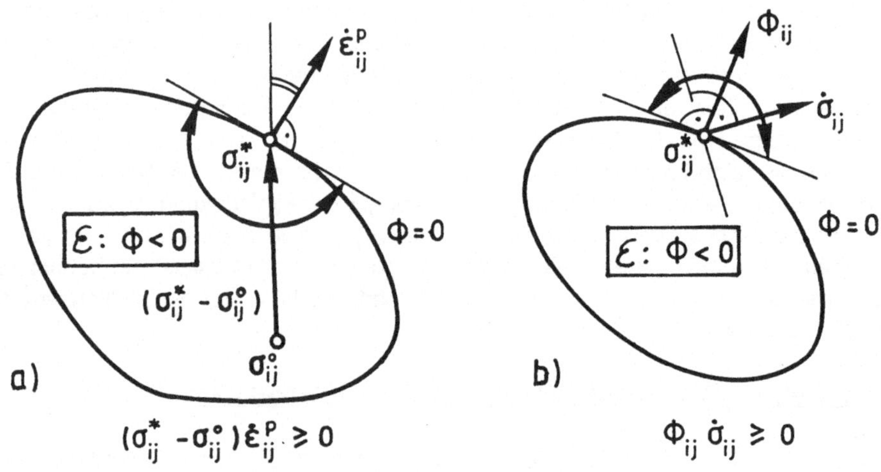

<u>Bild 10.1:</u> *Eigenschaften der Fließfläche*
a) Konvexität   b) Normalität der plastischen Verzerrungsinkremente

(1)   Da die plastischen Verzerrungsgeschwindigkeiten unabhängig von dem rein elastischen Ausgangszustand $\underline{S}^o$ sein müssen, aber zugleich für beliebiges $\underline{S}^o$ bei gegebenem $\dot{\underline{E}}^P$ das Postulat (10.1-14) gelten soll, muß die **Fließfläche konvex** sein, d. h. alle $(\underline{S}^* - \underline{S}^o)$ müssen in dem durch Halbkreis im Bild 10.1a gekennzeichneten Bereich liegen.

(2)   Da zusätzlich für beliebige Belastungszuwächse $\dot{\underline{S}}$ mit $\dot{\underline{S}} \cdot\cdot \ \underline{\Phi}_S \geq 0$, die in dem durch Halbkreis im Bild 10.1b gekennzeichneten Bereich liegen, das Postulat (10.1-15) und gleichzeitig das Postulat (10.1-14) für beliebiges $\underline{S}^*$ gelten sollen, muß $\dot{\underline{E}}^P$ die Richtung von $\underline{\Phi}_S$ haben, also normal zur Fließfläche (10.1-3b) stehen:

$$\dot{\underline{E}}^P = \underline{\Phi}_S \ \lambda \quad \text{mit} \quad \lambda \geq 0 \qquad\qquad (10.1\text{-}16)$$

dies ist die sog. **Normalitätsbedingung.** Die Fließregel (10.1-16) kann auch so interpretiert werden, daß für stabile Werkstoffe die Fließfunktion Φ zugleich ein "**Fließpotential**" darstellt, aus dem die plastischen Verzerrungsinkremente durch Ableitung nach den Spannungen hergeleitet werden können. Derartige Fließregeln, bei denen plastisches Potential und Fließfunktion gleichgesetzt werden, bezeichnet man auch als **assoziierte**

Fließregeln. Die Analogie zu entsprechenden elastischen Potentialen ist allerdings rein formal, da für die dissipativen plastischen Verformungsprozesse keine Formänderungsenergie im physikalischen Sinne existiert.

Die DRUCKERschen Postulate (10.1-14) und (10.1-15) stellen die beiden grundlegenden Hypothesen der inkrementellen Plastizitätstheorie dar. An ihrer Stelle können natürlich auch die Konvexitäts- und die Normalitätsbedingung oder das PRAGERsche Minimalprinzip in Verbindung mit assoziierten Fließregeln postuliert werden. Die genannten Hypothesenpaare sind, wie gezeigt wurde, auseinander herleitbar, und es ist der persönlichen Einschätzung überlassen, welchem von ihnen der Vorzug gegeben wird.

10.2 Fließbedingungen für isotropen Werkstoff

10.2.1 Allgemeine Eigenschaften der Fließfläche

Im vorangegangenen Abschnitt wurde mit der Bedingung der Konvexität der Fließfläche bei stabilem Werkstoff bereits eine wichtige Einschränkung der Menge der möglichen Fließfunktionen (10.1-3a,b) vorgenommen. Zwei weitere Konkretisierungen folgen aus einem allgemeinen physikalischen Prinzip und einer experimentellen Erfahrung.

1. Da die Fließfunktion eine Werkstoffeigenschaft ist, muß sie "objektiv", d. h. invariant gegenüber einem Wechsel des Bezugssystems, sein, d. h. es muß

$$\Phi(\sigma_{kl}\ a_{ki}\ a_{lj}) \;=\; \Phi(\sigma_{ij}) \tag{10.2-1}$$

gelten. Aus der Theorie der **isotropen Tensorfunktionen** folgt (BETTEN [1986]*, S. 174 - 179), daß für ein isotropes Material Φ als Funktion der drei Invarianten des Spannungstensors

$$\Phi[\underline{S}] \;=\; \bar{\Phi}(S_1, S_2, S_3) \;=\; 0 \tag{10.2-2}$$

geschrieben werden kann.

2. Aus der experimentellen Beobachtung, daß der hydrostatische Spannungszustand, also der Kugeltensoranteil nach Gl. (A1-41), ohne Einfluß auf den Fließbeginn ist, kann man weiterhin schließen, daß die Fließfunktion nur von den Invarianten des Spannungsdeviators, Gl. (A1-43), abhängen kann, so daß sich eine weitere Vereinfachung

$$\Phi[\underline{S}] \;=\; \bar{\Phi}(S'_2, S'_3) \;=\; 0 \tag{10.2-3}$$

ergibt.

Bild 10.2 zeigt eine geometrische Interpretation der Fließfläche im dreidimensionalen Raum der Hauptspannungen σ_α ($\alpha = I,II,III$), der durch die Basisvektoren $\underline{n}_\alpha$ der Hauptrichtungen aufgespannt wird. Wegen der Überlegung zu Gl. (10.2-3) muß gelten

$$\Phi(\sigma_\alpha) \;=\; \Phi(\sigma_\alpha + \hat{\sigma}) \;=\; 0 \, , \qquad \alpha = I, II, III \, .$$

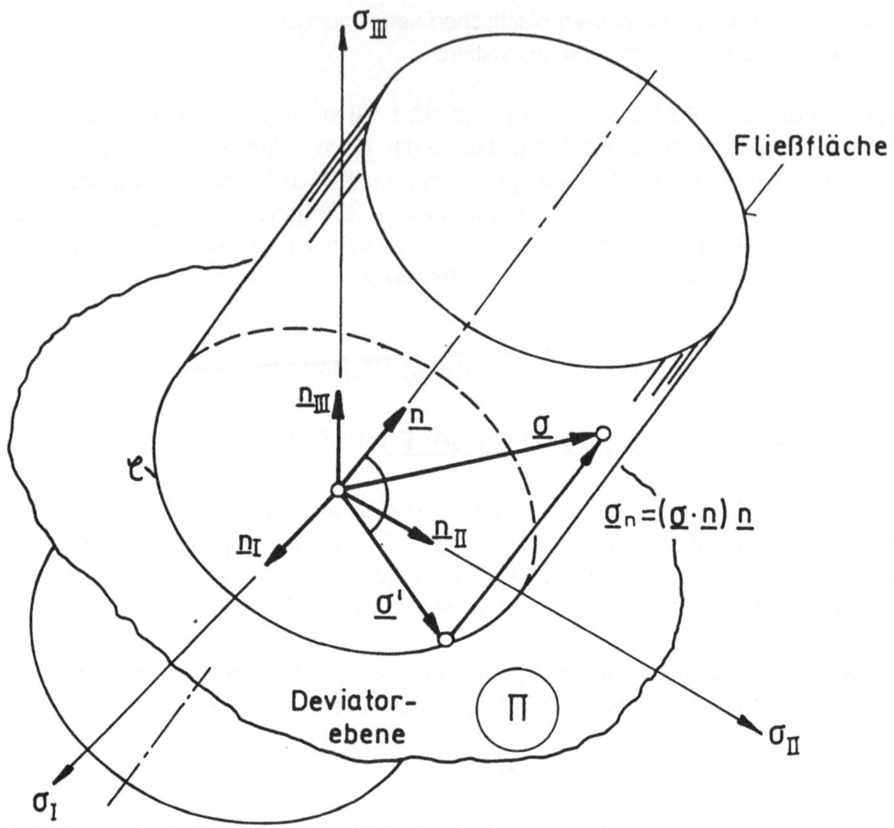

__Bild 10.2:__ Fließfläche im Hauptspannungsraum

Die Fließfläche stellt sich deshalb im Hauptspannungsraum als Prisma oder Zylinder dar, dessen Achse die Raumdiagonale

$$\underline{n}_\pi = \frac{1}{\sqrt{3}} \left(\underline{n}_I + \underline{n}_{II} + \underline{n}_{III} \right) \tag{10.2-4}$$

ist; die hierzu senkrechte Ebene

$$\Pi: \qquad \underline{\sigma}' \cdot \underline{n}_\pi = 0 \tag{10.2-5}$$

heißt **Deviatorebene**, da sie der geometrische Ort aller deviatorischen Spannungsanteile ist. Spaltet man nämlich den "Spannungsbildpunktvektor" $\underline{\sigma} = \sigma_\alpha \, \underline{n}_\alpha$, der den Spannungszustand in irgendeinem Punkt des Körpers im Hauptspannungsraum repräsentiert, in die zwei Komponenten senkrecht zur Π-Ebene

$$\underline{\sigma}_n = \left(\underline{\sigma} \cdot \underline{n}_\pi \right) \underline{n}_\pi = \frac{1}{\sqrt{3}} \, (3\hat{\sigma}) \, \underline{n}_\pi = \hat{\sigma} \, \left(\underline{n}_I + \underline{n}_{II} + \underline{n}_{III} \right) \tag{10.2-6}$$

und in der Π-Ebene

$$\underline{\sigma}' = \underline{\sigma} - \sqrt{3}\ \hat{\sigma}\ \underline{n}_\pi = \underline{\sigma} - \hat{\sigma}\ (\underline{n}_I + \underline{n}_{II} + \underline{n}_{III}) \tag{10.2-7}$$

auf, so stellt erstere den Kugeltensoranteil (oder hydrostatischen Spannungsanteil), letztere den Deviatoranteil des Spannungszustandes dar.

Als **Fließkurve** $\wp$ bezeichnet man nun die Schnittkurve des Fließzylinders $\overline{\hat{\Phi}}(S'_2, S'_3) = 0$ mit der Deviatorebene Π. Sie muß folgende Eigenschaften haben:

1. Da der Bereich rein elastischer Zustände ein einfach zusammenhängendes Gebiet im Spannungsraum ist, ist $\wp$ eine geschlossene Kurve.
2. Für stabile Werkstoffe ist $\wp$ konvex.
3. $\wp$ muß folgende Symmetriebedingungen erfüllen:
3a) für isotropen Werkstoff

$$\Phi(\sigma_I, \sigma_{II}, \sigma_{III}) = \Phi(\sigma_{II}, \sigma_I, \sigma_{III}) = \Phi(\sigma_I, \sigma_{III}, \sigma_{II}) = \dots ,$$

3b) für gleiches Fließverhalten bei Zug- und Druckbelastung (Bild 2.4)

$$\Phi(\sigma_I, \sigma_{II}, \sigma_{III}) = \Phi(-\sigma_I, \sigma_{II}, \sigma_{III}) = \Phi(\sigma_I, -\sigma_{II}, \sigma_{III}) = \dots ,$$

d. h. die Fließkurve hat sechs Symmetrieachsen.

Mit diesen Bedingungen wird die Menge der möglichen Fließkurven stark eingeschränkt: Es sind alle zwischen dem inneren und dem äußeren Sechseck in Bild 10.3 liegenden, zu sechs Achsen symmetrischen Kurven

$$\hat{\Phi}(S'_2, S'_3) - \kappa_o^2 = 0 . \tag{10.2-8}$$

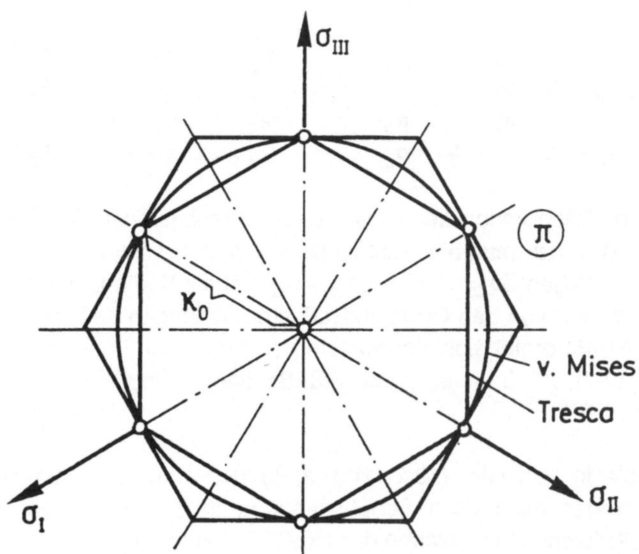

Bild 10.3: Fließkurve
in der Deviatorebene

Praktische Bedeutung haben davon hauptsächlich zwei Fließbedingungen gewonnen: Die nach TRESCA und die nach v. MISES. Aus dem **einachsigen Zugversuch** $\underline{\sigma} = \sigma_I \, \underline{n}_I$, für den die Fließbedingung $\sigma_I = R_F$ nach Gl. (2.3-9) gilt, kann man außerdem den "Halbmesser" κ_0 des Fließzylinders berechnen

$$\kappa_0 = |\underline{\sigma}'| = \sqrt{\frac{2}{3}} \, R_F \qquad\qquad (10.2\text{-}9)$$

Man bezeichnet

$$\sigma_V := \sqrt{\frac{3}{2} \, \hat{\Phi}(S'_2, S'_3)} \qquad\qquad (10.2\text{-}10)$$

als (einachsige) **Vergleichsspannung**, da sie einen Vergleich zwischen einem mehrachsigen und einem einachsigen Spannungszustand hinsichtlich ihrer Gleichwertigkeit in bezug auf plastisches Fließen ermöglicht. Sofern κ_0 auch bei wachsenden plastischen Verformungen konstant bleibt, spricht man von **ideal-plastischem Werkstoff**. Für einen **isotrop verfestigenden Werkstoff** (vgl. Abschnitt 10.3.1) hängt der Halbmesser der Fließkurve dagegen von der akkumulierten plastischen Vergleichsdehnung nach Gl. (10.1-7) ab.

10.2.2 Die Fließbedingung von TRESCA

Nach TRESCA [1864] erfolgt plastisches Fließen, wenn die größte auftretende Hauptspannungsdifferenz oder nach Gl. (9.2-20) die maximale Schubspannung einen kritischen Wert erreicht. Diese Bedingung führt auf eine Fließfläche mit Ecken und wird in der Π-Ebene durch das innere Sechseck mit den sechs Seiten dargestellt

$$
\begin{aligned}
\sigma_I &\geqq \sigma_{II} \geqq \sigma_{III} &:&\quad \Phi_1 = \sigma_I - \sigma_{III} - R_F = 0 \\
\sigma_{II} &\geqq \sigma_I \geqq \sigma_{III} &:&\quad \Phi_2 = \sigma_{II} - \sigma_{III} - R_F = 0 \\
\sigma_{II} &\geqq \sigma_{III} \geqq \sigma_I &:&\quad \Phi_3 = \sigma_{II} - \sigma_I - R_F = 0 \\
\sigma_{III} &\geqq \sigma_{II} \geqq \sigma_I &:&\quad \Phi_4 = \sigma_{III} - \sigma_I - R_F = 0 \\
\sigma_{III} &\geqq \sigma_I \geqq \sigma_{II} &:&\quad \Phi_5 = \sigma_{III} - \sigma_{II} - R_F = 0 \\
\sigma_I &\geqq \sigma_{III} \geqq \sigma_{II} &:&\quad \Phi_6 = \sigma_I - \sigma_{II} - R_F = 0
\end{aligned}
\qquad (10.2\text{-}11)
$$

Durch Multiplikation der für die sechs verschiedenen Bereiche jeweils gültigen Funktionen $\Phi_k = 0$ erhält man eine mathematisch geschlossene Formulierung der Fließbedingung, Gl. (A2-1). Wegen $(\sigma'_\alpha - \sigma'_\beta) = (\sigma_\alpha - \sigma_\beta)$ ist die Bedingung der Gl. (10.2-3), daß die Fließfunktion Φ nur von den Deviatorinvarianten abhängen darf, erfüllt. Mit den Deviator-Invarianten Gl. (A1-45) ergibt sich eine weitere geschlossenen Form der TRESCAschen Fließbedingung, Gl. (A2-2). Im Gegensatz zur MISESschen Bedingung ist sie mathematisch relativ kompliziert.

Da die in den Gln. (10.2-11) auftretenden Hauptspannungsdifferenzen nach Gl. (9.2-20) gleich der maximalen Schubspannung in der jeweiligen Hauptebene sind, lautet die **physikalische Interpretation** der TRESCA-Bedingung

$$2 \, \tau_{max} = R_F \; , \qquad\qquad (10.2\text{-}12)$$

d. h. die **maximale Schubspannung** wird als maßgebend für den Fließbeginn angesehen, während die jeweils "mittlere" Hauptspannung ohne Einfluß ist. Dies korrespondiert mit der physikalischen Modellvorstellung, daß der phänomenologische Vorgang des Fließens durch Abgleiten von Gitterebenen, genauer gesagt, durch wandernde Gitterversetzungen hervorgerufen wird (vgl. z. B. RECKLING [1967]*, S. 12 - 30, DAHL [1984], S. 234 - 244, KRÖNER [1955]).

10.2.3 Die Fließbedingung von v. MISES und HUBER

Die Fließbedingung von v. MISES [1913] und HUBER [1904] ist mathematisch besonders einfach zu handhaben, da sie in der Π-Ebene durch einen Kreis bzw. im Raum der Deviatorspannungen durch eine Kugel repräsentiert wird.

$$\sigma_I'^2 + \sigma_{II}'^2 + \sigma_{III}'^2 - \frac{2}{3} R_F^2 = 0 \qquad (10.2\text{-}13)$$

Diese einfache mathematische Form dürfte auch einer der Gründe für ihre häufige Verwendung sein. Wegen Gl. (A1-45) kann man die MISESsche Fließbedingung auch kurz

$$\Phi(S_2') = S_2' - \frac{1}{3} R_F^2 = 0 \qquad (10.2\text{-}14)$$

schreiben und definiert im Sinne von Gl. (10.2-10) als **MISESsche Vergleichsspannung**

$$\sigma_v = \sqrt{3 S_2'} = 3\tau_o/\sqrt{2} \qquad (10.2\text{-}15)$$

Im Gegensatz zur TRESCA-Bedingung berücksichtigt also die MISES-Bedingung die dritte Invariante S_3' nicht! Für die oben erwähnte mikro-physikalische Modellvorstellung des Fliessens ist von Interesse, daß sich auch die MISES-Bedingung als eine Bedingung für Gleitprozesse interpretieren läßt, wenn man die "Oktaeder-Schubspannungen" τ_o einführt. Diese Schubspannungen wirken in den Seitenflächen eines Oktaeders, dessen Eckpunkte auf den Hauptachsen liegen. Eine weitere physikalische Interpretation der MISESschen Fließbedingung als "Gestaltänderungshypothese" wird im Abschnitt 10.4.3 im Zusammenhang mit der assoziierten Fließregel gegeben.

Andere Formen der MISESschen Fließbedingung ergeben sich aus Gl. (A.1-43) und sind im Anhang A2 zusammengefaßt.

10.2.4 Vergleich der Fließbedingungen

Die Darstellung der Fließbedingungen von TRESCA und v. MISES in der Deviatorebene (Bild 10.3) als Fließkurven zeigt, daß die Bedingungen übereinstimmen für Spannungszustände, die auf den (Projektionen der) Achsen σ_I, σ_{II}, σ_{III} liegen, die größten Abweichungen treten auf den Winkelhalbierenden zwischen den (Projektionen der) Achsen auf, also für reine Schubspannungszustände. Bei bekanntem Halbmesser κ_o des Fließzylinders nach Gl. (10.2-9) ergibt sich für den Halbmesser des Sechsecks zwischen parallelen Seiten aus der Geometrie

$$\kappa = \kappa_o \cos 30° = \kappa_o \sqrt{3}/2 = 0{,}866 \; \kappa_o \; ,$$

also eine größte Abweichung von 15,5 %. Anschaulicher wird dieser Sachverhalt im Ebenen Spannungszustand mit $\sigma_{III} = 0$, siehe Bild 10.9. Das der v. MISES-Ellipse eingeschriebene TRESCA-Sechseck zeigt die größten Abweichungen für den reinen Schubspannungszustand $\sigma_I = -\sigma_{II}$ und für $\sigma_{II}/\sigma_I = \tfrac{1}{2}$, $\sigma_{III}/\sigma_I = 2$. Für den Schubspannungszustand liefert die 6. Gleichung (10.2-11) oder (10.6-6) $\sigma_I^T = R_F/2 = \tau_{max}$ und die Gl. (A2-5) oder (10.6-9) $\sigma_I^M = R_F/\sqrt{3}$, also wieder $\sigma_I^M/\sigma_I^T = 1{,}155$, dieselben Abweichungen haben auch die beiden anderen Spannungszustände.

Bei Versuchen wird häufiger eine bessere Übereinstimmung der Ergebnisse mit der Fließbedingung nach v. MISES festgestellt, es gibt aber auch viele Versuche, die eher die TRESCA-Bedingung bestätigen. Bild 10.4 zeigt als Beispiel Ergebnisse von Messungen an Aluminium-Rohren unter - unabhängiger - Zug- und Torsionsbelastung von TAYLOR & QUINNEY [1931]. In den Rohrwandungen herrscht näherungsweise ein ebener Spannungszustand $\sigma_{xx} = \sigma$, $\sigma_{xy} = \sigma_{yx} = \tau$, für den die MISES-Bedingung Gl. (10.6-9)
$$\sigma^2 + 3\tau^2 = R_F^2$$
und die TRESCA-Bedingung Gl. (10.6-6), 3. Gleichung mit Gl. (9.2-16)
$$\sigma^2 + 4\tau^2 = R_F^2$$
ergeben. Beide Bedingungen stellen also Ellipsen in der σ,τ-Ebene dar. Die Versuchspunkte in Bild 10.4 liegen dichter um die MISES-Ellipse.

Obwohl die MISES-Bedingung mit Experimenten oft besser übereinstimmt, wird auch die Fließbedingung von TRESCA häufig benutzt (siehe Abschnitte 11.1 und 11.3). Ein Grund liegt darin, daß die meisten Berechnungen sich nicht unmittelbar auf Versuche stützen, so daß sich die Frage, welche Bedingung im konkreten Fall mit Versuchsergebnissen besser übereinstimmt, gar nicht stellt. Den Ausschlag gibt oft das angewendete Berechnungsverfahren: Die MISES-Bedingung ist wegen der geschlossenen Form für alle Spannungszustände mathematisch einfacher zu handhaben, führt aber auf nichtlineare Gleichungen. Dagegen muß bei Anwendung der TRESCA-Bedingung für jeden Spannungszustand eine aus mehreren Bedingungen gewählt werden, die dann aber zu linearen Gleichungen führt. Wenn a priori bekannt ist, welche der TRESCA-Bedingungen für ein vorliegendes Problem gilt, dann ist die Anwendung dieser Bedingung meistens einfacher.

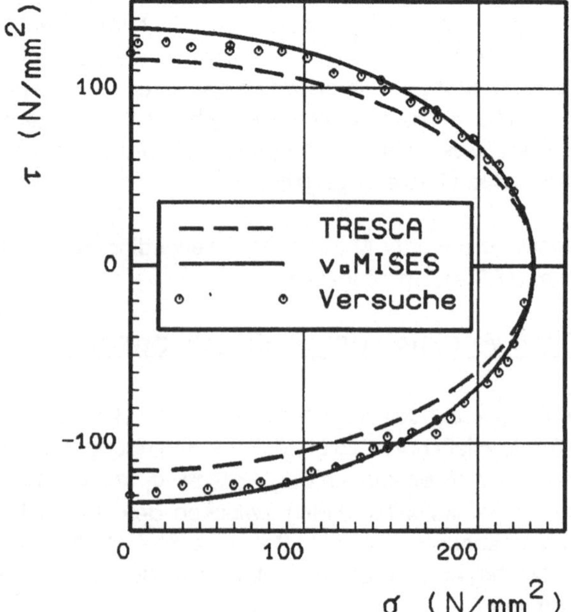

Bild 10.4: *Ergebnisse von Messungen an Rohrproben von TAYLOR & QUINNEY [1931], nach BACKHAUS [1983]**

10.3 <u>Verfestigungsgesetze</u>

Die im Abschnitt 10.2 behandelten **Fließbedingungen** beschreiben den Übergang von rein elastischen zu elastisch-plastischen Zustandsänderungen beim "Fließbeginn", d. h. für erstmals auftretende bleibende Formänderungen. Diese Fließbedingungen hängen deshalb allein vom Spannungszustand ab. Sofern auch für alle folgenden Zustandsänderungen, also nach bereits aufgetretenen plastischen Deformationen $\underline{E}^P \neq 0$, **dieselbe** Fließbedingung gilt, spricht man von **ideal-plastischem** Werkstoffverhalten, vgl. Gl. (10.1-4). Bei realen Metallen steigt die Spannung-Dehnung-Kurve des einachsigen Zugversuches dagegen auch nach dem Auftreten bleibender Formänderungen weiter an (Bild 2.1), und die nach einer Entlastung und anschließender erneuter Belastung beobachtete "Fließgrenze" des plastisch verformten Materials ist entsprechend gestiegen (Bild 2.3). Dieses Verhalten nennt man **Verfestigung** (strain hardening). Es kann entweder nach einem mehr oder weniger ausgeprägten ideal-plastischen Bereich (Streckgrenze, z. B. bei Baustählen) oder vom Beginn des nichtlinearen Bereichs an (Dehngrenze, z. B. bei NE-Metallen) auftreten (Bild 2.2). Die Fließbedingung verfestigender Werkstoffe ist also eine Funktion der bis zum Momentanzustand akkumulierten plastischen Verzerrungen, Gl. (10.1-5).

Zur Beschreibung des Verfestigungsverhaltens gibt es zwei Grundmodelle:
1. die **isotrope Verfestigung** (Abschnitt 10.3.1), die eine **affine Aufweitung der Fließfläche** im Deviatorraum darstellt und durch die skalare innere Variable $\kappa(\varepsilon_v^P)$ beschrieben wird und
2. die **kinematische Verfestigung** (Abschnitt 10.3.2), die eine **Translation der Fließfläche** im Deviatorraum als "starrer Körper" darstellt und durch die tensorielle innere Variable $\underline{A}(\underline{E}^P)$ beschrieben wird.

Zur Beschreibung spezieller Phänomene realen Werkstoffverhaltens werden auch kombinierte Verfestigungsmodelle verwendet (Abschnitt 10.3.3), die entsprechend Gl. (10.1-6) beide inneren Variablen enthalten. Die Verfestigungsmodelle werden in den folgenden Abschnitten speziell für den Fall der MISES-Fließbedingung (Abschnitt 9.5.3) formuliert; sie sind in ihrer allgemeinen Form jedoch nicht auf diese beschränkt.

Isotropes und kinematisches Verfestigungsmodell unterscheiden sich nur dann, wenn sich die Richtungen der Spannungshauptachsen während des Deformationsvorganges ändern, insbesondere also bei zyklischen Belastungen, wo die äußeren Kräfte zwischen Zug und Druck wechseln. In den folgenden Abschnitten sind deshalb der Verlauf von Normalspannung $\sigma = F/A$ bzw. Vergleichsspannung $\sigma_v = \sqrt{3\,S_2'}$ über Längsdehnung $\varepsilon = \Delta L/L$ bzw. Vergleichsdehnung $\varepsilon_v = \sqrt{4/3\,E_2'}$ in einem zylindrischen Zugstab für die verschiedenen Modelle für drei Belastungszyklen mit konstanter Dehnungsamplitude $|\varepsilon| = 5\,\%$ dargestellt.

10.3.1 Isotrope Verfestigung

In Erweiterung von Gl. (10.2-8) lautet der allgemeine Ansatz:

$$\Phi\,[\underline{S},\,\kappa(\varepsilon_v^P)] \;=\; \tilde{\Phi}\,(S_2',\,S_3') \;-\; \kappa^2\,(\varepsilon_v^P) \;=\; 0 \qquad\qquad (10.3\text{-}1)$$

Die skalare Variable $\kappa(\varepsilon_v^p)$ soll die (plastische) Belastungsgeschichte erfassen. Dies geschieht bei Verwendung der MISESschen Fließfunktion

$$\tilde{\Phi} = 2\,S_2' = \frac{2}{3}\,\sigma_v^2 \qquad\qquad (10.3\text{-}2)$$

über die akkumulierte **plastische Vergleichsdehnung** nach ODQUIST, Gl. (10.1-7). κ kann geometrisch als Radius des MISES-Kreises in der Π-Ebene interpretiert werden, Bild 10.3 und Gl. (10.2-9). Die Verfestigungsfunktion eines bestimmten Werkstoffes wird aus der Spannung-Dehnung-Kurve eines einachsigen Versuches (z. B. Zugversuch nach DIN 50 145, Abschnitt 2.1) bestimmt, denn für diesen gilt

$$\kappa(\varepsilon_v^p) = \sqrt{\frac{2}{3}}\,R(\varepsilon^p) \qquad \text{mit} \qquad R(0) = R_F \; . \qquad\qquad (10.3\text{-}3)$$

Die Kurve $R(\varepsilon^p)$ wird "Fließkurve" genannt (Abschnitt 2.3). Man beachte, daß sie nicht identisch der Spannung-Dehnung-Kurve des einachsigen Versuches ist, bei der die totalen Dehnungen aufgetragen sind, sondern aus letzterer durch Abziehen der elastischen Dehnungsanteile, die als klein vorausgesetzt werden können, berechnet werden muß (Bild 2.3). Für die mathematische Beschreibung der Fließkurve können die im Abschnitt 2.5 beschriebenen Approximationsfunktionen verwendet werden. Mit Gl. (10.3-3) kann auch die **Evolutionsgleichung** (10.1-13) für isotrop verfestigendes Material wie folgt geschrieben werden:

$$\dot{\kappa}(\varepsilon_v^p) = \sqrt{\frac{2}{3}}\,T^p\,\dot{\varepsilon}^p \qquad\qquad (10.3\text{-}4)$$

mit dem **plastischen Tangentenmodul** nach Gl. (2.3-14).

Beim isotropen Verfestigungsmodell steigen unter zyklischer, dehnungsgesteuerter Belastung die Spannungen ständig an (Bild 10.5), da infolge der monoton zunehmenden Fließkurve $R(|\varepsilon^p|)$ immer höhere Spannungen zum Erreichen derselben Dehnungswerte erforderlich sind.

10.3.2 Kinematische Verfestigung

Mit Hilfe der tensoriellen Variablen $\underline{A} = \alpha_{ij}\,\underline{e}_i\,\underline{e}_j$ wird angesetzt:

$$\Phi[\underline{S}, \underline{A}\,(\underline{E}^p)] = \tilde{\Phi}(\underline{S}' - \underline{A}') - \kappa_o^2 = 0 \qquad\qquad (10.3\text{-}5)$$

wobei α_{ij} geometrisch als Koordinaten des Mittelpunktes der Fließfläche zu interpretieren sind, die sich mit der plastischen Deformation ändern, während der "Radius" κ_o konstant bleibt. $\underline{A}$ wird auch CAUCHYscher "back-stress"-Tensor genannt und ist deviatorisch, $\underline{A} = \underline{A}'$. Nach PRAGER [1955] erfolgt die Translation der Fließfläche immer in Richtung der plastischen Verzerrungsgeschwindigkeiten, d. h. es gilt die Evolutionsgleichung

$$\dot{\underline{A}} = c(\varepsilon_v^P)\ \dot{\underline{E}}^P \quad , \tag{10.3-6}$$

während sie sich nach ZIEGLER [1959] in Richtung des "Vektors" vom Mittelpunkt der Fließfläche zum Spannungsbildpunkt verschiebt

$$\dot{\underline{A}} = c(\varepsilon_v^P)\ (\underline{S}' - \underline{A}') \quad . \tag{10.3-7}$$

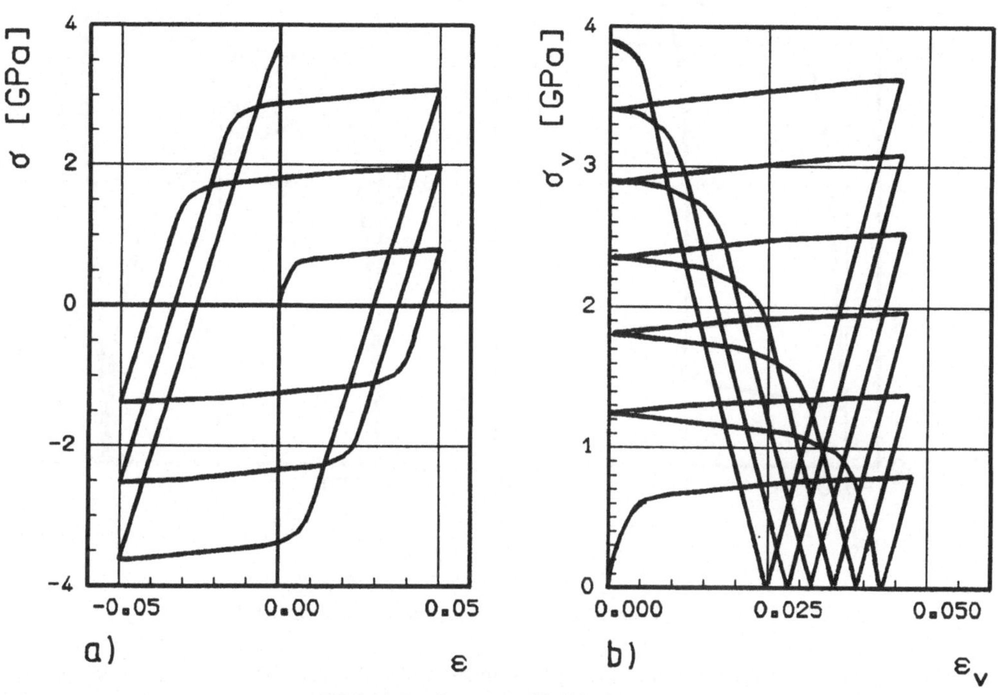

Bild 10.5: *Isotrope Verfestigung*
a) Normalspannung   b) Vergleichsspannung σ_v

Der Faktor $c(\varepsilon_v^P)$ ist ein Materialwert wie T^P und muß aus zyklischen Versuchen bestimmt
werden. Entsprechend der MISESschen Fließfunktion setzt man

$$\dot{\Phi} = (\underline{S}' - \underline{A}') \cdot\cdot (\underline{S}' - \underline{A}') \tag{10.3-8}$$

und κ_0 nach Gl. (10.2-9). Das kinematische Verfestigungsmodell kann im Gegensatz zum
isotropen Verfestigungsmodell den BAUSCHINGER-Effekt wenigstens qualitativ beschreiben
(Bild 10.6). Man beachte auch, daß ein anfangs isotroper Werkstoff nach plastischer Verformung anisotrop wird!

10.3.3 Kombinierte isotrope und kinematische Verfestigung

Durch Kombination von Gl. (10.3-1) und Gl. (10.3-5)

$$\Phi\,[\underline{S}, \underline{A}\,(\underline{E}^P)] = \dot{\Phi}\,(\underline{S}' - \underline{A}') - \kappa^2\,(\varepsilon_v^P) = 0 \tag{10.3-9}$$

erhält man ein allgemeineres Verfestigungsmodell, bei dem sich die Fließfläche sowohl aufweitet als auch translatorisch im Deviatorraum bewegt. Hiermit kann im Prinzip ein breites Spektrum von Werkstoffen hinsichtlich ihres Verfestigungsverhaltens beschrieben werden.

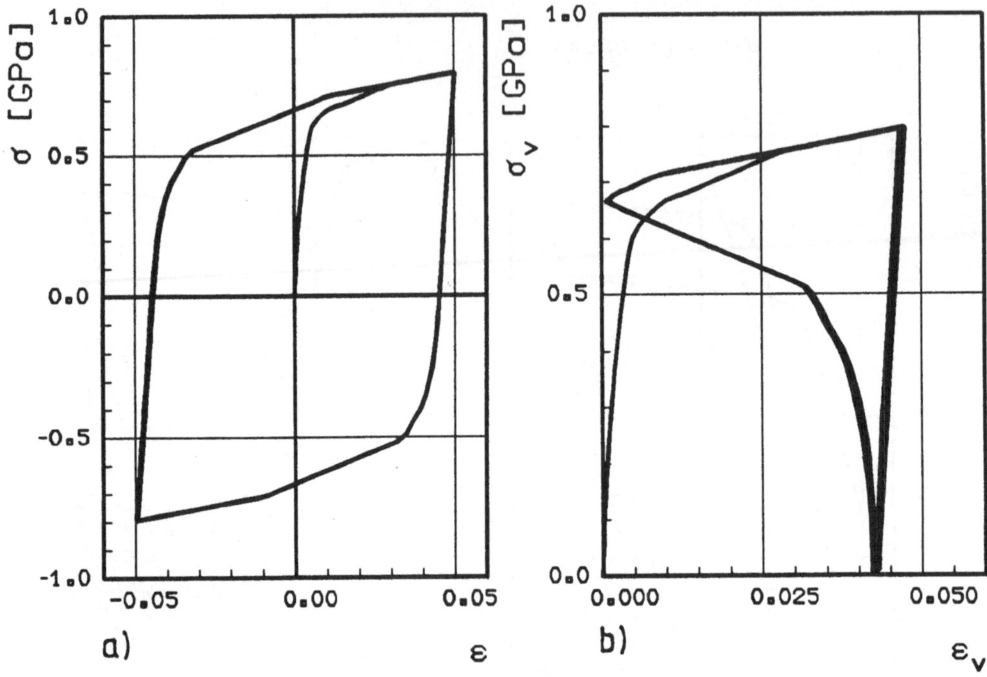

Bild 10.6: Kinematische Verfestigung
a) Normalspannung   b) Vergleichsspannung σ_v

Im Bild 10.7 ist der gleiche dehnungsgesteuerte zyklische Zug-Druck-Versuch wie in den Bildern 10.5 und 10.6 dargestellt. Dabei wurde wieder die MISESsche Fließbedingung mit $\dot{\Phi}(\underline{S}' - \underline{A}')$ nach Gl. (10.3-8) und $\dot{\kappa}(\varepsilon_v^p)$ nach Gl. (10.3-4) für den isotropen Verfestigungsanteil sowie die PRAGERsche Verfestigungsregel (10.3-6) für den kinematischen Anteil verwendet. Die Funktionen $T^p(\varepsilon^p)$ und $c(\varepsilon_v^p)$ sind durch Exponentialansätze approximiert, die ein "Sättigungsverhalten" des Materials beschreiben. Ein Beispiel hierfür ist das Modell von CHABOCHE & ROUSELLIER [1983] für zyklische Verfestigung austenitischer Stähle mit den folgenden Evolutionsgleichungen:

$$
\left.
\begin{aligned}
\kappa(\varepsilon_v^p) &= \kappa_\infty + (\kappa_o - \kappa_\infty)\, e^{(-b\, \varepsilon_v^p)} \\[2ex]
\dot{\kappa}(\varepsilon_v^p) &= b\,(\kappa_\infty - \kappa(\varepsilon_v^p))\, \dot{\varepsilon}_v^p \\[2ex]
\underline{A} &= \sum_{i=1}^{3} \underline{A}_i \\[2ex]
\dot{\underline{A}} &= \sum_{i=1}^{3} c\,(a_i\, \underline{\dot{E}}^p - \dot{\varepsilon}_v^p\, \underline{A}_i) + c_3\, \underline{\dot{E}}^p \ .
\end{aligned}
\right\}
\qquad (10.3\text{-}10)
$$

Während das Verfestigungsverhalten eines glatten Zugstabes aufgrund des homogenen einachsigen Spannungszustandes einfach durch ein $\sigma(\varepsilon)$-Diagramm wie in den vorangegange-

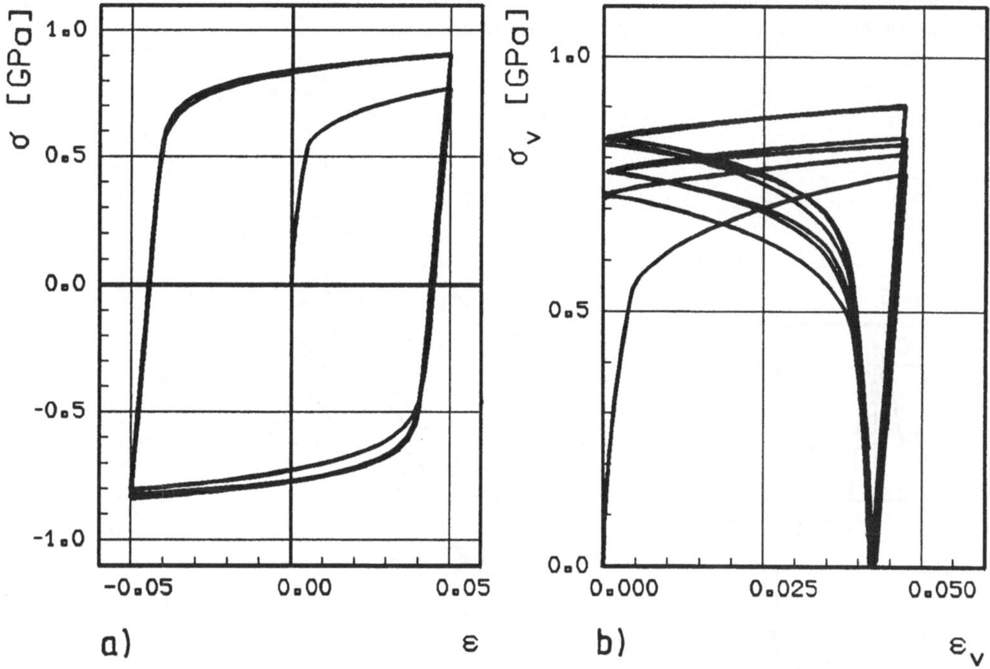

Bild 10.7: *Kombinierte isotrope und kinematische Verfestigung*
a) Normalspannung   b) Vergleichsspannung σ_v

nen Bildern darstellbar ist, läßt sich die lokale Belastungs- und Verfestigungsgeschichte für mehrachsige Spannungszustände gut in der Deviatorebene (Bild 10.3) veranschaulichen. Als Beispiel ist im Bild 10.8b der aus einer Finite-Elemente-Rechnung mit dem CHABOCHE-Modell ermittelte zeitliche Verlauf des Spannungszustandes und die Fließkurven für einige ausgewählte Zeitpunkte eines materiallen Punktes nahe dem Kerbgrund einer gekerbten Rundzugprobe unter vorgegebener zeitlich veränderlicher Längenänderung u_z (t)   (Bild 10.8a) dargestellt (BROCKS & OLSCHEWSKI [1989]). Der durchgezogene Kreis mit dem Mittelpunkt im Koordinatensprung ist die Fließkurve für beginnende Plastizierung. Bis zum Erreichen dieser Kurve, also im elastischen Bereich, verläuft der Belastungsweg "radial", d. h. das Verhältnis der Hauptspannungen bleibt konstant. Mit beginnender lokaler Plastizierung tritt eine Spannungsumlagerung ein, die sich als Richtungsänderung des Spannungsweges in der Π-Ebene darstellt, obwohl die äußere Belastung weiterhin eine reine Zugbeanspruchung ist und ihre Richtung nicht ändert. Die Fließkurve weitet sich auf und verschiebt sich zugleich. Nach einer teilweisen Zwischenentlastung, die parallel zum elastischen Belastungsweg erfolgt, wird die größte Längenänderung der Probe bei C mit der gestrichelt gezeichneten Fließkurve im Kerbgrund erreicht. Punkt E stellt den Zustand bei betragsmäßig gleicher Längenänderung im Druckbereich dar, u_z (t_E) = - u_z (t_C) , und in F hat die Probe schließlich wieder die gleiche Längenänderung wie in C erfahren, u_z (t_F) = u_z (t_C) . Die zugehörigen Spannungs- und Verfestigungszustände im Kerbgrund, dargestellt durch die Punkte C und F in der Deviatorebene mit den beiden gestrichelten Fließkurven, sind jedoch unterschiedlich. Neben der Veranschaulichung kombinierter isotroper und kinematischer Verfestigung macht Bild 10.8 deutlich, daß der lokale Spannungszustand an einer Kerbe trotz einachsiger äußerer Zugbeanspruchung mehrachsig ist (Abschnitt 11.2.1) und daß die An-

Annahme "radialer" Belastung wie in der "Deformationstheorie" (Abschnitt 10.5) bei beginnender Plastizierung im allgemeinen nicht mehr erfüllt ist.

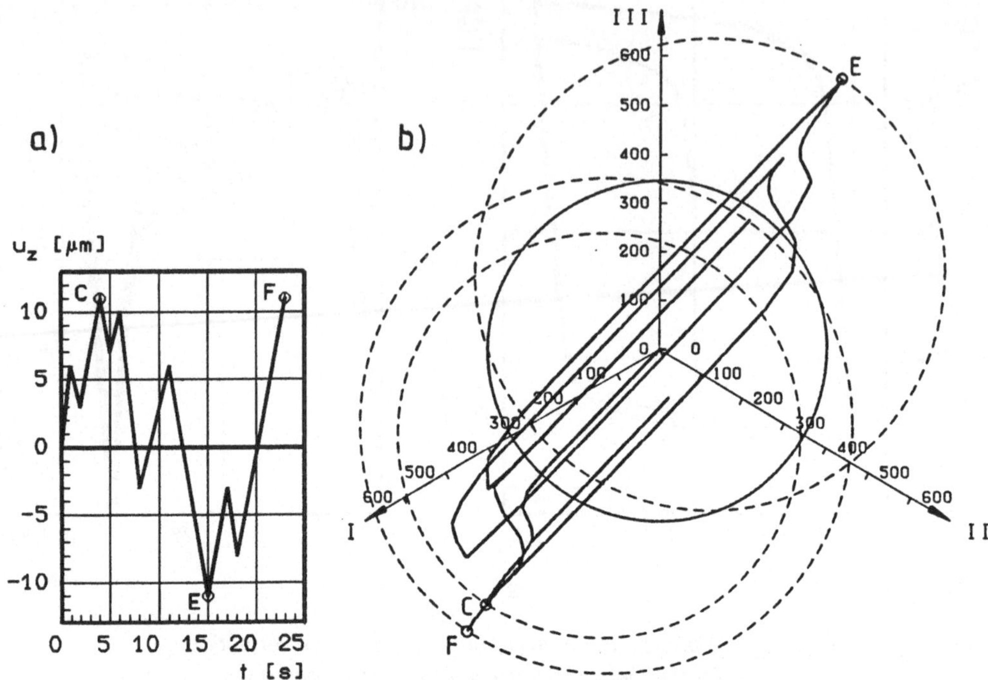

Bild 10.8: *Zeitlich veränderliche Zugbeanspruchung einer gekerbten*
Rundzugprobe mit dem CHABOCHE-Modell
a) vorgegebener Verformungsverlauf u_z *(t)*
b) Spannungsweg in der Deviatorebene eines materiellen Punktes am Kerbgrund

10.4   Formänderungsgesetze

Vorausgesetzt wird die additive Zerlegung der Verzerrungsgeschwindigkeiten in elastische und plastische Anteile nach Gl. (10.1-1).

10.4.1 Elastisches Formänderungsgesetz

Das HOOKEsche Gesetz gelte in seiner inkrementellen Form

$$\dot{\underline{E}}^e = \frac{1}{E} \, [(1+\nu) \, \dot{\underline{S}} - \nu \, (\dot{\underline{S}} \cdot \cdot \, \underline{I}) \, \underline{I}] \tag{10.4-1}$$

für die elastischen Verzerrungsgeschwindigkeiten bzw. elastischen Verzerrungsgeschwindigkeitsanteile nach Gl. (10.1-1) bei

- beliebigen Zustandsänderungen (Be- und Entlastungen), die von rein elastischen Zuständen ausgehen

$$\underline{S}^{\circ} \in \mathcal{E}: \qquad \Phi < 0 \quad,$$

- rein elastischen Zustandsänderungen (Entlastungen), die von elastisch-plastischen Zuständen auf der Fließfläche ausgehen

$$\underline{S}^{*} \in \partial\mathcal{E}: \qquad \Phi = 0 \quad, \quad \dot{\Phi} < 0 \quad,$$

- elastisch-plastischen Zustandsänderungen (Belastungen), die von elastisch-plastischen Zuständen ausgehen

$$\underline{S}^{*} \in \partial\mathcal{E}: \qquad \Phi = 0 \quad, \quad \dot{\Phi} = 0 \quad.$$

Durch einfache Umformung kann man Gl. (10.4-1) in einen Kugeltensor- und einen Deviator-Anteil zerlegen. Dabei beschreibt

$$\dot{e} = 3 \, \dot{\hat{\varepsilon}} = \frac{1}{K} \, \hat{\sigma} \tag{10.4-2}$$

den Anteil der elastischen **Volumenänderung** mit dem **Kompressionsmodul**

$$K = \frac{E}{3 \, (1 - 2\nu)} \tag{10.4-3}$$

und

$$\underline{\dot{E}}' = \frac{1}{2 \, G} \, \underline{\dot{S}}' \tag{10.4-4}$$

den Anteil der elastischen **Gestaltänderung** mit dem **Gleitmodul**

$$G = \frac{E}{2 \, (1 + \nu)} \tag{10.4-5}$$

10.4.2 Assoziierte Fließregel zur Fließbedingung von TRESCA

Zur Vereinfachung der Darstellung seien Spannungen und Verzerrungen als "Vektoren" im Hauptachsensystem $\underline{n}_{\alpha}$ ($\alpha = $ I, II, III) dargestellt

$$\underline{\dot{\varepsilon}}^{p} = \dot{\varepsilon}_{\alpha}^{p} \, \underline{n}_{\alpha} \quad . \tag{10.4-6}$$

Nach der Normalitätsbedingung (bzw. assoziierten Fließregel) Gl. (10.1-16) gilt

$$\dot{\varepsilon}_{\alpha}^{p} = \frac{\partial \Phi_{k}}{\partial \sigma_{\alpha}} \, \lambda_{k} \qquad k \subset \{1, ..., 6\} \tag{10.4-7}$$

wobei Φ_{k} die sechs Funktionen nach Gl. (10.2-11) sind. Für $\sigma_{I} > \sigma_{II} > \sigma_{III}$ gilt z. B. $\Phi_{1} = \sigma_{I} - \sigma_{III} - R_{F} = 0$, also

$$\dot{\underline{\varepsilon}}^p = \frac{\partial \Phi_1}{\partial \sigma_\alpha} \, \lambda_1 \, \underline{n}_\alpha = \lambda_1 \, (\underline{n}_1 - \underline{n}_3) \; . \tag{10.4-8}$$

In einer Ecke der Fließfläche $\sigma_I = \sigma_{II} > \sigma_{III}$ gelten die beiden Funktionen $\Phi_1 = \sigma_I - \sigma_{III}$ $- R_F = 0$ und $\Phi_2 = \sigma_{II} - \sigma_{III} - R_F = 0$, und damit ist

$$\dot{\underline{\varepsilon}}^p = \frac{\partial \Phi_1}{\partial \sigma_\alpha} \, \lambda_1 \, \underline{n}_\alpha + \frac{\partial \Phi_2}{\partial \sigma_\alpha} \, \lambda_2 \, \underline{n}_\alpha$$

$$= \lambda_1 \, \underline{n}_I + \lambda_2 \, \underline{n}_{II} - (\lambda_1 + \lambda_2) \, \underline{n}_{III} \tag{10.4-9}$$

Die **plastische Dissipationsleistung** in dieser Ecke ist

$$\dot{A}^p = \sigma_\alpha \, \dot{\varepsilon}_\alpha{}^p = \sigma_I \lambda_I + \sigma_{II} \lambda_{II} - \sigma_{III} (\lambda_I + \lambda_{II}) \; ,$$

woraus wegen $\sigma_I = \sigma_{II}$ und der Fließbedingung

$$\dot{A}^p = R_F \, (\lambda_1 + \lambda_2) = R_F \, (- \dot{\varepsilon}^p_{III})$$

folgt; d. h. nach dem TRESCAschen Fließmodell wird die plastische Dissipationsleistung in der "Ecke" $\sigma_I = \sigma_{II} > \sigma_{III}$ lediglich durch die dritte plastische Hauptdehnungsgeschwindigkeit bestimmt.

10.4.3 Assoziierte Fließregel zur Fließbedingung von v. MISES

Im Gegensatz zur TRESCA-Bedingung kann die MISESsche Fließbedingung in einfacher geschlossener Form durch die Deviatorkomponenten dargestellt werden, was die Anwendung der Normalitätsbedingung (10.1-16) wesentlich erleichtert. Es wird idealplastischer oder isotrop verfestigender Werkstoff vorausgesetzt. Die Ableitung der MISESschen Fließfunktion (10.2-14) liefert wegen $(\underline{I} \cdot\cdot \underline{S}') = 0$

$$\frac{\partial \Phi}{\partial \underline{S}} = \frac{\partial S'_2}{\partial \underline{S}} = \frac{\partial S'_2}{\partial \underline{S}'} \cdot\cdot \frac{\partial \underline{S}'}{\partial \underline{S}} = \underline{S}' - \frac{\partial (\underline{I} \cdot\cdot \underline{S})}{\partial \underline{S}} \, (\underline{I} \cdot\cdot \underline{S}') = \underline{S}'$$

und damit lautet die Fließregel

$$\dot{\varepsilon}^p_{ij} = \sigma'_{ij} \, \lambda \qquad \text{oder} \qquad \underline{\dot{E}}^p = \underline{S}' \, \lambda \; . \tag{10.4-10}$$

Aus der **plastischen Dissipationsleistung**

$$\dot{A}^p = \underline{S} \cdot\cdot \underline{\dot{E}}^p = \underline{S}' \cdot\cdot \underline{\dot{E}}^p + \hat{\sigma} \, \dot{e}^p$$

erhält man mit der Bedingung der Volumenkonstanz (10.1-2) und der Fließregel (10.4-10)

$$\dot{A}^p = \underline{S}' \cdot\cdot \underline{\dot{E}}^p = \underline{S}' \cdot\cdot \underline{S}' \, \lambda = \frac{2}{3} \, \sigma_v^2 \, \lambda \tag{10.4-11}$$

und damit eine physikalische Interpretation der MISESschen Fließbedingung: Da $\dot{A}^P$ eine reine Gestaltänderungsleistung und nach Gl. (10.4-11) proportional dem Quadrat der MISESschen Vergleichsspannung ist, bezeichnet man die MISES-Bedingung auch als **Gestaltänderungshypothese.**

Aus dem Postulat, daß

$$\dot{A}^P = \underline{S}' \cdot\cdot \dot{\underline{E}}^P \overset{!}{=} \sigma_V \, \dot{\varepsilon}_V^P \tag{10.4-12}$$

für den "einachsigen Vergleichszustand" gelten soll, folgt eine zur MISESschen Fließspannung σ_V konsistente Definition der **plastischen Vergleichsdehnung**

$$\dot{\varepsilon}_V^P = \frac{2}{3} \sigma_V \lambda = \frac{2}{3} \sqrt{3 S_2' \lambda^2} = \sqrt{\frac{2}{3} \underline{S}' \cdot\cdot \underline{S}' \lambda^2}$$

$$\dot{\varepsilon}_V^P = \sqrt{\frac{2}{3} \dot{\underline{E}}^P \cdot\cdot \dot{\underline{E}}^P} = \sqrt{\frac{4}{3} \dot{E}_2'^P} \quad , \tag{10.4-13}$$

welches die Definition von ODQUIST, Gl. (10.1-7), ist.

In Gl. (10.4-10) ist $\dot{\underline{E}}^P$ nur bis auf den Parameter $\lambda > 0$ bestimmt. Dessen Größe kann nun mit Gl. (10.4-12) berechnet werden, denn in einem einachsigen Versuch ist $\sigma_V = \sigma_1 = R(\varepsilon^P)$ und

$$\dot{\varepsilon}_V^P = \dot{\varepsilon}_1^P = \sigma_1' \lambda = \frac{2}{3} \sigma_1 \lambda \quad ,$$

also

$$\left. \begin{array}{ll} \lambda = \dfrac{3}{2} \dfrac{\dot{\varepsilon}_V^P}{R_F} & \text{für idealplastischen Werkstoff} \\[4ex] \lambda = \dfrac{3}{2} \dfrac{\dot{\varepsilon}_V^P}{R(\varepsilon^P)} & \text{für verfestigenden Werkstoff} \end{array} \right\} \tag{10.4-14}$$

Für verfestigenden Werkstoff führt man den **plastischen Tangentenmodul** T^P nach Gl. (2.3-14) als Steigung der einachsigen Fließkurve $R(\varepsilon^P)$ ein und erhält aus Gl. (10.4-14)

$$\lambda = \frac{3}{2} \frac{\dot{R}}{T^P R} = \frac{3}{2} \frac{\dot{\sigma}_V}{T^P R} \geq 0 \tag{10.4-15}$$

für eine (durch Änderung der äußeren Lasten hervorgerufene) Spannungsänderung $\dot{\underline{S}}$ mit $\dot{\sigma}_V = \dot{R} > 0$. Man beachte dabei, daß ausgehend von einem Zustand auf der Fließfläche, d. h. $\sigma_V = R(\varepsilon^P)$, nur **Belastungen** zu plastischen Verzerrungszuwächsen führen! Mit Gl. (10.4-10) hat man also

$$\dot{\underline{E}}^p = \frac{3}{2} \frac{\underline{S}'}{T^p R(\varepsilon^p)} \dot{\sigma}_v \qquad (10.4\text{-}16)$$

Für idealplastischen Werkstoff kann Gl. (10.4-16) wegen $T_p = 0$ nicht verwendet werden.

10.4.4 Das PRANDTL-REUSS-Gesetz

Durch Addition elastischer und plastischer Verzerrungsanteile entsprechend Gl. (10.1-1) erhält man das inkrementelle PRANDTL-REUSS-Gesetz für isotrop verfestigende Werkstoffe unter der Voraussetzung der MISESschen Fließbedingung

$$\dot{\underline{E}} = \frac{1}{3K} \dot{\hat{\sigma}} \underline{I} + \frac{1}{2G} \dot{\underline{S}}' + \frac{3}{2} \frac{\underline{S}'}{T^p R} \dot{\sigma}_v \qquad (10.4\text{-}17)$$

mit $\dot{\sigma}_v \geq 0$. Diese Gleichung wurde von PRANDTL [1924] für den ebenen Spannungszustand aufgestellt und von REUSS [1930] auf den dreiachsigen Hauptspannungszustand erweitert.

Eine geschlossene **Integration des differentiellen Formänderungsgesetzes** ist nur für den Fall **"radialer" Belastung**, d. h. zeitlich unveränderlicher Hauptspannungsrichtungen möglich. Setzt man nämlich

$$\underline{S}(t) = \sigma(t) \overset{\circ}{\underline{S}} \qquad (10.4\text{-}18)$$

mit einer monoton wachsenden Funktion $\sigma(t)$, die bei Fließbeginn $t = t_o$, also für $\sigma_v(t_o) = R_F$ den Wert $\sigma(t_o) = 1$ hat, so gilt für die Vergleichsspannung

$$\sigma_v(t) = \sigma(t) R_F = R(\varepsilon^p) \quad . \qquad (10.4\text{-}19)$$

Nach Gln. (10.4-10) und (10.4-13) sind die plastischen Verzerrungsinkremente

$$\dot{\underline{E}}^p = \frac{3}{2} \frac{\overset{\circ}{\underline{S}}}{R_F} \dot{\varepsilon}^p_v \quad ,$$

woraus durch Integration sofort die plastischen Anteile der totalen Verzerrungen berechnet werden können

$$\underline{E}^p = \int\limits_{t_o}^{t} \dot{\underline{E}}^p \, d\tau = \frac{3}{2} \frac{\overset{\circ}{\underline{S}}}{R_F} \varepsilon^p_v$$

und durch rückwärtiges Einsetzen von Gln. (10.4-18) und (10.4-19) erhält man das **finite Formänderungsgesetz**

$$\underline{\underline{E}}^p = \frac{3}{2} \; \frac{\underline{S}'}{R(\varepsilon^p)} \; \varepsilon_v^p \; , \tag{10.4-20}$$

Die Integration der elastischen Verzerrungsinkremente ist trivial. Gl. (10.4-20) stellt das Formänderungsgesetz der "Deformationstheorie" der Plastizität (Abschnitt 10.5) dar.

10.5 Die Deformationstheorie der Plastizität (HENCKY)

Im Unterschied zu den inkrementellen Formänderungsgesetzen von PRANDTL und REUSS (theory of plastic flow) hat HENCKY [1924] ein **finites Formänderungsgesetz** für nichtlineares Materialverhalten aufgestellt, das als sogen. Deformationstheorie der Plastizität (deformation theory of plasticity) noch heute - insbesondere in Verbindung mit dem Verfestigungspotenz-gesetz nach RAMBERG und OSGOOD (vgl. Abschnitt 2.4.6) - viel verwendet wird. Tatsäch-lich beschreibt es gar kein plastisches, sondern vielmehr lediglich nichtlinear-elastisches (hyperelastisches) Material, hat dafür aber den Vorteil, mathematisch einfacher handhabbar zu sein und in einigen Fällen sogar geschlossene Lösungen von Randwertproblemen zu er-möglichen. Unter der sehr stark einschränkenden Voraussetzung (vgl. hierzu Bild 10.7) "radialer" Belastung, Gl. (10.4-17), in jedem Punkt des Kontinuums kann das finite HENCKY-Gesetz auch aus dem inkrementellen PRANDTL-REUSS-Gesetz durch Integration hergeleitet werden (vgl. Abschnitt 10.4.4).

Es gelten auch hier die Voraussetzungen von Abschnitt 10.1 über die Isotropie und Inkom-pressibilität des Werkstoffs. Statt der Fließregel (10.4-10) wird für die plastischen Anteile der totalen Verzerrungen

$$\underline{\underline{E}}^p = \mu \; \underline{\underline{S}}' \tag{10.5-1}$$

postuliert. Aus einen einachsigen Versuch

$$\varepsilon_v^p = \varepsilon_1^p = \mu \; \sigma_1' = \mu \; \frac{2}{3} \; \sigma_1 = \mu \; \frac{2}{3} \; \sigma_v = \mu \; \frac{2}{3} \; R$$

erhält man in formaler Analogie zu Gl. (10.4-14)

$$\mu = \frac{3}{2} \; \frac{\varepsilon_v^p}{R} = \frac{3}{2S^p} \tag{10.5-2}$$

mit dem plastischen **Sekantenmodul**

$$S^p = \frac{R}{\varepsilon^p} \tag{10.5-3}$$

und damit durch Addition elastischer und plastischer Verzerrungen das HENCKY-Gesetz

$$\underline{E} = \underline{E}^e + \underline{E}^p = \frac{1}{3K} \, \hat{\sigma} \, \underline{I} + \left[\frac{1}{2G} + \frac{3}{2S^p} \right] \underline{S}' \quad . \tag{10.5-4}$$

Da nur Belastungen zulässig sind, muß immer $\sigma_v = R(\varepsilon^p)$ erfüllt sein. Aus der Darstellung des plastischen Anteils des HENCKY-Gesetzes in Hauptrichtungen

$$\varepsilon_I^p = \frac{1}{S^p} \left[\sigma_I - \frac{1}{2} (\sigma_{II} + \sigma_{III}) \right] \tag{10.5-5}$$

erkennt man - mit der sogen. "plastischen" Querkontraktionszahl $\nu_{pl} = 1/2$ - sofort die formale Analogie zum HOOKEschen Gesetz

$$\varepsilon_I^e = \frac{1}{E} \left[\sigma_I - \nu(\sigma_{II} + \sigma_{III}) \right] \quad .$$

Setzt man nun insbesondere nach dem Potenzgesetz von RAMBERG-OSGOOD [1945]

$$S^p (\sigma_v) = \frac{\sigma_o}{\alpha \, \varepsilon_o} \left[\frac{\sigma_v}{\sigma_o} \right]^{1-n} \tag{10.5-6}$$

mit den materialspezifischen Verfestigungskennwerten $\alpha > 0$ und $n \geq 1$ und den Normierungsgrößen σ_o und ε_o (vgl. Abschnitt 2.4.6), so nimmt der plastische Anteil des HENCKY-Gesetzes die Form

$$\frac{\underline{E}^p}{\varepsilon_o} = \frac{3}{2} \, \alpha \left[\frac{\sigma_v}{\sigma_o} \right]^{n-1} \frac{\underline{S}'}{\sigma_o} \tag{10.5-7}$$

an. Diese Gleichung wird in der "Deformationstheorie der Plastizitätstheorie" auch als dreidimensionale Verallgemeinerung des RAMBERG-OSGOOD-Gesetzes bezeichnet, wobei dann üblicherweise $\sigma_o = R_F$ und $\varepsilon_o = \sigma_o/E$ gesetzt wird. Da das Potenzgesetz nach RAMBERG und OSGOOD eine von Anfang an nichtlineare Funktion ist, treten in diesem Modell "plastische" (genauer: nichtlineare) Verzerrungsanteile schon bei beliebig kleinen Belastungen auf, und es gibt keinen definierten Übergang von elastischem zu plastischem Materialverhalten, also auch keine Fließbedingung!

10.6   Ebene Plastizitätstheorie

10.6.1 Der ebene Spannungszustand (ESZ)

Dieser Sonderfall des allgemeinen dreiachsigen Spannungszustandes wurde bereits im Abschnitt 9.2 angesprochen. Die Komponentenmatrix des Spannungstensors reduziert sich auf Gl. (9.2-14). Es werde angenommen, daß alle Spannungskomponenten in der (x,y)-Ebene liegen, d. h. es ist

$$\sigma_{xx} = \sigma_{xx}(x,y) \quad ,$$

$$\sigma_{yy} = \sigma_{yy}(x,y) \quad ,$$

$$\sigma_{xy} = \sigma_{xy}(x,y) \quad ,$$

$$\sigma_{zz} = 0 \ , \qquad \sigma_{xz} = 0 \ , \qquad \sigma_{yz} = 0 \ . \tag{10.6-1}$$

Alle Ableitungen nach der dritten Ortskoordinate z müssen verschwinden, $\partial(..)/\partial z = 0$. Damit lauten die Gleichgewichtsbedingungen (9.3-1) bei Vernachlässigung der Massenkräfte

$$\sigma_{xx,x} + \sigma_{yx,y} = 0 \ ,$$

$$\sigma_{xy,x} + \sigma_{yy,y} = 0 \ . \tag{10.6-2}$$

Die Verzerrungsgeschwindigkeiten berechnen sich nach Gl. (9.1-16) zu

$$\dot{\varepsilon}_{xx} = \dot{u}_{x,x} \qquad\quad = \dot{\varepsilon}_{xx}(x,y) \quad ,$$

$$\dot{\varepsilon}_{yy} = \dot{u}_{y,y} \qquad\quad = \dot{\varepsilon}_{yy}(x,y) \quad ,$$

$$\dot{\varepsilon}_{xy} = \tfrac{1}{2}(\dot{u}_{x,y} + \dot{u}_{y,x}) = \dot{\varepsilon}_{xy}(x,y) \quad ,$$

$$\dot{\varepsilon}_{zz} = \dot{u}_{z,z} \qquad\quad = \dot{\varepsilon}_{zz}(x,y) \quad ,$$

$$\dot{\varepsilon}_{xz} = 0 \qquad \dot{\varepsilon}_{yz} = 0 \qquad\quad . \tag{10.6-3}$$

Man beachte, daß beim ESZ zwar die dritte Normalspannung σ_{zz} sowie die Gleitungsgeschwindigkeiten $\dot{\varepsilon}_{xz}$ und $\dot{\varepsilon}_{yz}$, nicht aber die dritte Dehnungsgeschwindigkeit $\dot{\varepsilon}_{zz}$ verschwindet.

Aus Gl. (A1-41) bzw. (A1-42) erhält man als **hydrostatische Spannung** bzw. als **Deviator-Spannungen**

$$\hat{\sigma} = \frac{1}{3}(\sigma_{xx} + \sigma_{yy}) \quad ,$$

$$\sigma'_{xx} = \frac{1}{3}(2\sigma_{xx} - \sigma_{yy}) \quad ,$$

$$\sigma'_{yy} = \frac{1}{3}(2\sigma_{yy} - \sigma_{xx}) \quad ,$$

$$\sigma'_{zz} = -\frac{1}{3}(\sigma_{xx} + \sigma_{yy}) = -\hat{\sigma} \ . \tag{10.6-4}$$

Man beachte wiederum, daß die dritte Deviatorkomponente nicht verschwindet!

Die elastischen Verzerrungsanteile erhält man aus Gl. (10.4-1); insbesondere sieht man, daß trotz $\sigma_{zz} = 0$ eine Komponente

$$\dot{\varepsilon}^{e}_{zz} = - \frac{3\nu}{E} \, \hat{\dot{\sigma}} \tag{10.6-5}$$

vorhanden ist.

Die Fließbedingung vereinfacht sich für den ESZ wie folgt:

(a) **Fließbedingung nach TRESCA**, Gl. (10.2-11)

$$\left. \begin{array}{c} \sigma_I = \pm R_F \qquad \text{oder} \qquad \sigma_{II} = \pm R_F \\[2ex] \text{oder} \qquad \sigma_I - \sigma_{II} = \pm R_F \end{array} \right\} \tag{10.6-6}$$

bzw. in der geschlossenen Form Gl. (A2-1)

$$(\sigma_I^2 - R_F^2) \, (\sigma_{II}^2 - R_F^2) \, [(\sigma_I - \sigma_{II})^2 - R_F^2] = 0 \ , \tag{10.6-7}$$

wobei σ_I und σ_{II} die Hauptspannungen gemäß Gl. (9.2-16) sind. Die dritte Hauptspannung σ_{III} verschwindet nach Voraussetzung. Entsprechend Gl. (10.2-10) kann man mit Gl. (10.6-7) eine **TRESCAsche Vergleichsspannung** für den ESZ definieren:

$$\left. \begin{array}{l} \sigma_v^T = \sqrt{\sigma_{xx}^2 + \sigma_{yy}^2 - 2\,\sigma_{xx}\,\sigma_{yy} + 4\,\sigma_{xy}^2} \\[3ex] \quad = \sqrt{\sigma_I^2 + \sigma_{II}^2 - 2\,\sigma_I\,\sigma_{II}} = \pm\,(\sigma_I - \sigma_{II}) \end{array} \right\} \tag{10.6-8}$$

sofern $\sigma_I > \sigma_{III} > \sigma_{II}$ oder $\sigma_{II} > \sigma_{III} > \sigma_I$; andernfalls ist einfach $\sigma_v^T = \sigma_I > \sigma_{II}$ oder $\sigma_v^T = \sigma_{II} > \sigma_I$.

(b) **Fließbedingung nach MISES**, Gl. (10.2-14)

$$\left. \begin{array}{c} \sigma_{xx}^2 + \sigma_{yy}^2 - \sigma_{xx}\,\sigma_{yy} + 3\,\sigma_{xy}^2 - R_F^2 = 0 \ , \\[2ex] \sigma_I^2 + \sigma_{II}^2 - \sigma_I\,\sigma_{II} - R_F^2 = 0 \ . \end{array} \right\} \tag{10.6-9}$$

Die **MISESsche Vergleichsspannung**, Gl. (10.2-15), ergibt sich für den ESZ zu

$$\left. \begin{array}{l} \sigma_v^M = \sqrt{\sigma_{xx}^2 + \sigma_{yy}^2 - \sigma_{xx}\,\sigma_{yy} + 3\,\sigma_{xy}^2} \\[3ex] \quad = \sqrt{\sigma_I^2 + \sigma_{II}^2 - \sigma_I\,\sigma_{II}} \ . \end{array} \right\} \tag{10.6-10}$$

In der (σ_I, σ_{II})-Ebene stellen sich die TRESCAsche bzw. die MISESsche Fließbedingung als Sechseck bzw. als Ellipse dar (Bild 10.9). Diese spezielle Form ergibt sich dadurch, daß der Fließzylinder von Bild 10.2 schräg geschnitten wird bzw. die (σ_I, σ_{II})-Ebene schräg zur Π-Ebene liegt.

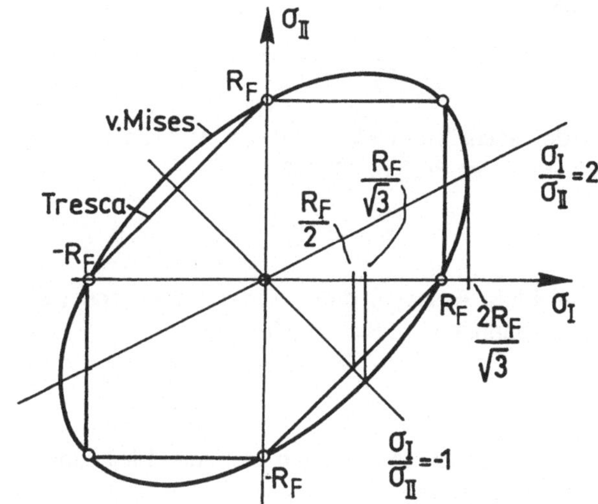

Bild 10.9: Fließbedingungen für den ESZ in der Haupt-spannungsebene

10.6.2 Der ebene Verzerrungszustand (EVZ)

Die Spannungen in der (x,y)-Ebene sind wie beim ESZ, Gl. (10-6-1), nur von den Ortskoordinaten x und y abhängig, aber es kommt eine dritte Normalspannungskomponente

$$\sigma_{zz} = \sigma_{zz}(x,y) \neq 0 \qquad\qquad (10.6\text{-}11)$$

hinzu. Die Gleichgewichtsbedingungen lauten genauso wie für den ESZ, Gl. (10.6-2); aus der Bedingung für die z-Richtung folgt, daß die Schubspannungen σ_{xz} und σ_{yz} wie im ESZ verschwinden müssen. Die Verzerrungsgeschwindigkeiten sind mit einer Ausnahme, nämlich

$$\dot{\varepsilon}_{zz} = 0 \quad , \qquad\qquad (10.6\text{-}12)$$

durch Gl. (10.6-3) gegeben. Hydrostatische Spannung und Deviatorspannungen sind damit im EVZ

$$\left.\begin{aligned}
\hat{\sigma} &= \frac{1}{3}\left(\sigma_{xx} + \sigma_{yy} + \sigma_{zz}\right)\\[2mm]
\sigma'_{xx} &= \frac{1}{3}\left(2\sigma_{xx} - \sigma_{yy} - \sigma_{zz}\right)\\[2mm]
\sigma'_{yy} &= \frac{1}{3}\left(2\sigma_{yy} - \sigma_{xx} - \sigma_{zz}\right)
\end{aligned}\right\} \qquad (10.6\text{-}13)$$

$$\sigma'_{zz} \;=\; \frac{1}{3}\,(2\sigma_{zz} - \sigma_{xx} - \sigma_{yy})$$

Setzt man speziell **starr-plastischen Werkstoff** (vgl. Abschnitt 2.4.8) voraus, so ergibt sich wegen

$$\dot{\varepsilon}^{\theta}_{ij} \;=\; 0 \qquad\qquad (10.6\text{-}14)$$

aus der assoziierten Fließregel zur MISESschen Fließbedingung, Gl. (9.7-10), unter der Bedingung des EVZ, Gl. (9.9-12),

$$\dot{\varepsilon}_{zz} \;=\; \dot{\varepsilon}^{p}_{zz} \;=\; \dot{\sigma}_{zz}\,\lambda \;=\; 0 \qquad\qquad (10.6\text{-}15)$$

die wichtige Aussage, daß - sobald plastische Deformationen auftreten ($\lambda > 0$) - die Normalspannung in z-Richtung immer

$$\sigma_{zz} \;=\; \tfrac{1}{2}\,(\sigma_{xx} + \sigma_{zz}) \qquad\qquad (10.6\text{-}16)$$

sein muß. Damit vereinfachen sich die Gleichungen für hydrostatische Spannung und Deviatorspannungen

$$
\begin{aligned}
\hat{\sigma} \;&=\; \frac{1}{2}\,(\sigma_{xx} + \sigma_{yy}) \;=\; \sigma_{zz}\\[2ex]
\sigma'_{xx} \;&=\; \frac{1}{2}\,(\sigma_{xx} - \sigma_{yy})\\[2ex]
\sigma'_{yy} \;&=\; \frac{1}{2}\,(\sigma_{yy} - \sigma_{xx})\\[2ex]
\sigma'_{zz} \;&=\; 0 \quad ,
\end{aligned}
\qquad (10.6\text{-}17)
$$

und die Hauptspannungen nach Gl. (9.2-16) lassen sich in einfacher Weise durch die hydrostatische Spannung $\hat{\sigma}$ und die maximale Schubspannung

$$\tau_{max} \;=\; \tfrac{1}{2}\,\sqrt{(\sigma_{xx} - \sigma_{yy})^2 + 4\,\sigma^2_{xy}} \qquad\qquad (10.6\text{-}18)$$

darstellen:

$$
\begin{aligned}
\sigma_{I} \;&=\; \hat{\sigma} + \tau_{max}\\
\sigma_{II} \;&=\; \hat{\sigma} - \tau_{max}\\
\sigma_{III} \;&=\; \hat{\sigma}
\end{aligned}
\qquad (10.6\text{-}19)
$$

Unter EVZ-Bedingung läßt sich also der Spannungszustand in einem beliebigen Punkt eines starr-plastischen Körpers immer durch Überlagerung eines rein hydrostatischen Zustandes und eines reinen Schubspannungszustandes darstellen; für das plastische Fließen ist allein der letztgenannte verantwortlich.

(a) **Fließbedingung** nach **TRESCA**
Wegen Gl. (10.6-19) gilt immer $\qquad \sigma_I > \sigma_{III} > \sigma_{II}$

also $\qquad \tau_{max} = \tfrac{1}{2}(\sigma_I - \sigma_{II}) = \tfrac{1}{2} R_F$ $\qquad\qquad$ (10.6-20)

(b) **Fließbedingung** nach **MISES**

$$\sigma_I'^2 + \sigma_{II}'^2 + \sigma_{III}'^2 = 2\,\tau_{max}^2 = \frac{2}{3} R_F^2 \qquad\qquad (10.6\text{-}21)$$

Beide Fließbedingungen lassen sich auf die gemeinsame Form

$$\tau_{max}^2 = \tfrac{1}{4}(\sigma_{xx} - \sigma_{yy})^2 + \sigma_{xy}^2 = k_F^2 \qquad\qquad (10.6\text{-}22)$$

bringen, wenn

$$k_F = \begin{cases} k_F^T = R_F/2 & \text{nach TRESCA} \\[2mm] k_F^M = R_F/\sqrt{3} & \text{nach MISES} \end{cases} \qquad\qquad (10.6\text{-}23)$$

gesetzt wird. k_F hat die physikalische Bedeutung einer Schubfließgrenze.

Bild 10.10 zeigt die geometrische Veranschaulichung der Fließbedingungen im Hauptspannungsraum unter EVZ-Bedingung. Der Fließzylinder wurde mit einer Ebene σ_{III} = const geschnitten. Der Voraussetzung $\sigma_I > \sigma_{III} > \sigma_{II}$ genügt beim MISES-Kriterium nur der Zustandspunkt C, als der Schnittpunkt der Fließkurve (Ellipse) mit der Spur der Ebene gemäß Gl. (10.6-16), während das TRESCA-Kriterium alle auf der Sechseckkante AB liegenden Zustände zuläßt.

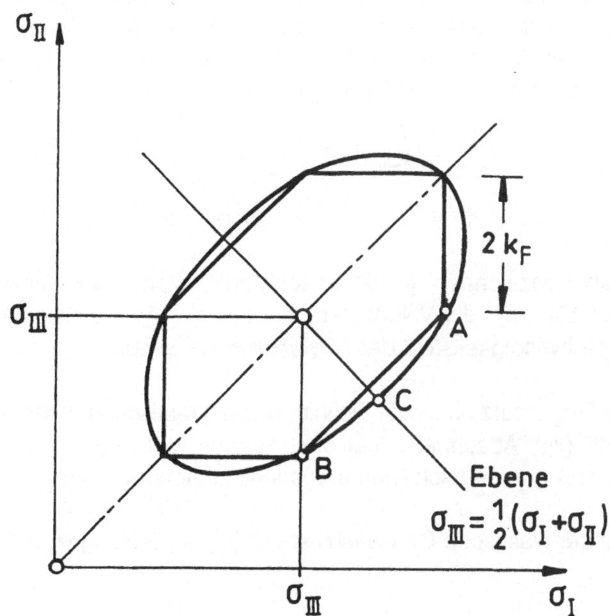

Bild 10.10: *Fließbedingungen*
für den EVZ in der Haupt-
spannungsebene σ_I, σ_{II}

Mit den Gleichgewichtsbedingungen in der Ebene, Gl. (10.6-2), der Fließbedingung (10.6-22) und der Bedingung, daß plastisches Fließen isochor erfolgen soll

$$\dot{\varepsilon}^p_{xx} + \dot{\varepsilon}^p_{yy} = 0 \ , \tag{10.6-24}$$

sind die **Grundgleichungen der Gleitlinientheorie** gegeben. Auf die grundlegenden Gedanken und Gleichungen dieser Theorie sowie auf ihre Anwendung im Rahmen des Grenzlastverfahrens wird im Abschnitt 10.7.4 eingegangen, in dem auch weiterführende Literatur zu finden ist.

10.7 Das Grenzlastverfahren

Wie bereits im Abschnitt 7.2 erläutert wurde, ermöglicht das Grenzlastverfahren, einen definierten Versagenszustand eines Bauteils oder Tragwerks, nämlich den **plastischen Grenz-** oder **Kollapszustand,** als Endzustand einer beliebigen Belastungsgeschichte zu ermitteln, ohne für jeden einzelnen Belastungsschritt den Spannungs- und Verformungszustand bestimmen zu müssen. In diesem Abschnitt werden die früher für Schnittlasten $^n s_j$ und Randverschiebungen $^n v_j$ von Tragwerkselementen behandelten Grenzlastsätze auf Spannungen σ_{ij} und Verzerrungen ε_{ij} in einem Kontinuum übertragen. Die bereits genannten Voraussetzungen gelten sinngemäß auch für die folgenden Überlegungen. Auf einen Beweis der Grenzlastsätze, der auf einer Anwendung der Postulate von DRUCKER [1964] für stabilen Werkstoff (Abschnitt 10.1.3) beruht, wird hier verzichtet und auf die grundlegende Abhandlung von DRUCKER, PRAGER & GREENBERG [1952] verwiesen.

10.7.1 Die plastische Grenzlast

Der **plastische Grenzzustand** eines Körpers aus ideal-plastischem Werkstoff ist derjenige Belastungszustand, unter dem in der Belastungsgeschichte zum ersten Mal die Verschiebungen unter gleichbleibenden Lasten zunehmen können, wenn die begleitenden geometrischen Änderungen des Systems vernachlässigt werden. In Verallgemeinerung von Gl. (6.5-4) ist nach dieser Definition also

$$\dot{\underline{u}}_{pl} \neq \underline{o} \qquad \text{für} \qquad \dot{\underline{f}}_{pl} = \underline{o} \, , \ \dot{\underline{t}}_{pl} = \underline{o} \tag{10.7-1}$$

$$\text{und} \quad \underline{\dot{u}}_{pl} = \underline{o}$$

Dabei bezeichnen $\underline{\dot{u}}$ die Geschwindigkeiten (Verschiebungsänderungen) im Sinne von Gl. (9.1-15), $\rho \underline{f}$ die Volumenkräfte, $\underline{t} = \underline{n} \cdot \underline{S}$ die Oberflächenkräfte auf ∂V_t; $\underline{\dot{u}}_{pl}$ ist das Geschwindigkeitsfeld des "Kollapsmechanismus".

Im Gegensatz zu dieser Definition von "plastischem Kollaps" bezieht die Definition der "Traglast" (vgl. Abschnitt 6.5.2) auch geometrisch nichtlineares Verhalten im Grenzzustand ein. Nur für geometrisch lineare Systeme stimmen Traglast- und Grenzlastdefinition überein.

Da der plastische Grenzlastzustand (pl) ein Gleichgewichtszustand ist, gilt

$$\int_{\partial V} \underline{t}_{pl} \cdot \underline{\dot{u}} \, dA + \int_{V} \rho \underline{f}_{pl} \cdot \underline{\dot{u}} \, dV = \int_{V} \underline{S}_{pl} \cdot\cdot \underline{\dot{E}} \, dV \qquad (10.7\text{-}2)$$

Werden entsprechend der Definition der plastischen Grenzlast alle geometrischen Änderungen des Systems vernachlässigt, folgt aus Gl. (10.7-2) für eine Zustandsänderung während $t \to t + \Delta t$

$$\int_{\partial V} \underline{\dot{t}}_{pl} \cdot \underline{\dot{u}} \, dA + \int_{V} \rho \underline{\dot{f}}_{pl} \cdot \underline{\dot{u}} \, dV = \int_{V} \underline{\dot{S}}_{pl} \cdot\cdot \underline{\dot{E}} \, dV \qquad (10.7\text{-}3)$$

Nach dem Prinzip der virtuellen Arbeiten wird für die Geschwindigkeitsfelder $\underline{\dot{u}}$ bzw. $\underline{\dot{E}}$ die **kinematische Zulässigkeit** gefordert, d. h. $\underline{\dot{u}}$ muß die geometrischen Randbedingungen des aktuellen Problems und $\underline{\dot{E}}$ die Gl. (9.1-16) erfüllen. Selbstverständlich ist das tatsächliche Geschwindigkeitsfeld im plastischen Grenzzustand, der sog. **Kollapsmechanismus** $\underline{\dot{u}}_{pl}$, ein kinematisch zulässiges Feld. Wegen der in Gl. (10.7-1) gegebenen Definition dieses Zustandes verschwindet die linke Seite von Gl. (10.7-3), und es gilt mit der vorausgesetzten Zerlegung in elastische und plastische Anteile nach Gl. (10.1-1)

$$\int_{V} \underline{\dot{S}}_{pl} \cdot\cdot \underline{\dot{E}}_{pl} \, dV = \int_{V} \underline{\dot{S}}_{pl} \cdot\cdot \underline{\dot{E}}_{pl}^{e} \, dV + \int_{V} \underline{\dot{S}}_{pl} \cdot\cdot \underline{\dot{E}}_{pl}^{p} \, dV = 0 \qquad (10.7\text{-}4)$$

Da beide Summanden nach den DRUCKERschen Stabilitätspostulaten nur positiv oder höchstens gleich Null werden können, ist Gl. (10.7-4) nur dadurch zu erfüllen, daß $\underline{\dot{S}}_{pl} = \underline{0}$ und damit über das Hookesche Gesetz $\underline{\dot{E}}_{pl}^{e} = \underline{0}$ werden. Beim Erreichen des plastischen Grenzzustandes verschwinden also alle elastischen Verzerrungsgeschwindigkeiten, und es treten nur plastische Verzerrungsgeschwindigkeiten auf. Die Spannungen bleiben konstant. Eine analoge Aussage wurde für Elementrandschnittlasten und -verschiebungen im Abschnitt 6.5.2 hergeleitet.

10.7.2 Die Grenzlastsätze

Die Grenzlastsätze umfassen, wie im Abschnitt 7.2, einen statischen und einen kinematischen Satz, die jeweils nur zwei der drei notwendigen Bedingungen:

- Gleichgewicht der Spannungen im Körpervolumen und physikalische Randbedingungen auf seiner Oberfläche (Abschnitt 9.3),
- Fließbedingung (Abschnitt 10.2) und Fließregel (Abschnitt 10.4) und
- Kompatibilität des Verzerrungszustandes im Körpervolumen und geometrische Randbedingungen auf seiner Oberfläche (Abschnitt 9.1),

erfüllen und damit eine Einschränkung des tatsächlichen plastischen Grenzzustandes, der alle drei Bedingungen erfüllen muß, möglich machen.

Zur Formulierung der Sätze werden zunächst zwei Definitionen eingeführt.

Ein **Spannungszustand** heißt **statisch zulässig**, $\underline{S}_{st}$, wenn er die Gleichgewichtsbedingungen (9.3-2) und die Fließbedingung $\Phi(\underline{S}_{st}) \leqq 0$ im gesamten Körpervolumen V sowie die Randbedingungen (9.3-5) auf der Körperoberfläche ∂V_t erfüllt;
er heißt **statisch zulässig** und **sicher**, $\underline{S}_{st}^\circ$, wenn im besonderen $\Phi(\underline{S}_{st}^\circ) < 0$, also Gl. (10.1-3a) überall in V erfüllt ist.

Ein Geschwindigkeitsfeld $\underline{\dot{u}}_{ki}$ mit einem gemäß Gl. (9.1-16) abgeleiteten Verzerrungsgeschwindigkeitsfeld $\underline{E}_{ki}$ heißt **kinematisch möglicher** (Kollaps-) **Mechanismus**, wenn die Inkompressibilitätsbedingung (10.1-2) im Körpervolumen V und die geometrischen Randbedingungen (9.1-18) auf der Körperoberfläche ∂V_u erfüllt sind. Die nach der Fließregel (10.1-16) zu diesem Geschwindigkeitsfeld gehörenden Spannungen sollen die Fließbedingung (10.1-4) erfüllen.

Mit Hilfe dieser beiden Definitionen und der DRUCKERschen Postulate (10.1-14) und (10.1-15) werden jetzt die Grenzlastsätze formuliert.

Der **statische Satz** sagt aus:
(1) Solange zu jeder Laststufe eine statisch zulässige und sichere Spannungsverteilung $\underline{S}_{st}^\circ$ gefunden werden kann, tritt unter diesem Belastungsablauf kein Kollaps auf.
(2) Solange kein Kollaps auftritt, kann zu jeder Belastungsstufe eine statisch zulässige und sichere Spannungsverteilung gefunden werden.

Der **kinematische Satz** sagt aus:
(1) Wenn für irgendeine Belastung ein kinematisch möglicher Kollapsmechanismus $\underline{\dot{u}}_{ki}$ gefunden werden kann, für den

$$\int_{\partial V} \underline{t} \cdot \underline{\dot{u}}_{ki} \, dA \;+\; \int_V \rho \underline{f} \cdot \underline{\dot{u}}_{ki} \, dV \;>\; \int_V \underline{S}_{ki} \cdot \cdot \underline{\dot{E}}_{ki}^p \, dV$$

gilt, so wird diese Belastung vom Körper nicht getragen.
(2) Wenn für irgendeine Belastung ein kinematisch möglicher Kollapsmechanismus $\underline{\dot{u}}_{ki}$ gefunden werden kann, für den

$$\int_{\partial V} \underline{t} \cdot \underline{\dot{u}}_{ki} \, dA \;+\; \int_V \rho \underline{f} \cdot \underline{\dot{u}}_{ki} \, dV \;=\; \int_V \underline{S}_{ki} \cdot \cdot \underline{\dot{E}}_{ki}^p \, dV$$

gilt, so tritt unter dieser Belastung Kollaps ein.

Teil (1) des kinematischen Satzes bedeutet, daß $\underline{S}_{ki}$ die Gleichgewichtsbedingung verletzt. Gilt dagegen das Gleichheitszeichen nach Aussage (2), also die Gleichgewichtsbedingung für $\underline{S}_{ki}$, und wird dieselbe Bedingung für einen statisch zulässigen Spannungszustand hingeschrieben, dann folgt durch Subtraktion

$$\int\limits_V (\underline{S}_{ki} - \underline{S}_{st}) \cdot\cdot \dot{\underline{E}}^p_{ki} \, dV = 0 \ .$$

Wegen der Konvexität der Fließfläche sind der Differenztensor $(\underline{S}_{ki} - \underline{S}_{st})$ und $\dot{\underline{E}}^p_{ki}$ nicht orthogonal und definitionsgemäß ist $\dot{\underline{E}}^p_{ki} \neq \underline{0}$, also muß $\underline{S}_{st} = \underline{S}_{ki}$ mit $\Phi(\underline{S}_{st}) = 0$ gelten. Demnach ist $\underline{S}_{st}$ nicht nur statisch zulässig, sondern erfüllt auch - wie $\underline{S}_{ki}$ - die Fließregel und gehört zu einem kinematisch möglichen Kollapsmechanismus, für den $\dot{\underline{E}}^e_{ki} = \underline{0}$ also $\underline{S}_{st} = \underline{0}$ ist. Damit sind die Bedingungen für das Erreichen des plastischen Grenzzustandes erfüllt: $\underline{S}_{st} = \underline{S}_{ki} = \underline{S}_{pl}$. Wenn also für irgendeine Belastung ein statisch zulässiger Spannungszustand **und** ein kinematisch möglicher Kollapsmechanismus gefunden werden kann, so ist dies der plastische Grenzzustand, verkürzt formuliert: es tritt "plastischer Kollaps" ein.

In der kontinuumsmechanischen Beschreibung werden stetige Spannungs- und Verschiebungsfelder in V vorausgesetzt. Eine Verallgemeinerung des Beweises der Grenzlastsätze für **unstetige Felder** ist möglich unter Beachtung, daß die in einem nicht gerissenen Kontinuum möglichen "Unstetigkeiten" lediglich große Gradienten des Feldes innerhalb einer sehr dünnen Schicht darstellen. Einen derartigen Unstetigkeitspunkt stellt z. B. das im Abschnitt 7.2 eingeführte **"Fließgelenk"** dar, in dem die gesamte plastische Krümmungsänderung eines Balkens konzentriert gedacht wird. Entsprechend kann man **"Gleitlinien"** im zweidimensionalen und **"Gleitflächen"** im dreidimensionalen Kontinuum definieren, in denen sich plastische Gleitprozesse abspielen sollen. Da im plastischen Grenzzustand - wie gezeigt - die elastischen Anteile der Verzerrungsgeschwindigkeiten verschwinden müssen, verhält sich der Körper in diesem Zustand, als wäre er aus starr-plastischem Material (Abschnitt 2.4.8). Die Voraussetzung eines starr-plastischen Werkstoffmodells ist jedoch für den Beweis der Grenzlastsätze nicht erforderlich.

Aus den Grenzlastsätzen lassen sich zwei wichtige Folgerungen herleiten:

1. Die Verstärkung eines Tragwerkes oder Bauteils durch Hinzufügen von (gewichtslosem) Material oder durch Verwendung von Werkstoff mit höherer Fließgrenze in einem Teilvolumen kann die Grenzlast nicht erniedrigen. Die erstgenannte Aussage folgt aus der Überlegung, daß ein "Kollapsspannungszustand" $\underline{S}_{pl}$ in V und ein Nullspannungszustand in ΔV zusammen einen statisch zulässigen Spannungszustand in $V + \Delta V$ bilden. Ebenso ist jeder statisch zulässige und sichere Spannungszustand im "unverstärkten" Körper auch sicher bei erhöhter Fließgrenze. Umgekehrt kann das Entfernen von (gewichtslosem) Material oder ein Herabsetzen der Fließgrenze in einem Teilvolumen die Grenzlast nicht erhöhen.

2. **Eigenspannungen** und **Restdeformationen** haben keinen Einfluß auf die Grenzlast, solange sie nicht als Geometrieänderungen in den Gleichgewichtsbedingungen zu berücksichtigen sind. Eigen- bzw. Restzustände (aus vorangegangenen Deformationen) gehen nicht in die zum Beweis der Sätze verwendeten Gleichungen ein. Insbesondere bilden Eigenspannungen für sich einen Gleichgewichtszustand und können wegen der Linearität der Gleichungen abgetrennt werden.

Wie im Abschnitt 7.3 können die Sätze wieder auf den Fall der **proportionalen Belastung** spezialisiert werden, wenn man Volumenkräfte vernachlässigt, $\rho\underline{f} \approx \underline{o}$, und alle Oberflächenkräfte sich über einen Lastfaktor $f(t) > 0$ proportional zueinander ändern, $\underline{t}(t) = f(t)\, \overset{\circ}{\underline{t}}$ mit $\overset{\circ}{\underline{t}}$ = $\underline{t}(t_0)$ als fester Bezugsbelastung. Die zum plastischen Grenzzustand gehörende Lastverteilung ist dann über den **Grenzlastfaktor** f_{pl} eindeutig beschrieben:

$$\underline{t}_{pl} = f_{pl}\, \overset{\circ}{\underline{t}} \tag{10.7-5}$$

Entsprechend den o. g. Definitionen werden die Lastfaktoren für statisch zulässige Spannungszustände, f_{st}, statisch zulässige und sichere Spannungszustände, f°_{st}, oder kinematisch mögliche Mechanismen, f_{ki}, wie im Abschnitt 7.3 eingeführt.

Der **statische Satz** liefert jetzt eine **untere Schranke** für den Lastfaktor:

$$f_{st} \leqslant f_{pl} \qquad \text{bzw.} \qquad f^{\circ}_{st} < f_{pl}\;. \tag{10.7-6}$$

Der Grenzlastfaktor (Kollapsfaktor) ist der größte statisch zulässige Lastfaktor.
Und der **kinematische Satz** liefert eine **obere Schranke**:

$$f_{ki} \geqslant f_{pl} \tag{10.7-7}$$

Der Grenzlastfaktor (Kollapsfaktor) ist der kleinste zu einem kinematisch möglichen Mechanismus führende Lastfaktor.

Zusammengefaßt ergibt sich die **Eingrenzung des Grenzlastfaktors** zu

$$\text{bzw.} \qquad \left. \begin{aligned} f_{st} &\leqslant f_{pl} \leqslant f_{ki} \\[1em] f^{\circ}_{st} &< f_{pl} \leqslant f_{ki} \end{aligned} \right\} \tag{10.7-8}$$

Die Grenzlastsätze lassen sich im Falle "eindimensional" idealisierter Tragwerke (Biegeträger) nach Einführung der Fließgelenkhypothese (Abschnitt 7.1) relativ leicht und schematisch anwenden, wie im Abschnitt 7.3 beschrieben wurde. Bei dreidimensionalen Kontinua macht das Auffinden statisch zulässiger und kinematisch möglicher Verschiebungsfelder i. a. erheblich größere Schwierigkeiten. Ist eine Idealisierung auf ein ebenes Problem als ESZ oder EVZ möglich, vereinfachen sich die Gleichungssysteme, wie in den Abschnitten 10.5.1 und 10.5.3 beschrieben wurde, und erlauben dadurch für bestimmte Problemklassen das Auffinden von geschlossenen Teillösungen statisch zulässiger Spannungszustände einerseits bzw. kinematisch möglicher Verschiebungsfelder andererseits. Hierfür werden im folgenden einige Hinweise gegeben; weitere Beispiele sind im Abschnitt 11.2.2 zu finden.

10.7.3 Ein zweidimensionales Unstetigkeitsfeld der Spannungen

Bei der Konstruktion statisch zulässiger Spannungszustände bedient man sich oft einfacher Unstetigkeitsfelder, die aus homogenen Teilfeldern zusammengesetzt sind. Als Beispiel werde das im Bild 10.11 skizzierte, insbesondere für die Anwendung auf gekerbte Strukturen (Abschnitt 11.2.2) geeignete **Trapez-Feld** behandelt.

Die Trapezscheibe steht unter Zugbelastung, und die beiden Ränder AC und BD sind spannungsfrei, d. h. am oberen Rand AB wirkt $\sigma_a > 0$, am unteren Rand CD wirkt $\sigma_b > 0$. In jedem der vier Dreiecke AOB, COD, AOC, BOD herrsche eine homogene Spannungsverteilung:

Δ AOB :   Hauptspannungen $\sigma_{Ia} = \sigma_a$ und $\sigma_{IIa} \leqslant \sigma_{Ia}$,

Δ COD :   Hauptspannungen $\sigma_{Ib} = \sigma_b$ und $\sigma_{IIb} \leqslant \sigma_{Ib}$

Δ AOC ⎱
         ⎰ einachsiger Zug σ_{Ic} parallel zu AC bzw. BD.
Δ BOD

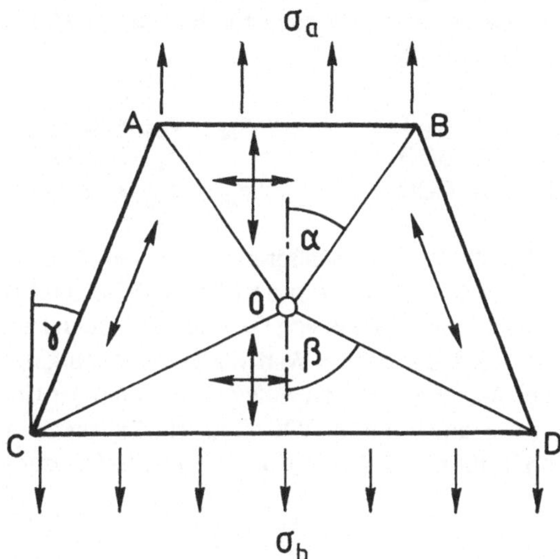

<u>*Bild 10.11:*</u> *Trapezfeld der*
Spannungen

Die Geraden OA, OB, OC, OD sind Linien von Spannungsunstetigkeiten, entlang denen lediglich die Normalspannung σ und die Schubspannung τ stetig sind. Gesucht wird ein statisch zulässiges Spannungsfeld, das die Gleichgewichtsbedingungen und die Fließbedingung erfüllt. Längs der Geraden OB erhält man aus den Gleichgewichtsbedingungen für die Dreiecke AOB und BOD

$$\sigma = \sigma_{Ia} \sin^2\alpha + \sigma_{IIa} \cos^2\alpha = \sigma_{Ic} \sin^2(\gamma+\alpha) \quad ,$$

$$\tau = (\sigma_{Ia} - \sigma_{IIa}) \sin\alpha \cos\alpha = \sigma_{Ic} \sin(\gamma+\alpha) \cos(\gamma+\alpha) ,$$

und daraus

$$\left. \begin{aligned} \sigma_{Ia} &= \sigma_{Ic} \frac{\sin(\gamma+\alpha)\cos\gamma}{\sin\alpha} \\[2em] \sigma_{IIa} &= \sigma_{Ic} \frac{\sin(\gamma+\alpha)\sin\gamma}{\cos\alpha} \end{aligned} \right\} \qquad (10.7\text{-}9)$$

Analog gilt für OD

$$\left.\begin{array}{l} \sigma_{Ib} = \sigma_{Ic}\, \dfrac{\sin(\beta-\gamma)\,\cos\gamma}{\sin\beta} \\[2em] \sigma_{IIa} = \sigma_{Ic}\, \dfrac{\sin(\beta-\gamma)\,\sin\gamma}{\cos\beta} \end{array}\right\} \qquad (10.7\text{-}10)$$

Der Spannungszustand in den Dreiecken darf die **Fließbedingung** nicht verletzen. Im Falle des **ebenen Verzerrungszustandes** lauten MISESsche und TRESCAsche Fließbedingung nach Gl. (10.6-22)

$$\left.\begin{array}{lll} \text{in} \quad \Delta\ AOB: & \sigma_{Ia} - \sigma_{IIa} \leqslant 2\,k_F \\ \text{in} \quad \Delta\ BOD: & \sigma_{Ic} \leqslant 2\,k_F \\ \text{in} \quad \Delta\ COD: & \sigma_{Ib} - \sigma_{IIb} \leqslant 2\,k_F \end{array}\right\} \qquad (10.7\text{-}11)$$

mit k_F als der Schubfließgrenze nach Gl. (10.6-23). Die Hauptspannungen in den Dreiecken AOB und COD sind nach den Gln. (10.7-9) und (10.7-10) proportional σ_{Ic}, welches damit als Lastfaktor im Sinne von Gl. (10.7-5) dienen kann. Unter den statisch zulässigen Lastfaktoren liefert der größte Wert die beste Annäherung an den Grenzlastfaktor, also setzt man zweckmäßigerweise $\sigma_{Ic} = 2\,k_F$. Nach einiger Umrechnung folgen daraus die Bedingungen $\tan 2\alpha \geqslant \cot\gamma$ im Δ AOB und $\sin 2\gamma / \sin 2\beta \geqslant 0$ im Δ COD. Die letztgenannte Bedingung ist für alle $0 \leqslant \gamma < \beta \leqslant \pi/2$ erfüllt. Aus der ersten Bedingung folgt

$$\alpha \geqslant \frac{\pi}{4} - \frac{\gamma}{2}\ . \qquad (10.7\text{-}12)$$

Wenn $\sigma_a = \sigma_{Ia}$ nach Gl. (10.7-9) den größten Wert annehmen soll, muß der kleinste Wert der Ungleichung (10.7-12), also $\alpha = \pi/4 - \gamma/2$ gewählt werden. Damit hat man

$$\sigma_{a,\,st}^{EVZ} = 2\,k_F\,\cos^2\gamma\,[1 + \cot(\pi/4 - \gamma/2)\,\tan\gamma] \qquad (10.7\text{-}13)$$

als statisch zulässige Spannungsverteilung für den EVZ. Der Winkel γ ist entweder durch die Geometrie der zu untersuchenden Struktur vorgegeben oder kann aus einer Extremalbedingung bestimmt werden (vgl. Abschnitt 11.2.2).

Im Falle des **ebenen Spannungszustandes** lautet die MISESsche Fließbedingung nach Gl. (10.6-9)

$$\left.\begin{array}{lll} \text{im} \quad \Delta\ AOB: & \sigma_{Ia}^2 - \sigma_{Ia}\,\sigma_{IIa} + \sigma_{IIa}^2 \leqslant R_F \\ \text{im} \quad \Delta\ BOD: & \sigma_{Ic} \leqslant R_F \\ \text{im} \quad \Delta\ COD: & \sigma_{Ib}^2 - \sigma_{Ib}\,\sigma_{IIb} + \sigma_{IIb}^2 \leqslant R_F \end{array}\right\} \qquad (10.7\text{-}14)$$

mit $R_F = \sqrt{3}\,k_F$. Der größte mögliche Wert von σ_{Ia} in der MISES-Ellipse (Bild 10.9) ist

$$\sigma_{a,\,st}^{ESZ} = \sigma_{Ia} = 2/\sqrt{3}\,R_F = 2\,k_F \qquad (10.7\text{-}15)$$

und hierfür ist $\sigma_{IIa} = 1/\sqrt{3}\,R_F = k_F$. Mit Gl. (10.6-9) folgt nach einiger Umrechnung

$$\cos^2 \gamma = 2 \left[1 - \frac{1}{\sqrt{3}} \frac{R_F}{\sigma_{lc}} \right] \leqslant 2 \left[1 - \frac{1}{\sqrt{3}} \right] \tag{10.7-16}$$

d. h. $\gamma \geqslant 23°$. Nach der TRESCA-Bedingung für den ESZ, Gl. (10.6-6), kann σ_{la} höchstens den Wert $2\,k_F = R_F$ annehmen, solange $\sigma_{lc} \leqslant \sigma_{la}$, also $\alpha \leqslant \pi/2 - \gamma$ bleibt. Die Voraussetzung eines ESZ zusammen mit der TRESCAschen Fließbedingung ist also gleichbedeutend mit der Annahme, daß im engsten Querschnitt einer gekerbten Scheibe die Normalspannung - idealplastischen Werkstoff vorausgesetzt - wie beim glatten Zugstab nicht die Fließgrenze R_F überschreiten kann, während die MISESsche Fließbedingung wegen des Auftretens einer zweiten Hauptspannungskomponente σ_{II} eine um den Faktor 1.15 höhere Normalspannung zuläßt. Die Annahme eines EVZ bewirkt durch die noch höhere Mehrachsigkeit des Spannungszustandes eine weitere Erhöhung der statisch zulässigen Beanspruchung im engsten Querschnitt entsprechend Gl. (10.7-13).

10.7.4 Die Konstruktion kinematisch möglicher Verschiebungsfelder nach der Gleitlinientheorie

Im Abschnitt 10.7.1 wurde gezeigt, daß im plastischen Grenzzustand alle elastischen Verzerrungsgeschwindigkeiten verschwinden, der Körper sich also verhält, als wäre er aus starridealplastischem Werkstoff. Hierfür wurde im Abschnitt 10.6.2 ein System partieller Differentialgleichungen hergeleitet, bestehend aus den Gleichgewichtsbedingungen (10.6-2), der Fließbedingung (10.6-22) sowie der kinematischen Beziehung (10.6-24) für isochore Deformationen. Durch Elimination z. B. der Spannung σ_{yy} in den Gleichgewichtsbedingungen mit Hilfe der Fließbedingung entsteht ein System zweier gekoppelter quasi-linearer partieller Differentialgleichungen 1. Ordnung für σ_{xx} und σ_{xy}:

$$\left. \begin{aligned} \sigma_{xx,x} + \sigma_{yx,y} &= 0 \, , \\[2em] \sigma_{xx,y} + \sigma_{xy,x} \pm \frac{2\,\sigma_{xy}}{\sqrt{k_F^2 - \sigma_{xy}^2}} \, \sigma_{xy,y} &= 0 \end{aligned} \right\} \tag{10.7-17}$$

Die charakteristische Gleichung dieses Differentialgleichungs-Systems

$$y'^2 \mp \frac{2\,\sigma_{xy}}{\sqrt{k_F^2 - \sigma_{xy}^2}} \, y' - 1 = 0 \tag{10.7-18}$$

ist vom **hyperbolischen Typ**; ihre Lösungen

$$y_1' = \frac{\pm\,\sigma_{xy} + k_F}{\sqrt{k_F^2 - \sigma_{xy}^2}} = \tan \phi \, , \quad y_2' = \frac{\pm\,\sigma_{xy} - k_F}{\sqrt{k_F^2 - \sigma_{xy}^2}} = \tan(\phi + \pi/2) \tag{10.7-19}$$

liefern die Richtungsfelder zweier orthogonaler Scharen reeller Charakteristiken. Physikalisch sind dies **Linien maximaler Schubspannungen** und wegen Gl. (10.4-10) gleichzeitig **Linien maximaler Schergeschwindigkeiten**; sie werden deshalb **Gleit-** oder **Fließlinien** (slip lines) genannt. Bild 8.5 zeigt das experimentell ermittelte Fließlinienfeld an einem Träger mit Rechteckhohlprofil. Im Falle plastischen Fließens muß längs dieser Kurven die Fließbedingung

$$\tau_{max} = \pm k_F \tag{10.7-20}$$

erfüllt sein. Die Richtungen $\phi(x,y)$ der Gleitlinien sind gemäß Gl. (9.2-18) um $\pm(\pi/4)$ gegenüber den Hauptspannungsrichtungen gedreht. Aus den Gleichgewichtsbedingungen (10.6-2) folgt, daß in Richtung jeder der beiden orthogonalen Charakteristikenscharen - auch α- und β-Linien genannt - der hydrostatische Druck sich proportional zum Neigungswinkel ϕ zur x-Achse ändert

$$\frac{d\hat{\sigma}}{d\phi} \mp 2\,k_F = 0 \qquad \text{für} \qquad \begin{cases} \alpha\text{-Linien} \\ \\ \beta\text{-Linien} \end{cases} \tag{10.7-21}$$

Gleitlinien haben einige wichtige, zuerst von HENCKY [1923] untersuchte, geometrische Eigenschaften, aufgrund derer z. B. eine graphische Konstruktion von Gleitlinienfeldern möglich ist. So ist die Winkeländerung beim Übergang von einer β-Fließlinie zur nächsten entlang jeder α-Linie gleich; dasselbe gilt beim Übergang von einer α-Fließlinie zur nächsten entlang von β-Linien. Ist im besonderen ein Abschnitt einer α- bzw. β-Linie gerade, dann sind auch alle entsprechenden von β- bzw. α-Linien abgeschnittenen α- bzw. β-Linienstücke gerade. Wegen Gl. (10.7-21) kann der hydrostatische Spannungsanteil $\hat{\sigma}$ im ganzen Feld gefunden werden, wenn er an irgendeiner Stelle des Fließlinienfeldes bekannt ist. Damit ist das **Spannungsproblem** für ebenes starr-plastisches Fließen vollständig beschrieben:

$$\left. \begin{array}{l} \sigma_{xx} = \hat{\sigma} - k_F\,\sin 2\phi \;, \\[2mm] \sigma_{yy} = \hat{\sigma} + k_F\,\sin 2\phi \;, \\[2mm] \sigma_{xy} = k_F\,\cos 2\phi \;. \end{array} \right\} \tag{10.7-22}$$

Ist z. B. ein Abschnitt einer Fließlinie gerade, dann sind $\phi, \hat{\sigma}$ und folglich alle Spannungskomponenten σ_{xx}, σ_{yy}, σ_{xy} entlang dieser Linie konstant. Sind in einem Gebiet beide Fließlinienscharen gerade, dann ist dort die Spannungsverteilung homogen.

Für ein gegebenes Problem müssen Lösungen des Differentialgleichungssystems gefunden werden, die spezielle Randbedingungen erfüllen. Sind die Spannungen σ_{xx}, σ_{yy}, σ_{xy} und damit $\hat{\sigma}$ und ϕ längs einer Nicht-Charakteristik vorgegeben, dann kann die Lösung eindeutig ins Innere des Körpers fortgesetzt werden (CAUCHYsches Anfangswertproblem). Ein solches Problem ist der spannungsfreie Rand, bei dem das Gleitlinienfeld nur von der Form des Randes abhängt. Da die Tangentialspannung auf dem freien Rand verschwindet, laufen die Fließlinien unter 45° in den Rand ein. An einem geraden spannungsfreien Rand hat man also ein Feld einachsiger Zug- oder Druckspannung der Größe $2k_F$ (Bild 10.12a)

$$\sigma_{xx} = \sigma_{xy} = 0 \;, \qquad \sigma_{yy} = 2\,k_F \;. \tag{10.7-23}$$

An einem kreisförmigen Rand bilden die Fließlinien ein Netz logarithmischer Spiralen (Bild 10.12b); das zugehörige Spannungsfeld ist nach HILL [1949]

$$\sigma_{rr} = 2\,k_F\,\ln(r/a) \quad , \quad \sigma_{\psi\psi} = \sigma_{rr} + 2\,k_F \quad . \tag{10.7-24}$$

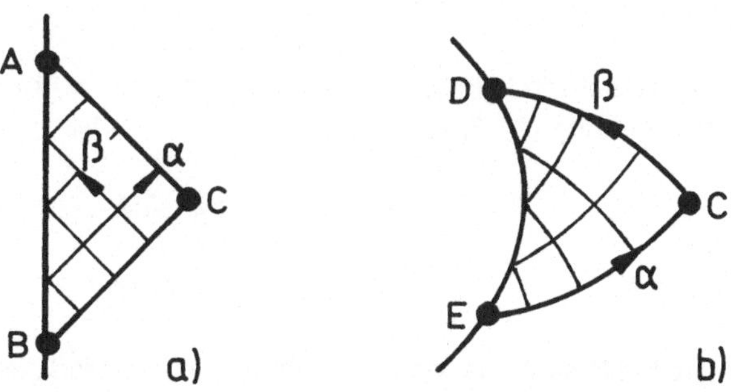

*Bild 10.12: Fließlinien-
felder an spannungs-
freien Rändern
a) gerader Rand
b) kreisförmiger Rand*

Weitere Problemklassen sind das RIEMANNsche oder charakteristische Anfangswertproblem und das GOURSATsche oder gemischte Anfangswertproblem. Eine ins einzelne gehen-
de Darstellung der Problemstellungen und Verfahren zur Konstruktion von Gleitlinienfeldern
würde den vorgegebenen Rahmen sprengen; der interessierte Leser kann deshalb nur auf
die vertieften Darstellungen in anderen Lehrbüchern,   wie z. B. FREUDENTHAL &
GEIRINGER [1958], HILL [1950]*, KACHANOV [1971]*, LIPPMANN [1981]* und ISMAR &
MAHRENHOLTZ [1979]* verwiesen werden, in denen auch weiterführende Spezialliteratur
zu finden ist. Eine Zusammenstellung von Gleitlinienfeldern für Umformprozesse nebst
Bibliographie gibt JOHNSON [1982]*.

Aus der Fließregel und der kinematischen Beziehung (10.6-24) folgen als Gegenstück zu den
HENCKY-Gleichungen (10.7-21) die Gleichungen zur Beschreibung des **kinematischen Zustandes**. Das partielle Differentialgleichungssystem in den Geschwindigkeiten

$$\left.\begin{aligned}
&\dot{u}_{x,x} + \dot{u}_{y,y} = 0 \ , \\[2mm]
&\dot{u}_{x,x}\,\cot 2\phi + \dot{u}_{y,x} - \dot{u}_{y,y}\,\cot 2\phi = 0
\end{aligned}\right\} \tag{10.7-25}$$

führt auf die charakteristische Differentialgleichung

$$y'^2 + 2\,y'\,\cot 2\phi - 1 = 0 \tag{10.7-26}$$

mit den Lösungen

$$\left.\begin{aligned}
&y_1' = \tan\phi \ , \\[2mm]
&y_2' = \tan(\phi + \pi/2) \quad .
\end{aligned}\right\} \tag{10.7-27}$$

Die Charakteristiken des Spannungsproblems und des kinematischen Problems sind also
identisch. Damit hat man die Gleichungen von GEIRINGER [1930]

$$\left.\frac{d\dot{u}_\alpha}{d\phi} - \dot{u}_\beta = 0 \qquad (\alpha\text{-Linie}) \right. \tag{10.7-28}$$

$$\frac{d\dot{u}_\beta}{d\phi} - \dot{u}_\alpha = 0 \qquad (\beta\text{-Linie})$$

für die Geschwindigkeitskomponenten längs der α- bzw. β-Richtungen mit der Transformationsbeziehung (A1-32a)

$$\dot{u}_x = \dot{u}_\alpha \cos\phi - \dot{u}_\beta \sin\phi$$
$$\dot{u}_y = \dot{u}_\alpha \sin\phi + \dot{u}_\beta \cos\phi \ . \tag{10.7-29}$$

Gl. (10.6-21) sagt aus, daß die Dehnungsgeschwindigkeiten längs einer Gleitlinie verschwinden.

Mit den beiden Gleitlinienscharen der α- und β-Linien hat man im Prinzip ein **statisch zulässiges Spannungsfeld** und ein zugehöriges **kinematisch mögliches Geschwindigkeitsfeld** in einem starr-plastischen Werkstoff gefunden. Die Konstruktion des Gleitlinienfeldes hängt jedoch von der Wahl starrer und plastischer Zonen ab. Da die Spannungen in den starren Zonen unbestimmt sind, ist diese weitgehend beliebig, wenn auch durch gewisse Plausibilitätsüberlegungen eingeschränkt. Das starr-plastische Modell ist also dadurch gekennzeichnet, daß das Spannungs- und Geschwindigkeitsfeld nicht eindeutig ist. Das folgende Beispiel einer Zugscheibe mit Kreisloch (Bild 10.13) nach KACHANOV [1971]*, S. 190, möge dies veranschaulichen.

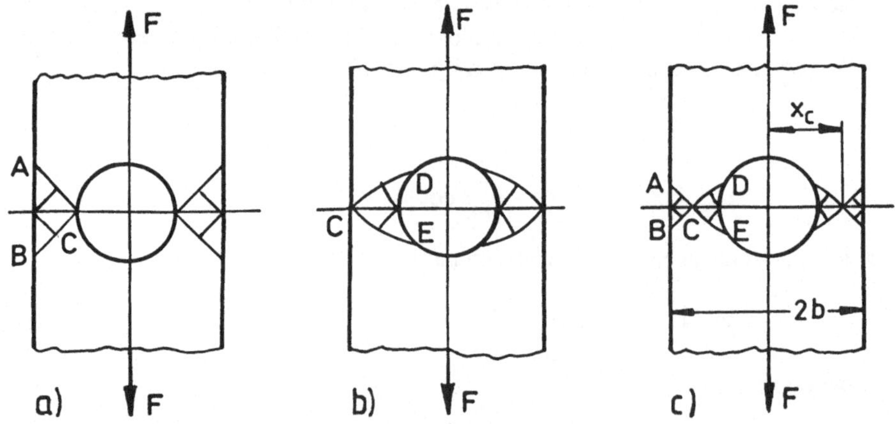

Bild 10.13: Kinematisch mögliche Fließlinienfelder für eine Zugscheibe mit Kreisloch

Sowohl der gerade als auch der kreisförmige Rand der Scheibe sind spannungsfrei. Am geraden Rand kann deshalb ein Bereich ABC konstanter Zugspannung mit dem Fließlinienfeld nach Bild 10.12a und dem Spannungszustand nach Gl. (10.7-23) existieren und am Lochrand ein Feld CDE logarithmischer Spiralen nach Bild 10.12b mit dem Spannungszustand nach Gl. (10.7-24). Die beiden Felder treffen im Punkt C aufeinander (Bild 10.13c). Das zugehörige Geschwindigkeitsfeld ist kinematisch möglich, und man erhält durch Integration der Spannungen die Last pro Einheitsdicke

$$F_{ki} = 2 \int_a^{x_c} \sigma_{\psi\psi}\, dx + 2 \int_{x_c}^{b} \sigma_{xx}\, dx$$

$$= 4\,k_F\,[b + x_c\,\ln(x_c/a) - x_c] \tag{10.7-30}$$

Das Ergebnis hängt also von der Wahl von x_c ab. Nach dem kinematischen Satz liefert jedes kinematisch mögliche Geschwindigkeitsfeld eine obere Schranke der plastischen Grenzlast[1]; also stellt das Minimum von Gl. (10.7-30) für $x_c = a$ (Fließlinienfeld nach Bild 10.13a)

$$\operatorname*{Min}_{x_c} \{F_{ki}\} = 4\,k_F\,(b-a) \geq F_{pl} \quad , \tag{10.7-31}$$

die beste obere Schranke dar. Tatsächlich ist nun die Spannungsverteilung $\sigma_{xx} = \sigma_{xy} = 0$, $\sigma_{yy} = 2\,k_F$ im engsten Querschnitt der Lochscheibe auch statisch zulässig, so daß mit der Aussage des statischen Satzes $F_{st} \leq F_{pl}$ wegen $F_{st} = F_{ki}$

$$F_{pl} = 4\,k_F\,(b-a) \tag{10.7-32}$$

gilt. Weitere Beispiele für die Anwendung von Fließlinienfeldern werden in den Abschnitten 11.2 und 11.3 gegeben.

10.8   Thermoplastisches Verhalten

Im Falle eines zeitlich veränderlichen Temperaturfeldes wird die Behandlung plastischer Zustandsänderungen noch komplizierter, da Fließgrenze und Verfestigungsverhalten von der Temperatur abhängen (Bild 10.14). Nichtsdestoweniger ist die mathematische Beschreibung thermo-plastischen Materialverhaltens von großer praktischer Bedeutung. Dies betrifft nicht nur die Verfahren der Warmformgebung (Walzen, Schmieden etc.), sondern auch Festigkeitsauslegungen von Bauteilen, die erhöhten Temperaturen standhalten sollen: von den Schaufeln in Gasturbinen bis zu Stahlbauten im Brandfall. Als illustrierendes Beispiel diene das Verhalten eines statisch bestimmt gelagerten Stahlrahmens aus St 37, Profil IPE 80, unter konstanten statischen Lasten F_h, F_v im "Lastfall Brand" (Bild 10.15, Versuchsergebnis nach RUBERT [1984]): Der Rahmen versagt unter konstanten Lasten bei einem Ausnutzungsgrad $\nu_u = F_v/F_{zul} = 1.5\,F_v/F_{pl} = 1.5\,F_v/(R_F\,A) = 0.34$ durch plastischen Kollaps bei einer Temperatur von 595 °C.

Um die Komplexität temperaturabhängigen inelastischen Materialverhaltens deutlich zu reduzieren, werde im Rahmen der "klassischen Plastizitätstheorie" angenommen, daß die Temperaturen so klein bleiben oder der Belastungszeitraum so kurz ist, daß viskoplastisches Verhalten (Kriechen) des Materials vernachlässigt werden kann. Die Temperatur θ wird in

---

[1] Man beachte, daß die Spannungen zwar im Bereich des Fließlinienfeldes die Gleichgewichts- und Fließbedingungen erfüllen, aber dennoch die Bedingungen für einen statisch zulässigen Zustand nicht gegeben sind, da das Spannungsfeld in den als starr angenommenen Bereichen unbekannt ist.

diesem Modell lediglich als zusätzlicher Parameter in die Fließbedingung und damit auch in das Formänderungsgesetz aufgenommen. Alle anderen grundlegenden Modellannahmen des Abschnitts 10.1 sollen weiterhin gelten, insbesondere die Additivität elastischer und plastischer Verzerrungsinkremente, Gl. (10.1-2), die Konvexität der Fließfläche, (Gl. 10.1-14), und die Normalitätsbedingung der plastischen Verzerrungsinkremente, Gl. (10.1-16).

Für die Gesamtverzerrungsinkremente gelte somit

$$\dot{\underline{E}} = \dot{\underline{E}}^{e} + \dot{\underline{E}}^{p} + \dot{\underline{E}}^{th} \tag{10.8-1}$$

Thermische Deformationen sind reine Volumenänderungen bzw. Dehnungen

$$\underline{E}^{th} = \alpha\,(\theta - \theta_0)\,\underline{I} \tag{10.8-2}$$

mit α als Temperaturdehnungszahl. Da sowohl α als auch die HOOKEschen Materialkonstanten E und ν temperaturabhängig sind, ist bei der Bildung der inkrementellen Form von Gl. (10.7-2) ebenso wie von (10.1-2) die Produktenregel anzuwenden:

$$\dot{\underline{E}}^{th} = \dot{\alpha}\,(\theta - \theta_0)\,\underline{I} + \alpha\,\dot{\theta}\,\underline{I} \tag{10.8-3}$$

$$\dot{\underline{E}}^{e} = \frac{1}{2G}\,[(1+\nu)\,\dot{\underline{S}} - \nu(\dot{\underline{S}} \cdot\cdot\,\underline{I})\,\underline{I}] - \frac{\dot{G}}{G^2}\,\underline{S} + \frac{\dot{\nu}E - \nu\dot{E}}{E^2}\,(\underline{S} \cdot\cdot\,\underline{I})\,\underline{I} \tag{10.8-4}$$

mit $\qquad \dot{\alpha} = \dfrac{\partial\alpha}{\partial\theta}\,\dot{\theta} \quad , \qquad \dot{G} = \dfrac{\partial G}{\partial\theta}\,\dot{\theta} \qquad$ usw. $\tag{10.8-5}$

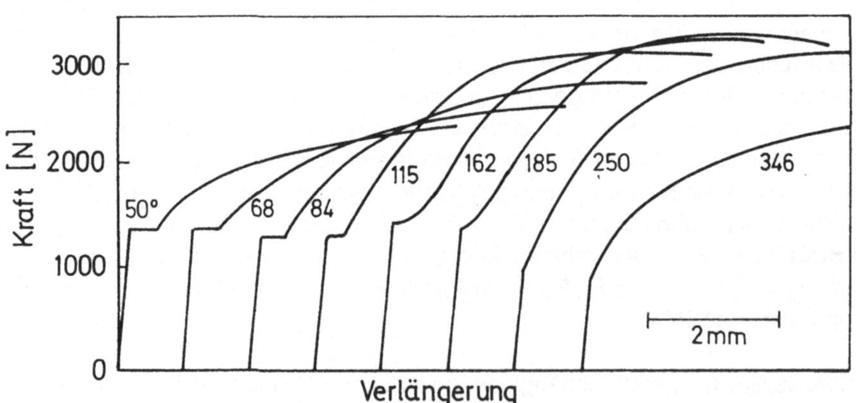

Bild 10.14: _Temperaturabhängigkeit der Kraft-Verlängerung-Kurven aus Zugversuchen an Stahl (nach DAHL [1984])_

Betrachtet man zwecks Vereinfachung nur die **MISESsche Fließbedingung** und **isotrope Verfestigung**, so gilt

$$\Phi[\underline{S},\,\kappa(\varepsilon_v^p),\,\theta] = \underline{S}' \cdot\cdot\,\underline{S}' - \kappa^2\,(\varepsilon_v^p,\,\theta) = 0 \quad , \tag{10.8-6}$$

d. h. der Halbmesser des Fließzylinders, Bild 10.2 und Gl. (10.2-9), hängt zusätzlich von der Temperatur ab.

Bei der Betrachtung der **Be- und Entlastungsbedingungen** (10.1-11) und (10.1-12) für einen verfestigenden Werkstoff ist jetzt zu beachten, daß wegen

$$\dot{\kappa} = (\partial \kappa / \partial \varepsilon^P)\ \dot{\varepsilon}^P + (\partial \kappa / \partial \theta)\ \dot{\theta} \tag{10.8-7}$$

in Gl. (10.1-11) auch Spannungsänderungen $\dot{\underline{S}} = \underline{0}$ zu Änderungen der Fließfläche und plastischen Verzerrungsinkrementen infolge $\dot{\theta}$ führen können. Infolgedessen gilt

$$\underline{\Phi}_s \cdot\cdot \dot{\underline{S}} + \Phi_\theta\ \dot{\theta} < 0 \qquad \text{für Entlastung}$$

$$\underline{\Phi}_s \cdot\cdot \dot{\underline{S}} + \Phi_\theta\ \dot{\theta} = 0 \qquad \text{für neutrale Belastung} \qquad \tag{10.8-8}$$

$$\underline{\Phi}_s \cdot\cdot \dot{\underline{S}} + \Phi_\theta\ \dot{\theta} > 0 \qquad \text{für aktive Belastung}$$

mit Φ_s nach Gl. (10.1-9) und

$$\Phi_\theta := \partial \Phi / \partial \theta \quad . \tag{10.8-9}$$

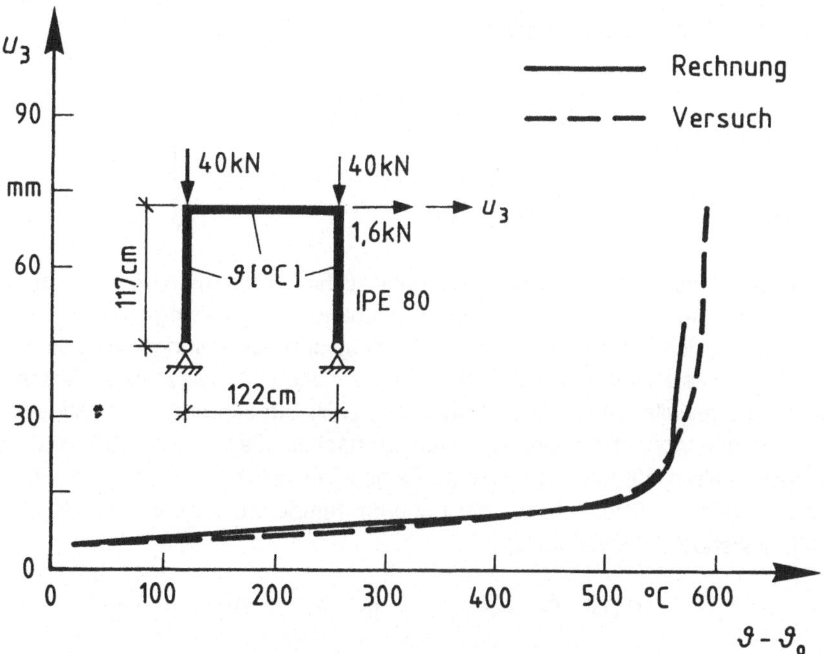

<u>Bild 10.15:</u> *Versagen eines Stahlrahmens unter Brandbelastung, Last-Verformungskurve, Versuch nach RUBERT [1984], Rechnung nach LÄER [1989]*

Für **idealplastischen Werkstoff** muß $\dot{\kappa} = 0$ sein und damit

$$\underline{\Phi}_s \cdot\cdot \dot{\underline{S}} + \Phi_\theta\ \dot{\theta} = 0 \tag{10.8-10}$$

auch für aktive Belastung gelten; es sind aber im Gegensatz zu isothermen plastischen Zustandsänderungen auch Spannungsänderungen mit $\underline{\Phi}_s \cdot\cdot \underline{\dot{S}} > 0$ möglich, sofern diese mit gleichzeitigen Temperaturänderungen $\Phi_\theta\, \dot\theta < 0$ verbunden sind.

Für die **Fließregel** wird weiterhin die **Normalitätsbedingung**, also Gl. (10.1-18), bzw. bei Voraussetzung der MISESschen Fließbedingung Gl. (10.4-10) angenommen. Die Aufgabe besteht wiederum in der Bestimmung des Proportionalitätsfaktors λ. Durch Differenzieren der Fließfunktion Gl. (10.8-6) erhält man mit $\dot\Phi = 0$ und nach Einsetzen von Gl. (10.8-7) und der plastischen Vergleichsdehnung nach Gl. (10.4-13)

$$\underline{S}' \cdot\cdot \underline{\dot{S}} = \kappa\,\dot\kappa = \kappa \left[\frac{\partial\kappa}{\partial\varepsilon_v^p}\,\lambda\,\sqrt{\frac{2}{3}}\,\kappa + \frac{\partial\kappa}{\partial\theta}\,\dot\theta \right] \quad .$$

Diese Gleichung kann nun nach λ aufgelöst werden:

$$\lambda = \sqrt{\frac{2}{3}}\,\frac{1}{\kappa\,(\partial\kappa/\partial\varepsilon_v^p)}\,\left[\frac{\underline{S}' \cdot\cdot \underline{\dot{S}}}{\kappa} - \frac{\partial\kappa}{\partial\theta}\,\dot\theta \right] \quad . \qquad (10.8\text{-}11)$$

Die Funktion $\kappa(\varepsilon_v^p, \theta)$ und ihre Ableitungen werden aus einachsigen Fließkurven bei unterschiedlichen Temperaturen bestimmt (Bild 10.14):

$$\kappa(\varepsilon_v^p, \theta) = \sqrt{\frac{2}{3}}\,R\,(\varepsilon^p, \theta)$$

$$\text{mit} \qquad R\,(0, \theta) = R_F\,(\theta) \quad . \qquad\qquad (10.8\text{-}12)$$

Für die rechnerische Behandlung thermoplastischer Probleme ist es wiederum erforderlich, das experimentell beobachtete temperaturabhängige Spannung-Dehnung-Verhalten durch einerseits möglichst einfache, andererseits möglichst anpassungsfähige Funktionen zu approximieren. Hierzu kann man sich im Prinzip derselben Ansätze wie im Abschnitt 2.4 bedienen und die jeweils verwendeten Parameter, z. B. Streckgrenze, Verfestigungsmodul oder Verfestigungsexponent, temperaturabhängig machen. Das im Bild 10.14 dargestellte Verfestigungsverhalten läßt Potenzfunktionen als geeignet erscheinen, da die bei Raumtemperatur noch ausgeprägte Streckgrenze bei höheren Temperaturen verschwindet. Die von LÄER [1989] verwendete Potenzfunktion

$$R\,(\varepsilon^p, \theta) = R_0\,(\theta) + [R^*\,(\theta) - R_0\,(\theta)]\,(\varepsilon^p/\varepsilon^*)^{k(\theta)} \qquad (10.8\text{-}13)$$

mit R_0 als Proportionalitätsgrenze und R^* als "2 %-Dehngrenze", d. h. $\varepsilon^* = 2\,\%$, hat sich für die Beschreibung des temperaturabhängigen Verfestigungsverhaltens von Baustählen bewährt, wie u. a. die gute Übereinstimmung des rechnerischen mit dem experimentellen Verformung-Temperatur-Verlauf bei den Brandversuchen von RUBERT [1984] belegt, vgl. Bild 10.15; die berechnete Versagenstemperatur beträgt 572 °C.

# 11.	Anwendungsbeispiele

## 11.1	Biegung mit Querkraft

Bei Belastung eines Balkenelements durch Biegemoment M und Querkraft Q sowie ggf. noch durch eine Längskraft N ist der Berechnung ein mehrachsiger Spannungszustand zugrunde zu legen, der selbst dann zu erheblichen Schwierigkeiten führt, wenn nur die Schnittlastenkombinationen für den vollplastischen Endzustand bestimmt werden sollen. Man ist deshalb darauf angewiesen, untere und obere Schranken für die Grenzlast zu ermitteln, wobei für praktische Berechnungen vor allem untere Schranken von Bedeutung sind, weil sie auf der sicheren Seite liegen.

Aus der großen Zahl von theoretischen und experimentellen Untersuchungen werden hier fünf herangezogen, die jeweils besondere Aspekte des Problems hervorheben. In diesen Untersuchungen wird elastisch-idealplastischer Werkstoff und einfache (gerade) Biegung um eine Hauptachse des doppeltsymmetrischen Querschnitts vorausgesetzt. Es werden die Fließbedingungen nach v. MISES und TRESCA benutzt, für einen Vergleich der Lösungen ist es teilweise unproblematisch, jeweils die andere Fließbedingung zu benutzen. Alle Arbeiten haben das Ziel, den vollplastischen Spannungszustand, bei dem im ganzen Querschnitt die Fließbedingung erfüllt ist, wenigstens näherungsweise zu bestimmen, um Interaktionsbeziehungen zwischen Biegemoment und Querkraft und ggf. Längskraft aufstellen zu können. Wie bereits in den Abschnitten 3.3 und 6. bemerkt wurde, ist es für die Bestimmung der Querschnittstragfähigkeit gleichgültig, wie die Schnittlasten am System ermittelt werden (Theorie 1. oder 2. Ordnung) und wie sich der Querschnitt unter Schnittlasten verformt, die nicht die Interaktionsbeziehungen erfüllen.

Anwendungen der Interaktionsbeziehungen werden im folgenden nicht behandelt, sie würden den gesetzten Rahmen des Buches überschreiten. Grundsätzlich bleiben die Aussagen zur erweiterten Fließgelenkhypothese (Gl. (6.4-4)) und zur Berechnung von statisch bestimmten und unbestimmten Systemen nach Theorie 1. oder 2. Ordnung in Abschnitt 6.4 und 6.5 gültig, nur ist jetzt ein anderer, dem Schnittlastenzustand M, N, Q entsprechender Ansatz für die plastischen Verformungsänderungen zu machen. Im Fall der Querkraft ist das ein plastischer "Schubsprung" oder "Querkraftversatz", ein Sprung in den Verschiebungen benachbarter Querschnitte senkrecht zur Stabachse. Als "Fließgelenk" ergibt sich dann ein komplexer Mechanismus, durch den das System einen weiteren Freiheitsgrad erhält. KNOTHE & HERRMANN wenden die Interaktionsbeziehung für M, N, Q nach KLÖPPEL & YAMADÁ [1958] zur Grenzlastberechnung ebener Rahmen nach der Theorie 2. Ordnung an. MAIER [1986] gibt die übliche Vernachlässigung der Schubeinflüsse sowohl bei den Spannungen als auch bei den Verformungen auf und entwickelt eine Theorie des räumlich beanspruchten Stabes unter Berücksichtigung aller Schubeinflüsse. Vergleichsrechnungen von VOGEL & MAIER zeigen, daß Traglasten und Verformungen von Tragwerken nach dieser Theorie erheblich von denen nach der schubstarren Fließgelenktheorie abweichen können.

11.1.1 Untere und obere Schranken für den Rechteckquerschnitt nach DRUCKER

Untere Schranke
DRUCKER [1956] untersucht den Spannungszustand in einseitig eingespannten Balken mit

verschiedener Länge L, die am freien Ende durch eine Einzelkraft F (Bild 11.1) belastet sind. Es wird ein ESZ $\sigma_{xx} = \sigma_x$, $\sigma_{xz} = \sigma_{zx} = \tau$, $\sigma_{zz} = \sigma_z$ mit $\sigma_z = 0$ im ganzen Bereich vorausgesetzt. Für eine untere Schranke sind die **Gleichgewichtsbedingungen** Gl. (10.6-2) und die **Fließbedingung** zu erfüllen. DRUCKER verwendet die Fließbedingung von TRESCA Gl. (10.6-6), wegen $\sigma_I > \sigma_{III} > \sigma_{II}$ oder $\sigma_{II} > \sigma_{III} > \sigma$, mit den Hauptspannungen nach Gl. (9.2-16) gilt die dritte Bedingung.

Aus der zweiten Gleichgewichtsbedingung ergibt sich wegen $\sigma_z = 0$ eine über x konstante Schubspannung $\tau(x,z) = \tau(z)$, und aus der ersten mit der Randbedingung $\sigma_x(L,z) = 0$

$$\sigma_x\,(x,z) \;=\; \frac{d\tau}{dz}\,(L-x) \quad . \tag{11.1-1}$$

Die Forderung, daß die Fließbedingung im ganzen Einspannquerschnitt $x = 0$ zu erfüllen ist, führt auf die Differentialgleichung

$$\left[\frac{d\tau}{dz}\,L \right]^2 + 4\tau^2 \;=\; R_F^2 \quad , \tag{11.1-2}$$

deren Lösung mit den Randbedingungen $\sigma_x(h/2) = -R_F$, $\tau(h/2) = 0$ für $z \geq 0$ und $L/h \geq 2/\pi$

$$\sigma_x\,(0,z) \;=\; -R_F\,\cos\frac{h}{L}\left[1 - \frac{2z}{h}\right] \quad , \quad \tau(z) \;=\; \frac{R_F}{2}\,\sin\frac{h}{L}\left[1 - \frac{2z}{h}\right] \tag{11.1-3}$$

ist. Die Spannungsverteilungen sind für die Verhältnisse $L/h = 4/\pi$, $L/h = 2/\pi$, $L/h = 1/\pi$ in Bild 11.1 skizziert. Im letzten Fall (kurzer Balken) zerfällt die Normalspannungsverteilung $\sigma_x\,(x,z)$ in zwei Bereiche und die Schubspannungen $\tau(z)$ sind im Mittelbereich mit der Ausdehnung $d = h - L\,\pi/2$ über z konstant: $\tau = R_F/2$. Die Plastizierung erfolgt für $L/h > 2/\pi$ nur im Einspannquerschnitt $x = 0$, für $L/h = 2/\pi$ im Einspannquerschnitt und in der Neutralen Faser, für $L/h < 2/\pi$ im Einspannquerschnitt und im Bereich $0 \leq x \leq L$, $-d/2 \leq z \leq d/2$. Für lange Balken nähert sich die Normalspannungsverteilung dem Fall der reinen Biegung, für kurze Balken die Schubspannungsverteilung dem Fall des reinen Schubs.

Für die Schnittlasten $Q(0) = F$, $M(0) = -L\,F$ an der Einspannstelle $x = 0$ erhält man aus den Äquivalenzgleichungen mit der Normierung auf $Q_{pl} = R_F\,bh/2$, $M_{pl} = R_F\,bh^2/4$ und mit $|M(0)| = M$, $|Q(0)| = Q$

$$\frac{Q}{Q_{pl}} = \frac{L}{h}\left[1 - \cos\frac{h}{L}\right] \quad , \quad \frac{M}{M_{pl}} = 2\left[\frac{L}{h}\right]^2\left[1 - \cos\frac{h}{L}\right] \qquad \text{für } \frac{L}{h} \geq \frac{2}{\pi} \quad , \tag{11.1-4}$$

$$\frac{Q}{Q_{pl}} = 1 - (\pi - 2)\,\frac{L}{2h} \quad , \quad \frac{M}{M_{pl}} = \left[1 - (\pi - 2)\,\frac{L}{2h}\right]\frac{2L}{h} \qquad \text{für } \frac{L}{h} \leq \frac{2}{\pi} \quad . \tag{11.1-5}$$

Das Ergebnis ist mit L/h als Parameter in Form einer Interaktionskurve in der Schnittlastenebene Q,M in Bild 11.3 aufgetragen. Diese Interaktionskurve kann aber - im Gegensatz zum Belastungsfall Biegung mit Längskraft, siehe Abschnitte 3.3.4 (Bild 3.17), 3.5 (Bilder 3.27 u. 3.29) und 6.3 (Bild 6.3) - weder als die Fließkurve des Balkenelements dx noch als die des ganzen Balkens angesehen werden. Denn im Fall Biegung und Querkraft ist erstens der Grenzzustand eines Balkenelements nicht nur von den lokalen Querschnittsgrößen abhängig, sondern von der Geometrie und Belastung des ganzen Systems, und zweitens existiert nur **eine unabhängige Schnittgröße**, da immer die Gleichgewichtsbedingung $dM/dx = Q$ oder $M(0) = -LQ(0)$ die Schnittgrößen verknüpft. Die Interaktionskurve in der (Q,M)-Ebene ist also nur die grafische Darstellung der Lösungen verschiedener Randwertprobleme unterschiedlich langer Stäbe, die auf Schnittlasten umgerechnet wurden. Alle Forderungen hinsichtlich Konvexität und Normalität sind durch die Grenzlasttheorie nicht zu begründen (vergl. DRUCKER [1956] und HEYMAN [1970]).

Obere Schranken

Zur Bestimmung oberer Schranken nach dem kinematischen Satz (Abschnitt 10.7.2) benutzt DRUCKER u. a. die in Bild 11.2 skizzierten, kinematisch möglichen Mechanismen. Anstelle des eingespannten Balkens (obere Bilder) untersucht er Balken mit Dreipunktbelastung (untere Bilder), für die die Länge L eindeutig festgelegt werden kann.

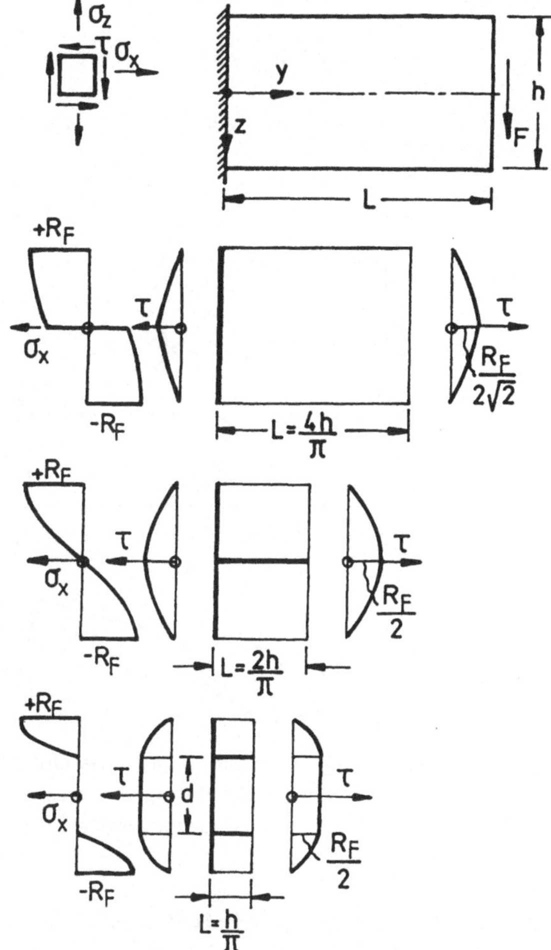

Bild 11.1: Eingespannter Balken mit Einzellast, Spannungsverteilungen an der Einspannung $x = 0$ und an der Krafteinleitung $x = L$

Für **lange Balken** wird der Mechanismus nach Bild 11.2a mit zwei dreieckigen Fließlinienfeldern (vergl. Bild 10.12a) angenommen, in denen der Werkstoff unter einachsiger Zug- oder Druckbeanspruchung fließt, die übrigen Teile des Balkens sind starr. Die Gleichgewichtsbedingung

$$2FL\,\delta\phi - 2\int_0^{h/2} 2R_F z\,\delta\phi\, b\, dz = 2FL\,\delta\phi - 2M_{pl}\,\delta\phi = 0$$

ergibt mit $FL = M$ die Schranke

$$M/M_{pl} = 1 \quad , \tag{11.1-6}$$

die unabhängig von der Querkraft ist, weil dieser Mechanismus auf die Fließgelenk-hypothese führt (vergl. Bild 6.6).

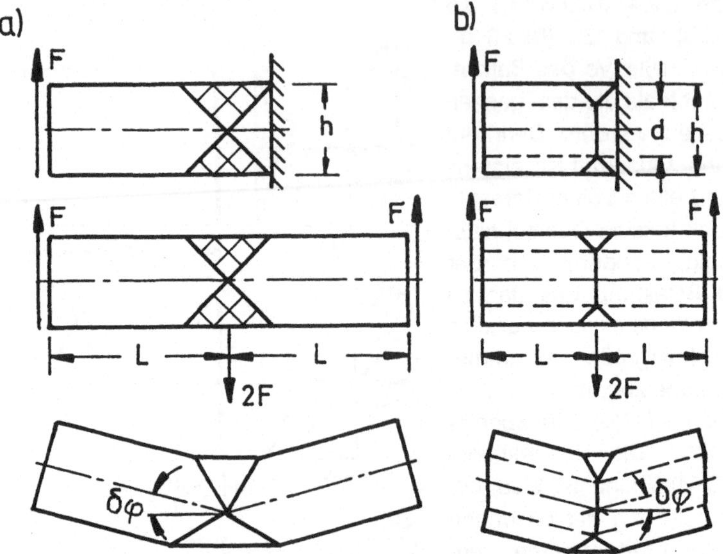

Bild 11.2: *Kollapsmechanismen für den eingespannten Balken und*
für den Balken mit Dreipunktbelastung
a) Langer Balken   b) kurzer Balken

Der Mechanismus für **kurze Balken** besteht aus den Mittelfeldern Ld , die unter $|\tau_{max}| = R_F/2$ nur durch Schub verformt werden, und den beiden dreieckigen Feldern, in denen unter $|\sigma_x| = R_F$ nur Dehnungen in Längsrichtung auftreten. Aus der Gleichgewichtsbedingung

$$2FL\, \delta\phi - 2\tau_{max}\, bLd\, \delta\phi - \tfrac{1}{2} R_F b(h-d)^2\, \delta\phi = 0$$

folgt mit $FL = M$

$$\frac{M}{M_{pl}} = \frac{2Ld}{h^2} + \left[1 - \frac{d}{h} \right]^2 \quad . \tag{11.1-7}$$

Ableiten nach d/h und Nullsetzen liefert $L + d = h$ und damit die kleinste obere Schranke

$$\frac{M}{M_{pl}} = 4\, \frac{Q}{Q_{pl}} \left[1 - \frac{Q}{Q_{pl}} \right] \quad , \tag{11.1-8}$$

die wegen $0 \leqslant d/h \leqslant 1$ nur für kurze Balken mit $L/h \leqslant 1$, d. h. $Q/Q_{pl} \geqslant 0{,}5$ gilt.

Die beiden oberen Schranken Gl. (11.1-6) und (11.1-8) sind in Bild 11.3 zusammen mit den unteren Schranken Gl. (11.1-4) und (11.1-5) eingetragen. Die größten Abweichungen treten für Balken mit Werten von L/h um 1 auf.

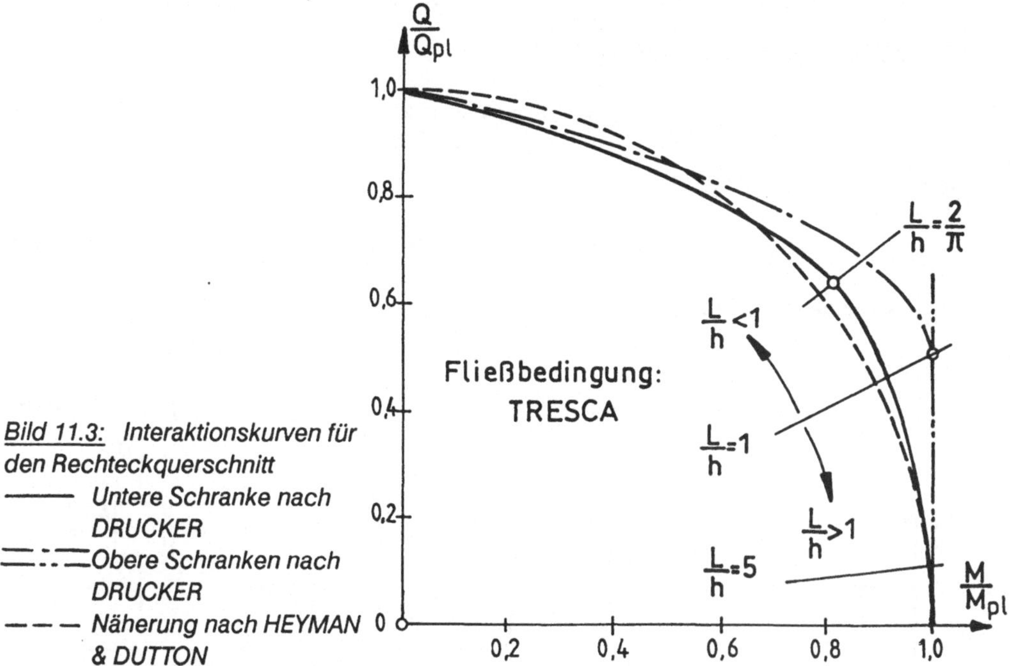

Bild 11.3: Interaktionskurven für den Rechteckquerschnitt
——— Untere Schranke nach DRUCKER
≡··≡Obere Schranken nach DRUCKER
— — — Näherung nach HEYMAN & DUTTON

11.1.2 Untere Schranken für Rechteckquerschnitt und I-Profil im Rahmen der Biegetheorie

PRAGER & HODGE [1954]*, S. 46- 54 und RECKLING [1967]*, S. 223 - 233, gehen von den Ergebnissen der Biegetheorie aus, nach der sich in einem Balken bei Steigerung der Belastung Fließzonen bilden, in denen die Dehnungen unter konstanten Spannungen zunehmen können. Wenn die Gültigkeit der BERNOULLI-Hypothese (siehe Abschnitt 3.1) postuliert wird, wird die Größe der Dehnungen in den Fließzonen durch die Dehnungen im elastischen Restquerschnitt bestimmt (siehe Bilder 3.7, 3.16, 4.1). Die Autoren führen den für die Untersuchung des Querkrafteinflusses wichtigen Beweis, daß auch bei Voraussetzung eines ESZ im Balken mit Einzellasten in den Fließzonen nur ein einachsiger Spannungszustand $|\sigma_x|$ = R_F existiert. Da also die plastizierten Teile eines Querschnitts keine Schubspannungen aufnehmen, muß die Querkraft allein vom elastischen Restquerschnitt getragen werden.

Rechteckquerschnitt
Der Grenz-Schnittlastenzustand wird für den einseitig eingespannten Balken (Breite b, Höhe h) mit Einzelkraft nach Bild 11.4 ermittelt. Es wird ein ESZ in der (x,z)-Ebene mit den Spannungen

$$\sigma_{xx} = \sigma_x(x,z), \quad \sigma_{zz} = \sigma_z(x,z), \quad \sigma_{xz} = \sigma_{zx} = \tau(x,z) \qquad (11.1-9)$$

zugrunde gelegt. Die Spannungen müssen die folgenden Bedingungen erfüllen

- die Gleichgewichtsbedingungen nach Gl. (10.6-2)

$$\sigma_{x,x} + \tau_{,z} = 0 \ , \quad \tau_{,x} + \sigma_{z,z} = 0 \tag{11.1-10}$$

- die Fließbedingung nach v. MISES Gl. (10.6-9)

$$\sigma_x^2 + \sigma_z^2 - \sigma_x \sigma_z + 3\tau^2 \leqq R_F^2 \tag{11.1-11}$$

- die Randbedingungen für alle x

$$\sigma_z (x, \pm h/2) = 0 \ , \quad \tau (x, \pm h/2) = 0 \tag{11.1-12}$$

und speziell an der Übergangsstelle $x = \bar{x}$ mit $\zeta(\bar{x}) = h/2$

$$\sigma_x (\bar{x},z) = -R_F \frac{2z}{h} \ , \quad \sigma_z = 0 \ , \quad \tau (\bar{x},z) = \frac{3Q(\bar{x})}{2bh} \left[1 - \left[\frac{2z}{h} \right]^2 \right] . \tag{11.1-13}$$

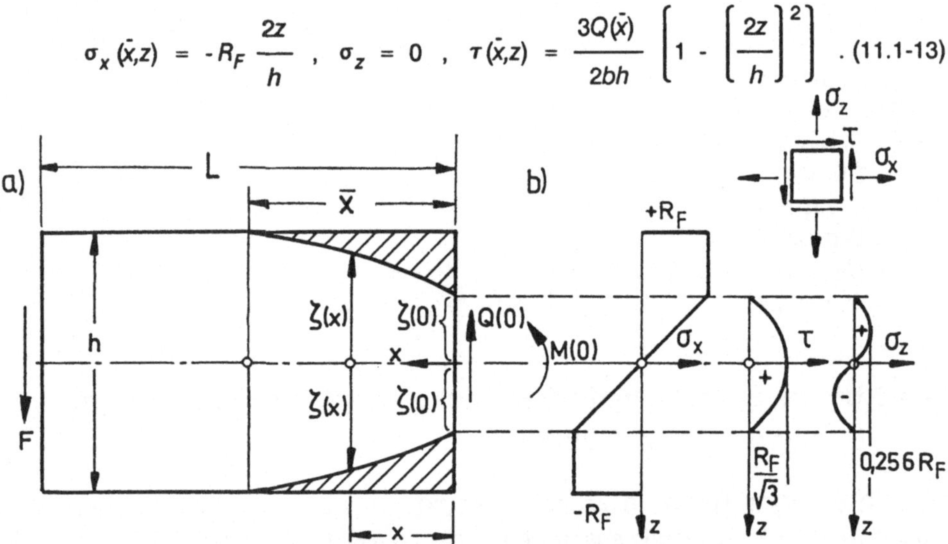

Bild 11.4: *Eingespannter Balken mit Einzellast*
a) Fließzonen im Balken   b) Spannungsverteilungen an der Einspannung x = 0

Die letzte Bedingung, daß die Spannungsverteilungen an der Übergangsstelle die der elastischen Biegetheorie sein sollen, geht über die Anforderungen an eine untere Schranke (siehe Abschnitt 10.7.2) hinaus.

Für die **plastizierten Außenbereiche** $x \leqq \bar{x}$, $|z| \geqq \zeta(x)$ läßt sich zeigen, daß nur ein einachsiger Spannungszustand

$$|\sigma_x| = R_F \ , \quad \sigma_z = 0 \ , \quad \tau = 0$$

die Bedingungen (11.1-10) bis (11.1-12) erfüllt. Für den **elastischen Restquerschnitt** $x \leqq \bar{x}$, $|z| \leqq \zeta(x)$ wird angenommen, daß eine lineare Verteilung der Normalspannungen

$$\sigma_x (x,z) = -R_F \frac{z}{\zeta(x)}$$

wie bei der Biegung ohne Querkraft existiert. Damit wird auch die Form der **Grenzkurve** $\zeta(x)$ festgelegt, die sich aus den Äquivalenzgleichungen ergibt, für den Rechteckquerschnitt gilt nach Gl. (3.2-10)

$$\zeta(x) = \frac{h}{2}(3 - 2m(x))^{1/2} \qquad (11.1\text{-}14)$$

mit $m(x) = |M(x)|/M_{el}$. Die Lage der Grenzkurve in der (x,z)-Ebene kann erst bestimmt werden, wenn die Spannungen an der Einspannstelle $x = 0$ bekannt sind.

Aus der ersten Gl. (11.1-10)

$$\frac{\partial \tau}{\partial z} = R_F z \frac{\partial}{\partial x}\left[\frac{1}{\zeta(x)}\right] = -R_F z \frac{\zeta'(x)}{\zeta^2(x)}$$

kommt mit $\partial\zeta(x)/\partial x = \zeta'(x)$ nach Integration unter Berücksichtigung der Randbedingung $\tau(x,\zeta) = 0$ die parabolische Schubspannungsverteilung

$$\tau(\zeta(x),z) = \frac{R_F}{2}\zeta'(x)\left[1 - \frac{z^2}{\zeta^2(x)}\right] \qquad . \qquad (11.1\text{-}15)$$

Aus der zweiten Gl. (11.1-10) folgt für σ_z

$$\frac{\partial \sigma_z}{\partial z} = \frac{R_F}{2}\left[\zeta''(x)\left[1 - \frac{z^2}{\zeta^2(x)}\right] + 2z^2\frac{\zeta'^2(x)}{\zeta^3(x)}\right]$$

nach Integration unter Berücksichtigung von $\sigma_z(x,\zeta) = 0$

$$\sigma_z(\zeta(x),z) = \frac{R_F}{3}\left[\frac{1}{2}\zeta''(x)\left[3z - \frac{z^3}{\zeta^2(x)}\right] + \zeta'^2(x)\left[\frac{z^3}{\zeta^3(x)} - 1\right] - \zeta(x)\,\zeta''(x)\right]. \quad (11.1\text{-}16)$$

Aus Gl. (11.1-14) folgt für die Ableitungen $\zeta'(x)$, $\zeta''(x)$

$$\zeta'(x)\,\zeta(x) = -\frac{h^2}{4}\frac{Q(x)}{M_{el}}$$

$$\zeta'^2(x) + \zeta''(x)\,\zeta(x) = \frac{h^2}{4}\frac{q(x)}{M_{el}} = 0$$

und damit $\sigma_z(\zeta(x),0) = 0$. An der **Einspannstelle** $x = 0$ ist die Fließbedingung (11.1-11) erfüllt in den Bereichen $|z| \geq \zeta(0) = \zeta_o$, jetzt wird zusätzlich gefordert, daß sie auch an der Stelle $z = 0$ mit den größten Schubspannungen erfüllt werden soll. Mit $\sigma_x(0,0) = 0$, $\sigma_z(0,0) = 0$ und $\tau(0,0) = R_F\,\zeta'(0)/2$ lautet Gl. (11.1-11)

$$3\tau^2 = 3R_F^2\,\zeta'^2(0)/2 = R_F^2$$

und ergibt

$$\tau(0,0) = \tau_{max} = R_F/\sqrt{3}, \quad \zeta'(0) = 2/\sqrt{3}, \quad \zeta''(0) = -4/(3\zeta_o) \quad .$$

Damit können die Spannungsverteilungen an der Einspannstelle bestimmt werden (siehe Bild 8.4)

$$\sigma_x(0,z) = -R_F\frac{z}{\zeta_o}, \quad \sigma_z(0,z) = -\frac{2R_F z}{3\zeta_o}\left[1 - \left[\frac{z}{\zeta_o}\right]^2\right], \quad \tau(0,z) = \frac{R_F}{\sqrt{3}}\left[1 - \left[\frac{z}{\zeta_o}\right]^2\right].$$

Die Schnittlasten an der Einspannstelle erhält man aus den Äquivalenzgleichungen zu

$$M(0) = -\frac{R_F\, bh^2}{4}\left[1 - \frac{4\zeta_o^2}{3h^2}\right], \quad Q(0) = \frac{4}{3\sqrt{3}}\, R_F\, b\zeta_o$$

und aus den Gleichgewichtsbedingungen am Balken die Grenzbelastung F_G

$$M(0) = -L\, F_G, \quad Q(0) = F_G \quad.$$

Mit $M(x) = M(0)(1 - x/L)$ können die Grenzkurve $\zeta(x)$ und die Spannungsverteilungen in den elastischen Restquerschnitten berechnet werden, an der Einspannstelle ist

$$\zeta_o = \frac{2L}{\sqrt{3}}\left[\sqrt{1 + \left[\frac{3h}{4L}\right]^2} - 1\right] \quad. \tag{11.1-17}$$

Nach Normierung auf $M_{pl} = R_F\, bh^2/4$, $Q_{pl} = R_F\, bh/\sqrt{3}$ kommt aus $M(0) = -L Q(0)$ mit $|M(0)| = M$, $|Q(0)| = Q$ die Interaktionsbeziehung für den Querschnitt an der Einspannstelle

$$\frac{M}{M_{pl}} = 1 - \frac{3}{4}\left[\frac{Q}{Q_{pl}}\right]^2 \quad \text{für} \quad \frac{Q}{Q_{pl}} \leq \frac{2}{3} \quad. \tag{11.1-18}$$

Die Gültigkeitsgrenze ergibt sich für den Fall, daß die parabolische Schubspannungsverteilung sich über die ganze Querschnittshöhe erstreckt. Die Interaktionsbeziehung ist in Bild 11.5 eingetragen, von der Gültigkeitsgrenze $Q/Q_{pl} = 2/3$ bis zum Punkt $Q/Q_{pl} = 1$ ergänzt durch eine lineare Funktion. Zum Vergleich sind auch die Interaktionskurven eingetragen, die sich aus den Berechnungen der folgenden Abschnitte ergeben. Die Schranke von RECKLING liegt deutlich unter diesen Kurven, nur für lange Balken mit etwa $L/h > 4$ ist kein Unterschied zwischen den Kurven zu erkennen.

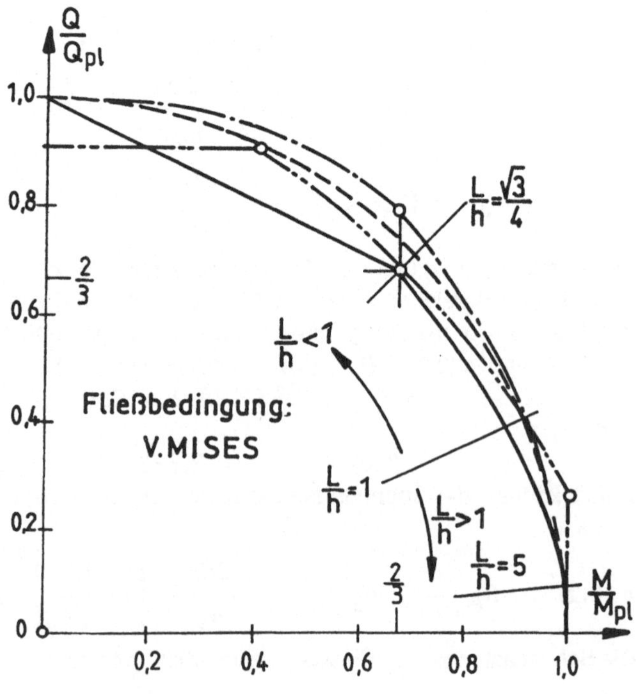

Bild 11.5: Interaktionskurven für den Rechteckquerschnitt
——— Untere Schranke nach RECKLING
— ‑ —Näherung nach KLÖPPEL & YAMADA
— — — Näherung nach HEYMAN & DUTTON
—‑‑‑—Näherung nach DIN(E) 18800 für alle I-Querschnitte (z-Achse)

Abschließend muß geprüft werden, ob die für die Einspannstelle gefundenen Spannungsverteilungen die Fließbedingung (11.1-11) für $|z| \leqslant \zeta_o$ einhalten. Wenn die Vergleichsspannung nach v. MISES Gl. (10.6-10) berechnet wird, ergibt sich für alle z

$$0{,}960 \leqslant \sigma_v M / R_F \leqslant 1{,}006.$$

Die Lösung ist also streng genommen nicht statisch zulässig, da die Fließbedingung mit einem Überschreitungsfaktor 1,006 verletzt wird. Dieses könnte zwar durch Division durch den Überschreitungsfaktor oder den Ansatz von Potenzreihen für die Spannungsverteilungen korrigiert werden (RECKLING [1971]), aber angesichts der geringen Überschreitung ist jeder weitere Berechnungsaufwand überflüssig.

I-Profil, einfache Biegung um die y-Achse

Es wird vorausgesetzt, daß die Querkraft nur vom Steg des Profils aufgenommen wird, im Steg und in den Gurten treten nur Schubspannungen parallel zu den langen Seiten auf, die über die Breite der Querschnittsteile konstant sind. Die maximal übertragbare Querkraft ist bei diesem Modell erreicht, wenn der Steg unter reinem Schub fließt, $Q_{pl} = A_S R_F / \sqrt{3}$ mit der Stegfläche A_S. Die begrenzte Aussagefähigkeit dieses Modells wird deutlich, wenn man bedenkt, daß die durch reinen Schub im gesamten Querschnitt A übertragbaren Kräfte um ein Vielfaches größer sind. Untersuchungen über die Interaktion zwischen M und Q für große Querkräfte im Bereich $Q_{pl} \leqslant Q \leqslant A\,R_F / \sqrt{3}$ findet man bei NEAL [1961] und HEYMAN [1970].

Bei der Übertragung der für den Rechteckquerschnitt erhaltenen Ergebnisse auf das I-Profil sind in Abhängigkeit von der Größe der Querkraft oder der Balkenlänge L drei Fälle zu unterscheiden:

a. Lange Balken: Schubspannungen nur im Steg
b. Kurze Balken: Schubspannungen im Steg und in den Gurten
c. Sehr kurze Balken: Volle Plastizierung des Steges durch Schubspannungen.

a. Lange Balken

In diesem Fall können die Ergebnisse unmittelbar übertragen werden (Bild 11.6a): Im Bereich $|z| \leqslant \zeta_o$ des Steges ergeben sich die Spannungsverläufe $\sigma_x\,(0,z)$, $\sigma_z\,(0,z)$, $\tau\,(0,z)$ wie im Rechteckquerschnitt, außerhalb herrscht ein einachsiger Spannungszustand $|\sigma_x| = R_F$. Mit den Bezeichnungen M_S bzw. M_G für die Beträge der Biegemomente aus den Normalspannungen R_F im Steg bzw. in den Gurten ergibt sich mit Gl. (11.1-18) die Interionsbeziehung

$$\frac{M}{M_{pl}} = \frac{M_G}{M_{pl}} + \frac{M_S}{M_{pl}} \left[1 - \frac{3}{4} \left[\frac{Q}{Q_{pl}} \right]^2 \right] \quad , \tag{11.1-19}$$

die gilt, bis die Schubspannungen für $Q/Q_{pl} = 2/3$ gerade die Grenze zwischen Steg und Gurten erreichen.

b. Kurze Balken

Für Querkräfte im Bereich $2/3 \leqslant Q/Q_{pl} < 1$ folgt aus den Gleichgewichtsbedingungen für den Steg, daß Schubspannungen in den Gurten auftreten müssen. Aus der Annahme, daß die Schubspannungen τ_G in den Gurten linear verlaufen (Bild 11.6b), ergibt sich zunächst, daß in den Gurten ein ESZ σ_{Gx}, τ_G mit $\sigma_{Gy} = 0$ herrscht. Für den Steg wird wieder eine lineare Normalspannungsverteilung $\sigma_{Sx}\,(0,z)$ vorausgesetzt, die eine parabolische Schubspannungsverteilung τ_S (0,z) zur Folge hat. Aus der Forderung, daß die Fließbedingung im Steg an der Einspannung an der Stelle $z = \underline{0}$ mit der größten Schubspannung erfüllt sein soll, kommt wieder τ_S (0,0) = τ_{max} = $R_F/\sqrt{3}$. Damit und mit der weiteren Forderung, daß die Fließbedingung an den Übergangsstellen zwischen Steg und Gurten und in den Gurten ebenfalls erfüllt werden soll, lassen sich die Spannungsverteilungen im Steg σ_{Sx} (0,z), τ_S (0,z) und näherungsweise in den Gurten σ_{Gx} (0,y), τ_G (0,y) bestimmen. Sie sind qualitativ für ein Profil IPB-100 mit Q/Q_{pl} = 0,9 in Bild 10.6b dargestellt. Es ist bemerkenswert, daß die Spannungen σ_{Sz} (0,z) im Steg so klein werden, daß sie vernachlässigt werden können. Insgesamt führt die Bestimmung des Spannungszustandes zu aufwendigen Formeln, die im Buch von RECKLING [1967], S. 234 - 240 zu finden sind. Tatsächlich hat die nicht-konstante Normalspannungsverteilung σ_{Gx} (0,y) in den Gurten nur geringe Auswirkungen, die Abminderung des Biegemoments M_G liegt z. B. für das Profil IPB-100 bei etwa 1 %.

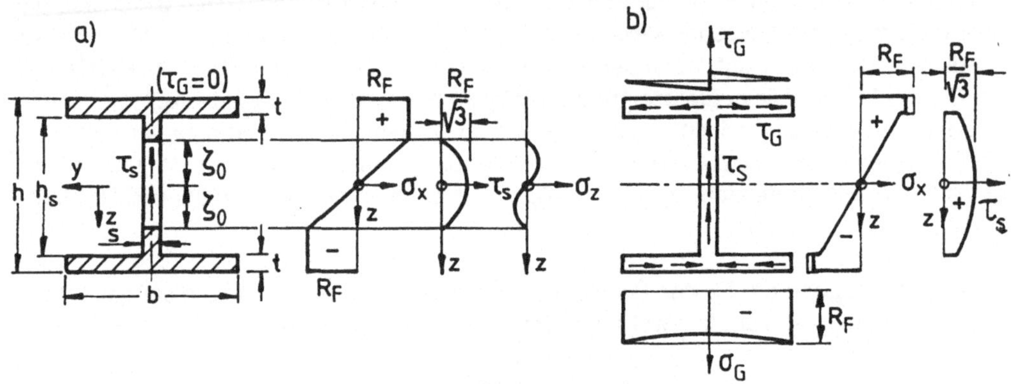

Bild 11.6: Spannungsverteilungen im I-Profil
a) Langer Balken   b) Kurzer Balken

<u>c. Sehr kurzer Balken</u>
Dieser Fall mit Q/Q_{pl} = 1 ist die obere Grenze des Falles b und damit die Grenze für die Anwendbarkeit dieses Modells: Im Steg treten keine Normalspannungen σ_{Sx} auf, sondern nur Schubspannungen τ_S = τ_{max} = $R_F/\sqrt{3}$, die Fließbedingung wird im ganzen Querschnitt erfüllt. Eine einfache Näherungsrechnung zeigt, daß auch in diesem Fall nur eine geringfügige Abminderung des maximalen Gurt-Biegemoments M_G durch die Schubspannungen eintritt, sie beträgt für das Profil IPB-100 M_{pl} = 0,97 M_G , so daß die Rechnung mit einer konstanten Normalspannungsverteilung in den Gurten $|\sigma_{Gx}|$ = R_F wieder eine gute Näherung ist. Aus der Gleichgewichtsbedingung $|M(0)|$ = $L\, Q(0)$ läßt sich die kleinste Länge L des eingespannten Balkens berechnen, für die die vorstehenden Überlegungen gelten. Für das Profil IPB-100 ergibt sich $L/h \approx M_G/Q_{pl}$ = $(h - t)\, bt\, \sqrt{3}/((h - t)s)$ = 2,9 , also in der Tat ein sehr kurzer Balken.

11.1.3 Näherungslösungen für I-Profile

Schon vor DRUCKER haben HEYMAN & DUTTON eine empirisch begründete Näherungslösung für den Balken mit doppeltsymmetrischem I-Profil angegeben, die sich wegen ihrer einfachen Handhabung und wegen der guten Übereinstimmung mit den Ergebnissen experimenteller Untersuchungen und genauerer Theorien für praktische Berechnungen durchgesetzt hat. Es wird angenommen, daß die Schubspannungen nur vom Steg des Profils aufgenommen werden und über die Steghöhe konstant sind. Normalspannungen σ_z treten nicht auf, so daß im Zug- und Druckbereich des Steges die Normalspannungen σ_x ebenfalls konstant sind mit $|\sigma_x| < R_F$. In den Gurten wirken nur konstante Normalspannungen $|\sigma_x|$ $= R_F$. Die Spannungsverteilungen sind für $N = 0$ und $N \neq 0$ in Bild 11.7 dargestellt, man erkennt, daß sie am Übergang Steg-Gurt die Gleichgewichtsbedingungen nicht erfüllen. Für den Fall $N = 0$ ist für die Schnittlasten unmittelbar abzulesen

$$M = M_G + M_S = R_F\, bth' + \sigma_x\, (h' - t)^2\, s/4$$
$$Q = \tau\,(h' - t)\, s \ .$$

Aus der Fließbedingung von MISES Gl. (10.6-9) ergibt sich mit den Bezugsgrößen

$$M_{pl} = M_G + M_S = R_F\, (bth' + (h' - t)^2\, s/4)$$
$$Q_{pl} = R_F\,(h' - t)\, s/\sqrt{3}$$

für die konstanten Normalspannungen

$$\sigma_x = \pm R_F \sqrt{1 - 3\,\frac{\tau^2}{R_F^2}} = \pm R_F \sqrt{1 - \left[\frac{Q}{Q_{pl}}\right]^2} = \pm R_F\, \eta \qquad (11.1\text{-}20)$$

die Interaktionsbeziehung

$$\frac{M}{M_{pl}} = \frac{M_G}{M_{pl}} + \frac{M_S}{M_{pl}} \sqrt{1 - \left[\frac{Q}{Q_{pl}}\right]^2} = \frac{M_G}{M_{pl}} + \eta\, \frac{M_S}{M_{pl}} \ , \qquad (11.1\text{-}21)$$

die für den ganzen Bereich $0 \leqslant Q \leqslant Q_{pl}$ gilt. Sie ist für den Rechteckquerschnitt, d. h. $M_G = 0$, in den Bildern 11.3 und 11.5 dargestellt, die Abweichungen von den anderen Kurven sind zum Teil erheblich. Wesentlich günstiger fällt der Vergleich für I-Profile aus, z. B. zeigt Bild 11.9, daß die Kurven für ein Profil IPB-100 sehr gut übereinstimmen.

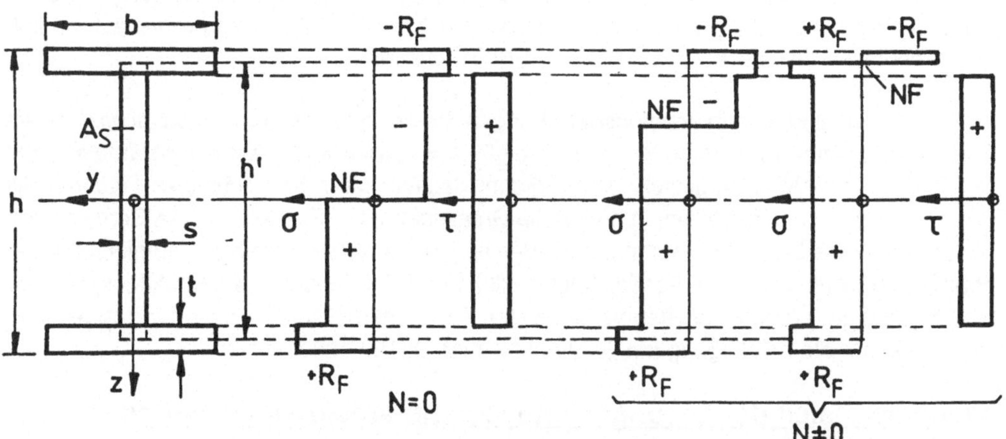

Bild 11.7: Spannungsverteilungen im I-Profil nach HEYMAN & DUTTON

Die Abminderung der Normalspannungen im Steg nach Gl. (11.1-20) auf der gesamten Stegfläche A_S ist gleichwertig mit Normalspannungen $|\sigma_x| = R_F$ auf einer reduzierten Stegfläche $A_r = \eta\, A_S$. Nach einem Vorschlag von RUBIN [1978] kann also die Querkraftwirkung einfach durch Einführung eines **reduzierten Querschnitts** berücksichtigt werden, bei dem die

Stegdicke oder allgemeiner die Dicke der querkraftparallelen Querschnittsteile so vermindert wird, daß für die konstanten Normalspannungen gerade $|\sigma_x|$ = R_F gilt. Damit herrscht im reduzierten Querschnitt ein vollplastischer Normalspannungszustand, für den die in Abschnitt 3.5.2 abgeleiteten Interaktionsbeziehungen für den Belastungsfall **Biegung mit Längskraft** mit den verschiedenen, dort erläuterten Näherungen übernommen werden können, wenn die reduzierten Bezugsgrößen $N_{pl,r}$ und $M_{pl,r}$ berücksichtigt werden. Das gilt auch für die Biegung doppeltsymmetrischer Profile um die z-Achse und die Biegung einfachsymmetrischer I- und T-Profile um die y-Achse.

Eine andere Näherungslösung für den Belastungsfall **Biegung mit Längskraft** für Rechteckquerschnitt und I-Profile haben KLÖPPEL & YAMADÁ [1958] angegeben. Sie setzen - entsprechend dem Vorgehen in Abschnitt 3.3.1- verschiedene Spannungszustände mit konstanten und linear verteilten Normalspannungen σ_x voraus, und Schubspannungen τ, die nur im Bereich der linear verteilten Normalspannungen wirken und bei I-Profilen nur vom Steg aufgenommen werden. Aus der Fließbedingung nach v. MISES ergibt sich eine elliptische Verteilung der Schubspannungen, wodurch die Gleichgewichtsbedingungen in diesem Bereich verletzt werden. Im Vergleich zur Lösung von RECKLING für den Rechteckquerschnitt ergibt sich dadurch für dasselbe Biegemoment eine um 18 % höhere Querkraft (siehe Bild 11.5). Für das I-Profil sind je nach Lage der Grenzspannungen R_{Fd}, R_{Fz} der linearen Normalspannungsverteilung (eine oder beide Grenzen im Steg oder in den Gurten oder außerhalb des Querschnitts) sechs Spannungszustände I bis VI möglich, in denen noch bis zu drei verschiedenen Lagen der Neutralen Faser zu berücksichtigen sind. Der einfachste Spannungszustand I (R_{Fd}, R_{Fz} im Steg) entspricht für N = 0 dem Spannungszustand in Bild 11.6a, jedoch mit elliptischer Schubspannungsverteilung und ohne Normalspannungen in z-Richtung. Die Berechnung der Schnittlasten mit den Äquivalenzgleichungen führt zu umfangreichen Formeln, in denen neben den Parametern $\eta_1 = -z_N/h$, $\eta_2 = \frac{1}{2}(\zeta_u - \zeta_o)/h$ (mit den Bezeichnungen nach Bild 3.3) der Spannungsverteilungen die Querschnittsparameter $\alpha = t/h$, $\beta = s/b$ eingehen. Da die Eliminierung der Parameter η_1, η_2 nur im einfachsten Fall möglich ist, haben HERRMANN & LUTHER [1982] die Interaktionsbedingungen numerisch für die Verwendung in Berechnungsprogrammen für Rahmentragwerke aufbereitet, angewendet werden sie von KNOTHE & HERRMANN [1982].

In Bild 11.8a sind die Interaktionsbeziehungen in Form eines **Interaktionspolyeders** im Schnittgrößenraum für mittlere Werte α = 0,05, β = 0,10 der Querschnittsparameter nach KLÖPPEL & YAMADÁ dargestellt. Man erkennt deutlich die relativ schmalen Flächen, die Spannungszustände darstellen, in denen die Grenzspannung R_F des linearen Bereichs von σ_x und/oder die Neutrale Faser in den Gurten liegen. Es ist offensichtlich, daß hier Vereinfachungen möglich sind. Zum Vergleich ist in Bild 11.8b der linearisierte Interaktionspolyeder wiedergegeben, der sich aus den vereinfachten Tragsicherheitsnachweisen für doppeltsymmetrische I-Profile bei Biegung um die y-Achse nach DIN(E) 18800 ergibt.

11.1.4 Vergleich der Lösungen und experimentelle Überprüfung

Da die Interaktionskurven, wie bereits erläutert, für Balken mit unterschiedlichen Längen L gelten, ist es zweckmäßig, das vom Querschnitt aufnehmbare Biegemoment in Abhängigkeit vom Verhältnis L/h darzustellen. Bild 11.9 zeigt die nach den vorgestellten Arbeiten berechneten Kurven[1] für ein Profil IPB-100. Alle Kurven liegen bis etwa L/h = 4 dicht beieinander,

---

[1]   Die Kurve von KLÖPPEL & YAMADÁ wurde nach KNOTHE & HERRMANN [1982] gezeichnet.

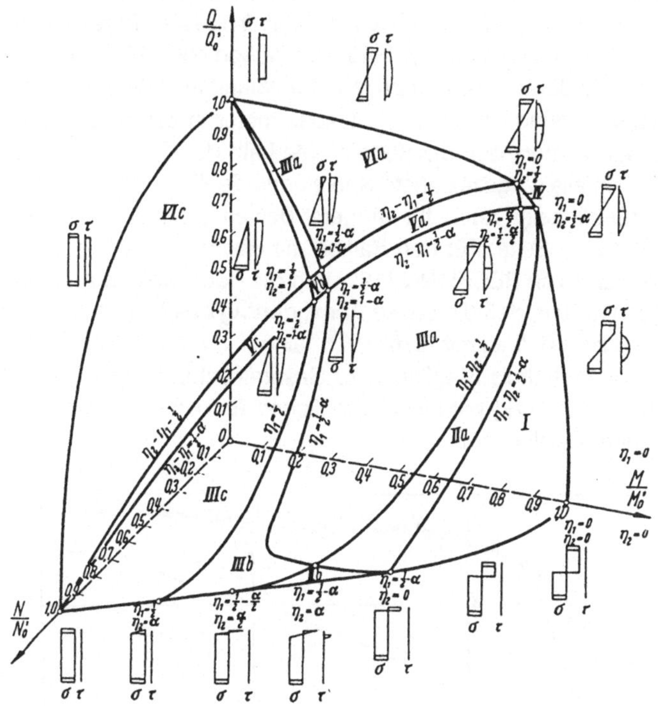

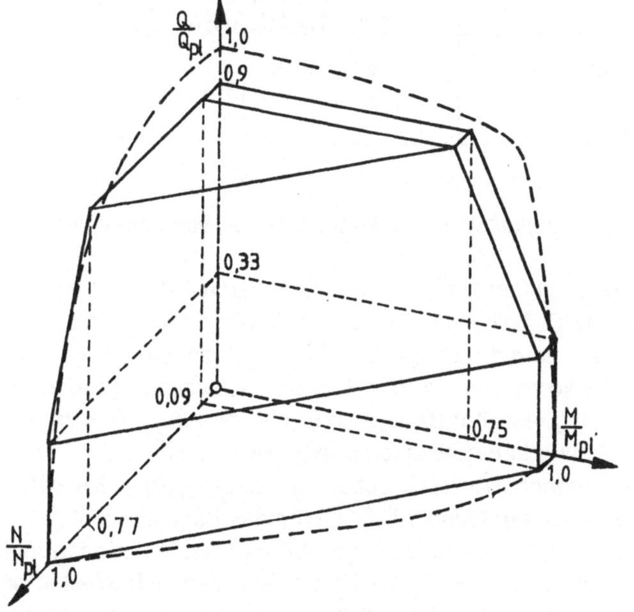

Bild 11.8: *Interaktionspolyeder im Schnittlastenraum*
a) nach KLÖPPEL & YAMADÁ [1958] (mit Genehmigung des Verlages)
b) Näherung nach DIN(E) 18800

die Abminderung des Biegemoments beträgt für $L/h = 4$ im Mittel weniger als 5 %. Zwischen $L/h = 3$ und $L/h = 4$ fallen alle Kurven steil ab, es tritt also in diesem Bereich eine starke Abminderung des Biegemoments ein, die für $L/h = 3$ i. M. schon etwa 20 % beträgt. Die Gültigkeitsgrenzen der Kurven sind durch Kreuze markiert, ihre Variation ist überwiegend durch die unterschiedliche Berücksichtigung der Querschnittsparameter in den verschiedenen Arbeiten bedingt. Es wird angenommen, daß die Kurven unterhalb der Gültigkeitsgrenzen linear gegen Null laufen. Die ebenfalls eingezeichnete Kurve nach der linearisierten Interaktionsbeziehung nach DIN(E) 18800 zeigt auch für längere Balken erhebliche Abminderungen, sie liegt weit auf der sicheren Seite. Für den Balken mit Rechteckquerschnitt ergibt eine entsprechende Untersuchung von RECKLING [1975], in die noch weitere Arbeiten mit anderen Lösungen einbezogen wurden, daß die starke Abminderung des Biegemoments bei diesem Querschnitt für noch kürzere Balken mit $L/h < 1,5$ eintritt. Grundsätzlich ist bei unterschiedlichen Querschnitten das Verhältnis Stegfläche zu Gesamtfläche maßgebend für die kritische Länge, bei deren Unterschreitung mit einer erheblichen Abminderung des aufnehmbaren Biegemoments gerechnet werden muß.

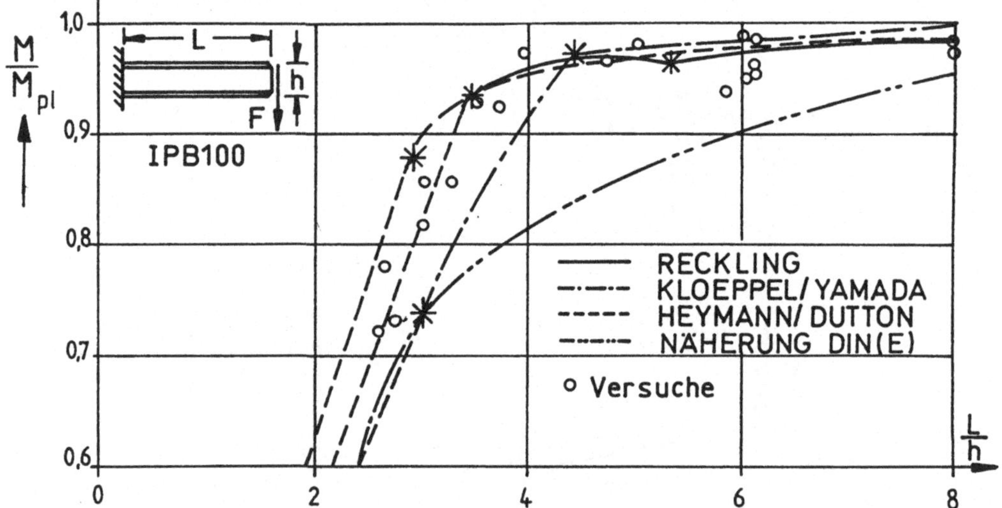

Bild 11.9: *Interaktionskurven in Abhängigkeit von L/h im Vergleich zu Versuchen, IPB 100*

Bei der Übertragung dieser Ergebnisse auf andere Systeme mit anderen Belastungen ist zu beachten, daß das Verhältnis $L_Q = M/Q$ beibehalten wird, d. h. in Bild 11.9 ist für L dann nicht die tatsächliche Systemlänge, sondern die Länge L_Q eines äquivalenten einseitig eingespannten Balkens einzusetzen. So kommt man z. B. für einen beidseitig eingespannten Balken der Länge L unter gleichmäßig verteilter Belastung q mit $M = M_F$, $Q = q_{pl} L/2$ und $q_{pl} = 16 M_F /L^2$ nach Umrechnung in Einzelkräfte näherungsweise auf $L_Q = M/Q = L/8$. Das bedeutet, daß bei einem angenommenen kritischen Verhältnis $L_Q/h = 3,5$ schon für relativ schlanke Balken mit $L/h < 28$ der Querkrafteinfluß auf das Biegemoment zu berücksichtigen ist. VOGEL & MAIER [1987] geben nach der genaueren Theorie des schubweichen Stabes für diesen Balken an, daß für $L/h = 25$ der Unterschied in den Traglasten bei schubweicher und schubstarrer Berechnung 5 % beträgt, für kürzere Balken aber schnell größer wird.

Zusätzlich zu den berechneten Kurven sind in Bild 11.9 die Ergebnisse von Traglastversuchen eingetragen, über die BURTH, IMMENKÖTTER & RECKLING [1980] berichten. Sie stimmen gut mit den drei oberen Kurven überein und zeigen ebenfalls die starke Abminderung unterhalb von $L/h = 4$. Obwohl bei diesen Versuchen die Sekundäreinflüsse sorgfältig erfaßt wurden, sind die Streuungen doch so groß, daß sie keine Aussage darüber zulassen, welche der berechneten Kurven zu bevorzugen ist. Es kommt hinzu, daß neben der experimentellen Verifizierbarkeit für die praktische Berechnung Einfachheit, Übersichtlichkeit und Kürze des Verfahrens eine entscheidende Rolle spielen.

11.2 Plastische Zustände an Spannungskonzentratoren

Schroffe Querschnittsänderungen in einem Bauteil, Ecken und Absätze, Kerben, Nuten und Löcher, aber auch Formschluß- (Nieten, Gewinde) und Schweißverbindungen führen zu lokalen Spannungskonzentrationen, die unter dem Oberbegriff "Kerbwirkung" zusammengefaßt werden. Das Verhältnis der tatsächlichen größten Hauptspannung zu der nach einfachen Theorien, die von gleichmäßigen Spannungsverteilungen ausgehen, ermittelten "Nennspannung" ist als "Kerbfaktor" oder "Formzahl" bei der Festigkeitsberechnung als beanspruchungserhöhender Faktor zu berücksichtigen (Abschnitt 1.2). Spannungszustände an Kerben sind immer durch hohe "Mehrachsigkeiten", d. h. durch hohe hydrostatische Spannungsanteile, gekennzeichnet. Plastisches Fließen kann dadurch soweit reduziert werden, daß es vor Erreichen des für die Anwendung des Grenzlastkonzeptes notwendigen Spannungsausgleichs zu normalspannungsinduziertem Bruch kommen kann. Ohne in Einzelheiten der hiermit verbundenen Problemstellungen, die in die Gebiete der Kerbspannungslehre und Bruchmechanik fallen, eingehen zu können, sollen exemplarisch einige grundlegende Phänomene plastischer Zustände an Spannungskonzentratoren behandelt werden.

11.2.1 Spannungsverteilung an einer Kerbe

Spannungszustände an Kerben bei Plastizierung sind grundsätzlich verschieden von den bekannten Verteilungen bei elastischem Stoffverhalten, da die Fließbedingung ein ungehindertes Anwachsen von Spannungen beschränkt. Die Bilder 11.10a,b,c zeigen schematisch den Verlauf der drei Hauptspannungen an einer Kerbe unter Zugbelastung σ^{∞} in x_2-Richtung für die Fälle
a) rein elastisches Verhalten und EVZ $(\varepsilon_{III} = 0)$,
b) elastisch-idealplastisches Verhalten und ESZ $(\sigma_{III} = 0)$,
c) elastisch-idealplastisches Verhalten und EVZ $(\varepsilon_{III} = 0)$.
Als Randbedingung im Kerbgrund hat man in allen Fällen $\sigma_I \to 0$ für $x_1 \to 0$.

Im rein elastischen Fall hat die größte Hauptspannung, hier σ_{II} , ihr Maximum im Kerbgrund $x_1 = 0$. Im ESZ ist $\sigma_{III} = 0$, und im EVZ (Bild 11.10a) folgt aus dem HOOKE- schen Gesetz $\sigma_{III} = \nu \, (\sigma_I + \sigma_{II})$. Der Kerbgrund schnürt sich in x_1-Richtung mit $\varepsilon_I^e = \nu/(1 - \nu) \, \varepsilon_{II}^e \simeq -\tfrac{1}{2}\varepsilon_{II}^e$ $(x_1 \to 0)$ ein. Das Anwachsen von σ_{II} endet mit dem Erreichen der Fließgrenze im Kerbgrund. Im Falle des ESZ folgt aus der TRESCAschen Fließbedingung einfach $\sigma_{II} = R_F$ in der plastischen Zone x_p . Beim EVZ gilt dagegen $\sigma_{II} - \sigma_I = R_F$ und $\sigma_{III} = \tfrac{1}{2}(\sigma_I + \sigma_{II})$ nach Gl. (10.6-17). Da σ_I in kleiner Entfernung vom Kerbgrund ansteigt, steigt auch σ_{II} und überschreitet - trotz idealplastischen Werkstoffs - die einachsige Fließgrenze. Das Hauptspannungsmaximum liegt also nicht mehr bei $x_1 = 0$, sondern in einiger Entfernung vom Kerbgrund; seine Lage und Größe hängen vom Kerbradius ab. Die plastische Einschnürung am Kerbgrund ist $\varepsilon_I^p = - \varepsilon_{II}^p$ $(x_1 \to 0)$.

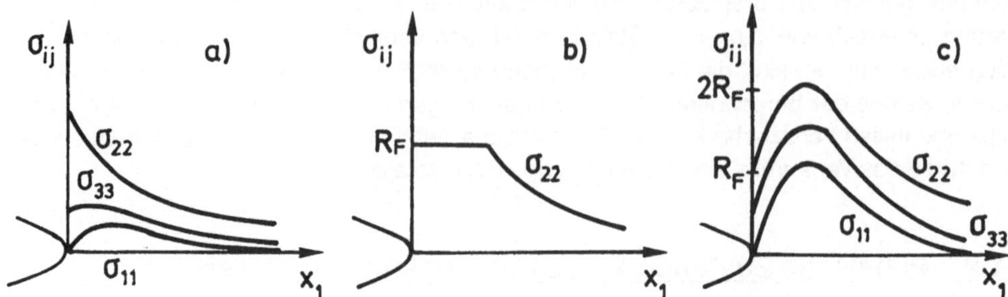

Bild 11.10: *Verlauf der Hauptspannungen an einer Kerbe*
a) elastischer Werkstoff, EVZ
b) elastisch-plastischer Werkstoff, ESZ
c) elastisch-plastischer Werkstoff, EVZ

Während bei elastischem Material eine Vielzahl analytischer Lösungen des ebenen Randwertproblems an Kerben gefunden wurden (NEUBER [1985]*), ist das entsprechende Problem bei plastischem Werkstoff i. a. nicht mehr analytisch, sondern nur noch mit numerischen Verfahren, etwa der Methode der finiten Elemente (FE), zu behandeln. Als Beispiel wird der so ermittelte Spannungslauf im Kerbgrund einer **gekerbten Biegeprobe** (ISO-V-Probe, Bild 11.11a) bei Belastungen unterhalb bzw. oberhalb der plastischen Grenzlast in den Bildern 11.11b,c dargestellt. Die Ergebnisse der numerischen Rechnung bestätigen die vorausgegangenen qualitativen Überlegungen.

Bei verfestigendem Werkstoff und großen plastischen Dehnungen kann durch weitere Spannungsumlagerung im Kerbquerschnitt oberhalb von F_{pl} die Lage des Spannungsmaximums drastisch verschoben werden. Ein Beispiel hierfür ist die **gekerbte Rundzugprobe** (Bild 11.12), für die BRIDGMAN [1952]* eine einfache analytische Lösung unter Annahme einer homogenen Verteilung der plastischen Verzerrungen

$$\varepsilon_v^p = 2 \ln (d_o/d) \tag{11.2-1}$$

aufgestellt hat:

$$\sigma_{zz}(r) = R(\varepsilon_v^p) \left[1 + \ln \left[\frac{\tfrac{1}{4}d^2 + ad - r^2}{ad} \right] \right] \tag{}$$

$$\left. \begin{matrix} \sigma_{rr}(r) \\[2mm] \sigma_{\psi\psi}(r) \end{matrix} \right\} = R(\varepsilon_v^p) \ln \left[\frac{\tfrac{1}{4}d^2 + ad - r^2}{ad} \right] \tag{11.2-2}$$

$d\,(t)$ bezeichnet den momentanen Probendurchmesser im engsten Querschnitt und $d_o = d\,(t_o)$ den Anfangsdurchmesser; a ist der Kerbradius. Die Zugspannung σ_{zz} hat ihr Maximum nach dieser Gleichung nicht am Kerb, sondern in der Symmetrielinie $r = 0$. BRIDGMAN hat diese Lösung für die Beschreibung des mehrachsigen Spannungszustandes im plastisch eingeschnürten Querschnitt ursprünglich glatter Zugproben oberhalb der Gleichmaßdehnung (vgl. Bild 2.1), also für sehr große Kerbradien verwendet. Die Gleichungen wer-

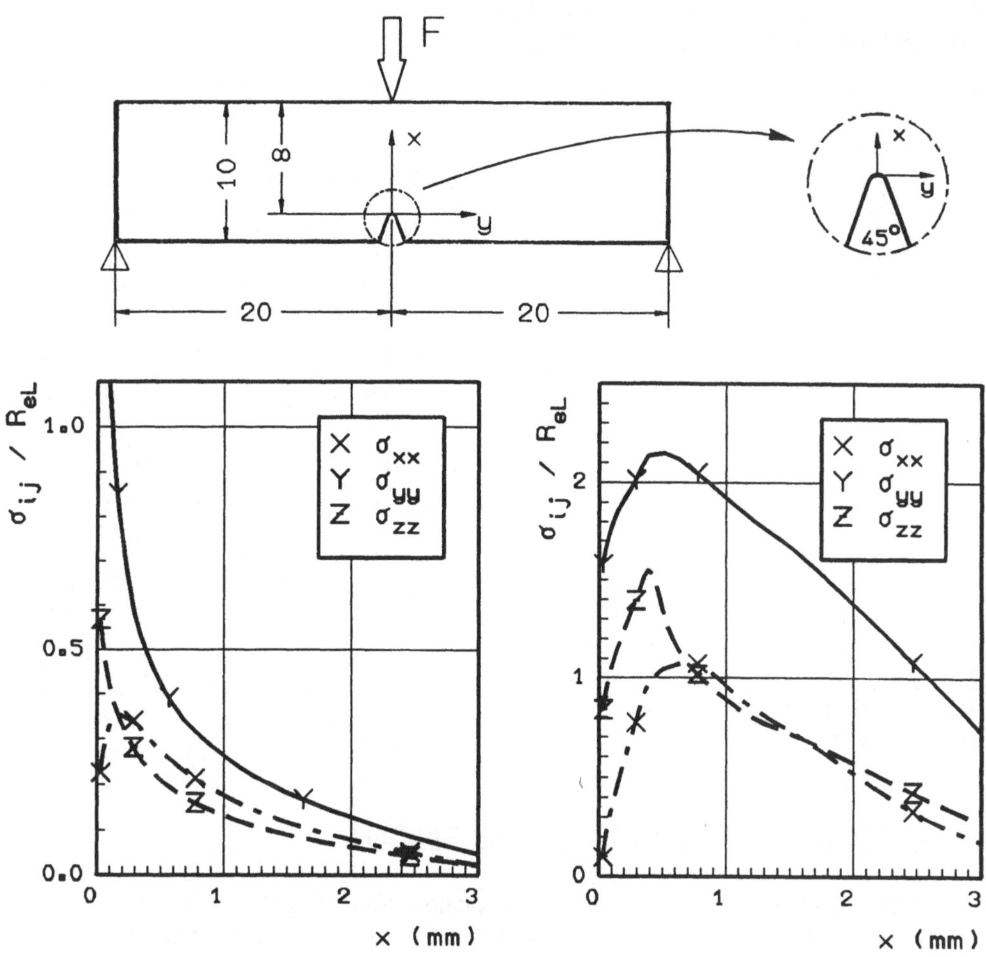

Bild 11.11: *FE-Analyse (EVZ) einer gekerbten Biegeprobe aus St 460*
  a) Abmessungen der Probe
  b) Spannungsverlauf im Kerbgrund, F = 0.21 F_{pl}
  c) Spannungsverlauf im Kerbgrund, F = 1.12 F_{pl}

den allerdings häufig auch für die näherungsweise Berechnung der Spannungen in gekerbten Rundzugproben weit oberhalb der plastischen Grenzlast verwendet. Eine FE- Analyse einer solchen Rundzugprobe (Bild 11.13a) bei großen Verformungen zeigt die Spannungsumlagerung im Kerbquerschnitt (Bild 11.13b) von der typischen Verteilung mit Spannungsmaximum nahe dem Kerbgrund im 10. Lastschritt (LS 10) hin zur BRIDGMAN- Verteilung mit Spannungsmaximum in Probenmitte (LS 100). Die zugehörige Spannung-Dehnung-Kurve (Bild 11.13c) verdeutlicht den durch die Probeneinschnürung bedingten Effekt der plastischen Instabilität, wie er auch an der glatten Zugprobe zu beobachten ist (Bild 2.1): Trotz verfestigenden Werkstoffs, d. h. Anstiegs der wahren σ-ε-Kurve, fallen die Nennspannungen ab einer bestimmten Probenverlängerung ab, d. h. der Stab wird instabil, und nur durch Verschiebungssteuerung von Versuch und FE-Rechnung kann ein unbegrenztes Anwachsen der

Verformungen verhindert werden. Bedingt durch den Rückgang der äußeren Last werden Teile der Probe wieder entlastet (Bild 11.13d).

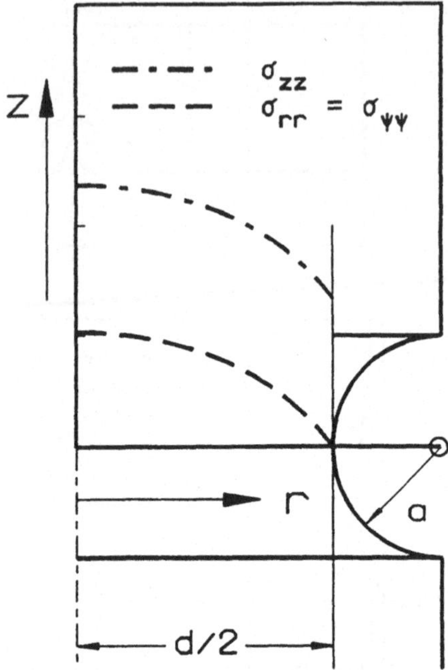

Bild 11.12: Spannungsverlauf in einer gekerbten Rundzugprobe nach BRIDGMAN [1952]

11.2.2 Plastische Grenzlast gekerbter Bauteile

Die an einer Kerbe - im Vergleich mit einer "glatten" freien Oberfläche - auftretende Dehnungsbehinderung ("constraint") ruft an dieser Stelle eine Erhöhung der Mehrachsigkeit des Spannungszustandes mit einem vergleichsweise höheren hydrostatischen Anteil hervor und bewirkt damit ein Ansteigen der plastischen Grenzlast im Vergleich mit einem ungekerbten Bauteil von gleichem **Nettoquerschnitt**. Das Verhältnis der plastischen Grenzlast des gekerbten Bauteils zur Last bei voller Plastizierung des Nettoquerschnitts wird als **plastischer Constraint-Faktor** $L_c \geq 1$ bezeichnet.

Kerben erhöhen damit nicht nur lokal die Spannungen ("Spannungskonzentratoren"), sondern sie vergrößern durch Behinderung freien plastischen Fließens u. U. die **Gefahr des Sprödbruchversagens**. Letzteres ist unter Sicherheitsgesichtspunkten besonders problematisch, weil es sich im Gegensatz zum Versagen durch "plastischen Kollaps" nicht durch erkennbare plastische Deformationen vorher ankündigt und, da weitgehend elastisch, relativ wenig Energie dissipiert. Sprödbruchversagen erfolgt deshalb schlagartig und instabil unter Freisetzung erheblicher kinetischer Energie.

Die folgenden beiden Beispiele zeigen, wie der Constraint-Faktor auf einfache Weise mit Hilfe der Grenzlastsätze (Abschnitt 10.7) abgeschätzt werden kann.

Beispiel 1: Gekerbte Biegeprobe
Gesucht sind obere und untere Schranken der plastischen Grenzlast eines einseitig gekerb-

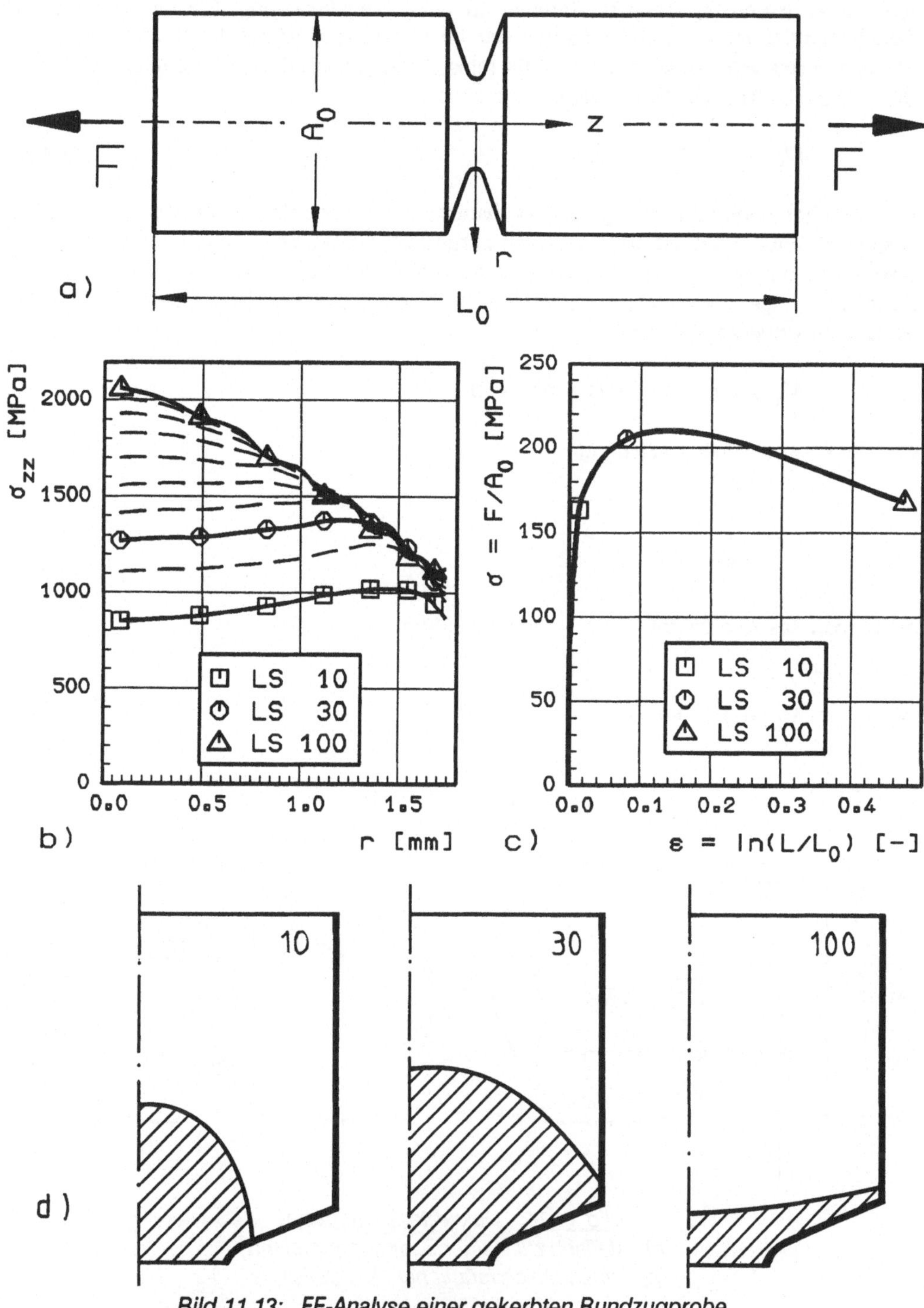

Bild 11.13: FE-Analyse einer gekerbten Rundzugprobe
a) Abmessungen der Probe
b) Spannungsverlauf im Kerbquerschnitt
c) Spannung-Dehnung-Kurve
d) plastische Zonen in den Lastschritten 10, 30, 100

ten Stabes (Höhe W, Dicke B, Kerbtiefe a) unter Biegebelastung. Die einfachste **untere Schranke** erhält man aus der Annahme, daß im Kerbquerschnitt mit der Nettofläche B ($W - a$) gerade das vollplastische Moment für reine Biegung nach Gl. (3.2-5) erreicht wird, denn dieser Zustand ist **statisch zulässig**:

$$M_{st} = R_F \, B \, (W - a)^2 / 4 \tag{11.2-3}$$

Ein einfacher **kinematisch möglicher Mechanismus**, der nach dem kinematischen Satz eine **obere Schranke** liefert, ist im Bild 11.14b dargestellt: Die als starr angenommenen Balkenteile rechts und links gleiten von einer starren mittleren Zone entlang kreisförmiger "Gleitlinien" der Länge $s = 2\,r\alpha$ ab, wobei α den Winkel des Kreissektors bezeichnet. Mit dem Prinzip der virtuellen Arbeiten

$$M_{ki} \, 2 \, \delta\alpha - 2 \, k_F \, s \, B \, r \, \delta\alpha = 0$$

und der kinematischen Beziehung

$$r = \frac{W - a}{2 \sin \alpha}$$

erhält man das zum Sektorwinkel α gehörige Moment

$$M_{ki} = k_F \, \frac{(W - a)^2 \, \alpha}{2 \sin^2 \alpha} \, . \tag{11.2-4}$$

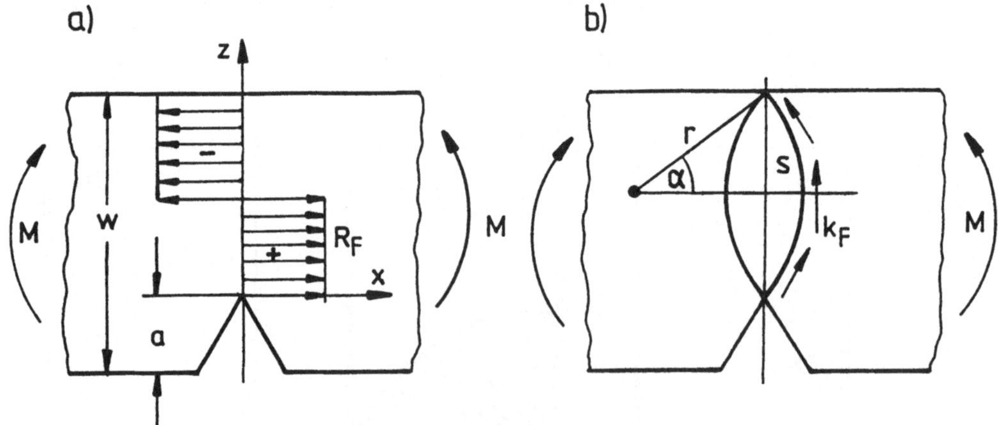

Bild 11.14: Gekerbte Biegeprobe
a) statisch zulässiger Spannungszustand
b) kinematisch möglicher Mechanismus

Da jedes M_{ki} obere Schranke ist, ergibt der aus $dM_{ki}/d\alpha = 0$ gewonnene kleinste Wert die beste Abschätzung. Die hieraus folgende transzendente Gleichung $\alpha = \tfrac{1}{2}\tan \alpha$ hat die Lösung $\alpha = 66.8°$ und damit ist

$$M_{ki} = 0.690 \; k_F \; (W-a)^2 \tag{11.2-5}$$

Zwischen R_F und k_F besteht der Zusammenhang nach Gl. (10.6-23), und nach den Grenzlastsätzen gilt $M_{st} \leqslant M_{pl} \leqslant M_{ki}$. Damit hat man eine Eingrenzung der plastischen Grenzlast der gekerbten Biegeprobe

$$0.25 \; \leqslant \; \frac{M_{pl}}{R_F \, (W-a)^2 \, B} \; \leqslant \; \begin{cases} 0.345 & \text{nach TRESCA} \\[2mm] 0.398 & \text{nach MISES} \end{cases} \tag{11.2-6}$$

Der plastische Constraint-Faktor ist also

$$1 \; \leqslant \; L_c \; = \; \frac{4\,M_{pl}}{R_F \, (W-a)^2 \, B} \; \leqslant \; \begin{cases} 1.38 & \text{nach TRESCA} \\[2mm] 1.59 & \text{nach MISES} \end{cases} \tag{11.2-7}$$

Die Spannweite zwischen oberer und unterer Schranke ist nach diesen einfachen Modellen noch sehr groß. Mit Hilfe der Fließlinientheorie kann man ein kinematisch mögliches Deformationsfeld wie das im Bild 11.15a dargestellte Gleitlinienfeld nach GREEN [1956] finden, das mit der TRESCAschen Fließbedingung auf eine obere Schranke des Constraint-Faktors von $L_c \leqslant 1.26$ führt. Experimentell durch Ätzung sichtbar gemachte Gleitlinien im vollplastischen Zustand, Bild 11.15b, zeigen eine gute Übereinstimmung mit dem GREENschen Feld. Im Vergleich hierzu zeigt Bild 11.15c die durch eine FE-Rechnung unter EVZ-Bedingung ermittelte Form und Größe der plastischen Zone in einer ISO-V-Probe (Bild 11.11a) aus verfestigendem Stahl bei Erreichen des vollplastischen Zustandes.

Beispiel 2: Beidseitig gekerbte Zugscheibe

Statisch zulässige Spannungszustände für die im Bild 11.16a dargestellte Scheibe der Breite $2W$ mit zwei halbkreisförmigen Kerben vom Radius a unter Zugbeanspruchung können mit Hilfe des im Abschnitt 10.7.3 hergeleiteten Trapez-Feldes der Spannungen gewonnen werden. Die einfachste untere Schranke der plastischen Grenzlast erhält man entsprechend dem Beispiel 1 aus der Annahme, daß im engsten Querschnitt ein konstanter einachsiger Zugspannungszustand $\sigma_I = R_F$ herrscht, also $F_{st} = 2\,R_F\,BW\,(1-a/W)$. Wie im Abschnitt 10.7.3 gezeigt wurde, ist diese Annahme gleichbedeutend mit der Voraussetzung eines ESZ und der TRESCAschen Fließbedingung, während die MISESsche Fließbedingung nach Gl. (10.7-15) wegen des Auftretens einer zweiten Hauptspannungskomponente σ_{II} im Dreieck AOB eine um den Faktor $2/\sqrt{3}$ höhere Normalspannung zuläßt. Allerdings ist bei der Berechnung der zugehörigen Kraft anstelle der tatsächlichen Querschnittsbreite $(W-a)$ der Zugscheibe nur die etwas kleinere Breite $(W-a/\cos\gamma)$ des Trapezfeldes einzusetzen, und man erhält

$$F_{st}^{ESZ} = 2.309 \; R_F \; BW \left[1 - \frac{a}{W\cos\gamma} \right] \tag{11.2-8}$$

als untere Grenze für die plastische Grenzlast unter Annahme eines ESZ, also für eine sehr dünne Scheibe mit $B \ll (W-a)$. Mit dem kleinsten nach Gl. (10.7-16) zulässigen Winkel $\gamma = 23°$ und einem angenommenen $a/W = 0.5$ ist $F_{st} = 1.055\,R_F\,BW$, also 5 % größer als bei Voraussetzung eines einachsigen Spannungszustandes.

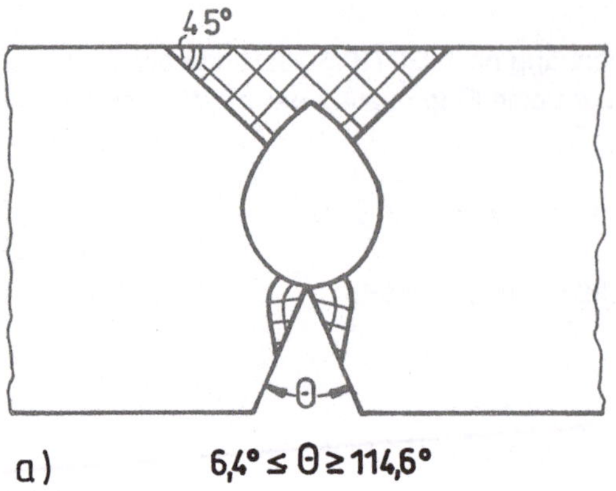

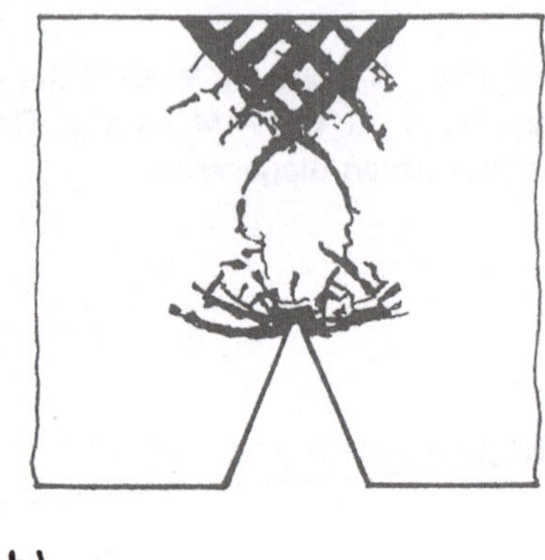

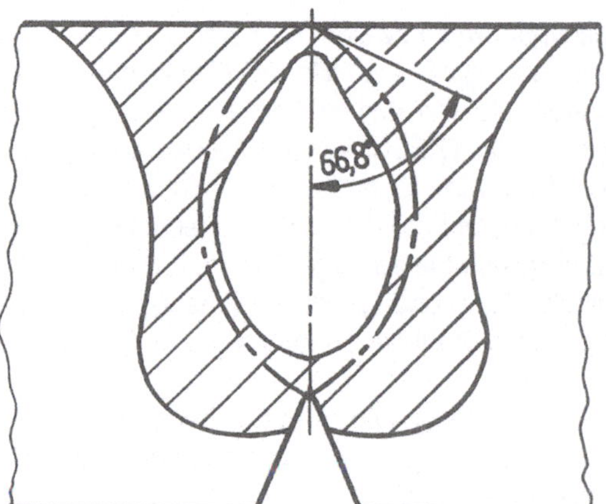

Bild 11.15: Gekerbte Biegeprobe
a)   Gleitlinienfeld nach GREEN [1956]
b)   Fließlinien im Experiment
      (FRYsche Ätzung)
c)   Plastische Zone (FE-Analyse)

Nimmt man stattdessen einen **EVZ**, also eine sehr dicke Scheibe an, so folgt aus Gl. (10.7-13)

$$F_{st}^{EVZ} = 4\,k_F\,B\,(W - a/\cos y)\cos^2 y\,[1 + \cot(\pi/4 - y/2)\tan y] \quad , \quad (11.2\text{-}9)$$

und aus der Extremalbedingung $\partial F_{st}/\partial y = 0$ kann für gegebenes a/W der Winkel y berechnet werden. Da die Seitenkanten des Trapezes die kreisförmige Kerbe vom Radius a tangieren sollen und $\beta < \pi/2$ sein muß, ist die zusätzliche geometrische Bedingung

$$\frac{W - a/\cos y}{\tan \alpha} < \frac{a}{\sin y} \qquad (11.2\text{-}10)$$

zu beachten, d. h. wegen $\alpha = \pi/4 - y/2$ nach Gl. (10.7-12) ist diese Lösung nur ab einer Mindestkerbtiefe

$$a/W > \sin y \cos y \simeq 0.44 \qquad (11.2\text{-}11)$$

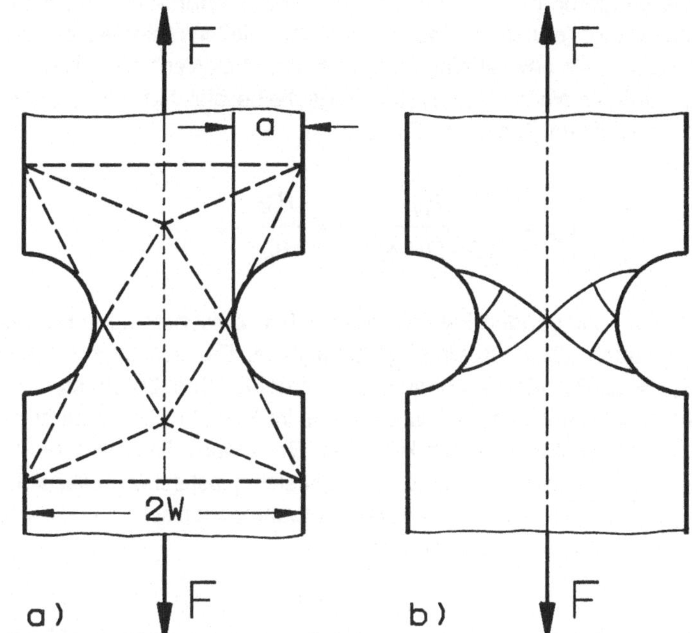

Bild 11.16: Beidseitig gekerbte Zugscheibe
a) Statisch zulässiger Spannungszustand: Trapezfeld der Spannungen
b) Kinematisch möglicher Mechanismus: Gleitlinienfeld nach HILL [1949]

einsetzbar. Für $a/W = 0.5$ erhält man aus der Extremalbedingung $\gamma = 26.3°$ und damit aus Gl. (11.2-9)

$$F_{st}^{EVZ} = 2.553\ k_F\,BW = R_F\,BW \begin{cases} 1.276 \quad \text{nach} \quad \text{TRESCA} \\[2mm] 1.474 \quad \text{nach} \quad \text{MISES} \end{cases} \tag{11.2-12}$$

eine untere Schranke für die plastische Grenzlast F_{pl} im EVZ. Die Annahme eines EVZ bewirkt also durch die noch höhere Mehrachsigkeit des Spannungszustandes eine weitere Zunahme der nach der MISESschen Fließbedingung statisch zulässigen Beanspruchung um knapp 40 %.

Eine **obere Schranke** erhält man mit dem kinematischen Satz aus dem logarithmischen Gleitlinienfeld nach HILL [1949] in Bild 11.16b, das sich nur für Kerbradien $a/W > e^{-\frac{1}{2}\pi} = 0.208$ ausbilden kann. Mit $a/W = 0.5$ ist

$$F_{ki} = 4\,k_F\,BW \ln\,(W/a) = R_F\,BW \begin{cases} 1.386 \quad \text{nach} \quad \text{TRESCA} \\[2mm] 1.601 \quad \text{nach} \quad \text{MISES} \end{cases} \tag{11.2-13}$$

Die plastische Grenzlast für den EVZ ist durch die Gln. (11.2-12) und (11.2-13) auf 9 % eingegrenzt. Die plastische Grenzlast für eine Scheibe endlicher Dicke liegt irgendwo zwischen den beiden Grenzfällen des ESZ und des EVZ, so daß Gl. (11.2-8) in jedem Falle eine untere Schranke für F_{pl} liefert, die aber bei dicken Scheiben eine zu konservative Abschätzung sein kann. Dagegen kann die nach Gl. (11.2-9) berechnete Last bei dünneren Scheiben auch größer als die tatsächliche Grenzlast F_{pl} sein.

Die Steigerung der für plastischen Kollaps erforderlichen Last durch die kerbbedingte "Behinderung" (constraint) des plastischen Fließens infolge des höheren hydrostatischen Spannungsanteils bewirkt eine Zunahme der "effektiven" oder "Nenn"-Fließgrenze einer gekerbten gegenüber einer ungekerbten Zugscheibe gleichen Nettoquerschnitts. Das Maß hierfür ist der plastische Constraint-Faktor

$$L_c = \frac{F_{pl}}{2\,R_F\,(W-a)\,B} = \frac{R_{eff}}{R_F} \tag{11.2-14}$$

der im vorliegenden Fall mit $a/W = 0.5$ zwischen 1.05 und 1.60 liegen kann. Dieser Effekt wird auch als "Stützwirkung" bezeichnet. Die scheinbare Zunahme der Nenn-Fließgrenze $R_{eff} = L_c\,R_F$ führt andererseits zu erhöhter Spaltbruchgefahr, nämlich wenn unterhalb des vollplastischen Spannungszustandes im kleinsten Querschnitt die größte Hauptnormalspannung σ_I am Kerb einen kritischen Grenzwert, die Spaltbruchfestigkeit, erreicht. In diesem Falle ist der angenommene Versagensfall "plastischer Kollaps" für eine Bauteilauslegung ungeeignet, und es muß mit Hilfe bruchmechanischer Konzepte gegen den Versagensfall "Spaltbruch" ausgelegt werden.

11.3   Rotationssymmetrische Spannungszustände

Neben den beiden in den Abschnitten 10.6.1 und 10.6.2 behandelten ebenen Zuständen spielen rotationssymmetrische Spannungs- und Verzerrungszustände eine wichtige Rolle, weil Achsen- oder sogar Punktsymmetrien der Bauteilgeometrie und der Beanspruchung zu wesentlichen Vereinfachungen der Gleichungen des zugehörigen Randwertproblems führen, die geschlossene Lösungen ermöglichen. Die besondere Eigenart dieser Probleme macht die Einführung von Zylinder- oder Kugelkoordinaten zweckmäßig. Die notwendigen Gleichungen für die Formulierung rotationssymmetrischer Randwertprobleme in diesen Koordinaten sind in den Abschnitten 9.4.1 und 9.4.2 zu finden. In den folgenden Abschnitten werden die Anwendungsbeispiele dickwandiger Druckbehälter und Welle-Nabe-Verbindungen behandelt.

11.3.1 Dickwandige Hohlkugel unter Innendruck

Eine dickwandige Hohlkugel mit dem Außenradius r_a und dem Innenradius r_i aus elastisch-idealplastischem Werkstoff werde ausschließlich durch einen inneren Druck p belastet; das Eigengewicht wird vernachlässigt. Verschiebungen, Spannungen und Verzerrungen werden in **Kugelkoordinaten** mit den Einheitsvektoren $\underline{e}_r, \underline{e}_\phi, \underline{e}_\psi$ nach Abschnitt 9.4.2 beschrieben. Aufgrund der Gleichgewichtsbedingungen (9.3-2) verschwinden alle Schubspannungen $\sigma_{r\psi} = \sigma_{r\phi} = \sigma_{\psi\phi} = 0$ und wegen der aus dem Prandtl-Reuß-Gesetz folgenden Koaxialität von Spannungs- und Verzerrungstensor auch die Gleitungen $\varepsilon_{r\psi} = \varepsilon_{r\phi} = \varepsilon_{\psi\phi} = 0$. Das $\{\underline{e}_r, \underline{e}_\psi, \underline{e}_\phi\}$-System ist also ein Hauptachsensystem. Die Hauptspannungen werden abkürzend als **Tangentialspannung** $\sigma_t = \sigma_{\psi\psi} = \sigma_{\phi\phi}$ und **Radialspannung** $\sigma_r = \sigma_{rr}$ bezeichnet. Entsprechend ist $\varepsilon_{\psi\psi} = \varepsilon_{\phi\phi} = \varepsilon_t$ und $\varepsilon_{rr} = \varepsilon_r$. Einzige Verschiebung ist die Radialverschiebung $u = u_r$, die Umfangsverschiebungen verschwinden, $u_\psi = u_\phi = 0$.

Wegen der Punktsymmetrie, Gl. (9.4-14), hängen alle Zustandsgrößen nur noch vom Radius r ab, und die partiellen Ableitungen $\partial/\partial r$ werden zu gewöhnlichen Ableitungen d/dr. Die **Gleichgewichtsbedingungen** reduzieren sich auf die gewöhnliche Differentialgleichung (9.4-15):

$$\frac{d\,\sigma_r}{d\,r} + \frac{2}{r}\,(\sigma_r - \sigma_t) = 0 \qquad\qquad (11.3\text{-}1)$$

Als **Randbedingungen** hat man:

$$\left.\begin{array}{ll} \sigma_r\,(r_a) = 0 & \text{am Außenradius} \\[2ex] \sigma_r\,(r_i) = -p & \text{am Innenradius} \end{array}\right\} \quad . \qquad\qquad (11.3\text{-}2)$$

Die Grenzfläche zwischen dem elastischen und plastischen Bereich liege bei r_p, d. h. für $r_i \le r \le r_p$ ist $\sigma_v = R_F$ und für $r_p < r < r_a$ ist $\sigma_v < R_F$.

Im **elastischen Bereich** $(r_p < r < r_a)$ gilt das HOOKEsche Gesetz

$$\left.\begin{array}{l} \sigma_r = \dfrac{E}{(1+\nu)\,(1-2\nu)}\ [(1-\nu)\,\varepsilon_r + 2\nu\,\varepsilon_t] \\[4ex] \sigma_t = \dfrac{E}{(1+\nu)\,(1-2\nu)}\ [\nu\,\varepsilon_r + \varepsilon_t] \end{array}\right\} \qquad (11.3\text{-}3)$$

Einsetzen in die Gleichgewichtsbedingung (11.3-1) liefert mit

$$\varepsilon_r = \frac{du}{dr} = u' \qquad \text{und} \qquad \varepsilon_t = \frac{u}{r} \qquad\qquad (11.3\text{-}4)$$

eine **EULERsche Differentialgleichung** für die Radialverschiebung u

$$u'' + 2\,\frac{u'}{r} - 2\,\frac{u}{r^2} = 0 \qquad\qquad (11.3\text{-}5)$$

mit der Lösung

$$u\,(r) = C_1\,r + \frac{C_2}{r^2} \qquad\qquad (11.3\text{-}6)$$

Aus der Randbedingung (11.3-2) am Außenradius, $\sigma_r\,(r_a) = 0$ folgt durch Einsetzen von Gl. (11.3-6) in (11.3-3) der Zusammenhang

$$C_2 = \frac{1+\nu}{2\,(1-\nu)}\ r_a^{\,3}\,C_1 \qquad\qquad (11.3\text{-}7)$$

Im Falle des **vollständig elastischen Kugelbehälters**, $r_p \leqslant r_i$, kann auch die Randbedingung am Innenradius, $\sigma_r \, (r_i) = -p$, in Gl. (11.3-3) mit der elastischen Verschiebungslösung (11.3-3) eingesetzt werden und man erhält

$$C_1 = \frac{1 - 2\nu}{E} \, \frac{r_i^3}{r_a^3 - r_i^3} \, p \,, \qquad C_2 = \frac{1 + \nu}{E} \, \frac{r_i^3 \, r_a^3}{r_a^3 - r_i^3} \, p$$

und damit die bekannte **LAMÉsche Lösung** für die Spannungen in der dickwandigen elastischen Hohlkugel $(r_i \leqslant r \leqslant r_a)$

$$\left. \begin{array}{l} \sigma_r = - \dfrac{r_i^3}{r_a^3 - r_i^3} \left[\left[\dfrac{r_a}{r} \right]^3 - 1 \right] \, p \\[20pt] \sigma_t = \dfrac{r_i^3}{r_a^3 - r_i^3} \left[1 + \dfrac{1}{2} \left[\dfrac{r_a}{r} \right]^3 \right] \, p \end{array} \right\} \qquad (11.3\text{-}8)$$

Der **elastische Grenzzustand** ist für $r_p = r_i$ erreicht, wenn am Innenrand des Behälters die Vergleichsspannung σ_v gerade gleich der Fließspannung R_F wird. Da im vorliegenden Problem zweite und dritte Hauptspannung gleich sind, liefern TRESCAsche und MISESsche Fließbedingung dasselbe Ergebnis:

$$\sigma_v = \sqrt{\frac{3}{2} \, \sigma'_{ij} \, \sigma'_{ij}} \; = \sqrt{(\sigma_r - \sigma_t)^2} \; = \sigma_t - \sigma_r = R_F \qquad (11.3\text{-}9)$$

Damit hat man den **elastischen Grenzdruck**

$$p_{el} = \frac{2}{3} \left[1 - \frac{r_i^3}{r_a^3} \right] R_F \;\; . \qquad (11.3\text{-}10)$$

Beim **teilweise plastizierten Behälter**, $r_p > r_i$, gilt im Bereich $r_p \leqslant r \leqslant r_a$ die elastische Lösung mit $\sigma_v \, (r_p) = R_F$. Aus dieser Bedingung und Gl. (11.3-7) können wieder die Integrationskonstanten C_1 und C_2 bestimmt werden. Damit erhält man im **elastischen Teilbereich (1)**, $r_p \leqslant r \leqslant r_a$

$$\left. \begin{array}{l} \sigma_r^{(1)} = - \dfrac{2}{3} \, \dfrac{r_p^3}{r_a^3} \left[\dfrac{r_a^3}{r^3} - 1 \right] R_F \\[20pt] \sigma_t^{(1)} = \dfrac{2}{3} \, \dfrac{r_p^3}{r_a^3} \left[1 + \dfrac{r_a^3}{2r^3} \right] R_F \end{array} \right\} \qquad (11.3\text{-}11)$$

Im **plastischen Teilbereich (2)**, $r_i \leqslant r \leqslant r_p$, vereinfacht sich die Gleichgewichtsbedingung (13.3-1) wegen der Fließbedingung (11.3-9) zu

$$\frac{d\sigma_r}{dr} - \frac{2}{r}\, R_F = 0 \tag{11.3-12}$$

mit der Lösung $\sigma_r = 2\, R_F\, \ln r + C_3$, und aus der Randbedingung am Innenradius erhält man

$$\left. \begin{aligned} \sigma_r^{(2)} &= -p + 2\, R_F\, \ln(r/r_i) \\[2mm] \sigma_t^{(2)} &= \sigma_r^{(2)} + R_F \end{aligned} \right\} \tag{11.3-13}$$

Die Umfangsspannung σ_t ergibt sich einfach aus der Fließbedingung (11.3-9). Der Spannungsverlauf über die Wand mit der normierten Koordinate $(r - r_i)/(r_a - r_i)$, zusammengesetzt aus den beiden Teillösungen (11.3-11) und (11.3-13), ist für einen dickwandigen Behälter $(r_a/r_i = 2.5)$ im Bild 11.17 dargestellt. Es zeigt die Umlagerung der Spannungen mit fortschreitender Plastizierung $1 \leqslant p/p_{el} \leqslant p/p_{pl}$. Der Abstand von σ_r und σ_t muß im plastizierten Bereich wegen der Fließbedingung Gl. (11.3-9) immer gleich R_F sein. Aus der **Übergangsbedingung** $\sigma_r^{(1)}(r_p) = \sigma_r^{(2)}(r_p)$ kann nun der zu einem gegebenen Grenzradius r_p zwischen plastischem und elastischem Bereich gehörende Druck p berechnet werden:

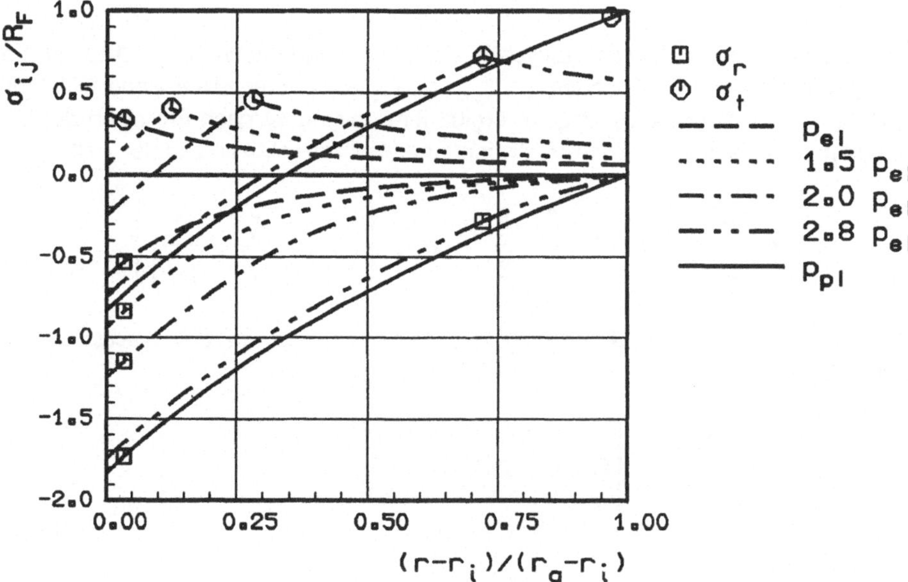

<u>Bild 11.17:</u> *Spannungsverlauf in der Wand einer dickwandigen Hohlkugel (r_a/r_i = 2.5) unter Innendruck*

$$p = \frac{2}{3}\left[1 + 3\ln\frac{r_p}{r_i} - \frac{r_p^3}{r_a^3} \right] R_F \tag{11.3-14}$$

Eine explizite Berechnung des Plastizierungsgrades r_p in Abhängigkeit des Innendruckes ist wegen der Nichtlinearität dieser Gleichung nicht möglich. Für $r_p = r_a$ folgt aus Gl. (11.3-14) der **plastische Grenzdruck**

$$p_{pl} = 2\,R_F\,\ln(r_a/r_i) \quad . \tag{11.3-15}$$

Der plastische Überlastungsfaktor $\varkappa_{pl} = p_{pl}/p_{el}$ ist in Abhängigkeit des Radienverhältnisses r_a/r_i im Bild 11.18 aufgetragen. Es zeigt, daß dickwandige Kugelbehälter noch eine erhebliche Tragfähigkeitsreserve vom Erreichen der Fließspannung an der Innenwand bis zum vollplastischen Zustand haben.

Wegen der Einfachheit der Fließbedingung (11.3-9) konnte im vorliegenden Falle das Spannungsproblem unabhängig vom Verformungsproblem gelöst werden, d. h. das Problem ist statisch bestimmt. Die Verformungen könnten jetzt aus dem HOOKEschen Gesetz für $r_p \le r \le r_a$ bzw. dem Prandtl-Reuss-Gesetz (10.4-16) für $r_i \le r \le r_p$ berechnet werden. Eine Vereinfachung ergibt sich, wenn man sich im plastischen Bereich die Inkompressibilitätsbedingung (10.1-1)

$$\hat{e} = \varepsilon_r + 2\,\varepsilon_t = \varepsilon_r^e + 2\,\varepsilon_t^e = \frac{1-2\nu}{E}\,(\sigma_r + 2\,\sigma_t) \tag{11.3-16}$$

zunutze macht, aus der sich durch Einsetzen der Spannungen nach Gl. (11.3-13) und den Verzerrung-Verschiebung-Gleichungen (11.3-4) eine inhomogene EULERsche Differentialgleichung für die Radialverschiebung u ergibt. Ihre Lösung ist nach Einsetzen der Übergangsbedingung zwischen elastisch-plastischer und elastischer Lösung an der Stelle r_p

$$u(r) = \frac{R_F}{E}\,r\left[(1-\nu)\,\frac{r_p^3}{r^3} - \frac{2}{3}\,(1-2\nu)\left[1 + 3\ln\frac{r_p}{r} - \frac{r^3}{r_a^3}\right]\right] \quad . \tag{11.3-17}$$

Insbesondere ist die innere **Aufweitung** des Kugelbehälters an der elastischen bzw. plastischen Grenze

$$\left.\begin{aligned} u_{el}(r_i) &= \frac{R_F\,r_i}{E}\left[(1+\nu) + 2\,(1-2\nu)\,\frac{r_i^3}{r_a^3}\right] \\[2ex] u_{pl}(r_i) &= \frac{R_F\,r_i}{E}\left[(1-\nu)\,\frac{r_a^3}{r_i^3} - 2\,(1-2\nu)\,\ln\frac{r_a}{r_i}\right] \end{aligned}\right\} \tag{11.3-18}$$

Bild 11.19 zeigt die Last-Verformung-Kurve, normierter Innendruck $\varkappa = p/p_{el}$ über der normierten Aufweitung $u(a)/u_{el}(a)$, mit dem Radienverhältnis r_a/r_i als Parameter.

11.3.2 Zylindrischer Druckbehälter

Die Lösung des Problems eines langen dickwandigen zylindrischen Druckbehälters verläuft prinzipiell ähnlich der Vorgehensweise bei der Hohlkugel im vorangegangenen Abschnitt.

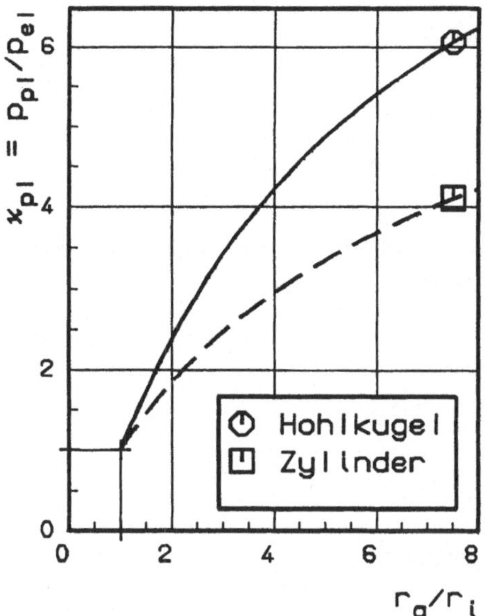

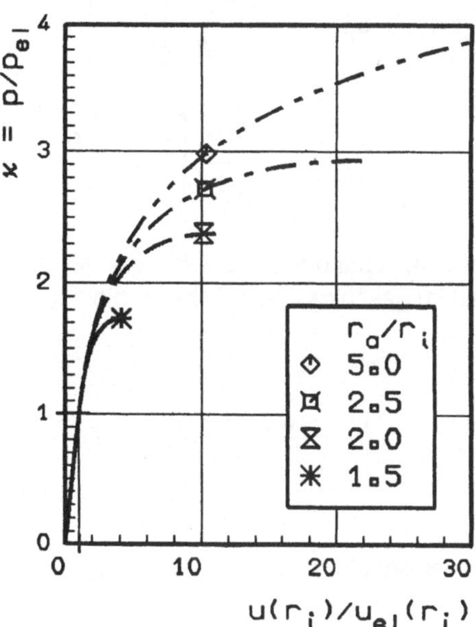

Bild 11.18: *Plastischer Überlastungsfaktor für Kugel- und Zylinderbehälter*

Bild 11.19: *Last-Verformung-Kurven für Kugelbehälter unter Innendruck*

Statt der Kugelkoordinaten werden Zylinderkoordinaten mit der Basis $\{\underline{e}_r, \underline{e}_\psi, \underline{e}_z\}$ eingeführt. Nimmt man an, daß im mittleren Teil des langen Zylinders, also außerhalb des Einflusses der Aufweitungsbehinderung durch die Deckelböden, keine Schubspannungen σ_{zr} auftreten, dann folgt zusammen mit der Rotationssymmetrie (9.4-10), daß das gewählte Basissystem wie beim Kugelbehälter ein Hauptachsensystem darstellt. Die Hauptspannungen σ_r, $\sigma_t = \sigma_\psi$, σ_z sind im Bild 9.4 veranschaulicht. Die Gleichgewichtsbedingungen (9.4-6) vereinfachen sich zu

$$
\left.
\begin{aligned}
\frac{\partial \sigma_r}{\partial r} + \frac{1}{r}\,(\sigma_r - \sigma_t) &= 0 \ , \\[2em]
\frac{\partial \sigma_z}{\partial z} &= 0 \ .
\end{aligned}
\right\}
\qquad (11.3\text{-}19)
$$

Die Hauptspannung σ_z ist also konstant in Zylinderlängsrichtung, und die Differentialgleichung für σ_r kann bei **vollständig elastischem Behälter** getrennt von σ_z integriert werden. Nach Einsetzen des HOOKEschen Gesetzes und der Verzerrung-Verschiebung-Gleichungen (9.4-9) ergibt sich wieder eine EULERsche Differentialgleichung für $u\,(r)$, die in bekannter Weise gelöst wird. Nach Bestimmung der Integrationskonstanten aus den Randbedingungen (11.3-2) erhält man die **LAMÉsche Lösung** für die Spannungen σ_r und σ_t im elastischen Druckzylinder

$$\sigma_r = -\frac{r_i^2}{r_a^2 - r_i^2} \left[\left[\frac{r_a}{r} \right]^2 - 1 \right] p$$

$$\sigma_t = \frac{r_i^2}{r_a^2 - r_i^2} \left[1 + \left[\frac{r_a}{r} \right]^2 \right] p \qquad\qquad (11.3\text{-}20)$$

Die Längsspannung σ_z wird aus der Gleichgewichtsbedingung für die resultierende Axialkraft im geschlossenen Zylinder, die sogen. **Deckelkraft**

$$N_z = 2\pi \int_{r_i}^{r_a} \sigma_z \, r \, dr = \pi \, a^2 \, p \qquad\qquad (11.3\text{-}21)$$

mit der Annahme, daß σ_z nicht von r abhängt, gewonnen

$$\sigma_z = \frac{r_i^2}{r_a^2 - r_i^2} \, p = \tfrac{1}{2}(\sigma_r + \sigma_t) \qquad . \qquad (11.3\text{-}22)$$

Es zeigt sich, daß σ_z das arithmetische Mittel aus σ_r und σ_t ist.

Im Gegensatz zum Kugelbehälter tritt mit dieser Hauptspannung σ_z bei Plastizierung eine Schwierigkeit in der MISESschen Fließbedingung

$$\frac{3}{2}(\sigma_t - \sigma_r)^2 + 2 \left[\sigma_z - \frac{1}{2}(\sigma_r + \sigma_t) \right]^2 = 2 R_F^2 \qquad\qquad (11.3\text{-}23)$$

auf, die eine zusätzliche Annahme erfordert; in der TRESCAschen Fließbedingung findet die mittlere Hauptspannung keine Berücksichtigung. Als einzige Bedingung für σ_z hat man Gl. (11.3-21) für die Deckelkraft N_z, die mit den Randbedingungen (11.3-2) auch

$$N_z = \pi \left[r_a^2 \, \sigma_r(r_a) - r_i^2 \, \sigma_r(r_i) \right] = \pi \int_{r_i}^{r_a} \frac{d}{dr}(r^2 \, \sigma_r) \, dr$$

geschrieben werden kann. Die Umformung des Integrals auf der rechten Seite mit Hilfe der Gleichgewichtsbedingung (11.3-19) liefert weiterhin

$$N_z = 2\pi \int_{r_i}^{r_a} \sigma_z \, r \, dr = \pi \int_{r_i}^{r_a} (\sigma_r + \sigma_t) \, r \, dr \qquad .$$

Der für $\sigma_z = const$ für den elastischen Behälter hergeleitete Zusammenhang muß also im integralen Mittel über die Behälterwand aus Gleichgewichtsgründen unabhängig vom Stoffgesetz gelten. Man kann nun annehmen, daß auch im plastischen Bereich

$$\sigma_z(r) = \tfrac{1}{2}\,[\sigma_r(r) + \sigma_t(r)] \quad , \tag{11.3-24}$$

für alle r gilt; allerdings ist jetzt σ_z nicht konstant über die Behälterwand. Diese Annahme ist identisch der Bedingung (10.6-16) für den **ebenen plastischen Verzerrungszustand**, d. h. daß der Druckzylinder in Längsrichtung nur elastische Längenänderungen $\varepsilon_{zz} = \varepsilon_{zz}{}^e$ erfährt. Mit dieser zusätzlichen Annahme lautet die MISESsche Fließbedingung (11.3-23) jetzt

$$\sigma_t - \sigma_r = \frac{2}{\sqrt{3}}\,R_F \quad . \tag{11.3-25}$$

Sie kann auch als TRESCAsche Bedingung mit einer modifizierten Schubfließgrenze $k_F = R_F/\sqrt{3}$ interpretiert werden. Bis auf den Faktor $2/\sqrt{3}$ ist Gl. (11.3-25) identisch der Gl. (11.3-9) für den Kugelbehälter. Die weitere Rechnung läuft deshalb wie im Abschnitt 11.3.1 ab (siehe z. B. RECKLING [1967]*, S. 278 - 287). Zunächst erhält man aus den Gln. (11.3-20) mit der Bedingung, daß der Behälter gerade am Innenradius plastiziert, $r_p = r_i$, den **elastischen Grenzdruck**

$$p_{el} = \frac{R_F}{\sqrt{3}}\left[1 - \frac{r_i^2}{r_a^2}\right] \quad . \tag{11.3-26}$$

Im **elastischen Teilbereich** (1), $r_p \leqslant r \leqslant r_a$, ist der Spannungsverlauf

$$\left.\begin{aligned}
\sigma_r^{(1)} &= -\frac{R_F\,r_p^2}{\sqrt{3}\,r_a^2}\left[\left[\frac{r_a}{r}\right]^2 - 1\right] \\[2em]
\sigma_t^{(1)} &= \frac{R_F\,r_p^2}{\sqrt{3}\,r_a^2}\left[1 + \left[\frac{r_a}{r}\right]^2\right] \\[2em]
\sigma_z^{(1)} &= \frac{1}{2}\,(\sigma_r + \sigma_t) = \frac{R_F\,r_p^2}{\sqrt{3}\,r_a^2}
\end{aligned}\right\} \tag{11.3-27}$$

wobei wie beim Kugelbehälter als Beanspruchungsparameter nicht mehr der Druck p , sondern der Plastizierungsradius r_p auftaucht, aus dem p mit Hilfe der Randbedingung bei $r = r_i$ berechnet wird, siehe Gl. (11.3-29).

Im **plastischen Teilbereich** (2), $r_i \leqslant r \leqslant r_p$, ist die Fließbedingung (11.3-25) wieder unmittelbar in die Gleichgewichtsbedingung (11.3-19) einzusetzen, und man hat auch hier eine EULERsche Differentialgleichung für die Radialspannung σ_r zu integrieren und die Integrationskonstanten aus den Rand- und Übergangsbedingungen zu bestimmen. Als Ergebnis erhält man

$$\sigma_r^{(2)} = -\frac{R_F}{\sqrt{3}} \left[1 + 2\ln\frac{r_p}{r} - \left[\frac{r_p}{r_a}\right]^2 \right]$$

$$\sigma_t^{(2)} = \sigma_r + \frac{2}{\sqrt{3}} R_F = \frac{R_F}{\sqrt{3}} \left[1 + \left[\frac{r_p}{r_a}\right]^2 - 2\ln\frac{r_p}{r} \right] \qquad (11.3\text{-}28)$$

$$\sigma_z^{(2)} = \tfrac{1}{2}(\sigma_r + \sigma_t) = \frac{R_F}{\sqrt{3}} \left[\left[\frac{r_p}{r_a}\right]^2 - 2\ln\frac{r_p}{r} \right] \quad .$$

Für den Innendruck gilt

$$p = -\sigma_r(r_i) = \frac{R_F}{\sqrt{3}} \left[1 + 2\ln\frac{r_p}{r_i} - \left[\frac{r_p}{r_a}\right]^2 \right] \quad , \qquad (11.3\text{-}29)$$

und daraus folgt für $r_p = r_a$ der plastische Grenzdruck

$$p_{pl} = \frac{2}{\sqrt{3}} R_F \ln\frac{r_a}{r_i} \quad . \qquad (11.3\text{-}30)$$

Der plastische Überlastungsfaktor $\kappa_{pl} = p_{pl}/p_{el}$ ist ebenfalls in Abhängigkeit des Radienverhältnisses r_a/r_i im Bild 11.18 aufgetragen.

Die Umlagerung der Spannungen in der Behälterwand $(r_a/r_i = 2.5)$ mit fortschreitender Plastizierung ist aus Bild 11.20 zu entnehmen. Sie ist der im Kugelbehälter (Bild 11.17) qualitativ ähnlich, es tritt hier aber zusätzlich die Axialspannung $\sigma_z = \tfrac{1}{2}(\sigma_r + \sigma_t)$ auf. Der Abstand von σ_r/R_F und σ_t/R_F muß im plastizierten Bereich wegen der Fließbedingung Gl. (11.3-25) immer $2/\sqrt{3}$ sein.

Auf die Berechnung und graphische Darstellung der Zylinderaufweitung wird hier verzichtet, da Rechengang und Tendenz der Kurven wie beim Kugelbehälter sind. Stattdessen wird noch auf eine einfache Bestimmung des plastischen Grenzdruckes mit Hilfe der **Fließlinientheorie** eingegangen. Im vollplastischen Zustand des Behälter liegt mit der Voraussetzung von Gl. (11.3-24) ein ebenes Verzerrungsproblem vor, das mit den Gleichungen des Abschnitts 10.7.4 gelöst werden kann. Wegen der kreisförmigen Berandungen sind die Fließlinien logarithmische Spiralen (Bild 11.21), die vom Innenrand, $r = r_i$, ausgehen und unter einem Winkel von $\pm45°$ auf den spannungsfreien Außenrand, $r = r_a$, treffen. Die Gleichungen der α- und β-Linien lauten in Polarkoordinaten

$$r = r_i\, e^{\pm\psi} \quad . \qquad (11.3\text{-}31)$$

Aus der ersten Randbedingung Gl. (11.3-2) und Gl. (10.6-19) hat man am Außenrand

$$\hat{\sigma}(r_a) = \sigma_r(r_a) + \tau_{max} = k_F \qquad (11.3\text{-}32)$$

und kann mit der Aussage von Gl. (10.7-21) entlang einer α-Linie

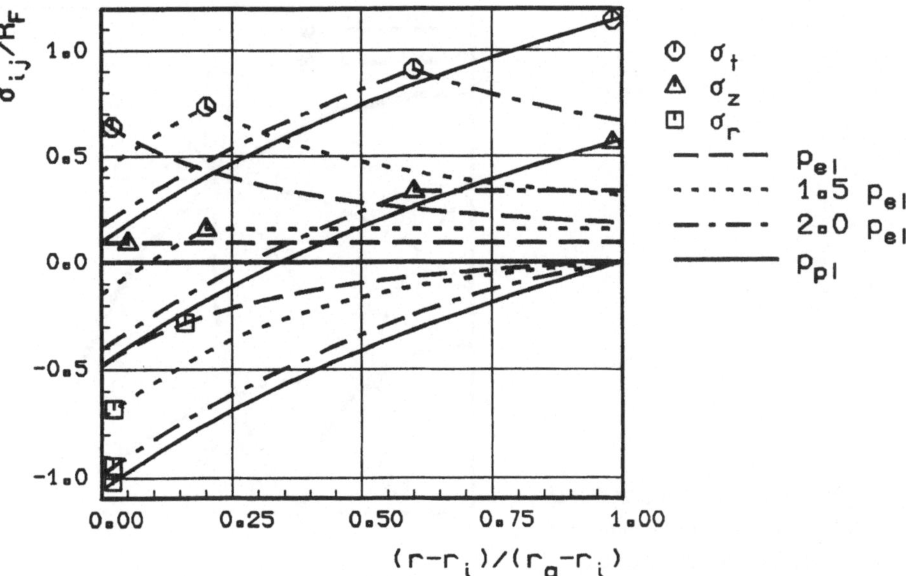

Bild 11.20: *Spannungsverlauf in der Wand eines dickwandigen*
zylindrischen Druckbehälters (r_a/r_i = 2.5)

$$\hat{\sigma}\,(r_a) - 2\,k_F\,\phi_a = \hat{\sigma}\,(r_i) - 2\,k_F\,\phi_i$$

den hydrostatischen Spannungszustand am Innenrand berechnen

$$\hat{\sigma}\,(r_i) = k_F - 2\,k_F\,(\phi_a - \phi_i) \quad . \tag{11.3-33}$$

Da andererseits der Schnittwinkel γ zwischen einem Strahl ψ = const und jeder logarithmischen Spirale $r = r_i\,e^{\psi}$ für alle ψ unveränderlich ist, $\gamma = \phi_i - \psi_i = \phi_a - \psi_a$, und aus der Gl. (11.3-31) $\psi_i - \psi_a = \ln(r_a/r_i)$ folgt, hat man schließlich

$$\hat{\sigma}\,(r_i) = k_F \left[1 - 2\ln\frac{r_a}{r_i} \right] \quad .$$

Aus Gl. (10.6-19) kann jetzt mit der Fließbedingung $\tau_{max} = k_F$ auch die Radialspannung am Innenrand berechnet werden

$$\sigma_r\,(r_i) = 2\,k_F \left[1 - \ln\frac{r_a}{r_i} \right] \quad , \tag{11.3-34}$$

die aufgrund der zweiten Randbedingung Gl. (11.3-2) gleich dem negativen Innendruck sein muß. Daraus folgt der zu diesem Zustand gehörende Druck

$$p_{ki} = 2\,k_F \ln\frac{r_a}{r_i} \ge p_{pl} \quad . \tag{11.3-35}$$

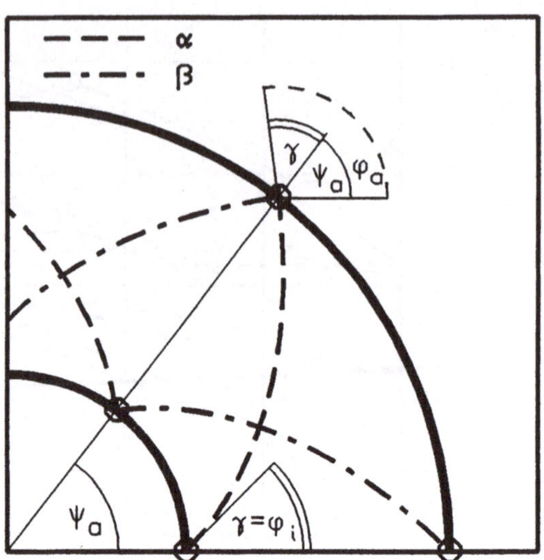

*Bild 11.21: Fließlinien in der Wand
eines zylindrischen Druckbehälters
(ebener plastischer Verzerrungszustand)*

Mit der MISESschen Fließbedingung $k_F = R_F/\sqrt{3}$ geht diese Gleichung in Gl. (11.3-30) über,
d. h. es ist hier $p_{ki} = p_{pl}$, der zum kinematisch möglichen Verzerrungsfeld gehörende Druck
p_{ki} ist also zugleich auch statisch zulässig. Der Grund hierfür ist, daß
1.   die der ersten Rechnung zugrunde liegende Gl. (11.3-24) identisch der Voraussetzung
      der Fließlinientheorie eines ebenen plastischen Verzerrungszustandes ist und
2.   der Kreisring keine starren Bereiche aufweist, sondern vollständig plastiziert ist, und da-
      mit der Spannungszustand im ganzen Gebiet durch Gl. (10.7-22) bestimmt ist.
Die Anwendung der Grenzlastsätze führt hier - wie bei der Berechnung des plastischen
Grenzzustandes eines Biegebalkens - erheblich einfacher und schneller zum Ziel als die Vorgehensweise über die Berechnung teilplastizierter Zustände.

11.3.3 Spannungen in Querpreßverbänden

Preßverbände sind reibschlüssige Welle-Nabe-Verbindungen, die Drehmomente oder Axial-
kräfte übertragen können. Sie bestehen aus einem Außenteil (Nabe) und einem Innenteil
(Welle), die vor dem Fügen ein Übermaß U haben (Bild 11.22). Bei Querpreßverbänden
wird zum Fügen das Außenteil erwärmt (Schrumpfverband) oder/und das Innenteil unter-
kühlt (Dehnverband). Je nach der Größe des Übermaßes $|U| = D_{Ai} - D_{Ia}$ liegen die Span-
nungen nach dem Fügen im Außen- oder/und Innenteil im elastischen oder im
elastisch-plastischen Bereich. Für ausreichend verformbare Werkstoffe (siehe Abschnitt 2.1)
ist nach DIN 7190 unter bestimmten Voraussetzungen eine elastisch-plastische Auslegung
zulässig, der vollplastische Grenzzustand darf jedoch nicht eintreten. Gegen das Erreichen
des vollplastischen Zustands sind für Außen- und Innenteil bestimmte Sicherheiten einzuhalten. Als ein weiterer Grenzzustand wird für den Maschinenbau empirisch festgelegt, daß die
plastizierte Ringfläche des Außenteils 30 % der gesamten Ringfläche des Außenteils nicht
überschreiten darf.

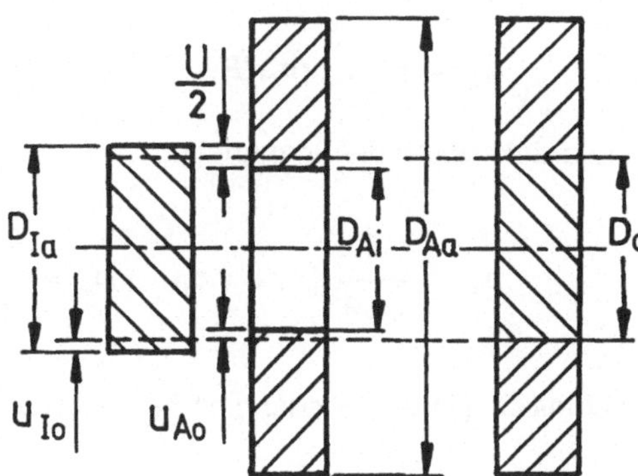

Bild 11.22: *Querpreßverband vor
und nach dem Fügen*

Die in DIN 7190 festgelegten Berechnungsverfahren sowie die beigefügten Flußdiagramme
und Beispiele wurden von KOLLMANN [1978] und KOLLMANN & ÖNÖZ [1983] entwickelt.
Sie setzen einen ebenen Spannungszustand, kleine Verzerrungen und elastisch-ideal-
plastischen Werkstoff voraus. Aus mathematischen Gründen wird die Fließbedingung von
TRESCA benutzt, die Streckgrenze wird zur Anpassung an Versuchsergebnisse um den
Faktor $2/\sqrt{3} = 1{,}155$ erhöht. Als Fließkurve wird also das die MISES-Ellipse umschreibende
Sechseck zugrunde gelegt (sog. modifizierte Schubspannungshypothese MSH), man ver-
gleiche Abschnitt 10.2.4.

GAMER & LANCE [1982] berechnen die Spannungen in Querpreßverbänden für bilinear verfestigenden Werkstoff mit der Fließbedingung nach TRESCA, ÖNÖZ [1983] untersucht in seiner breit angelegten Dissertation insbesondere den Einfluß der Werkstoffverfestigung auf die
Auslegung von Querpreßverbänden und vergleicht die Ergebnisse mit Versuchen. Die folgende, exemplarische Berechnung der Spannungen bezieht sich auf die Arbeit von GAMER
& LANCE, die den ideal-plastischen Werkstoff als Sonderfall enthält.

Voraussetzungen
Es wird vorausgesetzt, daß die Dicke der beiden Teile in Axialrichtung gegenüber der radia-
len Ausdehnung so klein ist, daß mit einem ESZ gerechnet werden kann. Für den Fall der
durchgehenden Welle ist die Rechnung nur eine Näherung, da insbesondere die Spannungs-
erhöhungen im Bereich der Nabenkante nicht erfaßt werden. Wegen der Annahme eines ESZ
und der Rotationssymmetrie folgt, daß die Zylinderkoordinaten mit der Basis $\{\underline{e}_r, \underline{e}_\psi, \underline{e}_z\}$
Hauptachsen darstellen mit Hauptspannungen $\sigma_{rr} = \sigma_r$, $\sigma_{\psi\psi} = \sigma_t$, $\sigma_{zz} = 0$. Der Werkstoff
sei bilinear verfestigend nach Gl. (2.4-7), es gelten die Fließbedingung von TRESCA sowie
die assoziierte Fließregel und isotrope Verfestigung. Temperatureffekte nach dem Fügen und
Beschleunigungseffekte werden nicht berücksichtigt.

Elastische Bereiche in Innen- und Außenteil
Da alle Ableitungen nach ψ und z verschwinden, reduzieren sich die Gleichgewichtsbedingungen Gl. (9.4-6) wieder auf eine gewöhnliche Differentialgleichung

$$\frac{d\sigma_r}{dr} + \frac{\sigma_r - \sigma_t}{r} = 0 \quad .$$

(11.3-36)

Einsetzen des HOOKEschen Gesetzes

$$\varepsilon_r = (\sigma_r - \nu\sigma_t)/E \quad , \quad \varepsilon_t = (\sigma_t - \nu\sigma_r)/E \quad , \tag{11.3-37}$$

ausgedrückt durch die Spannungen

$$\sigma_r = \frac{E}{1-\nu^2}(\varepsilon_r + \nu\varepsilon_t) \quad , \quad \sigma_t = \frac{E}{1-\nu^2}(\varepsilon_t + \nu\varepsilon_r) \quad , \tag{11.3-38}$$

ergibt mit Gl. (11.3-4) wieder eine EULERsche Differentialgleichung für $u(r)$

$$u''(r) + \frac{1}{r}u'(r) - \frac{1}{r^2}u(r) = 0$$

mit der Lösung

$$u(r) = \frac{A}{r} + Br \quad .$$

Damit können die Spannungen bestimmt werden

$$\sigma_r = E\left[-\frac{A}{(1+\nu)r^2} + \frac{B}{1-\nu}\right] \quad , \quad \sigma_t = E\left[\frac{A}{(1+\nu)r^2} + \frac{B}{1-\nu}\right] \quad . \tag{11.3-39}$$

Im **Innenteil** (Index 1) müssen die Spannungen für $r \to 0$ beschränkt bleiben, deshalb folgt $A^{(1)} = 0$. Für die Fuge gilt die Bedingung $u_A(r_{Ai}) - u_I(r_{Ia}) = U/2$, wobei $r_{Ai} = D_{Ai}/2$ und $r_{Ia} = D_{Ia}/2$ die Abmessungen der unverformten Teile sind. Zur Vereinfachung wird näherungsweise die Verschiebung u_I ebenfalls an der Stelle $r = r_{Ai}$ genommen,[1] also

$$u_A(r_{Ai}) - u_I(r_{Ai}) = u^{(2)} - u^{(1)} = U/2 \quad . \tag{11.3-40}$$

Damit und mit den Bedingungen für die Spannungen im **Außenteil** (Index 2)

$$\sigma_r^{(2)}(r_{Ai}) = \sigma^{(1)}(r_{Ai}) \quad , \quad \sigma^{(2)}(r_{Aa}) = 0 \tag{11.3-41}$$

lassen sich die drei Konstanten berechnen, wobei die Abkürzungen $\xi = U/D_{Ai}$ für das bezogene Übermaß und $Q = D_{Aa}/D_{Ai}$ für Durchmesserverhältnis eingeführt werden:

$$B^{(1)} = -(1-\nu_I)(Q^2-1)\,\xi/N \,, A^{(2)} = (1+\nu_A)\frac{E_I}{E_A}r_{Aa}^2\,\xi/N \,, B^{(2)} = (1-\nu_A)\frac{E_I}{E_A}\,\xi/N$$

$$\tag{11.3-42}$$

---

[1] Da in der Praxis primär der Fügedurchmesser D_0 bekannt ist, werden meistens die Verschiebungen an der Stelle $r = r_0$ genommen.

mit dem Nenner

$$N = [(1+\nu_A)\, Q^2 + 1 - \nu_A]\, \frac{E_I}{E_A} + (1-\nu_I)\,(Q^2-1) \ .$$

Die Grenze des elastischen Zustands ist erreicht, wenn an der höchstbeanspruchten Stelle in einem der beiden Teile die Fließbedingung $\sigma_v = R_F$ erfüllt wird. Das volle Innenteil steht nach Gl. (11.3-39) wegen $A^{(1)} = 0$ unter einem hydrostatischen Spannungszustand $\sigma_r^{(1)} = \sigma_t^{(1)} = -p$ mit der Fugenpressung $p = -\sigma_r^{(1)}\,(r_{Ai})$. Für $p = R_F$ gilt also im ganzen Innenteil die Fließbedingung, es gibt keinen teilplastischen Zustand. Dieser Fall eines vollplastischen Innenteils wird im Hinblick auf die Berechnungsvorschriften nicht weiter verfolgt, obwohl er hier wegen des verfestigenden Werkstoffs nicht uneingeschränktes Fließen zur Folge hätte. Wenn man das bezogene Übermaß ξ aus den Gln. (11.3-39) und (11.3-41) für das Außenteil eliminiert, erhält man die LAMÉsche Lösung entsprechend Gl. (11.3-20), aus der zu erkennen ist, das die größten Spannungen am Innenrand $r = r_{Ai}$ auftreten. Wegen $\sigma_t^{(2)} \geq \sigma_z^{(2)} = 0 \geq \sigma_r^{(2)}$ gilt die 3. Gleichung der TRESCAschen Fließbedingung Gl. (10.2-11)

$$\Phi_3 = \Phi = \sigma_t^{(2)} - \sigma_r^{(2)} - R_F = 0 \quad , \tag{11.3-43}$$

die mit den Gleichungen (11.3-39) und (11.3-42) das bezogene Übermaß an der elastischen Grenze ergibt

$$\xi_{el} = \frac{R_F}{2E_I} \left\{ \left[1+\nu_A + (1-\nu_A)\,\frac{1}{Q^2} \right] \frac{E_I}{E_A} + (1-\nu_I)\left[1 - \frac{1}{Q^2} \right] \right\} \ . \tag{11.3-44}$$

Speziell für gleiche Materialkonstanten ist $\xi_{el} = R_F/E$ unabhängig vom Durchmesserverhältnis Q .

Plastischer Bereich im Außenteil
Wenn die Spannungsverhältnisse $\sigma_t \geq \sigma_z = 0 \geq \sigma_r$ ungeändert bleiben, gilt wegen der vorausgesetzten isotropen Verfestigung für die TRESCAsche Vergleichsspannung entsprechend Gl. (11.3-43)

$$\Phi_3 = \Phi = \sigma_t - \sigma_r - \sigma_v = 0 \tag{11.3-45}$$

im plastizierten Bereich $r_{Ai} \leq r \leq r_p$ mit dem Plastizierungsradius r_p . Die assoziierte Fließregel (10.4-7) ergibt die Hauptdehnungsinkremente

$$\dot{\varepsilon}_r^p = -\lambda \,, \ \dot{\varepsilon}_t^p = \lambda \,, \ \dot{\varepsilon}_z^p = 0 \tag{11.3-46}$$

solange eine aktive Belastung nach Gl. (10.1-12b) mit

$$\frac{\partial \Phi}{\partial \sigma_{ij}}\, \dot{\sigma}_{ij} = \dot{\sigma}_t - \dot{\sigma}_r = \dot{\sigma}_v > 0$$

vorliegt. Da bei Fließbeginn alle plastischen Dehnungen Null sind, folgt $\varepsilon_r^p = -\varepsilon_t^p$ und damit für die Gesamtdehnungen mit den Gln. (11.3-37) und (11.3-45)

$$\varepsilon_r + \varepsilon_t = \varepsilon_r^\theta + \varepsilon_t^\theta = \frac{1-\nu}{E}(\sigma_r + \sigma_t) = \frac{1-\nu}{E}(2\sigma_r + \sigma_v) \ . \tag{11.3-47}$$

Mit den Verzerrungs-Verschiebungsbeziehungen Gl. (11.3-4) erhält man daraus für die Radialverschiebungen $u(r)$ die Differentialgleichung

$$u'(r) + \frac{u(r)}{r} = \frac{1-\nu}{E}(2\sigma_r(r) + \sigma_v(r)) \tag{11.3-48}$$

mit der Lösung

$$u(r) = \frac{1-\nu}{E} r \, \sigma_r(r) + \frac{C}{r} \ . \tag{11.3-49}$$

Zur Bestimmung der unbekannten Spannungen $\sigma_r(r)$ muß die Fließfunktion des bilinear-verfestigenden Werkstoffs nach Gl. (2.4-8) herangezogen werden. Für das Inkrement der plastischen Vergleichsdehnung ergibt Gl. (10.4-12)

$$\dot{\varepsilon}_v^p = \lambda = \dot{\varepsilon}_t^p = -\dot{\varepsilon}_r^p \ ,$$

was auch unmittelbar anschaulich ist, da der Normalenvektor der Funktion Φ_3 einen Winkel von 45° mit den Achsen bildet. Mit Gln. (11.3-4), (11.3-37) und (11.3-49) ist die plastische Vergleichsdehnung

$$\varepsilon_v^p = \varepsilon_t^p = \varepsilon_t - \varepsilon_t^\theta = C/r^2 - \sigma_v/E > 0$$

und für $\quad \varepsilon_v^p = \varepsilon^p, \ \sigma_v(\varepsilon_v^p) = R_v(\varepsilon^p)$ folgt

$$\sigma_v(r) = \left[R_F + \frac{T^p C}{r^2} \right] \Big/ \left[1 + \frac{T^p}{E} \right] \tag{11.3-50}$$

und damit nach Integration aus der Gleichgewichtsbedingung

$$\left. \begin{aligned}
\sigma_r &= \frac{R_F}{1+T^p/E} \left[\ln \frac{r}{r_{Ai}} - \frac{T^p C}{2R_F r^2} \right] + D \\[2ex]
\sigma_t &= \frac{R_F}{1+T^p/E} \left[\ln \frac{r}{r_{Ai}} + 1 + \frac{T^p C}{2R_F r^2} \right] + D \\[2ex]
u &= (1-\nu) \left[\frac{R_F/E}{1+T^p/E} \left(r \ln \frac{r}{r_{Ai}} - \frac{T^p C}{R_F 2r} \right) + \frac{D}{E} r \right] + \frac{C}{r}
\end{aligned} \right\} \tag{11.3-51}$$

mit einer weiteren Konstanten D.

Elastisches Innenteil im elastisch-plastischen Außenteil

Im elastischen Innenteil (Index 1) und im elastischen Bereich des Außenteils (Index 2) gelten die Gln. (11.3-39), im plastischen Bereich des Außenteils (Index 3) die Gln. (11.3-51). Mit den sechs Rand- und Übergangsbedingungen

$$
\begin{aligned}
&u_A(r_{Ai}) - u_I(r_{Ai}) = u^{(3)} - u^{(1)} = U/2, \quad \sigma_r^{(3)}(r_{Ai}) = \sigma_r^{(1)}(r_{Ai}) \\
&u^{(2)}(r_p) = u^{(3)}(r_p), \quad \sigma_r^{(2)}(r_p) = \sigma_r^{(3)}(r_p), \quad \sigma_v^{(2)}(r_p) = \sigma_t^{(2)}(r_p) - \sigma_r^{(2)}(r_p) = R_F \\
&\sigma_r^{(2)}(r_{Aa}) = 0
\end{aligned}
\qquad (11.3\text{-}52)
$$

können die fünf unbekannten Konstanten und der Plastizierungsradius r_p und damit der Spannungszustand sowie die Verschiebungen bestimmt werden.

Die Auswertung des Gleichungssystems ergibt die Konstanten

$$
\left.
\begin{aligned}
&B^{(1)} = \frac{R_F}{2E_I}(1-\nu_I)\left[\left[\frac{r_p}{r_{Aa}}\right]^2 - \frac{1}{1+T^p/E_A}\left[2\ln\frac{r_p}{r_{Ai}} + 1 + \frac{T^p}{E_A}\left[\frac{r_p}{r_{Ai}}\right]^2\right]\right] \\
&A^{(2)} = \frac{R_F}{2E_A}(1+\nu_A)\,r_p^2 \quad , \quad B^{(2)} = \frac{R_F}{2E_A}(1-\nu_A)\left[\frac{r_p}{r_{Aa}}\right]^2 \\
&C^{(3)} = \frac{R_F}{E_A}\,r_p^2 \quad , \quad D^{(3)} = \frac{R_F}{2}\left[\left[\frac{r_p}{r_{Aa}}\right]^2 - \frac{1}{1+T^p/E_A}\left[2\ln\frac{r_p}{r_{Ai}} + 1\right]\right]
\end{aligned}
\right\} (11\text{-}3\text{-}53)
$$

und eine Gleichung für den Plastizierungsradius

$$
\left[(1-\nu_A)\frac{R_F}{E_A} - (1-\nu_I)\frac{R_F}{E_I}\right]\left[\left[\frac{r_p}{r_{Aa}}\right]^2 - \frac{1}{1+T^p/E_A}\left[2\ln\frac{r_p}{r_{Ai}} + 1 + \frac{T^p}{E_A}\left[\frac{r_p}{r_{Ai}}\right]^2\right]\right] +
$$

$$
+ \frac{2R_F}{E_A}\left[\frac{r_p}{r_{Ai}}\right]^2 - 2\xi = 0 \; .
$$

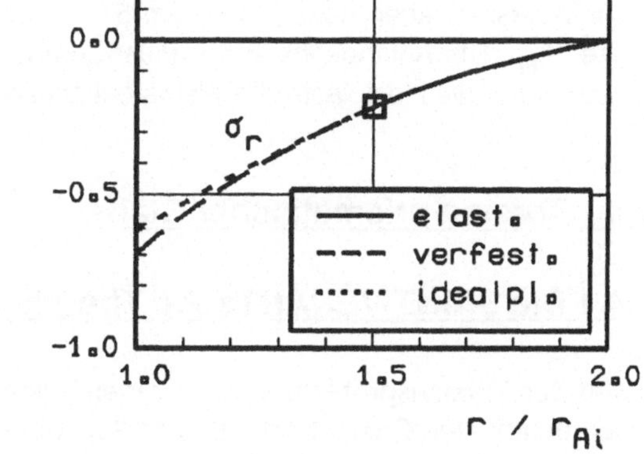

Bild 11.23: Spannungen im Außenteil für $\xi = 2{,}25 \cdot 10^{-3}$

Für den **Sonderfall**, daß **beide Teile aus dem gleichen Material** sind, vereinfacht sich die letzte Gleichung zu

$$r_p^2 = E\, r_{Ai}^2\, \xi / R_F$$

und die Spannungen im elastischen Bereich des Außenteils $r_p \leqslant r \leqslant r_{Aa}$ sind

$$\sigma_r^{(2)} = -\frac{E\xi}{2}\left[\left[\frac{r_{Ai}}{r}\right]^2 - \frac{1}{Q^2}\right], \quad \sigma_t^{(2)} = \frac{E\xi}{2}\left[\left[\frac{r_{Ai}}{r}\right]^2 + \frac{1}{Q^2}\right]$$

und die im plastischen Bereich $r_{Ai} \leqslant r \leqslant r_p$

$$\sigma_r^{(3)} = -\frac{R_F/2}{1+T^P/E}\left[-2\ln\frac{r}{r_{Ai}} + \frac{T^P}{R_F}\left[\frac{r_{Ai}}{r}\right]^2 \xi + \ln\left[\frac{E}{R_F}\xi\right] + 1\right] + \frac{E}{2Q^2}\xi,$$

$$\sigma_t^{(3)} = \frac{R_F/2}{1+T^P/E}\left[2\ln\frac{r}{r_{Ai}} + \frac{T^P}{R_F}\left[\frac{r_{Ai}}{r}\right]^2 \xi - \ln\left[\frac{E}{R_F}\xi\right] + 1\right] + \frac{E}{2Q^2}\xi.$$

Für $r_p = r_{Ai}$ ist das Außenteil gerade am Innenrand plastiziert, für $r_p = r_{Aa}$ ist das gesamte Außenteil plastiziert, das zugehörige Übermaß beträgt $\xi_H = R_F Q^2/E = \xi_{pl}$ und ist unabhängig vom Verfestigungsparameter T^P. Für größere Übermaße $\xi > \xi_{pl}$ liegt r_p außerhalb des Querschnitts, die Rechnung ist begrenzt durch das Übermaß, bei dem das Innenteil plastiziert wird ($\sigma_r^{(1)} = -R_F$). Die Fugenpressung p erhält man aus Gl. (11.3-39) mit $A^{(1)} = 0$ und $B^{(1)}$ je nach Fall. In Bild 11.23 sind die Spannungen im Außenteil für eine Verbindung mit den Werkstoffkennwerten $R_F = 10^{-3}\,E$ und $T^P = 500\,R_F$ und dem Durchmesserverhältnis $Q = 2$ für das bezogene Übermaß $\xi = 2{,}25 \cdot 10^{-3}$ aufgetragen, wobei für den Sonderfall des idealplastischen Werkstoffs $T^P = 0$ gesetzt wird. Der Verlauf der Spannungen σ_r, σ_t entspricht dem im dickwandigen Hohlzylinder nach Bild 11.20, insbesondere ist wieder die Differenz $\sigma_t - \sigma_r = \sigma_v = R_F$ für idealplastischen Werkstoff konstant. In Bild 11.24 ist schließlich die Fugenpressung als Funktion des Übermaßes aufgetragen, der Verlauf entspricht den Kraft-Verformung-Kurven für andere Systeme aus idealplastischem oder verfestigendem Werkstoff. Wenn für $\xi_{pl} = 4 \cdot 10^{-3}$ das ganze Außenteil plastiziert wird, liegt die Fugenpressung bei verfestigendem Werkstoff um 39 % über der bei idealplastischem Werkstoff. Für den eingangs erwähnten Grenzzustand, bei dem 30 % der Ringfläche des Außenteils plastiziert sind, ist der Einfluß der - hier mit $T = E/3$ starken - Verfestigung erheblich geringer: Das zugehörige bezogene Übermaß beträgt $\xi_{0,3} = 1{,}9 \cdot 10^{-3} = 1{,}9\,\xi_{el}$, die Fugenpressung bei verfestigendem Werkstoff ist nur um 6 % höher als die bei idealplastischem Werkstoff, aber letztere liegt um 57 % über der Fugenpressung an der elastischen Grenze ξ_{el}. Die Anfangsphase der Plastizierung wird also wie im Fall der Biegung (siehe Bild 3.9) durch die idealplastische Werkstoffkennlinie gut erfaßt.

11.4   Torsion prismatischer Stäbe

11.4.1 Die SAINT-VÉNANTsche Theorie der wölbkraftfreien Torsion

Es wird das Torsionsproblem eines geraden prismatischen Stabes der Länge L mit einem einfach berandeten Querschnitt (Bild 11.25) der Fläche A von beliebiger, aber längs der

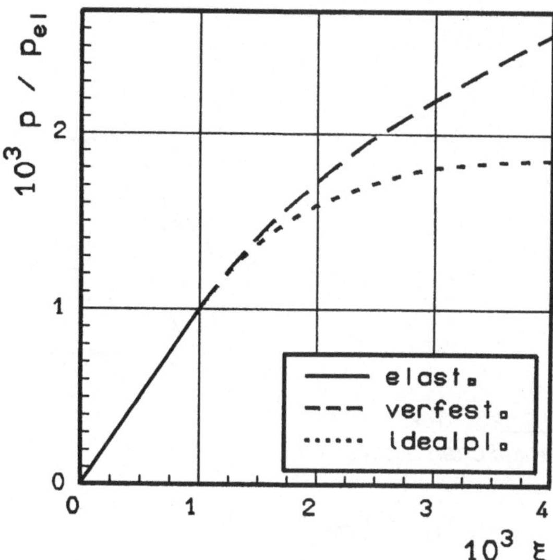

Bild 11.24: Fugenpressung
in Abhängigkeit vom Übermaß

Stabachse x konstanter Umrißform behandelt, der ein ebenfalls längs x konstantes **Torsionsmoment** M_x überträgt und dabei um den **Torsionswinkel** θ verdreht wird. Die Form der Randkurve in der (y,z)-Ebene soll bei dieser Verformung erhalten und gerade Querschnittsdurchmesser sollen gerade bleiben. Wie in der Theorie von de SAINT-VÉNANT [1855] kann damit auch für elastisch-plastische Torsion folgender linearer Ansatz für die Verschiebungen gemacht werden

$$u_y = -D\,x\,z \; ; \quad u_z = D\,x\,y \quad , \tag{11.4-1}$$

wobei

$$D = d\theta/dx = \theta/L = \text{const} \tag{11.4-2}$$

als **Drillung** bezeichnet wird. Jedoch soll eine **freie Verwölbbarkeit** der Querschnitte in x-Richtung, $u_x = u_x\,(y,z)$, gewährleistet sein. Rotationssymmetrische Querschnitte (Kreis, Kreisring) sind von sich aus "wölbfrei", während z. B. bei einem I-Profil die freie Verwölbbarkeit durch geeignete Einleitung des Torsionsmomentes sichergestellt werden muß. Dieser SAINT-VÉNANTsche Ansatz vom Erhaltenbleiben der Querschnittsform bei reiner Torsion ist das Analogon zur BERNOULLIschen Hypothese vom Ebenbleiben der Querschnitte bei der Balkenbiegung, Gl. (3.1-1). Aus dem Verschiebungsansatz (11.4-1) erhält man nach Gl. (9.1-11) die **Verzerrungen**

$$\left.\begin{aligned}
\varepsilon_{xx} &= \varepsilon_{yy} = \varepsilon_{zz} = 0 \\[4pt]
\varepsilon_{xy} &= \tfrac{1}{2}(u_{x,y} - D\,z) \\[4pt]
\varepsilon_{xz} &= \tfrac{1}{2}(u_{x,z} + D\,y) \\[4pt]
\varepsilon_{yz} &= 0 \quad .
\end{aligned}\right\} \tag{11.4-3}$$

Die **Kompatibilitätsbedingung** (9.1-17) lautet einfach

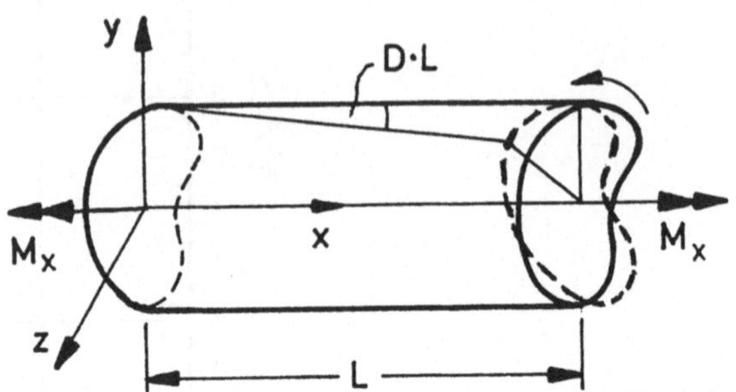

Bild 11.25: Torsion eines
prismatischen Stabes

$$\varepsilon_{xy,z} - \varepsilon_{xz,y} = -2\,D \qquad\qquad\qquad (11.4\text{-}4)$$

Wegen der Annahme freier Verwölbbarkeit der Querschnitte verschwinden die Normalspannungen σ_{xx} , und in der Querschnittsebene (y,z) wirken nur Schubspannungen σ_{xy} und σ_{xz} , die wegen der Voraussetzung konstanter Geometrie und Belastung längs der Stabachse nicht von x abhängen: $\sigma_{xy,x} = 0$, $\sigma_{xz,x} = 0$. Wegen $\varepsilon_{yz} = 0$ muß auch $\sigma_{yz} = 0$ sein, woraus wegen der Gleichgewichtsbedingungen (9.3-1) auch $\sigma_{yy} = 0$ und $\sigma_{zz} = 0$ folgt. Als einzige **Gleichgewichtsbedingung** verbleibt somit

$$\sigma_{xy,y} + \sigma_{xz,z} = 0 \qquad . \qquad\qquad\qquad (11.4\text{-}5)$$

Diese Bedingung kann erfüllt werden, wenn man die Schubspannungen aus einer **Spannungsfunktion** $\Psi(y,z)$ ableitet:

$$\sigma_{xy} = \Psi_{,z} \qquad\qquad \sigma_{xz} = -\Psi_{,y} \qquad . \qquad\qquad (11.4\text{-}6)$$

Die Äquivalenz zwischen dem Torsionsmoment und dem Integral der Momente der Schubspannungen sagt aus

$$M_x = \iint\limits_A (\sigma_{xz}\,y - \sigma_{xy}\,z)\,dA \qquad . \qquad\qquad (11.4\text{-}7)$$

Randbedingung dieses ebenen Problems ist, daß die resultierende Schubspannung den Querschnittsrand tangieren muß. Dessen Kurve sei in Parameterdarstellung durch $z = z(s)$ und $y = y(s)$ mit s als Bogenlänge gegeben; dann ist die Neigung der Tangente

$$\tan\alpha = \frac{\partial z/\partial s}{\partial y/\partial s} = \frac{dz}{dy} = \frac{\sigma_{xz}}{\sigma_{xy}} \qquad \text{auf } \ell\,,$$

woraus nach Einsetzen der Spannungsfunktion (11.4-6) die Bedingung

$$\Psi_{,y}\,dy + \Psi_{,z}\,dz = d\Psi = 0 \qquad\qquad\qquad (11.4\text{-}8)$$

also Ψ = const und speziell für eine einfach zusammenhängende Randkurve (Vollquerschnitt) Ψ = 0 auf folgt. Setzt man jetzt Ψ in die Äquivalenzbedingung (11.4-7) ein und integriert partiell unter Beachtung der Bedingung, daß Ψ auf dem Rande verschwindet, so erhält man das Torsionsmoment als "Volumen" unter der Spannungsfunktion $\Psi(y,z)$ über dem Querschnitt A

$$M_x = 2 \iint\limits_{A} \Psi(y,z)\, dA \quad .\tag{11.4-9}$$

Um das Torsionsproblem zu lösen, braucht man jetzt also eine Differentialgleichung zur Bestimmung der Spannungsfunktion $\Psi(x,y)$. Für **elastischen Werkstoff** hat man aus dem HOOKEschen Gesetz und den Verzerrung-Verschiebung-Gleichungen (11.4-3)

$$\sigma_{xy} = 2\,G\,\varepsilon_{xy} = G\,(u_{x,y} - D\,z)$$

$$\sigma_{xz} = 2\,G\,\varepsilon_{xz} = G\,(u_{x,z} + D\,y) \quad ,$$

woraus mit der Kompatibilitätsbedingung (11.4-4) schließlich die **POISSONsche Differentialgleichung**

$$\Delta\Psi = \Psi_{,yy} + \Psi_{,zz} = -\,2\,G\,D \tag{11.4-10}$$

für die Spannungsfunktion folgt. Dieselbe partielle Differentialgleichung beschreibt die Durchbiegung einer über dem Querschnitt A aufgespannten elastischen Membran (Membrananalogon von PRANDTL [1903] für elastische Torsion). Da die Neigung der "Membran"-Fläche $\Psi(y,z)$ auf dem Querschnittsrand am größten ist, beginnt der Werkstoff dort zuerst zu fließen, und zwar sobald

$$(\underline{\nabla}\Psi)^2 = \frac{1}{3}\,R_F^2 = k_F^2 \quad , \tag{11.4-11}$$

also $|\underline{\nabla}\Psi|$ = $R_F/\sqrt{3}$ wird, wie man durch Einsetzen von Gl. (11.4-6) in die MISESsche Fließbedingung erhält. Für **ideal-plastischen Werkstoff** gilt die Differentialgleichung (11.4-11) im ganzen plastizierten Bereich A^p des Querschnitts, d. h. daß die Neigung der über A^p aufgespannten Fläche $\Psi(y,z)$ konstant ist. Bei Erreichen des plastischen Grenzzustandes spannt $\Psi(y,z)$ ein Satteldach der konstanten Neigung $R_F/\sqrt{3}$ über dem gesamten Querschnitt A auf, und nach Gl. (13.4-9) ist das zugehörige Grenztorsionsmoment gleich dem doppelten Volumen unter dieser Dachfläche. Elastisch-plastische Zwischenzustände des Querschnitts können durch Kombination beider Analoga dargestellt werden, Bild 11.26. Diese Erweiterung des Membran-Analogons geht auf NADAI [1923], [1950]* zurück.

11.4.2 Plastische Grenzlast tordierter Stäbe

Analytische Lösungen des elastisch-plastischen Torsionsproblems für beliebige Stabquerschnitte können (mit Ausnahme von Kreis und Ellipse) große mathematische Schwierigkeiten bereiten. Das genannte Satteldach-Analogon für den voll plastizierten Querschnitt erlaubt je-

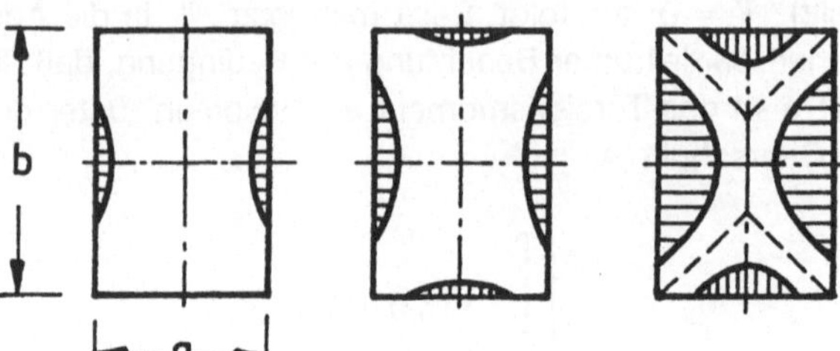

Bild 11.26: *Plastische Zonen bei der Torsion eines Stabes mit Rechteckquerschnitt*

doch auf einfache Weise die Bestimmung des plastischen Grenztorsionsmomentes. Hierfür werden im folgenden einige Beispiele gegeben. Auf die Herleitung der Gleichungen kann verzichtet werden, da sie wegen Gl. (11.4-9) nur eine einfache nachvollziehbare Volumenberechnung darstellen.

1. **Kreis** vom Radius *a*:
   Die Höhe des Satteldaches ist

$$h = a\, R_F / \sqrt{3}_F$$

und sein Volumen

$$V = \frac{1}{3}\, \pi\, a^2\, h \; .$$

Damit ist das plastische Grenztorsionsmoment

$$M_{xpl} = 2V = \frac{2}{3}\, \pi\, a^3\, \frac{R_F}{\sqrt{3}} \; . \tag{11.4-12}$$

Aus dieser Lösung erhält man sofort auch das Grenzmoment eines **Kreisringes** vom Außenradius r_a und Innenradius r_i , wenn man beachtet, daß die innere Randkurve eine Linie $\Psi(r_i)$ = const. des Vollquerschnitts ist. In diesem Sonderfall liefert die partielle Integration der Äquivalenzbeziehung (11.4-7)

$$M_x = 2\left\{ \iint\limits_{A_a} \Psi dA - \iint\limits_{A_i} \Psi_i\, dA \right\} \tag{11.4-13}$$

mit $\Psi_i\,(r_i) = 0$ und $A_{a,i} = \pi\, r_{a,i}^2$, also

$$M_{xpl} = \frac{2}{3}\, \pi\, (r_a^3 - r_i^3)\, \frac{R_F}{\sqrt{3}} \; . \tag{11.4-14}$$

Der plastische Überlastungsfaktor $m_{pl} = M_{xpl}/M_{xel}$ ist im Bild 11.27 über dem Radienverhältnis $0 \leqslant r_i/r_a \leqslant 1$ aufgetragen; $r_i/r_a = 0$ stellt den Vollkreisquerschnitt dar.

2. **Rechteck** mit den Seitenlängen $b, a < b$ (vgl. Bild 11.27):
   Die Höhe des Satteldaches ist

$$h = \frac{1}{2}\, a\, R_F/\sqrt{3}$$

und sein Volumen

$$V = (b - a)\, a\; h/2 + 2\left[\frac{1}{3}\, a^2\, h/2\right]\ .$$

Das plastische Grenztorsionsmoment ergibt sich hieraus zu

$$M_{xpl} = \frac{1}{6}\, a^2\, (3b - a)\, \frac{R_F}{\sqrt{3}}\ . \tag{11.4-15}$$

Auch für das Rechteckprofil ist der plastische Überlastungsfaktor im Bild 11.27 über dem Seitenverhältnis $0 \leqslant a/b \leqslant 1$ dargestellt; $a/b = 1$ ist der Grenzfall eines quadratischen Querschnitts.

Walzprofilquerschnitte wie I-, T-, L-Profile, kann man sich einfach aus einzelnen Rechteckquerschnitten zusammengesetzt denken und in Gl. (11.4-13) meist auch noch die Näherung $a \ll b$ einführen.

3. **Gleichseitiges Dreieck** der Seitenlänge a:
   Die Höhe des Satteldaches ist

$$h = \frac{1}{6}\, a\, R_F$$

und sein Volumen

$$V = \frac{1}{3}\, A\, h = \frac{1}{24}\, a^3\, \frac{R_F}{\sqrt{3}}\ .$$

Damit erhält man als Grenztorsionsmoment

$$M_{xpl} = \frac{1}{12}\, a^3\, \frac{R_F}{\sqrt{3}} \tag{11.4-16}$$

und als plastischen Überlastungsfaktor $m_{pl} = 5/3$.

11.4.3 Interaktion mit Zug- und Biegebeanspruchung

Zug- und Biegebeanspruchungen bewirken zusätzliche Normalspannungen $\sigma_{xx}\,(y,z)$ im Stab. Dabei werde vorausgesetzt, daß die σ_{xx} ebenso wie die Schubspannungen σ_{xy} und σ_{xz} längs der Stabachse konstant sind, also nicht von der Koordinate x abhängen. Damit ist die Gleichgewichtsbedingung (11.4-5) weiterhin erfüllt. Die Verschiebung in x-Richtung wird jedoch zusätzlich von x abhängig, $u_x = u_x\,(x,y,z)$. Die MISESsche Fließbedingung für idealplastischen Werkstoff lautet jetzt

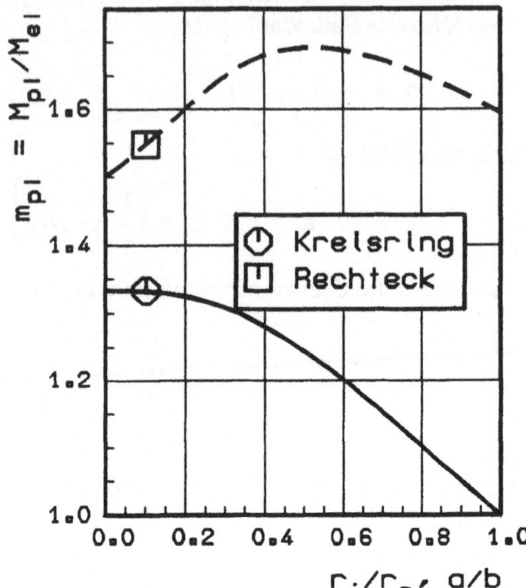

Bild 11.27: Plastischer Überlastungsfaktor bei Torsion

$$\sigma_{xx}{}^2 + 3(\sigma_{xy}{}^2 + \sigma_{xz}{}^2) = R_F{}^2 \quad , \tag{11.4-17}$$

und man erhält anstelle von Gl. (11.4-11) die Randwertaufgabe

$$(\underline{\nabla}\Psi)^2 = \frac{1}{3}\,[R_F{}^2 - \sigma_{xx}{}^2\,(y,z)] = F^2\,(y,z) \tag{11.4-18}$$

mit $\Psi = 0$ auf der Randkurve des Querschnitts. Damit ist die Neigung der Satteldach-Fläche bei kombinierter Torsions- und Biegebelastung nicht mehr konstant. Zunächst wird deshalb der einfachere Fall von kombinierter **Torsions-** und **Zugbelastung** mit $\sigma_{xx} = N/A$ behandelt.

Analog der Bezeichnungsweise für "Biegung und Längskraft" im Abschnitt 3.3 werden $N_{pl} = N_{el} = R_F\,A$ als plastische (und zugleich elastische) Grenzlängskraft ohne Einwirkung eines Torsionsmomentes M_x und $M_{xpl} = m_{xpl}\,M_{xel}$ als plastisches bzw. elastisches Grenztorsionsmoment ohne Einwirkung einer Längskraft N definiert. Bei kombinierter Beanspruchung ist der **vollplastische Grenzzustand** durch eine Interaktionsbeziehung $\Phi(m_x,n) = 0$ charakterisiert. Die zugehörigen Schnittlasten sind dann

$$
\left.\begin{aligned}
N_{pl,M} &= n\,N_{el} = n_x\,R_F\,A \ , \\[2mm]
M_{xpl,N} &= m_x\,M_{xel} = \bar{m}_x\,M_{xpl} \ ,
\end{aligned}\right\}
\ \text{mit}\
\left\{\begin{aligned}
&0 \le n \le 1 \ , \\
&0 \le \underline{m}_x \le m_{xpl} \ , \\
&0 \le m_x \le 1 \ .
\end{aligned}\right\}
\tag{11.4-19}
$$

Aus Gl. (11.4-18) erhält man damit

$$(\underline{\nabla}\Psi) = \frac{1}{\sqrt{3}}\,R_F{}^2\,(1 - n^2)^{1/2} \tag{11.4-20}$$

als über den Querschnitt konstante Neigung des Satteldaches und kann hieraus mit Hilfe einer Volumenberechnung nach Gl. (11.4-9) das Grenztorsionsmoment $M_{xpl,N}$ berechnen. Ist M_{xpl} ohne Einwirkung einer Längskraft bekannt, so hat man aus Gl. (11.4-20) unmittelbar die gesuchte Interaktionsbeziehung

$$\Phi(\bar{m}_x,n) \;=\; \bar{m}_x{}^2 + n^2 - 1 = 0 \quad , \tag{11.4-21}$$

die einen Kreis beschreibt.

Erheblich schwieriger ist die mathematische Behandlung des Problems kombinierter **Torsions- und Biegebelastung**. Die Lösung der Randwertaufgabe (11.4-18) kann bei vorgegebenem $F(y,z)$ mit Hilfe eines Charakteristikenverfahrens (vgl. Abschnitt 10.7.4) erfolgen, siehe z. B. RECKLING [1967]*, S. 261. Dies setzt jedoch Annahmen über die Spannungsverteilung σ_{xx} (y,z) voraus. Sofern diese Ansätze für die Normalspannungen die Äquivalenzbeziehungen (3.1-8) für Biegemomente und Normalkraft erfüllen und nirgends die Bedingung $|\sigma_{xx}|$ $\leqslant R_F$ verletzen, sind sie statisch zulässig im Sinne der Definition des Abschnitts 10.7.2. Die Gleichgewichtsbedingungen für die Schubspannungen werden über die Ansätze (11.4-6) erfüllt und die Einhaltung der Fließbedingung bei kombinierter Torsions- und Biegebelastung wird über Gl. (11.4-18) sichergestellt. Die mit einem statisch zulässigen Spannungszustand berechnete Schnittlastenkombination $\{M_x , M_y , M_z\}$ stellt nach dem statischen Satz eine untere Schranke der zum tatsächlichen plastischen Grenzzustand (Kollapszustand) gehörenden Schnittlastenkombination dar. In diesem Sinne können die im Bild 3.1 für plastische Biegung graphisch und in den Gln. (3.1-5) bis (3.1-7) formelmäßig dargestellten Spannungszustände 1 bis 3 unmittelbar als rechte Seite von Gl. (11.4-18) verwendet werden. Sofern Randbereiche des Querschnitts allein durch Normalspannungen plastiziert sind, Spannungszustände 2 und 3, werden Schubspannungen nur noch durch den verbleibenden, bei ausschließlicher Biegebeanspruchung elastischen, Restquerschnitt übertragen. Da die grundsätzliche Vorgehensweise der Behandlung der Interaktion von Normal- und Schubspannungen bereits im Abschnitt 11.1, Biegung mit Querkraft, ausführlich behandelt wurde, wird an dieser Stelle auf weiter ins Einzelne gehende Lösungen des Problems verzichtet. Nach VOGEL & MAIER [1987] ist der Einfluß von Torsionsbeanspruchungen gegenüber dem Querkrafteinfluß auf die Traglastberechnung räumlicher Systeme zu vernachlässigen.

A1   Grundlagen der Vektor- und Tensorrechnung

A1.1 Bezeichnungsweisen und Rechenregeln der Vektor- und Tensor-algebra

Vektoren und Tensoren[1] werden nach Bedarf symbolisch, $\underline{v}$, $\underline{T}$, oder indiziert, d. h. durch ihre Komponenten v_j, T_{ij}, bezeichnet. Im letzteren Falle ist die Festlegung einer **Basis**, das ist ein System von drei linear unabhängigen "Basisvektoren" $\{\underline{e}_i\}$ ($i = 1,2,3$), erforderlich. Mit Ausnahme der im Abschnitt 9.4 gesondert behandelten Zylinder- und Kugelkoordinaten beschränken sich die Darstellungen auf orthogonale und geradlinige, d. h. kartesische Koordinaten $\{x,y,z\}$, die in der Indexschreibweise durch x_i ($i = 1,2,3$) bezeichnet werden.

Es wird die Summationskonvention

$$\left. \begin{array}{l} \alpha = a_i\, b_i := \sum_{i=1}^{3} a_i\, b_i \\[3em] a_i = T_{ij}\, b_j := \sum_{j=1}^{3} T_{ij}\, b_j \end{array} \right\} \qquad (\text{A1-1})$$

für zwei gleiche Indizes in Produktausdrücken verwendet. Ausdrücke mit drei gleichen Indizes sind daher unzulässig, da sie nicht als Operation definiert sind.

Die Basissysteme sowohl der kartesischen als auch der Zylinder- und der Kugelkoordinaten sind orthonormal, d. h. das Skalarprodukt, Gl. (A1-9), ihrer Basisvektoren, auch Metrik genannt, ist

$$\underline{e}_i \cdot \underline{e}_j = \delta_{ij} = \left\{ \begin{array}{ll} 1 & \text{für}\quad i = j \\ 0 & \text{für}\quad i \neq j \end{array} \right\} . \qquad (\text{A1-2})$$

δ_{ij} heißt Kronecker-Symbol. Ein Ortsvektor wird durch

$$\underline{x} = \overrightarrow{OP} = x_i\, \underline{e}_i \ , \qquad (\text{A1-3})$$

ein beliebiger Vektor durch

$$\underline{v} = v_i\, \underline{e}_i \qquad (\text{A1-4})$$

und ein Tensor 2. Stufe durch

$$\underline{T} = T_{ij}\, \underline{e}_i\, \underline{e}_j \qquad (\text{A1-5})$$

dargestellt. Beim Ortsvektor ist zusätzlich zur Basis $\{\underline{e}_i\}$ die Festlegung eines "Koordinatenursprungs" 0 erforderlich. Für ein gegebenes Basissystem $<0, \{\underline{e}_i\}>$ - und nur in diesem

---

[1] Sofern nicht ausdrücklich anders erwähnt, wird unter einem "Tensor" immer ein Tensor 2. Stufe verstanden.

Falle - ist die Angabe der Komponenten x_j, v_j, T_{ij} als sog. indizierte Schreibweise von Vektoren und Tensoren eindeutig. Die "Basis" des Tensors ist das "dyadische" Produkt, Gl. (A1-12), der Basisvektoren mit der Eigenschaft

$$(\underline{e}_i\,\underline{e}_j)\cdot\underline{e}_k = \underline{e}_i\,\delta_{jk}\ ,$$

$$\underline{e}_i\cdot(\underline{e}_j\,\underline{e}_k) = \underline{e}_k\,\delta_{ij}\ . \qquad\qquad (A1\text{-}6)$$

Zur Unterscheidung von Vektoren $\underline{a}$ bzw. Tensoren $\underline{A}$ werden **Matrizen** mit einer Tilde durch $\tilde{a}$ bzw. $\tilde{A}$ gekennzeichnet. Die Komponenten a_i eines Vektors $\underline{a}$ bzw. A_i eines Tensors $\tilde{A}$ können als dreizeilige Spaltenmatrix bzw. als quadratische 3·3-Matrix geschrieben werden. Während Vektoren und Tensoren invariant gegenüber einem Wechsel des Basissystems sind, ändern sich selbstverständlich die Matrizen ihrer Komponenten (vgl. Abschnitt A1.2).

Es gelten die folgenden algebraischen Rechenregeln (symbolisch bzw. indiziert geschrieben):

(a) Summe zweier Vektoren (kommutativ)

$$\underline{c} = \underline{a} + \underline{b} \qquad\text{bzw.}\qquad c_i = a_i + b_i \qquad (A1\text{-}7)$$

(b) Produkt von Skalar und Vektor (kommutativ)

$$\underline{c} = \alpha\,\underline{a} \qquad\text{bzw.}\qquad c_i = \alpha\,a_i \qquad (A1\text{-}8)$$

(c) Skalarprodukt zweier Vektoren (kommutativ)

$$\alpha = \underline{a}\cdot\underline{b} \qquad\text{bzw.}\qquad \alpha = a_i\,b_i \qquad (A1\text{-}9)$$

(d) Vektorprodukt zweier Vektoren (nicht kommutativ!)

$$\underline{c} = \underline{a}\times\underline{b} = -\underline{b}\times\underline{a} \qquad\text{bzw.}\qquad c_k = a_i\,b_j\,\delta_{ijk} \qquad (A1\text{-}10)$$

mit dem "Permutationstensor"[1]

$$\delta_{ijk} = \begin{cases} +1 & \text{für}\ \ i,j,k = 1,2,3,1,2 \\ -1 & \text{für}\ \ i,j,k = 3,2,1,3,2 \\ 0 & \text{sonst} \end{cases} \qquad (A1\text{-}11)$$

(e) Tensorprodukt (dyadisches Produkt) zweier Vektoren (nicht kommutativ)

$$\underline{T} = \underline{a}\,\underline{b} \qquad\text{bzw.}\qquad T_{ij} = a_i\,b_j \qquad (A1\text{-}12)$$

$$\underline{T}^t = (\underline{a}\,\underline{b})^t = \underline{b}\,\underline{a} \qquad\text{bzw.}\qquad T_{ji} = a_j\,b_i$$

---

[1] Zur Unterscheidung von den Komponenten ε_{ij} des Verzerrungstensors werden die Komponenten des Permutationstensors abweichend von der üblichen Bezeichnungsweise δ_{ijk} genannt.

(f)   Summe zweier Tensoren (kommutativ)

$$\underline{R} = \underline{S} + \underline{T} \qquad \text{bzw.} \qquad R_{ij} = S_{ij} + T_{ij} \qquad\qquad \text{(A1-13)}$$

(g)   Produkt von Tensor und Skalar (kommutativ)

$$\underline{S} = \alpha\, \underline{T} \qquad \text{bzw.} \qquad S_{ij} = \alpha\, T_{ij} \qquad\qquad \text{(A1-14)}$$

(h)   Skalarprodukt von Tensor und Vektor (nicht kommutativ)
       Rechtsmultiplikation

$$\underline{w} = \underline{T} \cdot \underline{v} \qquad \text{bzw.} \qquad w_i = T_{ij}\, v_j \qquad\qquad \text{(A1-15)}$$

Linksmultiplikation

$$\underline{u} = \underline{v} \cdot \underline{T} \qquad \text{bzw.} \qquad u_j = T_{ij}\, v_i \qquad\qquad \text{(A1-16)}$$

Nur für symmetrische Tensoren

$$\underline{T} = \underline{T}^t \qquad \text{bzw.} \qquad T_{ij} = T_{ji} \qquad\qquad \text{(A1-17)}$$

mit dem **transponierten** Tensor $\underline{T}^t = T_{ji}\, \underline{e}_i\, \underline{e}_j$ ist

$$\underline{w} = \underline{T} \cdot \underline{v} = \underline{v} \cdot \underline{T} = \underline{u} \ .$$

(i)   Skalarprodukt zweier Tensoren (nicht kommutativ)

$$\underline{R} = \underline{S} \cdot \underline{T} \qquad \text{bzw.} \qquad R_{ij} = S_{ik}\, T_{kj} \qquad\qquad \text{(A1-18)}$$

(k)   Doppelskalarprodukt zweier Tensoren (kommutativ)

$$\alpha = \underline{S} \cdot\cdot\, \underline{T} \qquad \text{bzw.} \qquad \alpha = S_{ij}\, T_{ij} \qquad\qquad \text{(A1-19)}$$

Analog zum dyadischen Produkt zweier Vektoren, Gl. (A1-12), können Tensoren höherer
Stufen als dyadische Produkte von Tensoren niederer Stufe definiert werden:
Tensor 2. Stufe "dyadisch" Vektor   =   Tensor 3. Stufe,
Tensor 2. Stufe "dyadisch" Tensor 2. Stufe   =   Tensor 4. Stufe usw.
In diesem Sinne ist ein Vektor als Tensor 1. Stufe, ein Skalar als Tensor 0. Stufe anzusehen.
Sofern nicht ausdrücklich anders bezeichnet, wird im folgenden unter "Tensor" immer nur ein
Tensor 2. Stufe verstanden.

Statt in indizierter Notation können die Rechenoperationen für die Vektor- und Tensorkomponenten auch in **Matrizen-Schreibweise** formuliert werden. So gilt insbesondere für das
Skalarprodukt zweier Vektoren

$$\alpha = \underline{a}^t\, \underline{a} \qquad\qquad\qquad\qquad\qquad \text{(A1-9a)}$$

im Gegensatz zum **dyadischen Produkt**

$$\underset{\sim}{T} = \underset{\sim}{a} \; \underset{\sim}{a}^t \; .\tag{A1-12a}$$

Die Matrixnotationen für Skalarprodukte von Vektoren und Tensoren sind entsprechend

$$\underset{\sim}{w} = \underset{\sim}{T} \; \underset{\sim}{v}\tag{A1-15a}$$

$$\underset{\sim}{u}^t = \underset{\sim}{v}^t \; \underset{\sim}{T} \qquad \text{oder} \qquad \underset{\sim}{u} = \underset{\sim}{T}^t \; \underset{\sim}{v}\tag{A1-16a}$$

$$\underset{\sim}{R} = \underset{\sim}{S} \; \underset{\sim}{T} \; .\tag{A1-18a}$$

Entsprechend der skalaren Null mit der Eigenschaft $\alpha + 0 = \alpha$ gibt es einen Nullvektor und einen Nulltensor mit

$$\left. \begin{array}{c} \underline{a} + \underline{0} = \underline{a} \quad , \\[2ex] \underline{T} + \underline{0} = \underline{T} \quad . \end{array} \right\}\tag{A1-20}$$

Der Einheitsvektor hat die Eigenschaft

$$\underline{e} \cdot \underline{a} = \underline{a} \cdot \underline{e} = a_e\tag{A1-21}$$

mit a_e als Komponente von $\underline{a}$ in Richtung von $\underline{e}$; insbesondere gilt für die Basisvektoren

$$\underline{e}_i \cdot \underline{a} = \underline{a} \cdot \underline{e}_i = a_i\tag{A1-22}$$

und

$$\underline{e}_i \cdot \underline{T} \cdot \underline{e}_j = T_{ij}\tag{A1-23}$$

Der Eins-Tensor, auch Einheits- oder Metriktensor genannt, ist in einer orthonormierten Basis

$$\underline{I} = \delta_{ij} \; \underline{e}_i \; \underline{e}_j\tag{A1-24}$$

und hat die Eigenschaften

$$\underline{I} \cdot \underline{a} = \underline{a} \cdot \underline{I} = \underline{a} \qquad \text{bzw.} \qquad \delta_{ij} \, a_j = a_i \qquad , \tag{A1-25}$$

$$\underline{I} \cdot \underline{T} = \underline{T} \cdot \underline{I} = \underline{T} \qquad \text{bzw.} \qquad \delta_{ij} \, T_{jk} = T_{ik} \qquad , \tag{A1-26}$$

$$\underline{I} \cdot\cdot \underline{T} = \underline{T} \cdot\cdot \underline{I} = T_{ii} \qquad \text{bzw.} \qquad \delta_{ij} \, T_{ij} = T_{ii} \qquad . \tag{A1-27}$$

A1.2 Transformationseigenschaften von Vektor- und Tensorkomponenten bei Drehung der Basis

Die orthonormalen Basisvektoren $\underline{e}_i$ werden durch Drehung in die Basisvektoren $\overset{*}{\underline{e}}_i$ vermöge der Transformation

$$\overset{*}{\underline{e}}_j = a_{ij} \; \underline{e}_i\tag{A1-28a}$$

überführt; die inverse Transformation ist

$$\underline{e}_j = \overset{*}{a}_{ij}\, \overset{*}{\underline{e}}_i \ . \tag{A1-28b}$$

Die Transformationskoeffizienten a_{ij} bzw. $\overset{*}{a}_{ij}$ sind die Richtungscosinus der Basis-drehungen $e_i \rightarrow \overset{*}{e}_j$ bzw. $\overset{*}{e}_i \rightarrow e_j$

$$\left.\begin{aligned}
a_{ij} &= \underline{e}_i \cdot \overset{*}{\underline{e}}_j = \cos(\underline{e}_i, \overset{*}{\underline{e}}_j) \\
\overset{*}{a}_{ij} &= \overset{*}{\underline{e}}_i \cdot \underline{e}_j = \cos(\overset{*}{\underline{e}}_i, \underline{e}_j)
\end{aligned}\right\} \ . \tag{A1-29}$$

Also ist

$$a_{ij} = \overset{*}{a}_{ji} \qquad \text{oder} \qquad A^t = \overset{*}{A} \tag{A1-30}$$

und wegen $\underline{e}_j = a_{ji}\, \overset{*}{\underline{e}}_i = a_{ji}\, a_{ki}\, \underline{e}_k$ nach Gl. (A1-28a,b) folgt die "Orthogonalitäts-beziehung"

$$a_{ji}\, a_{ki} = \delta_{jk} \qquad \text{oder} \qquad A^t\, A = \underline{I} \tag{A1-31}$$

Dabei beachte man, daß $\underline{A}$ eine Matrix, aber kein Tensor ist!

Für eine ebene Drehung in der $(\underline{e}_1, \underline{e}_2)$-Ebene um den Winkel α erhält man z. B.

$$\underline{A} = \begin{bmatrix} \cos\alpha & -\sin\alpha & 0 \\ \sin\alpha & \cos\alpha & 0 \\ 0 & 0 & 1 \end{bmatrix}$$

und damit die Transformationsbeziehungen für die Basisvektoren

$$\begin{aligned}
\overset{*}{\underline{e}}_1 &= \cos\alpha\ \underline{e}_1 + \sin\alpha\ \underline{e}_2 \\
\overset{*}{\underline{e}}_2 &= -\sin\alpha\ \underline{e}_1 + \cos\alpha\ \underline{e}_2 \\
\overset{*}{\underline{e}}_3 &= \underline{e}_3
\end{aligned}$$

Die Komponenten eines Vektors

$$\underline{v} = v_i\, \underline{e}_i = \overset{*}{v}_j\, \overset{*}{\underline{e}}_j$$

transformieren sich gemäß Gl. (A1-28a,b)

$$v_i = a_{ij}\, \overset{*}{v}_j \qquad\qquad \text{oder} \qquad\qquad \underline{v} = \underline{A}\, \overset{*}{\underline{v}} \tag{A1-32a}$$

bzw.

$$\overset{*}{v}_j = \overset{*}{a}_{ji}\, v_i = a_{ij}\, v_i \qquad \text{oder} \qquad \overset{*}{\underline{v}} = A^t\, \underline{v} \ . \tag{A1-32b}$$

Die Transformationsgleichungen für die Komponenten eines Tensors

$$\underline{T} = T_{ij}\, \underline{e}_i\underline{e}_j = \overset{*}{T}_{kl}\, \overset{*}{\underline{e}}_k\overset{*}{\underline{e}}_l$$

lauten

bzw.

$$T_{ij} = a_{ik}\, a_{jl}\, \overset{*}{T}_{kl} \qquad \text{oder} \qquad \underline{\underline{T}} = \underline{\underline{A}}\; \overset{*}{\underline{\underline{T}}}\; \underline{\underline{A}}^t \tag{A1-33a}$$

$$\overset{*}{T}_{ij} = a_{ki}\, a_{lj}\, T_{kl} \qquad \text{oder} \qquad \overset{*}{\underline{\underline{T}}} = \underline{\underline{A}}^t\; \underline{\underline{T}}\; \underline{\underline{A}} \tag{A1-33b}$$

Vektor und Tensor sind gegenüber der Drehung ihrer Basis, in der sie dargestellt werden, definitionsgemäß invariant, während sich die Matrizen ihrer Komponenten nach den Transformationsvorschriften (A1-32a,b) bzw. (A1-33a,b) ändern. Die Darstellung ein und desselben Tensors in zwei verschiedenen Basissystemen muß trotz der formalen Analogie der Gleichungen auch streng von einer **Drehung** des Tensors mit Hilfe eines **Drehtensors** $\underline{A}$

$$\underline{T}^* = \underline{A}^t \cdot \underline{T} \cdot \underline{A} \tag{A1-34}$$

unterschieden werden, bei der der Tensor verändert wird. Ein Nachteil der indizierten Schreibweise ist, daß ohne eindeutige Kennzeichnung der Basis den Gln. (A1-32a,b) bzw. (A1-33a,b) nicht anzusehen ist, ob sie eine Basistransformation oder die Drehung eines Vektors bzw. Tensors beschreiben sollen.

A1.3   Hauptachsentransformation, Invarianten des Tensors

Gegeben sei ein symmetrischer Tensor $\underline{T} = \underline{T}^t$, und es werden Richtungen $\underline{n}$, die "Hauptrichtungen", gesucht, für die gilt

$$\underline{T} \cdot \underline{n} = \lambda\, \underline{n} \qquad \text{oder} \qquad (\underline{T} - \lambda \underline{I}) \cdot \underline{n} = \underline{o}\ , \tag{A1-35}$$

also die Transformation von $\underline{n}$ durch $\underline{T}$ lediglich zu einer Streckung, aber keiner Drehung von $\underline{n}$ führt. Eine Lösung des Problems erhält man aus der Bedingung

$$\det (\underline{T} - \lambda\, \underline{I}) = 0\ , \tag{A1-36}$$

und zwar drei reelle **Eigenwerte** $\lambda_1 \ge \lambda_2 \ge \lambda_3$ und drei orthogonale **Eigenvektoren** $\underline{n}_i$. In der Basis $\{\underline{n}_i\}$ nimmt die Matrix der Tensorkomponenten Diagonalform an

$$\underline{\Lambda} = \begin{bmatrix} \lambda_1 & 0 & 0 \\ 0 & \lambda_2 & 0 \\ 0 & 0 & \lambda_3 \end{bmatrix} = \operatorname{diag}(\lambda_i)\ . \tag{A1-37}$$

Ausrechnen von Gl. (A1-36) liefert die **"charakteristische Gleichung"**

$$\lambda^2 - T_1\, \lambda^2 - T_2\, \lambda^3 - T_3 = 0 \tag{A1-38}$$

mit

$$T_1 = T_{ii} = \operatorname{spur}(\underline{T}) = \underline{T} \cdot\cdot\, \underline{I}$$

$$T_2 = \tfrac{1}{2}(T_{ij}\, T_{ji} - T_{ii}\, T_{jj}) = \tfrac{1}{2}[(\underline{T} \cdot\cdot\, \underline{T}) - (\underline{T} \cdot\cdot\, \underline{I})^2]$$
$$\qquad = \tfrac{1}{2}[\operatorname{spur}(\underline{T}^2) - \operatorname{spur}^2(\underline{T})]$$

$$T_3 = \det(\underline{T}) \tag{A1-39}$$

$$= \frac{1}{3} \left[\mathrm{spur}\,(\underline{T}^3) - \frac{3}{2}\,\mathrm{spur}\,(\underline{T}^2)\,\mathrm{spur}\,(\underline{T}) + \frac{1}{2}\,\mathrm{spur}^3\,(\underline{T}) \right] \Bigg\}$$

Da die Lösungen λ_1, λ_2, λ_3 der charakteristischen Gl. (A1-38) unabhängig vom Basis-system sein müssen, in dem $\underline{T}$ dargestellt wird, sind T_1, T_2, T_3 **Invarianten des Tensors**, so wie auch die Eigenwerte λ_1, λ_2, λ_3 Invarianten sind, und es gilt der Zusammenhang

$$\left.\begin{aligned}
T_1 &= \lambda_1 + \lambda_2 + \lambda_3 \\
T_2 &= -(\lambda_1\,\lambda_2 + \lambda_2\,\lambda_3 + \lambda_1\,\lambda_3) \\
T_3 &= \lambda_1\,\lambda_2\,\lambda_3
\end{aligned}\right\} \, . \qquad\qquad \text{(A1-40)}$$

A1.4   Kugeltensor und Deviator

Der Tensor $\underline{T}$ werde in zwei Anteile, und zwar in den "Kugeltensor"

$$\hat{\underline{T}} = \frac{1}{3}\,T_1\,\underline{I} \qquad\qquad\qquad\qquad \text{(A1-41)}$$

und den "Deviator"

$$\underline{T}' = \underline{T} - \frac{1}{3}\,T_1\,\underline{I} \qquad\qquad\qquad\qquad \text{(A1-42)}$$

zerlegt. Die Invarianten des Deviators ergeben sich entsprechend seiner Definition zu

$$\left.\begin{aligned}
T_1' &= 0 \\[4pt]
T_2' &= \tfrac{1}{2}\,T_{ij}'\,T_{ij}' \\
&= \frac{1}{6}\left[(T_{11} - T_{22})^2 + (T_{11} - T_{33})^2 + (T_{22} - T_{33})^2\right] + \\
&\qquad\qquad\qquad + T_{12}^2 + T_{13}^2 + T_{23}^2 \\[6pt]
T_3' &= \det(T_{ij}') = \frac{1}{3}\,T_{ij}\,T_{jk}\,T_{ki}
\end{aligned}\right\} \qquad \text{(A1-43)}$$

Die Hauptwerte des Deviators werden nach Einsetzen von Gl. (A1-42) in Gl. (A1-35) aus

$$\left[\underline{T} - \left[\frac{1}{3}\,T_1 + \lambda'\right]\underline{I}\right] \cdot \underline{n} = \underline{o}$$

bestimmt. Entsprechend der Definition von $\underline{T}'$ gilt

$$\left.\begin{aligned}
\lambda_i' &= \lambda_i - \frac{1}{3}\, T_1 \\[2mm]
\underline{n}_i' &= \underline{n}_i
\end{aligned}\right\} \qquad (A1\text{-}44)$$

Damit kann man auch die Invarianten des Deviators im Hauptachsensystem darstellen

$$\left.\begin{aligned}
T_1' &= \lambda_1' + \lambda_2' + \lambda_3' = 0 \\[2mm]
T_2' &= \tfrac{1}{2}\,(\lambda_1'^2 + \lambda_2'^2 + \lambda_3'^2) \\
&= -\,\lambda_1'\,\lambda_2' - \lambda_2'\,\lambda_3' - \lambda_1'\,\lambda_3' \\
&= \frac{1}{6}\,[(\lambda_1 - \lambda_2)^2 + (\lambda_1 - \lambda_3)^2 + (\lambda_2 - \lambda_3)^2] \\[3mm]
T_3' &= \lambda_1'\,\lambda_2'\,\lambda_3'
\end{aligned}\right\} \qquad (A1\text{-}45)$$

A1.5 Einige Rechenregeln der Vektor- und Tensoranalysis

Ableitungen nach dem Ort werden mit Hilfe eines Differentialoperators, des "Nabla-Operators"

$$\underline{\nabla} = \frac{\partial}{\partial x_i}\, \underline{e}_i \qquad (A1\text{-}46)$$

ausgeführt. Da der $\underline{\nabla}$-Operator ein Vektoroperator ist, ist er entsprechend den Multiplikationsregeln für Vektoren (vgl. Abschnitt A1.1) auf Skalare, andere Vektoren und Tensoren anzuwenden. Es ist

der **Gradient** einer skalaren Ortsfunktion $\phi(x)$ ein Vektor

$$\operatorname{grad}\phi = \underline{\nabla}\,\phi = \frac{\partial \phi}{\partial x_i}\, \underline{e}_i = \phi_{,i}\, \underline{e}_i \quad , \qquad (A1\text{-}47)$$

der Gradient eines Vektorfeldes $\underline{v}(\underline{x})$ ein Tensor

$$\operatorname{grad}\underline{v} = \underline{\nabla}\,\underline{v} = \frac{\partial v_j}{\partial x_i}\, \underline{e}_i\,\underline{e}_j = v_{j,i}\, \underline{e}_i\,\underline{e}_j \quad , \qquad (A1\text{-}48)$$

die **Divergenz** eines Vektorfeldes $\underline{v}(\underline{x})$ ein Skalar

$$\operatorname{div}\underline{v} = \underline{\nabla}\cdot\underline{v} = \frac{\partial v_j}{\partial x_i}\, \underline{e}_i\cdot\underline{e}_j = v_{i,i} \quad , \qquad (A1\text{-}49)$$

die **Rotation** eines Vektorfeldes $\underline{v}(\underline{x})$ ein Vektor

$$\text{rot}\,\underline{v} = \underline{\nabla} \times \underline{v} = \frac{\partial v_j}{\partial x_i}\,\underline{e}_i \times \underline{e}_j = v_{j,i}\,\delta_{ijk}\,\underline{e}_k \quad , \qquad \text{(A1-50)}$$

die Divergenz eines Tensorfeldes $\underline{T}(\underline{x})$ ein Vektor

$$\text{div}\,\underline{T} = \underline{\nabla} \cdot \underline{T} = \frac{\partial T_{jk}}{\partial x_i}\,\underline{e}_i \cdot (\underline{e}_j\,\underline{e}_k) = T_{ik,i}\,\underline{e}_k \qquad \text{(A1-51)}$$

usw. Bei der Anwendung des $\underline{\nabla}$-Operators ist also immer zu beachten, daß damit sowohl eine Differentiationsoperation als auch eine Multiplikationsvorschrift verbunden ist.

A2   Fließbedingungen von TRESCA und v. MISES in verschiedenen Darstellungen

A2.1   TRESCAsche Fließbedingung

Durch Multiplikation der für die verschiedenen Bereiche jeweils gültigen Fließfunktionen Φ_k = 0, $k = 1 \div 6$, nach Gl. (10.2-11) erhält man eine mathematisch geschlossene Formulierung der TRESCAschen Fließbedingung in Hauptspannungen

$$[(\sigma_I - \sigma_{III})^2 - R_F^2]\,[(\sigma_{II} - \sigma_{III})^2 - R_F^2]\,[(\sigma_I - \sigma_{II})^2 - R_F^2] = 0 \quad . \quad \text{(A2-1)}$$

Ausgedrückt durch die Deviator-Invarianten Gl. (A1-45) ergibt sich die Form

$$4\,S_2'^3 - 27\,S_3'^2 - 9\,R_F^2\,S_2'^2 + 6\,R_F^4\,S_2' - R_F^6 = 0 \quad , \qquad \text{(A2-2)}$$

aus der man erkennt, daß die TRESCA-Bedingung - im Gegensatz zur MISES-Bedingung - beide Invarianten des Deviators, S_2' und S_3' , enthält.

A2.2   MISESsche Fließbedingung

Andere häufig benutzte Formen der MISESschen Fließbedingung (10.2-13) ergeben sich durch Ersetzen der Deviator-Invarianten S_2' in Gl. (10.2-14) durch die Tensor- bzw. Deviator-komponenten nach Gl. (A1-43)

$$(\sigma_{11} - \sigma_{22})^2 - (\sigma_{11} - \sigma_{33})^2 + (\sigma_{22} - \sigma_{33})^2 + 6(\sigma_{12}^2 + \sigma_{13}^2 + \sigma_{23}^2) - 2R_F^2 = 0 \; , \; \text{(A2-3)}$$

$$(\sigma_{11}'^2 + \sigma_{22}'^2 + \sigma_{33}'^2) + 2(\sigma_{12}^2 + \sigma_{13}^2 + \sigma_{23}^2) - \frac{2}{3}\,R_F^2 = 0 \quad . \qquad \text{(A2-4)}$$

Oder durch die Haupt(deviator)spannungen nach Gl. (A1-45)

$$(\sigma_I - \sigma_{II})^2 + (\sigma_I - \sigma_{III})^2 + (\sigma_{II} - \sigma_{III})^2 - 2R_F^2 = 0 \quad , \qquad \text{(A2-5)}$$

$$3\,(\sigma_I'\,\sigma_{II}' + \sigma_I'\,\sigma_{III}' + \sigma_{II}'\,\sigma_{III}') + R_F^2 = 0 \quad . \qquad \text{(A2-6)}$$

Literaturverzeichnis

Zeitschriftenaufsätze, Berichte und Tagungsbeiträge

[1982]   AURICH, D.: Zu den Anwendungsgrenzen elastisch-plastischer Versagenskonzepte bei schweißbaren Baustählen. *Arch. Eisenhüttenwes.* 53 (1982), S. 479 - 483

[1973]   BALLIO, G.; PETRINI, V. & URBANO, C.: The effect of the loading process and imperfections on the load bearing capacity of beam columns. *Meccanica* VIII (1973), S. 56 - 67

[1979]   BATHE, K.-J. & BOLOURCHI, S.: Large displacement analysis of three-dimensional beam structures. *Int. J. Numerical Methods in Engineering* (1979), S. 961 - 986

[1886]   BAUSCHINGER, J.: Über die Veränderung der Elastizitätsgrenze und der Festigkeit des Eisens und Stahls durch Strecken und Quetschen, durch Erwärmen und Abkühlen und durch oftmals wiederholte Beanspruchung. *Mitt Mech.-Techn. Lab. K. Techn. Hochschule München* 13 (1886), S. 1 - 116

[1969]   BEER, H. & SCHULZ, G.: Die Traglast des planmäßig mittig gedrückten Stabes mit Imperfektionen. *VDI-Z* 111 (1969), S. 1537 - 1541, 1683 - 1687, 1767 - 1772

[1989]   BOCK, H.-M.; BROCKS, W.; LÄER, R. & MAROTZKE, CH.: Ein Verfahren zur Berechnung des nichtlinearen Tragverhaltens von stählernen Rahmentragwerken mit finiten Elementen. *Stahlbau* 58 (1989), S. 365 - 370

[1979]   BRANDT, K. & KLEE, S.: Traglastversuche an gewalzten Breitflanschprofilträgern. *Der Stahlbau* 48 (1979), S. 204 - 212

[1974]   BROCKS, W. & BURTH, K.: Systematische Beschreibung geometrischer und mechanischer Größen in der Festigkeitslehre. *Forsch. Ing.-Wes.* 43 (1974), S. 105 - 114

[1977]   BROCKS, W. & BURTH, K.: Über den Zusammenhang von Elementstabilität von Tragwerken aus elastischem und elastisch-plastischem Werkstoff. *Forsch. Ing.-Wes.* 43 (1977), S. 190 - 198

[1989]   BROCKS, W. & OLSCHEWSKI, J.: Application of internal time and internal variable theories of plasticity to complex load histories. *Arch. Mech.* 41 (1989), S. 133 - 155

[1969]   BURTH, K.: Traglasten und Stabilität ebener Rahmentragwerke bei Berücksichtigung von großen Verschiebungen und Schnittlastenumlagerungen. *Dissertation TU Berlin*, 1969

[1973]   BURTH, K. & VOGEL, U.: Traglasten von Stahlrahmen bei nicht-proportionaler Belastung. *Symposium IVBH*, Vorbericht S. 35 - 40. Lissabon 1973

[1977]   BURTH, K.: Tragverhalten von Balken mit Rechteck-Hohlprofil bei verschiedenen
           Lasteinleitungen. *Fortschr.-Ber. VDI-Z*, Reihe 4 Nr. 36. Düsseldorf: VDI-Verlag,
           1977

[1980]   BURTH, K.; IMMENKÖTTER, K. & RECKLING, K.-A.: Experimentelle Untersuchun-
           gen über den Einfluß von Querkräften auf die Traglast kurzer Balken. *Stahlbau* 49
           (1980), S. 77 - 85

[1983]   CHABOCHE, J. L. & ROUSSELIER, G.: On the plastic and viscoplastic constitu-
           tive equations - Part I: Rules developed with internal variable concept - Part II:
           Application of internal variable concept to the 316 stainless steel. *J. Press. Vess.
           Techn.* 105 (1983), S. 153 - 164

[1934]   CHWALLA, E.: Theorie des außermittig gedrückten Stabes aus Baustahl.
           Stahlbau 7 (1934), S. 161 - 165

[1972]   CLIMENHAGA, J. J. & JOHNSON, R. P.: Moment-rotation curves for locally
           buckling beams. *Proc. ASCE* 98 (1972), No. St. 6, S. 1239 - 1254

[1984]   DAHL, W.: Mechanische Eigenschaften. In: *Werkstoffkunde Stahl*. Hrsg.: Verein
           Deutscher Eisenhüttenleute. Berlin: Springer, 1984. S. 245 - 260

[1952]   DRUCKER, D. C.; PRAGER, W. & GREENBERG, H. J.: Extended limit design
           theorems for continous media. *Quart. Appl. Math.* 9 (1952), S. 381 - 389

[1956]   DRUCKER, D. C.: The effect of shear on the plastic bending of beams. *J. Appl.
           Mech.* 23 (1956), S. 509 - 514

[1960]   DRUCKER, D. C.: Plasticity. Structural Mechanics. Hrsg.: J. N. GOODIER & N. J.
           HOFF. Oxford: Pergamon Press, 1960

[1964]   DRUCKER, D. C.: On the postulate of stability of material in the mechanics of
           continua. *J. de Mécanique* 3 (1964), S. 235 - 249

[1972]   DUDDECK, H. (Hrsg.): Seminar Traglastverfahren. *Inst. f. Statik Ber. Nr. 72-6.*
           Universität Braunschweig 1972

[1958]   FREUDENTHAL, A. M. & GEIRINGER, H.: The mathematical theory of the
           inelastic continuum. In: *Handbuch der Physik IV*. Berlin: Springer, 1958

[1961]   GALAMBOS, T. V. & KETTER, R. L.: Columns under combined bending and trust.
           Trans. Am. Soc. Civil Engrs. 126 (1961)

[1982]   GAMER, U. & LANCE, R. H.: Elastisch-plastische Spannungen im Schrumpfsitz.
           Forsch. Ing.-Wes. 48 (1982), S. 192 - 198

[1988]   GEBBEKEN, N.: Eine Fließgelenktheorie höherer Ordnung für räumliche Stab-
           tragwerke (zugleich ein Beitrag zur historischen Entwicklung). *Mitteilungen des
           Inst. für Statik Nr. 32. Dissertation Universität Hannover*, 1988

[1930]   GEIRINGER, H.: Beitrag zum vollständigen ebenen Plastizitätsproblem. *Proc. 3rd Int. Congr. Appl. Mech.* 2 (1930), S. 185 - 190

[1986]   GOLEMBIEWSKI, H.-J. & VAZOUKIS, G.: Ductility minimum for application of plastic limit load concept to failure analysis of structures with imperfections. *Int. J. Pres. Ves. & Piping* 24 (1986), S. 27 - 36

[1988]   GOLEMBIEWSKI, H.-J. & VAZOUKIS, G.: Influence of material properties and geometry on the limit load behaviour of flawed structures. *Int. J. Pres. Ves. & Piping* 31 (1988), S. 131 - 140

[1954]   GREEN, A. P.: A theory of plastic yielding due to bending of cantilevers and fix-ended beams. Part I & Part II. *J. Mech. Phys. Sol.* 3 (1954), S. 1 - 15, S. 143 - 155

[1984]   HEES, G.: Einführung in die Fließgelenktheorie II. Ordnung. *Berichte aus dem Konstruktiven Ingenieubau*, Heft 5. Berlin: TU 1984

[1982]   HERRMANN, H. & LUTHER, J.: Die KLÖPPEL-YAMADAschen Fließgelenkbedingungen für I-Querschnitte und ihre numerische Aufbereitung. *Der Stahlbau* 51 (1982), S. 85 - 89

[1983]   HERRMANN, H.: Traglastberechnung von ebenen Rahmentragwerken mit einem gemischten Finite-Element-Verfahren. *Fortschr.-Ber. VDI-Z*, Reihe 4 Nr. 64. Düsseldorf: VDI-Verlag, 1983

[1924]   HENCKY, H.: Zur Theorie plastischer Deformationen und der hierdurch im Material hervorgerufenen Nachspannungen. *ZAMM* 4 (1924), S. 323 - 334

[1954]   HEYMAN, J. & DUTTON, V. L.: Plastic design of plate girders with unstiffened webs. *Weld. Metal Fabrication* 22 (1954), S. 265 - 272

[1970]   HEYMAN, J.: The full plastic moment of an I-beam in the presence of shear force. *J. Mech. Phys. Sol.* 18 (1970), S. 359 - 365

[1949]   HILL, R.: The plastic yielding of notched bars under tension. *Quart. J. Appl. Math.* 2 (1949)

[1982]   ISMAR, H. & MAHRENHOLTZ, O.: Über Beanspruchungshypothesen für metallische Werkstoffe. *Konstruktion* 34 (1982), S. 305 - 310

[1914]   v. KAZINCZY, G.: Kislertek befalazott tartokkal. *Betonszemle* 2 (1914), S. 68 - 71, 83 - 87, 101 - 105

[1954]   KLÖPPEL, W.: Über zulässige Spannungen im Stahlbau. In: *Stahlbautagung Baden-Baden 1954*. Veröffentl. d. Deutschen Stahlbau-Verb., H. 6. Köln: Stahlbau-Verlag, 1958

[1968]   KLÖPPEL, W. & UHLMANN, W.: Die Berechnung der Traglasten beliebig gelager-
           ter Einfeldrahmen mit beliebiger Querschnittsform unter Berücksichtigung der
           plastischen Zonen in Stablängsrichtung mit Hilfe elektronischer Rechenauto-
           maten. *Der Stahlbau* <u>37</u> (1968), S. 65 - 71, 145 - 154

[1958]   KLÖPPEL, W. & YAMADA, A.: Fließpolyeder des Rechteck- und I-Querschnittes
           unter der Wirkung von Biegemoment, Normalkraft und Querkraft. *Der Stahlbau*
           <u>27</u> (1958), S. 284 - 250

[1982]   KNOTHE, K. & HERRMANN, H.: Ein Finite-Elemente-Verfahren zur geometrisch
           nichtlinearen Berechnung der plastischen Grenzlasten ebener Rahmentragwerke.
           Der Stahlbau <u>51</u> (1982), S. 342 - 347, 373 - 378

[1978]   KOLLMANN, F. G.: Die Auslegung elastisch-plastisch beanspruchter Querpreß-
           verbände. *Forsch. Ing.-Wes.* <u>44</u> (1978), S. 1 - 11

[1983]   KOLLMANN, F. G. & ÖNÖZ, I. E.: Ein verbessertes Auslegeverfahren für
           elastisch-plastisch beanspruchte Querpreßverbände. *Konstruktion* <u>35</u> (1983),
           S. 439 - 444

[1982]   KRABIELL, A.: Zum Einfluß von Temperatur und Dehngeschwindigkeit auf die Fe-
           stigkeits- und Zähigkeitskennwerte von Baustählen mit unterschiedlicher Festig-
           keit. *Dissertation RWTH Aachen*, 1982

[1989]   LÄER, R.: Zum Trag- und Verformungsverhalten von Stahlkonstruktionen unter
           dem Lastfall "Brand". Berlin: TU, Dissertation, 1989. Berichte aus dem
           Konstruktiven Ingenieurbau, Heft 10

[1965]   LAY, M. G.: Yielding of uniformly loaded steel members. *Proc. ASCE* <u>91</u> (1965),
           No. St. 6, S. 49 - 65

[1967]   LAY, M. G. & GALAMBOS, T. V.: Inelastic beams under moment gradient. *Proc.
           ASCE* <u>93</u> (1967), No. St. 7, S. 381 - 399

[1985]   LEERS, K.; KLIE, W.; KÖNIG, J. A. & MAHRENHOLTZ, O.: Experimental
           investigations on shakedown of tubes. In: SAWCZUK, A. & BIANCHI, G. (Hrsg.):
           Plasticity Today (Proc.). S. 259 - 275. London: Elsevier 1985

[1972]   LINDNER, J.: Mindeststeifigkeiten für den Kippsicherheitsnachweis beim Trag-
           lastverfahren. *Der Bauingenieur* <u>47</u> (1972), S. 238 - 240

[1978]   LINDNER, J.: Näherungen für die Europäischen Knickspannungskurven. *Die
           Bautechnik* <u>55</u> (1978), S. 344 - 347

[1986]   MAIER, D. H.: Traglastberechnung räumlicher Stabwerke aus Stahl und Leicht-
           metall unter Berücksichtigung der Schubweichheit. *Dissertation Universität Karls-
           ruhe*, 1986. *Schriftenreihe des Instituts für Baustatik und Meßtechnik*, Heft 7

[1966]	MAIER, G. & DRUCKER, D. C.: Elastic-plastic continua containing unstable elements obeying normality and convexity relations. *Schweiz. Bauztg.* 84 (1966), S. 447 - 450

[1973]	MAIER, G. & DRUCKER, D. C.: Effects of geometry change on essential features of inelastic behavior. *Proc. ASCE* 99 (1973), EM 4, S. 819 - 834

[1953]	MASSONNET, C.: Essais d'adaptation et de stabilisation plastiques sur des poutrelles laminées (Shake-down tests on rolled beams). *Proc. Intern. Assoc. Bridge Struct. Engr.* 13 (1953), S. 239, Abh. IVBH 13 (1953)

[1963]	MASSONNET, C.: Kritische Betrachtungen zum Traglastverfahren. *VDI-Z* 105 (1963), S. 1057 - 1116

[1964]	MASSONNET, C.: Grundlagen des Traglastverfahrens. *VDI-Z* 106 (1964), S. 161 - 168

[1936]	MELAN, E.: Theorie statisch unbestimmter Systeme. *2. Kongr. IVBH*, Vorbericht S. 43 - 64. Berlin 1936

[1913]	v. MISES, R.: Die Mechanik der festen Körper im plastischen deformablen Zustand. *Nachr. Ges. Wiss. Göttingen* (1913), S. 582 - 592

[1923]	NADAI, A.: Der Beginn des Fließvorganges in einem tordierten Stab. *Z. angew. Math. Mechanik* 3 (1923), S. 442

[1961]	NEAL, B. G.: Effect of shear force on the fully plastic moment of an I-beam. *J. Mech. Eng. Science* 3 (1961), S. 258 - 266

[1983]	ÖNÖZ, I. E.: Die Auslegung elastisch-plastisch beanspruchter Querpreßverbände unter Berücksichtigung der Werkstoffverfestigung. *Fortschr.-Ber. VDI-Z*, Reihe 1, Nr. 108. Düsseldorf: VDI-Verlag, 1983

[1961]	OXFORT, L.: Über die Begrenzung der Traglast eines statisch unbestimmten biegesteifen Stabwerkes aus Baustahl durch das Instabilwerden des Gleichgewichts. *Stahlbau* 30 (1961), S. 33 - 46

[1985]	PHILLIPS, A. & PRANAB, P. K.: Yield surfaces of aluminium and brass: An experimental investigation at room and elevated temperatures. *Int. J. Plasticity* 1 (1985), S. 89 - 109

[1953]	PRAGER, W.: A geometrical discussion of the slip-line field in plane plastic flow. *Trans. Roy. Inst. Tech.* 65, Stockholm, 1953

[1903]	PRANDTL, L.: Zur Torsion von prismatischen Stäben. *Physik Z.* 4 (1903), S. 758

[1945]	RAMBERG, W. & OSGOOD, W. R.: Description of stress-strain curves by three parameters. *NACA Technical Note* No 902, 1945

[1971]   RECKLING, K.-A.: Der ebene Spannungszustand bei der plastischen Balkenbie-
          gung. In: *Festschrift I. Szabo*. Berlin, München, Düsseldorf: Wilhelm Ernst &
          Sohn, 1971, S. 39 - 46

[1975]   RECKLING, K.-A.: Beitrag zum Traglastverfahren, speziell für die Balkenbiegung
          mit Querkräften. *Der Stahlbau* 44 (1975), S. 358 - 361

[1930]   REUSS, A.: Berücksichtigung der elastischen Formänderung in der Plastizitäts-
          theorie. *ZAMM* 10 (1930), S. 266 - 274

[1983]   ROIK, K. & EHLERT, W.: Beitrag zur Grenztragfähigkeit durchlaufender Verbund-
          träger - Elastisch-plastische Berechnungen, Versuche. *Bauingenieur* 58 (1983),
          S. 381 - 386

[1987]   ROIK, K. & KUHLMANN, U.: Rechnerische Ermittlung der Rotationskapazität
          biegebeanspruchter I-Profile. *Stahlbau* 56 (1987), S. 321 - 327

[1987]   ROIK, K. & KUHLMANN, U.: Experimentelle Ermittlung der Rotationskapazität
          biegebeanspruchter I-Profile. *Stahlbau* 56 (1987), S. 353 - 358

[1978]   RUBIN, H.: Interaktionsbeziehungen zwischen Biegemoment, Querkraft und Nor-
          malkraft für einfachsymmetrische I- und Kasten-Querschnitte bei Biegung um die
          starke Achse und für doppeltsymmetrische I-Querschnitte bei Biegung um die
          schwache Achse. *Stahlbau* 47 (1978), S. 76 - 85

[1978]   RUBIN, H.: Interaktionsbeziehungen für doppeltsymmetrische I- und Kastenquer-
          schnitte bei zweiachsiger Biegung und Normalkraft. *Stahlbau* 47 (1978),
          S. 145 - 151 und 174 - 181

[1855]   SAINT-VÉNANT, B.: Mémoire sur la torsion des prismes. *Mem. prés. par div. sav.
          a l'Ac. Sci., Sci. math. et phys.* 14 (1855), S. 233

[1984]   SEDLACEK, G.: Aspekte der Gebrauchstüchtigkeit von Stahlbauten. *Stahlbau* 54
          (1984), S. 305 - 310

[1931]   TAYLOR, G. I. & QUINNEY, H.: The plastic distortion of metals. *Phil. Trans. Roy.
          Soc. London*, Ser. A 230 (1931), S. 323 - 362

[1864]   TRESCA, H.: Mémoire sur l'écoulement des corps solides soumis à de fortes
          pressions. *Comptes Rendus Acad. Sci. Paris* 59 (1864), S. 754

[1979]   UHLMANN, W.: Traglastversuche an gewalzten Breitflanschprofilträgern - Nach-
          rechnung der Lastverformungskurven. *Der Stahlbau* 48 (1979), S. 239 - 247

[1974]   URBAN, W.: Über das Verhalten eines Trägers mit I-Profil im plastischen Bereich
          unter Berücksichtigung der Eigenspannungen und der unterschiedlichen Fließ-
          grenze nach Theorie und Versuch. *Dissertation Technische Universität Berlin*,
          1974

[1966]		VOGEL, U.: Zur Berechnung durchlaufender Stahlplatten in geneigten Dächern nach dem Traglastverfahren. *Der Stahlbau* 35 (1966), S. 302 - 308

[1969]		VOGEL, U.: Über die Anwendung des Traglastverfahrens im Stahlbau. *Der Stahlbau* 38 (1969), S. 329 - 338

[1984]		VOGEL, U. et al.: Ultimate limit state calculation of sway frames with rigid joints. *EKS-Publikation* Nr. 33, Rotterdam, 1984

[1985]		VOGEL, U.: Calibrating frames, Vergleichsberechnungen an verschieblichen Rahmen. *Stahlbau* 54 (1985), S. 295 - 301

[1987]		VOGEL, U. & MAIER, H. D.: Einfluß der Schubweichheit bei der Traglastberechnung räumlicher Systeme. *Stahlbau* 9 (1987), S. 271 - 277

[1968]		WAGEMANN, C.-H.: Iterative Ermittlung der Traglast eines axial gedrückten Durchlaufträgers aus Baustahl. *Der Stahlbau* 37 (1968), S. 44 - 49, 82 - 88

[1984]		WESSELS, H.: Fließgelenkbedingung bei räumlichen Balkentragwerken aus I-Profilen. *ILR-Mitteilung* 137. Berlin: Institut für Luft- und Raumfahrt der Techn. Universität, 1984

[1970]		YAMADA, M.; SAKAE, K.; TADOKORO, T. & SHIRAKAWA, K.: Elasto-plastische Biegeformänderungen von Stahlstützen mit I-Querschnitt. *Der Stahlbau* 39 (1970), S. 353 - 364

Lehrbücher und Monographien

[1983]*		BACKHAUS, G.: *Deformationsgesetze.* Berlin: Akademie-Verlag, 1983

[1969]*		BAKER, J. G.; HEYMAN, J.: *Plastic Design of Frames, 1. Fundamentals.* Cambridge: University Press, 1969

[1986]*		BATHE, K.-J.: *Finite-Elemente-Methoden.* Berlin: Springer, 1986

[1986]*		BETTEN, J.: *Elastizitäts- und Plastizitätslehre.* Braunschweig: Vieweg, 1986

[1952]*		BRIDGMAN, P. W.: *Studies in Large Plastic Flow and Fracture.* New York: McGraw-Hill, 1952

[1966]*		BÜRGERMEISTER, G.; STEUP, H. & KRETZSCHMAR, H.: *Stabilitätstheorie mit Erläuterungen zu den Knick- und Beulvorschriften.* Berlin: Akademie-Verlag, 1966. 3. Auflage

[1969]*		CALLADINE, C. R.: *Engineering Plasticity.* Oxford: Pergamon Press, 1969

[1988]*		CHEN, W. F. & HAN, D. J.: *Plasticity for Structural Engineers.* New York: Springer, 1988

[1982]*   De BOER, R.: *Vektor- und Tensorrechnung für Ingenieure*. Berlin: Springer, 1982

[1985]*   GÖLDNER, H. (Hrsg.): *Lehrbuch Höhere Festigkeitslehre, Bd. 2*. Leipzig:
VEB Fachbuchverlag, 1985

[1981]*   GÖLDNER, H. (Hrsg.): *Arbeitsbuch Höhere Festigkeitslehre*. Leipzig:
VEB Fachbuchverlag, 1981

[1980]*   GOKHFIELD, D. A. & CHERNIAVSKY, O. F.: *Limit Analysis of Structures at
Thermal Cycling*. Alphen aan de Rijn: Sijthoff & Noordhoff, 1980

[1989]*   HEES, G.: *Einführung in die Fließgelenktheorie 2. Ordnung. 2. Aufl.* Düsseldorf:
Werner 1989

[1968]*   HEYMAN, J. & LECKIE, F. (Hrsg.): *Engineering Plasticity*. Cambridge:
University Press, 1968

[1971]*   HEYMAN, J.: *Plasticity Design of Frames, 2. Applications*. Cambridge:
University Press, 1971

[1950]*   HILL, R.: *The Mathematical Theory of Plasticity*. Oxford: Clarendon Press, 1950

[1963]*   HODGE, P. G.: *Limit Analysis of Rotationally Symmetric Plates and Shells*.
Englewood Cliffs: Prentice Hall, 1963

[1971]*   HORNE, M. R.: *Plastic Theory of Structures*. London: T. Nelson and Sons Ltd.,
1971

[1979]*   ISMAR, H. & MAHRENHOLTZ, O.: *Technische Plastomechanik*. Braunschweig:
Vieweg, 1979

[1937]*   JEŽEK, K.: *Die Festigkeit von Druckstäben aus Stahl*. Wien: Springer, 1937

[1982]*   JOHNSON, W. et al.: *Plane Strain Slip Line Fields for Metal Deformation
Processes, A Source Book and Bibliography*. Oxford: Pergamon Press, 1982

[1971]*   KACHANOV, L. M.: *Foundations of the Theory of Plasticity*. Amsterdam:
North Holland Publ. Comp., 1971

[1984]*   KALISZKY, S.: *Plastizitätslehre*. Düsseldorf: VDI-Verlag, 1984

[1966]*   KLINGBEIL, E.: *Tensorrechnung für Ingenieure*. B · I-Hochschultaschenbuch
197/197a. Mannheim: Bibliograph. Institut, 1966

[1987]*   KÖNIG, J. A.: *Shakedown of Elastic-Plastic Structures*. London, Amsterdam:
Elsevier Science Publ., 1987

[1955]*   KRÖNER, E.: *Kontinuumstheorie der Versetzungen und Eigenspannungen*.
Berlin: Springer, 1955

[1980]*   LIPPMANN, H.: *Mechanik des plastischen Fließens.* Berlin: Springer, 1981

[1909]*   LUDWIK, P.: *Elemente der Technologischen Mechanik.* Berlin: Springer, 1909

[1986]*   MAREK, P.: *Grenzzustände der Metallkonstruktionen.* Berlin: VEB-Verlag für Bauwesen, 1986

[1965]*   MASSONNET, C. E.; SAVE, M. A.: *Plastic Analysis and Design of Beams and Frames.* New York: Blaisdell Publ. Comp., 1965

[1950]*   NADAI, A.: *Theory of Flow and Fracture of Solids.* Vol. 1, New York: Mc Graw Hill, 1950

[1956]*   NEAL, B. G.: *The Plastic Methods of Structural Analysis.* London: Chapman & Hall, 1956. Deutsche Übersetzung: Die Verfahren der plastischen Berechnung biegesteifer Stahlstabwerke. Berlin: Springer, 1958

[1985]*   NEUBER, H.: *Kerbspannungslehre.* Berlin: Springer, 1985, 3. Auflage

[1977]*   PAHL, G. & BEITZ, W.: *Konstruktionslehre.* Berlin: Springer, 1977

[1982]*   PETERSEN, C.: *Statik und Stabilität der Baukonstruktionen.* Braunschweig: Vieweg, 1982

[1988]*   PETERSEN, C.: *Stahlbau.* Braunschweig, Wiesbaden: Vieweg, 1988

[1954]*   PRAGER, W. & HODGE, P. G.: *Theorie idealplastischer Körper.* Wien: Springer, 1954

[1967]*   RECKLING, K.-A.: *Plastizitätstheorie und ihre Anwendung auf Festigkeitsprobleme.* Berlin: Springer, 1967

[1972]*   ROIK, K. & LINDNER, J.: *Einführung in die Berechnung nach dem Traglastverfahren.* Köln: Stahlbau-Verlag, 1972

[1982]*   ROSSMANITH, H.-P.: *Grundlagen der Bruchmechanik.* Wien: Springer, 1982

[1972]*   SAVE, M. A. & MASSONNET, C. E.: *Plastic Analysis and Design of Plates, Shells and Disks.* Amsterdam: North Holland Publ. Comp., 1972

[1970]*   SCHLECHTE, E.: *Festigkeitslehre für Bauingenieure.* Berlin: VEB-Verlag für Bauwesen, 1970. 2. Auflage

[1969]*   SCHRADER, K.-H.: *Die Deformationsmethode als Grundlage einer problemorientierten Sprache.* B · I-Hochschultaschenbuch 830. Mannheim: Bibliograph. Institut, 1969

[1981]*   ZYZCKOWSKI, M.: *Combined Loadings in the Theory of Plasticity.* Warszawa: Polish Scientific Publishers, 1981

Schnittgrößen in Brückenwiderlagern

**unter Berücksichtigung der Schubverformung
in den Wandbauteilen**

Berechnungstafeln

von Karl Heinz Holst

*1990. 189 Seiten. Gebunden.
ISBN 3-528-08825-7*

<u>Inhalt:</u> Einführung – Das Berechnungsverfahren – Auswertung der numerischen Rechenergebnisse – Berechnungsbeispiele – Tabellenübersicht – Tafeln der Momente – Tafeln der Schnittkräfte.

Im vorliegenden Buch sind Tafeln für die Ermittlung der Bemessungsschnittgrößen erarbeitet worden. Diese wurden mit der Finite-Elemente-Methode über ein entsprechendes Programm unter Berücksichtigung der Biege- und Schubverformung der Wandbauteile, für die Platten also unter Anwendung der Theorie von Reissner, berechnet. Hierfür wurde ein hybrides Plattenelement entwickelt. Die Berechnung wurde für 19 verschiedene Lastfälle an 16 verschiedenen Systemen durchgeführt. Diese unterscheiden sich durch unterschiedliche Längen- und Breitenabmessungen der Wandbauteile in jeweils systematischer Zuordnung. Die Lastfälle orientieren sich an den Anforderungen der Praxis und berücksichtigen auch exzentrische Stellungen der Regelfahrzeuge der Belastungsnorm. Es wird grundsätzlich nach direkten Erddruckbeanspruchungen und Randbelastungsfällen unterschieden.

Verlag Vieweg · Postfach 58 29 · D-6200 Wiesbaden